区域生态规划
理论、方法与实践

QUYU SHENGTAI GUIHUA

LILUN FANGFA YU SHIJIAN

王家骥　等·编著

吉林出版集团股份有限公司

图书在版编目（CIP）数据

区域生态规划理论、方法与实践 / 王家骥等编著

. -- 长春：吉林出版集团股份有限公司，2015.12（2024.1重印）

ISBN 978 - 7 - 5534 - 9818 - 8

I. ①区… Ⅱ. ①王… Ⅲ. ①区域环境－生态环境－

环境规划－研究 Ⅳ. ①X321

中国版本图书馆 CIP 数据核字（2016）第 006794 号

区域生态规划理论、方法与实践

QUYU SHENGTAI GUIHUA LILUN、FANGFA YU SHIJIAN

编　　著：	王家骥　等	
责任编辑：	杨晓天　张兆金	
封面设计：	韩枫工作室	
出　　版：	吉林出版集团股份有限公司	
发　　行：	吉林出版集团社科图书有限公司	
电　　话：	0431 - 86012746	
印　　刷：	三河市佳星印装有限公司	
开　　本：	710mm×1000mm　　1/16	
字　　数：	490 千字	
印　　张：	28	
版　　次：	2016 年 4 月第 1 版	
印　　次：	2024 年 1 月第 2 次印刷	
书　　号：	ISBN 978 - 7 - 5534 - 9818 - 8	
定　　价：	119.00 元	

目 录

第1章 概论 ·· 1

1.1 基本概念 ··· 1

1.2 规划的依据与作用 ···································· 9

1.3 规划的目标与任务 ···································· 9

1.4 规划的程序与内容 ···································· 9

1.5 实施区域生态规划的支持与保证 ············· 12

第2章 区域生态规划理论 ························· 13

2.1 景观生态学与生态规划 ··························· 13

2.2 生态经济学与生态规划 ··························· 69

2.3 自然保护理论与生态规划 ······················ 73

2.4 可持续发展理论与生态环境规划 ············· 107

第3章 区域生态规划方法 ························· 118

3.1 规划思路 ··· 118

3.2 区域生态环境调查 ···································· 119

3.3 区域生态环境质量的监测与评价 ············· 148

3.4 生态功能区划分 ······································ 154

3.5 区域生态规划动态仿真 ··························· 157

第4章 城市（镇）生态规划 ····················· 163

4.1 目的要求与基本特征 ······························ 163

4.2 基本原理与内容规范 ······························ 165

4.3 规划框架与方法 ······································ 166

4.4 案例概况与规划结论 ······························ 167

第 5 章　农业景观调整规划 ………………………………… 191

5.1　目的要求与基本特征 ……………………………… 191

5.2　基本原理与内容规范 ……………………………… 192

5.3　规划框架与方法 …………………………………… 192

5.4　案例概况与规划结论 ……………………………… 193

第 6 章　生态旅游规划 ……………………………………… 201

6.1　目的要求与基本特征 ……………………………… 201

6.2　基本原理与内容规范 ……………………………… 202

6.3　规划框架与方法 …………………………………… 203

6.4　案例概况与规划结论 ……………………………… 204

第 7 章　生态农业与有机农牧产品基地建设规划 ………… 244

7.1　目的要求与基本特征 ……………………………… 244

7.2　基本原理与内容规范 ……………………………… 246

7.3　规划框架与方法 …………………………………… 246

7.4　案例概况和规划结论 ……………………………… 249

第 8 章　生态工业规划 ……………………………………… 273

8.1　生态工业的基本特征和实践途径 ………………… 273

8.2　生态工业的基本原理和模式 ……………………… 276

8.3　规划框架与技术方法 ……………………………… 279

8.4　规划案例 …………………………………………… 288

第 9 章　矿山废弃地规划 …………………………………… 312

9.1　目的要求与基本特征 ……………………………… 312

9.2　基本原理与内容规范 ……………………………… 313

9.3　规划框架与方法 …………………………………… 313

9.4　案例概况与规划结论 ……………………………… 314

第 10 章　自然保护区内与外保护规划 ………………………………… 329

　10.1　目的要求与基本特征 ………………………………………… 329

　10.2　基本原理与内容规范 ………………………………………… 330

　10.3　规划框架与方法 ……………………………………………… 330

　10.4　案例概况与规划结论 ………………………………………… 331

第 11 章　湖泊的生态修复与生态规划 ………………………………… 370

　11.1　目的要求与基本特征 ………………………………………… 370

　11.2　基本原理与内容规范 ………………………………………… 371

　11.3　规划框架与方法 ……………………………………………… 371

　11.4　案例概况与规划结论 ………………………………………… 372

第 12 章　海岸带生态规划 …………………………………………… 388

　12.1　目的要求与基本特征 ………………………………………… 388

　12.2　基本原理与内容规范 ………………………………………… 389

　12.3　规划框架与方法 ……………………………………………… 389

　12.4　案例概况与规划结论 ………………………………………… 390

第 13 章　生态文化规划 ……………………………………………… 417

　13.1　目的要求与基本特征 ………………………………………… 417

　13.2　基本原理与内容规范 ………………………………………… 418

　13.3　规划框架与方法 ……………………………………………… 419

　13.4　案例概况与规划结论 ………………………………………… 420

参考文献 ……………………………………………………………… 435

第1章 概　论

1.1　基本概念

1.1.1　地区与区域

地区不同于区域，地区往往是指地球表面某一相连的部分，在某种意义上讲，它没有精确的边界，如亚太地区、沿海地区、内陆地区等。

区域是地理学的基本分析范畴。从本质上讲，区域是地理空间的一种分化，分化出来的区域一般具有结构上的一致性或整体性，或者是指具有某种社会经济和地理内聚力的地区。因此，区域可以看作是内部具有相同性质的地理空间。"相同性质"可以是地理属性、经济属性、生态环境属性甚至是行政区划属性，如黑河流域、珠江三角洲经济开发区、十堰市生态功能保护区。

与地区的概念相比，区域的边界较为明确，即区域内部相似性大于差异性，而区域外部差异性大于相似性的系统分界，可能与行政边界重合。在实际规划工作中，为使数据容易获得且便于规划实施，常常尽力保持行政区划的完整，并力图使研究的区域具有相同的性质。

区域无论从地理还是行政意义上讲，都是一个综合体。对于任何一个区域，它应具备以下两个特性：一是整体性。由于区域内部的局部外力扰动，会造成整个区域的变动，因此解决区域问题不能从某一局部措施入手，必须考虑整个地理区域的整体效应和宏观变化；二是复杂性。通常区域是由自然系统、经济系统和社会系统耦合而成，所涵盖内容及其相互关系极其复杂。因此，研究区域问题要具备系统科学的思维方法和多学科的知识背景。

1.1.2 生态与生态规划

1. 生态

德国生物学家海克尔（Haeckel，1866）首次在他的《有机体的普通形态学原理》一书中提出了生态学（Ecology）概念，认为生态学是关于有机体与周围外部世界关系的一般科学。《美国百科全书》解释为："生态学是生物学的一个分支科学，它研究植物和动物在自然界的存在状态及其相互依赖关系。"曹凑贵将生态学定义为"研究生物生存条件、生物及其群体与环境相互作用的过程及其规律的科学"。我国生态学家马世骏先生认为，生态学是研究生命系统和环境系统相互关系的科学。

从上述的定义中可以看出，生态学研究的内容之核心是"相互关系或相互作用"，但定义中"相互关系或相互作用"的主客体不清，生态的含义较为偏狭。实际上在生态学的发展过程中，其内涵和外延都有了较大变化，研究内容也发生了相应的变化。其原因在于人类与自身生存环境矛盾的加剧，使人类不能再把自己放在第三方的立场上来研究生物（主要是动物和植物）与环境的相互关系，而是必须要把人类自身置于生态系统之中来研究，从而使生态的概念从动植物与其环境之间的关系演变到人类与其环境（自然环境和社会环境）之间的关系。故生态的含义超越了自然的界限，具有社会化、技术化和经济化的特性。

既然生态概念的核心在于主客体之间的"关系"或"作用"，那么它必然关注这种"关系"或"作用"的质量，所追求的必然是生态系统中各要素、各子系统之间关系的和谐和均衡。

2. 生态规划

（1）生态规划的产生与发展

生态规划的思想诞生于19世纪末，其标志为一些著名生态学家和规划工作者关于生态评价、生态勘察和综合规划的理论及实践，其代表人物有George Marsh，John Powell 和 Patrick Geddes。他们分别阐述了各自对生态规划的认识和理解：George Marsh（1864）首次提出了合理地规划人类活动，使之与自然协调而不是破坏自然的规划原则；Powell（1879）则最早提出要通过立法和政策促进与生态条件相适应的发展规划；苏格兰植物学家和著名规划学家 Geddes 则认为应把规划建立在研究客观现实的基础上，强调在规划中应注意人类与环境之间联系的复杂性与综合性，在规划过程中应通过充分认识与了解自然环境条件，根据自然的潜力与制约制定与自然和谐的规划方案。这些生态学家和规划工作者早期自发的开创性工作，为后来生态规划理论与实践的发展和繁荣奠定了基础。

20 世纪初，生态学逐渐形成了一门新的学科并向其他学科渗透，从而促进了生态规划理论基础的形成，也使生态规划开始得到较快发展。E. Howard 的"田园城市"和芝加哥"人类生态学派"关于城市景观、功能和绿地系统方面的生态规划，被认为是掀起了生态规划的第一个高潮。而 20 年代美国区域规划协会的成立，则标志着规划与生态学之间建立了切实联系。该协会会员 B. Mackaye 与 M. Mumford 主张以生态学为基础进行区域规划，其中 Mackay 认为"区域规划就是生态学，尤其是人类生态学"；并从区域规划的角度将人类生态学定义为"人类生态学关心的是人类与其环境的关系，规划的目的是将人类与区域的优化关系付诸实践"。到了 20 世纪 40 年代，美国区域规划学会还发起了"公园建设和自然保护运动"。这个时期生态规划的理论体系仍尚未完全形成，但是生态思想已经深入到城市规划领域，并为城市规划注入了新的活力。

20 世纪 60—70 年代爆发了全球性的环境运动，迫使人们开始重新认识人与自然的关系，从而极大地推动了人们对城市生态的关注。1962 年美国学者 Rachel Carson 在其《寂静的春天》一书中，因揭示了城市生态环境遭受破坏的情况而引起了广泛的关注。1969 年美国著名生态学家奥德姆（H. T. Odum）提出了生态系统模式，把生态功能与相应的用地模式结合起来，并实践于区域规划。同年，对生态规划的发展有重要影响的美国生态学家麦克哈格（Ian. L. Mcharg）出版了专著《Design With Nature》，提出了规划结合生态思想的概念和方法。并指出，生态规划是在没有任何有害或在多数无害的情况下，对土地的某种用途进行的规划。Mcharg 的最大贡献在于他将生态学原理具体应用到城市规划中，并提出了相应的规划方法，但并没有提出新的规划领域——生态规划。

1980 年德国科学家 F. Vester 和 V. Hesler 开始尝试在生态系统的水平上对城市生态系统进行对策规划，并将系统科学的思想、生态学原理和城市规划理论相结合，试图利用系统分析的方法去辨析生态系统中各要素之间的复杂关系，并借助计算机技术进行模拟，以此创建了生态规划的灵敏度模型。该模型能更加深入了解系统各要素之间的关系，为完善区域生态系统功能、协调人地关系提供理论依据。此时，生态规划已经不仅是生态学原理的具体应用，而是进入了集系统分析、生态分析和规划理论于一体的能够为决策者提供系统协调发展对策和建议的生态规划了。

生态规划的研究与实践在我国起步较晚。1983年我国著名生态学家马世骏提出了城市复合生态系统的理论，认为城市生态系统是由社会、经济和环境三个子系统组成的复合生态系统。此理论扩充了生态规划研究内容的广度与深度，也为生态规划研究提供了新的视角和方法论。1985年生态学家王如松提出以生态控制论原理为指导、以调节生态系统功能为目标、以专家系统为辅助工具的泛生态规划的概念。泛生态规划将规划对象视为一个由相互作用要素构成的系统，追求系统整体功能最优，关心系统中限制因子的动态，通过对不同方案进行系统关键组分、关键因子和结构分析等向决策者提供一系列的发展对策。

人类社会发展到今天，"可持续发展""生态城市"等概念已经深入人心，作为实现人类社会可持续发展途径的生态规划已成为世界各地区域（城市）规划研究的热点，生态规划的理论和方法也必然会进一步得到长足的发展。

（2）区域生态规划的特征及内在要求

从规划对象上来看，区域生态规划强调整体性、动态性和开放性。

由于区域生态功能是通过各生态要素的协同共生作用而达到整体效益的相对最优，故对生态系统的研究更强调整体观。因此在区域生态规划中，仅对各项生态要素进行规划，或仅对各项区域生态功能衰退导致的生态问题进行控制是不够的，应通过对系统内各生态要素的共生、相克和竞争关系的调节，实现区域生态系统的良性循环与健康发展。

区域生态系统总是沿着平衡态而进行非平衡的动态进化，因而区域生态规划需要把握生态系统的发展规律和状态，制定相应的适时目标和相关调控策略。耗散结构理论认为，一个物质系统若要在非平衡状态下形成稳定有序的结构，它必须是开放的。通过开放不断地与系统外进行能量和物质的交换，从而产生促协力，使系统稳定有序。因此区域生态系统是在与外界不断的交换过程中维持其新陈代谢，保持其动力与活力的。所以区域生态规划要以更大的时空域为背景，通过分析较大范围地域的区位条件、经济联系、社会交流和环境影响等的综合作用，来保证所研究区域生态系统的和谐有序发展。

从规划内容上来看，区域生态规划强调生态系统结构和功能的改进及各组分之间关系的适应性调节。

生态系统各要素或各组分之间关系的协调是系统稳定演化的基础，而其结构的失调则会破坏系统原有的性质和整体功能。区域生态规划的根本任务就是通过协调区域系统内各组分之间的相依关系，改进其结构和功能，实现生态系统的有序演进。

从研究方法上来看，区域生态规划最适宜的研究方法是采取人机交互式的寻优方法。

传统数学规划的实质是把复杂的系统简化为较简单的数学模型，并根据固定的法则对其进行优化，得到最优解。而区域生态系统是一个多层次的开放式的社会—经济—自然复合系统，各子系统及其组分之间的关系复杂繁多，研究这样的复杂系统往往面对因果关系复杂、规模宏大、非线性、数据不完备、系统发展不确定和存在很多彼此矛盾的目标等问题。因此，利用传统的数学规划模型寻求系统最适决策空间是很难做到的。而通过地方决策者和规划学家的合作，跟踪生态系统的进化过程，探索、发掘出区域合理和健康的发展模式，以人机交互的方式分析、调控和重组区域发展过程，往往能得出更可行、更令人满意的结果。

生态规划研究的对象是自然、经济和社会复合生态系统，辨识、分析和模拟这样一个复杂系统需要运用自然科学、社会科学、系统科学以及计算机科学等多学科理论和方法；系统发展的不确定性、数据的不完备以及系统的复杂性，需要结合专家的知识、经验和决策者的意见以及群众的意愿，才能更好地保证决策方案的合理和有效。区域生态规划还需要运用多种决策模拟和数据处理方法，以及 GIS、DSS 等计算机软硬件的辅佐。

1.1.3 环境规划、生态规划与生态环境规划

"环境规划""生态规划"和"生态环境规划"这些名词经常出现于专业文章之中，但是它们的含义及其相互关系却不是很明了。尤其是随着环境科学和生态学的迅速发展以及学科之间的交融，使环境规划、生态规划和生态环境规划的内涵和理论基础都有了长足的发展，也使得它们的概念及其相互关系更加难以辨析，为此有必要厘清其间的异同和各自的本征。

1. 环境规划与生态规划

就环境规划的概念及其发展而言，我国早期的环境规划（1982 年以前）主要是指环境保护规划（计划），核心内容是环境污染的防治。通过污染源调查和环境质量的评价，分析提出主要的环境问题和应控制的主要污染因素。此时的环境规划实质上就是污染治理规划，并未将经济发展纳入其中进行关联研究。

此后的环境规划开始将经济和环境统筹考虑。例如，刘天齐认为，环境规划是国民经济与社会发展规划的有机组成部分，是环境决策在时间、空间上的具体安排。这种规划是对一定时期环境保护目标和措施所做出的规定，其目的是在发展经济的同时保护环境，使经济与环境协调发展，实现经济可持续发展。据此环境规划可以分为两个层次：一是环境宏观规划，即通过对未来发展的资源需求分析，预测未来环境的主要问题和主要污染物的总量宏观控制要求，提出环境与发展的宏观战略；二是环境专项规划，包括大气、水、固废等的整治规划。

目前，环境规划的概念及其理论体系又有了长足的发展。郭怀成认为，环境规划是指为使环境与社会经济协调发展，把"社会—经济—环境"作为一个复合生态系统，依据社会经济规律、生态规律和地学规律，对其发展变化趋势进行研究而对人类自身活动和环境所做的时间和空间的合理安排。环境规划研究的对象是复合生态系统，其任务是使该系统协调发展，其理论依据为社会经济学原理、生态学原理、地学原理和系统理论等。

显然，随着环境规划学科的发展和完善，环境规划与生态规划联系与交融的地方越来越多。其一，二者均以生态学、环境科学为理论指导；其二，二者均以复合生态系统为研究对象；其三，二者的任务或目标是使区域系统协调发展和良性循环；其四，在区域总体规划中，二者可以并置，是相互依托、相互补充的关系。在区域生态规划的专项规划中，环境规划是其不可或缺的重要组成部分；而在环境宏观规划中，也包括部分生态规划。

但生态规划与环境规划毕竟不同。二者的区别为：①环境规划更关注环境质量的改变，强调大气、水、固废等环境质量的检测、评价、整治和管理，寻求社会发展的环境支撑。例如，污染控制规划仍是目前环境规划的重点。而生态规划则更关注系统内各种关系质量的提高、结构和功能的改善，以及人与区域环境之间关系的和谐。②从二者的理论基础上来看，环境规划主要以环境科学为理论基础，而生态规划主要以生态学为理论基础。后者严格按照生态学的原理、辨析、模拟和调控区域生态系统，从而做出合理的时空安排。③环境规划除了宏观规划的层次外，还有各种专项规划，如大气、水和固废等的综合治理规划。

2. 生态环境规划与生态规划

环境问题可以分为两类，一类是环境污染，一类是生态破坏，由于二者密切相关，难于区分，而使"生态环境"一词得到广泛应用。但是，由于使用环境的不同，往往对生态环境含义的理解也不同，有时强调生态系统的概念，有时即指通常所说的环境。也有人认为，由于其含义的不确定性，对使用"生态环境"一词应持慎重态度。

《环境科学大词典》对它的定义是："生态环境规划是应用生态学原理，从整体上研究人类与生态环境之间相互作用的规律，并在此基础上，通过合理安排人类各项建设活动，从而使经济、社会、生态环境三者作为不可分割的整体，达到最佳状态的过程。"此处所述生态环境规划中的"生态环境"包括环境污染与生态破坏两个方面。因而，与传统环境规划不同，生态环境规划不仅关注环境污染问题，也重视生态破坏问题，是环境规划的发展形态之一。

从以上所述中可以认为，生态环境规划是传统环境规划的发展，是人类对环境问题认识不断深化的产物，它研究问题的着眼点不是环境污染本身，而是在整体上从生态系统的角度来分析问题，提出解决措施，拟定规划方案。可以看出，生态环境规划实际上与前面论述的当前生态规划的概念是很接近的。

1.1.4 国内生态规划的实践与研究

在人们对实现社会持续发展的迫切要求下，20 世纪 90 年代以来生态规划的研究与实践在我国得以迅速开展，国内许多地区和县市都纷纷进行了生态规划的社会实践。然而由于可持续发展理论提出时间不长，加上它涉及的内容范围广泛，知识综合性强，利用生态规划来解决社会持续发展问题的理论研究明显滞后于社会实践，因此目前大多生态规划的实践活动往往采用单一学科的理论和方法来指导，多是对各子系统孤立研究的加合而非对系统整体的综合研究，致使目前许多实践活动的目标难以实现。

有鉴于此，一些学者提出了运用多学科的理论和方法来实现对系统的认知和综合调控，并形成了各具特色生态规划基本理论和方法体系，使生态规划的理论研究和社会实践有了质的飞跃。下面仅就所能查到的几个完整的规划案例作一简单介绍：

（1）王如松（1996）等在天津城市发展的生态对策研究中采用了人机交互式的泛目标生态规划方法，运用复合生态系统理论、生态控制论原理和生态建设理论，对天津城市生态系统进行了系统辨识、分析和调控。该研究注重对计算机技术的应用，利用多种计算机语言建立了相应的图形库、数据库和知识库，并运用多种数学方法模拟系统中的二元关系，在灵敏度模型的基础上建立了动态模拟方法。

（2）在浏阳工业园区的生态规划研究中，沈清基（2000）提出了综合考虑区域发展、土地利用潜能、工业园产业结构、工业园总体布局等因素的生态规划基本思路，并在功能分区的基础上对环境污染、产业发展和绿地系统进行了对策分析和设计。

（3）毛志锋（2002）在广州市生态规划的研究中提出了以产业结构、土地利用结构和经济、人口的空间格局调整为中枢的生态规划基本原理，并利用系统理论、系统生态学理论和生态控制原理实现对复杂系统的认知与建模，然后借助 DYNAMO 语言平台实现了对系统的动态交互式模拟。

（4）王家骥等（1994 以来）在三亚、迁安、山西武乡、山东寿光、湖北十堰、武汉东西湖、安徽蚌埠新区等地的生态示范区规划，其规划思想是将规划对象作为一个自然系统的整体进行优化规划，并结合当地生态环境的基本特征和地方特色，从生态的可持续发展入手，进行重要领域的社会、经济可持续发展规划，规划方法比较先进，成果得到当地政府的高度重视，实施效果较好。

从上述四个案例中完全可以窥见未来生态规划研究的发展趋势，即生态规划的研究范围会更加广泛，涉及更多学科的知识，需要跨学科的研究背景和多方人员的参与；生态规划研究理论和方法将是多种理论和方法的组合，单一方法难于解决复杂的生态环境问题；生态规划研究将面临大量的数据及不确定的非线性关系，计算机图形技术、数据库技术和专家决策技术必将得到迅速的发展与应用。

1.2 规划的依据与作用

环境保护是我国的一项基本国策，国家环境保护总局又颁发了《全国生态环境保护纲要》。因此，编制区域生态规划是以《中华人民共和国环境保护法》《中华人民共和国自然保护条例》及《全国生态环境保护纲要》为依据，旨在促进区域生态系统的良性循环和实现生态环境与社会经济协同演化下的可持续发展。

区域生态规划是省、市、县等行政区域或跨行政疆界的自然流域进行可持续发展综合决策规划的重要分支。其编制既应以区域自然生态环境的可持续支持为前提和以地方的环境法规、管理条例和办法为依据，又须充分体现区域经济、社会和环境保护共同进步的需求。

现代概念下的区域生态系统，客观上是一个人与自然耦合机制、共存共荣的生态系统。人的所有活动，无论是有利于自然演化，还是有悖于自然法则，但最终仍要在遵守自然规律的基础上，人类才能开创未来。因此，区域生态规划的作用就是要在维护自然生态完整性、保护敏感生态功能和增强其自组织能力的基础上，通过选择适宜的经济发展模式和调控人们的作为，实现区域可持续发展要求下的人与自然的和谐。

1.3 规划的目标与任务

实现区域的可持续发展是生态规划的根本目标，因此需要严格遵守"人与自然共生"的基本法则，在维护自然再生产和生态完整性的基础上，科学地利用自然资源，有序调整产业结构和生产力布局，且须不断加强生态功能建设和环境保护，以全面推动经济发展和社会进步。

1.4 规划的程序与内容

1.4.1 程序

如图 1-4-1 所示，规划的基本步骤如下：

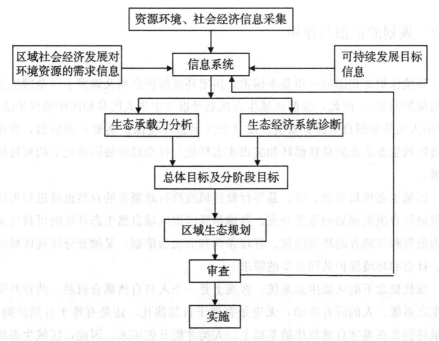

图 1-4-1　区域生态规划程序图

（1）信息采集。规划的基本信息包括三个方面：一是区域生态环境概况，包括各种自然地理信息，自然系统的基本特征、生态功能和过程信息，社会经济信息；二是区域社会经济发展对环境资源的需求信息；三是该区域社会经济可持续发展的目标信息。

（2）信息系统的分析、整理。要对采集到的大量信息，包括空间信息、数字信息、定量和定性信息进行归纳和标准化处理。

（3）生态承载力分析和生态经济系统诊断。生态承载力分析是区域自然系统在维护生态完整性的基础上，对社会经济发展所能承载的压力和可开拓的支撑潜力进行识别或预测。生态经济系统诊断，则着眼于从资源环境与社会经济协调发展角度，揭示生态与经济之间的相互机制，评判系统的功能和演化态势。

（4）总体目标和分阶段目标。在上述工作的基础上，编制社会、经济和环境协调发展的总体目标和分阶段目标。同时，也要根据区域生态环境的基本特征、资源特色和地方需求，确定规划拟解决的主要问题，确立规划的重点建设领域和方向。

（5）区域生态规划的编制、审查。

（6）实施。

1.4.2　规划的基本内容

根据我们多年来的研究实践，制定区域生态规划应按以下基本内容框架实施：

1. 总纲

（1）前言

（2）性质、功能及规划目标

（3）规划依据、标准

（4）技术方法

2. 概况

（1）生态环境基本特征

（2）社会、经济现状

（3）优势与制约因素分析

3. 生态承载力分析

（1）生态承载力分析

（2）生态经济的系统诊断

4. 生态功能区划

（1）指导思想与原则

（2）区划方法

（3）指标体系

（4）生态功能区划系统

（5）分区规划

5. 主要规划内容（各地可不相同）

（1）生态经济规划

（2）城市生态规划

（3）农业景观或土地利用结构调整规划

（4）地表水体（湖泊、河流）生态修复和建设规划

（5）生态农（林、牧）业和有机农牧产品基地建设规划

（6）自然保护规划

（7）生态文明和城市形象规划

（8）敏感区（海岸带、河口、岛屿、湿地等）生态修复与建设规划

（9）生态旅游规划

（10）环境质量控制规划

6. 重点工程（配合主要规划内容的实施）

7. 生态环境管理信息系统的建立

8. 规划的保证体系

9. 经费概算与效益分析

1.5 实施区域生态规划的支持与保证

（1）纳入地方国民经济和社会发展计划。区域生态规划是环境保护与社会经济协调发展规划，是宏观战略性规划，是落实"环境保护"基本国策的规划。它强调实行生态保护和污染控制双赢战略，重视在产业结构、土地利用结构调整中，落实生态保护和污染防治。既为地方寻找和确定新的经济增长点，也旨在从源头上解决环境衰退问题，促进区域社会经济步上可持续发展的轨道。因此，这个规划不是政府某一部门的行业规划，而是地方社会经济发展综合决策的基础性规划，所以，只有纳入地方社会经济发展战略规划中才能发挥它的优势和作用。

（2）加强领导和管理。由区域生态规划的性质所决定，区域生态规划的编制和建设必须由地方政府承担，由地方政府的一、二把手负责，组织政府各部门成立领导小组，并将分阶段规划目标落实到各级行政部门负责人的政绩考核中去。

（3）给予规划相应的法律地位。规划成果经评审通过后，要由地方人民代表大会或大会的常务机构审定并公布实施，使区域生态规划具有相应的法律地位，以利于各届政府落实。

（4）落实建设资金。主要建设内容和重点工程确定后，地方政府要落实资金渠道，保证项目实施。

（5）技术支持。随着社会发展和科技进步，应注意借助地方和社会上的科技力量推动各项规划内容和建设工程的实施，并适时对规划内容做必要的修改和完善。

（6）公众参与。区域生态规划涉及广大群众的切身利益，要及时向公众公示规划和建设的主要内容，听取各方面意见，完善规划，并得到公众们大力支持和积极参与。

第 2 章　区域生态规划理论

2.1　景观生态学与生态规划

2.1.1　基本概念

景观定义为：一个空间异质性的区域，由相互作用的拼块（Patch）或生态系统组成，以相似的形式重复出现。由定义可知，景观是高于生态系统的自然系统，是生态系统的载体。生态系统是相对同质的系统，而景观是异质性的。异质性（Heterogeneity）是一个重要概念，后面的章节将着重给予讨论。

可见，景观是一个清晰的和可度量的单位，有明显的边界，范围可大可小，它具有可辨别性和空间上的可重复性，其边界由相互作用的生态系统、地貌和干扰状况（Disturbanceregime）所决定。

景观生态学着重研究景观的三个特征：

结构——具体生态系统或存在"元素"的空间关系，主要指与生态系统的大小、形状、数量、类型及构形相关的能量、物质和物种的分布。

功能——指空间元素之间的相互作用，即物质、能量、物种在生态系统间的流动。

变化——生态镶嵌体的结构与功能随时间的变化。

1. 景观结构

景观是由景观元素（Landscape Element）组成，景观元素（或称景观结构组分）是地面上相对同质的生态要素或单元，包括自然因素或人文因素。从生态学角度看，景观元素可以看成是生态系统。景观元素一般能在航空照片上辨认出来，宽度一般在 10m 到 1km 或者更大。

景观元素有三种类型：拼块、廊道和模地。

（1）拼块

拼块是一个在外观上与周围环境明显不同的非线性地表区域。它的大小、形状、类型、异质性、边缘等重要性状有很大差别，它像天空中的一朵云，或嵌花路面上的石子一样嵌在模地之中，与周围地区有不同的物种结构和成分。一般来说，拼块是物种的集聚地，可以是生物群落，但也有一些拼块是没有生物群落或主要含有微生物的拼块。

景观中的拼块一般都存在四个方面的特征：①每种群落类型的拼块数目；②每一个拼块的产生机理；③每一个拼块的大小；④每一个拼块的形状。然而，只了解这四个方面的情况还不够，我们不能忽视拼块群在景观空间的排布情况。它们的空间分布对能量、物种的流动有重要影响。

从干扰与拼块的相互关系中可以得出这样一个有趣的结论：拼块越多，干扰越容易扩展，干扰的扩展使拼块减少；拼块越减少，干扰越不易扩展，拼块就得到发育而增多，干扰又变得容易扩展，如此循环形成一个负反馈系统。当拼块密度和干扰等级都在一定范围内振荡时，系统就稳定下来。景观稳定性是一个重要问题，反馈系统对景观结构特征的影响是极其重要的。

（2）廊道

廊道是指不同于两侧模地的狭长地带，可以看作是一个线状或带状的拼块。廊道可以是一个独立的带，但经常与有相似组分的拼块（至少在一端）相连。例如一个树篱可能完全被田野或空地包围，但更常见的是连接着一块林地。景观具有双重性质，一方面被分割成许多部分（或组分），另一方面又被廊道连接在一起，所以廊道在很大程度上影响景观的连通性，也在很大程度上影响着拼块间物种、矿物质和能量的交流。廊道最显而易见的作用是运输，例如运河、铁路、公路可以使人和物质越过景观。廊道还起保护作用，如防风林带、树篱等。廊道也能提供资源（如薪材）和作为饲料（树的嫩枝条等）。如果没有廊道那后果是十分严重的，这一点很容易预见。

廊道产生的机理与拼块相同。带状的干扰一般可以产生干扰廊道，如铁路、线状伐木；来自周围模地上的干扰产生的残存廊道，如树木砍伐后残留下的林带；空间环境异质性产生环境资源廊道，如河流，防风林带则是种植廊道。廊道的持续性或稳定性与其产生的机理相关，环境资源廊道，如河流，是相对长期的，而线状伐木作业这样的干扰廊道则是短期的，因为树木很快会重新生长起来。影响廊道持续性的另一个重要因素是人的管理维护，例如人们会多次给公路两侧的林带喷施农药，以保护林带的繁茂。这类廊道的构筑、维护和使用取决于人类长期输入能量，即不仅需要消耗人体生物能量，而且还需要输入化学能量。

（3）模地

模地是景观中的背景地域，是一种重要景观元素类型，在很大程度上决定着景观的性质，对景观的动态起着主导作用。不同景观中的拼块、廊道和模地的比例以及排布状况极其不同，模地是范围广阔、相对同质的景观元素，具有自己的特征，其原理与拼块不同，它是面积最大、连通性最强的景观元素。

判断模地的三个标准：

相对面积（Relative area）——景观中某一类元素明显地比其他元素占有的面积大得多，可以据此来推断这种元素是模地。模地中占优势的物种在景观中也占优势。模地对景观中的"流"往往有控制作用，例如沙漠中的绿洲不断受到来自周围沙漠模地热气的侵入使其干燥。在介绍拼块的章节中，我们曾强调拼块的面积对其内部动、植物物种的多样性有重要影响。模地的情况也是这样，面积是表现模地在景观中作用的重要参数。因此，我们采用模地的相对面积作为定义模地的第一标准。一般来说，模地的面积超过现存其他类型景观元素的面积总和。假如一种景观元素覆盖了景观的 50% 以上的面积，就可以认为它是模地。但如果各种景观元素的覆盖面积都低于 50%，则将要由模地上的其他特性来决定模地，有的均匀，有的不均匀，这一特征提示我们模地面积不是辨认模地的唯一标准，模地的空间分布状况也是其重要的特性。

连通性——树篱景观是一个用相对面积作为标准判定模地的容易产生失误的例子。树篱网覆盖一般只占总面积的 1/10 以下，因此直观上使人怀疑树篱网是不是模地。但是，由于树篱以网状包围了田野，它构成了单一的连续地域。为了准确描述模地的这一特性，使用了数学的连通性原理，也就是说一个空间假如没有被与周边相接的边界穿过，它就是完全连通的。一个景观元素的高度连通性具有如下作用：

第一，这个元素具有隔离其他元素的物理屏障功能，对于阻断两种元素间风灾、火灾的传播是一个有效的物理、化学和生物屏障。

第二，当这些细而长的带相互交叉连接时，它具有系列廊道的功能，有利于物种间的迁移和遗传基因的交换。运输理论和运动地理学理论是对在这些交连廊道上的运动进行分析的空间和数学基础。

第三，这种元素包围其他景观元素形成孤立的生物"岛屿"。例如田野可以使老鼠、蝴蝶和三叶草种群由于被分离而在基因上有所不同。

因此当一种元素完全连通，并包围着其他元素，它就是模地。但模地常常不是完全连通的，而被分割成几段，因此，要慎重地分析景观中的元素。在有林地和住宅区的农业区，其种植地区是模地，它可能是单一的景观元素，如大面积的种植小麦。然而，如果物种不单一，例如有水稻、木薯和香蕉混杂，就形成了异质性模地。当然，有些人认为这是不同类型的景观元素，而另一些人认为是同一类型，这要根据分析的目标来决定。

可见，判别模地的第二条标准是连通性的高低。模地比其他任何景观元素连通程度更高。

动态控制——对树篱网的进一步分析使我们理解到判定模地的第三个标准是动态控制。树篱网由先锋种（如樱桃）及后来的种（如栎树）混合构成时，它是高度动态的。有翅的种子从篱笆上被风吹落到附近的田野中，鸟和哺乳动物吃树篱上结的果子，将种子带到景观的各个地方，因此树篱起了一个物种源的作用，把整个景观引向可能达到的某种稳定状态或发生其他变化，这样模地发挥了景观的动态控制作用，提供了向未来景观发展的动力。

2. 景观的功能

景观的功能就是景观元素之间的相互作用，即能量流、养分流和物种流都可以从一种景观元素迁移到另一种元素，没有一个是静止的。通过大量的"流"，一种景观元素对另一种景观元素施加着控制作用，"流"的产生是由于景观元素之间的差异性。研究异质性景观中不同组分在时间和空间上的相互作用，研究能量与物质的交流，研究异质性对生物和非生物过程的影响是景观生态学研究的核心内容之一。

（1）景观间流的运动机制

通过景观的流有三种：①能量流（包括热能和生物能）；②养分流（包括无机物质、有机物质和水）；③物种流（包括各种类型的动植物以及遗传基因）。当这些"流"超常量流动时，就会成为一种干扰因素，导致景观中生态系统或者生物群落发生变化。

（2）空气流和土壤流

在景观的规划和管理中必须评价的流有三种，即空气流、地面流和土壤流。

对空气流和土壤流的运动特征进行分析发现，有两种空间运动模式，一种是连续运动（Continuous movement），即不存在运动速度为零的状况，其速度可以是匀速的、加速的或者是减速的。例如热量被风携带连续运动越过景观，再如在有纵向冲沟的陡直山坡上雨水将泥沙从山上直接冲刷到河谷之中。可是，如果山坡上修筑了梯田，或者在等高线上种植了许多树木，山上的泥沙在每次大雨之后一般只移动了一段距离，多次冲刷才能到达河谷之中，这种有间歇和停顿的运动模式叫作跳跃运动（Saltatory movement），这种运动的重要特征是"流"与停顿地点的物质相互间发生了关系。例如土壤流在这些点上为当地的植物提供了矿物营养，也可能把那里的种子和小动物埋住。这两种运动形式的差别在于景观结构的异质性。异质性的增强使得：①运动由连续状况变为跳跃状况；②运动中的停顿点越多，流的物质与沿线环境之间的相互关系就越密切；③速度降低（原因之一是需要越过更多的边界），运动时间从数小时延长到数十年乃至数世纪。可见景观的结构与功能是密切相关的。

（3）物种流

物种流，即动、植物越过景观的运动。影响运动有两方面的因素。一是取决于廊道、障碍和拼块等结构因素。在趋于同质性的地区，这种流有较稳定的运动速度，并且是连续运动。而当动物从一种景观元素进入另一种景观元素时会发生变速或者停顿；二是取决于运动的方向，景观元素是有利于运动还是障碍运动。所以，为了分析物种运动，首先需要分析景观的异质性程度和景观中的对比度。

动、植物的运动同样分为连续运动和跳跃运动。但作为物种的扩散，在跳跃运动中存在两种停顿类型。当一个生物体滞留一个短的时期后继续运动叫作休息停顿；相反，一个生物体移动到一个地点后能成功地生长繁殖，叫中途站，这种停顿的重要性是物种利用了那个地点成功地繁殖了个体，扩散了它的干扰，使那里成为传播该物种的新源。南美北部的一些植物种，可能就是以一系列岛屿为中途站，越过加勒比海进行传播的。相反，休息停顿仅是物种的一个临时处所。例如一只豹子在越过稀树草原时，趴在树上做短暂休息。

成功的植物靠果实和种子的传播，可以将一个物种传送到很远的地方。因此，植物是通过繁殖体扩散，依靠物质流和移动力迁居到新地点的。风和水都可以带走果实和种子，动物的皮毛、羽毛、肠胃也可以把种子带到很远的地方，传播动力的多种多样使得散布模式不同。长距离的传播意味着越过几个景观，如椰子可以漂过大海，野鸭的蹼和羽毛携带的种子可以越过数千公里。短距离的传播是在数米到数百米之内，例如一些重量大的种子被短距离运动的动物携带。植物传播距离无论远近，都存在三种模式。

一是植物种的分布边界在短期发生波动。这是由于环境条件的周期性变化引起的，例如降雨、气温变化造成物种在小范围内局部变化。

二是长期环境条件的变化，使物种灭绝、适应或迁移。例如自最近的冰川期以来，许多树种适应了气候变化越过温带地区存活下来。

三是非本地种（外来种、入侵种等）成功地移植到新的地区，广泛繁殖和传播。这种扩展有时像病虫害一样发展迅速，例如仙人掌的入侵毁灭了澳大利亚的主要放牧地区。

（4）景观的功能

在上述景观元素间的相互作用的研究基础上，本节将讨论"景观是如何发挥功能的"？主要涉及廊道、模地和拼块的功能特征。

① 廊道与流

廊道的功能可以概括为四个方面：

——它是某些物种的栖息地。无论线状廊道还是带状廊道都存在着边缘种，宽的廊道还存在内部种。廊道是有别于模地和拼块的生境，因此廊道上的物种也有别于模地或者拼块。

——它是物体运动的通道。例如河水沿河道流淌，车辆、行人沿公路运动。动、植物是沿廊道运动的主要物流，如树篱可以帮助动、植物越过景观。当廊道存在时，干扰（如火与虫害）会沿廊道运动，扩大干扰的范围。有时与拼块相连的廊道好似细脖瓶颈，人们在那里可以有效地控制某些干扰继续扩大。

——屏障或过滤效应。比如人们种植灌木树篱的主要目的是为了保护农田和房舍，阻止动物侵入。而河流廊道的树林对水分和养分有重要的过滤作用。树篱对某些动物是通道，而对另一些动物则是障碍。例如宽的河流可能是障碍，甚至可以造成两岸狐狸种群差异。宽的廊道有利于沿廊道运动而不利于穿越廊道的运动，窄的廊道则利于穿越而不利于沿廊道的运动。

还有一点应引起注意，即廊道结构中的中断。中断阻挡了沿廊道运动的动物的前进，但对于某些把廊道视为屏障的物体，中断则有利于它们通过景观。

——廊道还是一个对周围模地产生环境和生物方面影响的源。例如一条公路穿过田野，它就成为向周围排放尘土、污染物、热能的源。树篱上存在许多田野里所不具有的物种，甚至是森林的内部种，借助于风和动物的传播也可以散布到田野中去。

廊道的上述四种功能均包括物种流，后两种还包括了能量流和养分流。

② 模地和流

模地的下列七种特征影响着流。

——连通性。在连通性高的模地中，不存在或很少存在阻挡物体运动的屏障。空气流形成的风把热量、灰尘和种子带过景观，而火灾和虫害的扩散也不受阻挡。因此人们常在火灾多发区设置防火障，在森林繁育时注意多物种团块式混交。前者是为了降低连通性防止火灾蔓延，后者除具有一定的防火功能外，主要是为了防止虫害扩散。模地的高连通性有利于保护那些不能越过窄廊道的内部种。可以推测，在高连通性的模地中，运动的平均速度高，缺少屏障，基因变化较小，种群差异小。

——景观的阻抗。即影响物体运动速度的结构特征，由 4 种因素造成。其中 2 个是边界特征：（a）穿越边界的频率，由于水、风和移动力造成的运动一般越过边界较慢，所以它们是比较容易测定的指标；（b）边界的不连续性，也就是说边界是突变的或是渐变的，都使流的速度改变。突变比渐变的边界对动、植物的运动有更大的阻力。热量流、水流等可以顺利地通过不连续边界。另外的 2 种因素为：（c）适宜性，即景观元素是否适合于物体的运动，同一景观元素对不同的物体或物种运动的适宜性等级不同。（d）每一个景观元素的总长度，这是比较容易测定的。

——狭窄（地带）。物体的运动会受到模地宽度的影响。模地有的地方很窄，物体运动速度会因此发生变化。风和流经狭窄处，由于有文氏效应，速度会变快。所以在峡谷的出口处风速变大了。相反，当大队人马涌入峡谷时，速度变慢，须滞留较长时间。这说明靠迁移力运动的目标遇到狭窄处一般速度变慢。狭窄处犹如一个瓶颈，对于流十分重要，而且正如廊道中的中断一样。狭窄处邻近一小块区域有特殊的意义，应该引起管理和规划者的注意。

——孔隙率及拼块间的相互关系。与高连通性相反，高孔隙率模地上有许多拼块，对物体通过模地造成了或大或小的影响。影响的大小取决于流的性质。如果拼块是不宜通过的，例如当食草动物要通过拼块，而那里隐藏着食肉猛兽，这些食草物就会放慢速度，时走时停，表现不安。如果拼块是适宜于通过的，则高孔隙性的模地适合以跳跃方式通过景观。

相似拼块间的相互关系等级取决于它们之间的距离。对于有些种类的流，拼块的面积对相互间的作用也很重要。

——影响范围。是受一个特定结点或拼块影响的区域。影响的强度随与拼块的距离而改变。人口密集的城市中心受影响的范围可能指交通网和污染物影响的区域。对于某一个确定的拼块，其影响范围的大小还随流的种类不同而不同。根据运动物体产生明显影响的距离，应分出高等、中等和低等流。对高等流来说，大结点附近的小结点与大结点相比没有明显的影响。相反，对低等流，即使小结点也能产生较大的影响。对每一种特定类型的流，都可以确定不受影响区。其中，对高、中等流来说，可以没有不受影响地区，而对低等流则存在不受影响地区。用这种方法可以研究物种疏散、裸地上尘土和热量的流动以及污染物的扩散。研究发现，不同的空气污染影响的范围不同，其中 SO_2 致毒水平的扩散不过 1km，而属高等流的氧化锌可以扩散数 km，致使大面积植被受害。

——半岛交指状景观的影响。两种元素边缘成交指状连接的格局是景观中常见的，如植被成枝状嵌入河滩，农田与林地交错等。

这类景观中，由于有来自两种元素中的物种，因而交指区中部的物种多样性丰富。在狭窄的半岛中物种多属边缘种，内部种主要集中在交指地带两旁的同质地带。越过这部分景观的物体速度取决于流的方向。如果与指状部分同向，由于越过边界的频率低，则平均速度高，若与指状部分垂直，由于越过边界频率高，则平均速度低。

——流的取向。拼块的形状很重要，它影响景观的生态特征和拼块中的物种。造成这种相关性的关键因素在于景观元素的空间结构与流的空间取向间相互作用的角度，拼块的长轴与物流方向平行、垂直或成一定角度。

物种流的方向与拼块取向成直角时比平行时能有更多的生物个体迁出（入），受风的影响，小环境的气候变化更大。流的空间取向原理可应用于景观的规划和管理之中。

——距离。在景观生态学中常用的距离概念是时间距离，即以时间单位分钟、小时、日、月、年来衡量距离的长短。因为两点直线距离虽很短，但常有运动障碍，为了找到一条能最快运动的路线，必须进行典型运动，例如鱼要逆流而上时，它不是直迎水流方向，而是走"之"字路线，能最快到达目的地。同是两点之间，方向不同时最短的路线也不相同，鸟类迎风和顺风飞的路线不同就是一个明显的例子。

(5) 景观生态学原理

福尔曼和弋德伦（1986）通过对景观的结构、功能和动态的研究，提出了7条景观生态学原理，现引述如下：

① 景观结构与功能原理。景观是异质性的，物种、能量和物质在拼块、

廊道及模地之间的分布表现出不同的结构。因此，物种、能量和物质在景观结构组分之间的流动方向不尽相同而表现出不同的功能。

在景观尺度上，每一个独立的生态系统（或景观元素）可看作是一个有相当宽度的拼块、狭窄的走廊或者模地。生态学对象如动物、植物、生物量、热能、水和矿物养分等在景观元素之间是异质性分布的。景观元素在大小、形状、数目、类型和构型方向又是变化的。确定这些空间分布是为了认识景观结构。生态学对象在景观元素间是连续运动或流动的。确定和预报这些景观元素之间流或相互作用，就可以了解景观的功能。该原理为多种学科研究景观提供了通用术语和框架。

② 生物多样性原理。景观异质性可以降低稀有内部种的丰度，增加边缘种及要求两个或两个以上景观组分（生境）的动物种的丰度，并提高总体物种潜在的共存性。

景观异质性程度高，一方面造成少数大拼块，因而依赖于大拼块的稀有内部种减少了；另一方面含有边缘种的边缘生境数量增多，也有利于那些需要附近有一个以上生境觅食、栖息和繁殖的动物种类生存。由于许多生态系统类型的存在，且各自都有不同的生物群或物种库，因而景观的总的物种多样性就高了。

③ 物种流动原理。物种在景观元素之间的扩张和收缩既影响景观的异质性，也受景观异质性的制约。

景观结构和物种流动在反馈环中联系起来，造成景观元素的自然或人类干扰，可以减少敏感种的分布，有利于其他物种进入干扰区。同时，种的繁殖和传播可以消灭、改变和创造整个景观元素。异质性是引起物种移动和其他流动的基本原因。

④ 养分再分布原理。矿物养分在景观元素之间的再分布速率随这些元素中的干扰强度增强而增加。

矿物营养可以在一个景观中流入或流出，或者被水、风和动物从景观中的一个生态系统带入另一个生态系统，重新分布。一般来说，干扰（特别是严重干扰）可能破坏生态系统内矿物养分的保护或调节机制，这就促进了养分向邻近或其他生态系统传输。

⑤ 能量流动原理。热能和生物量通过景观中的拼块、廊道和模地的边界速率随景观异质性的增加而增大。

随着空间异质性的增加，会有更多的能量流越过景观中景观元素的边界。

设想一下，左边涂成红色，右边涂成黑色的大方块与（相同面积）的红、黑小块相间的棋盘相比，后者具有高得多的周长面积比。异质性棋盘样的景观的情况正是这样。由于边界总长度大，能量流速高；并且通过单个边界的流来自邻近多个拼块，累积效应也使能流速率高。例如空气越过具有许多小拼块的异质性景观时会出现湍流现象。如果景观中易于风穿过的边缘生境比例高，风就很容易穿透。在风的作用下，热能很容易从一种元素被带到另一种元素中。此外，有许多小拼块的景观中边缘种比例高，它们频繁来往于边界上，而食草动物则输送着植物物质。

⑥ 景观变化原理。在无干扰条件下，景观的水平结构逐渐趋向于均质化；中度干扰将迅速增加异质性；而严重干扰则可能增加，也可能减少异质性。

景观的水平结构把物种、能量和物质同拼块、廊道及模地的大小、形状、数目、类型物构型联系起来。在干扰后植物的移植、生长，土壤的变化以及动物的移居等过程可以产生均质化效应。但由于每一个景观元素变化速度的不同，并不断有新的干扰的介入，一个均质化景观是永远也达不到的。在景观中，中度的干扰常常可以建立更多的拼块或廊道；严重的干扰可能消除许多拼块和廊道，例如形成均质的沙地景观，或者均匀的植被被破坏而露出异质性的基岩。

⑦ 景观稳定性原理。景观镶嵌体的稳定性可能以 3 种明显的不同方式增强：（a）趋向于物理系统稳定（以缺少生物量为特征）；（b）受干扰后的迅速恢复（存在低在生物量）；（c）对干扰的较高抗性（通常存在高生物量）。

景观的稳定性与景观对干扰的阻抗和干扰后的恢复能力有关。每个景观元素有它自己的稳定等级，因而景观总的稳定性反映每种景观元素所占的比例。实际上，当景观元素中不存在生物量时，如公路和裸露沙丘，由于没有吸收太阳光的光合作用表面，这样的系统可以迅速改变温度和热辐射等物理特性；当存在低生物量时，该系统对干扰有较小的抗性，并可以在干扰后迅速恢复，如耕地就是这样的情况；当存在高生物量时，像森林系统那样对干扰有高的抗性，但恢复缓慢。应该注意的是，生物量不仅有光合作用表面，也包含有与保护、生长、繁殖有关的巨大数量的无机物与有机物。

这 7 条原理中，前两条涉及了景观的结构，中间三条涉及了景观的功能，后两条涉及了景观的变化。这些原理已被大量直接或间接的证据所证实。但这并不是结论性的论据，还有待于进一步修正和检验。它们揭示了景观生态学领域的主要论理，在较大范围内有预测能力，可以应用于任何景观的研究。

对景观的结构、功能和变化的研究思路，是从简单的概念中引出重要的原因，体现了融合水平和垂直双向研究的特点。即对异质性的研究，拼块在景观中的分布规律（空间格局），拼块的形状、大小、分布和位置等的研究是属于水平方向的研究；而拼块间的关系（边缘效应），即边界的形状、长度对景观元素间流的影响等则具有垂直研究的特点。这些分析加深了人们对生物和非生物过程的认识，为景观的动态研究提供了有益的资料，可以建立预测景观变化的模型，为人类更明智地规划和管理景观提供了科学根据和指导。

景观生态学有着广泛的应用领域。由于它吸收了一般的系统理论、控制理论、耗散结构理论、生态系统理论、生物地理学理论等多学科的理论和观点，又处于正在形成的过程之中，研究的角度和观点的多种多样是正常的。采诸家之长无疑是有益而又困难的事。Risser 等 1984 年根据 1983 年在美国伊利诺伊州举行的"景观生态学研讨会"的讨论结果，提出了景观生态学的 5 条原理，现介绍如下：

其一，空间格局与生态学过程之间的关系并不局限于单一的或特殊的空间尺度和时间尺度。

其二，对景观生态学在一个空间或时间尺度上的问题的理解，也许会受益于对格局作用在较小或较大尺度上的试验与观察。

其三，在不同的空间和时间尺度上，生态学过程的作用或重要性将发生变化。因此，生物物理过程在确定局部格局方面 也许相对来讲是不重要的。但对区域性格局可能会起主要作用。

其四，不同的物种和物种类群（如植物、食草动物、食肉动物、寄生虫）在不同的空间尺度上活动（生存），因此，在一个给定尺度上的研究对不同的物种或物种类群的分辨性可能是不同的。每一种物种对景观的观察和反应是独特的。对于一个种来说是同质的拼块，也许对于另一个种来说则是相当异质性的。

其五，景观组分的尺度是由具体的研究目的或确切的经营问题的空间尺度或大小来定义的。假如一个研究和经营问题主要涉及一个特定的尺度，那么，在更小尺度上出现的过程与格局并不总是可以被察觉的，而在更大尺度上出现的过程与格局则可能被忽略。

这 5 条原理强调了尺度的重要性，这对我们的研究很有启示。在前面的章节中我们已经指出空间格局随观察尺度而变化。景观生态学强调研究尺度的作用，这是因为：① 不同过程是在不同的尺度上发展和作用的；②多样性、异质性等许多概念都与观测尺度有关。因此，不可随意将一种尺度下的研究结论推广到另一种尺度上。等级系统组织是在尺度概念的推广应用下产生的，对景观生态学的研究有重要意义。

自 20 世纪 60 年代以来，现代生态学原理与地理学理论互相渗透，促进了景观生态学的产生和发展。相关学科的重要贡献使我们进一步确认了研究景观异质性的重要性，它已成为环境科学、资源管理、自然保护等多门类学科的理论基础之一。通过景观生态分析、评价、设计及景观生态建设，该学科可以在国土整治、环境保护、资源开发等方面得到广泛的应用，也是区域生态规划的基础理论之一，具有广阔的发展前途，因而越来越引起人们的重视。

2.1.2　生态完整性

1. 关于生态完整性

生态完整性是地球上所有自然系统维护生态功能与过程在一定幅度的生态学的基本性质。在区域生态规划中，生态完整性的维护情况和敏感生态问题的保护情况是区域生态规划和建设成功与否的重要指标，是生态可持续的判定标准。生态完整性是一个综合性指标，准确度量涉及参数多，模型变化大，要涉及生态、社会、经济的各个方面，用一个模型模仿千变万化的自然系统，不仅不准确，而且往往会发生误导。但由于生态完整性主要用于生态可持续的度量，因此可以选择生命系统中综合性最好的指标来予以度量。

2. 生态完整性的判定包括生产能力和稳定状况

自然资源开发建设的实施，由于会影响到区域生态完整性，因而，该区域（或景观，或生态系统）的生产能力和稳定状况将发生改变。当内外干扰过大，超越了生物的修补（调节）能力时，该自然系统将失去维持平衡的能力，由较高的自然等级衰退为较低级别的自然系统（如由绿洲衰退为荒漠），可见自然等级体系中生物组分的生产能力和抗御内外干扰的能力是生态完整性维护状况的判定指标。

（1）生物生产力的度量

生物生产力是指生物在单位面积和单位时间所产生的有机物质的数量，亦即生产的速度，以吨/hm²·年或吨/亩·年表示。目前，全面地测量生物的生产力，还有很多困难。我们以测定绿色植物的生长量来代表生物的生产力。

绿色植物的生长量，是指植物体系一定期间内所增加的贮存量。若将同一

期间内植物的枯死脱落损失量及被食草动物吃掉的损失量与生长量相加，则得
到此期间的净生产量。若将同一期间植物呼吸作用所消耗的物质量与净生产量
相加，则得此期间的总生产量。即总生产量是指绿色植物在一定期间内通过光
合作用所产生的有机物质的总量。它们之间的关系，可用下式表达：

$P_g = P_n + R$

$P_n = B_g + L + G$

式中：

P_g—总生产量

P_n—净生产量

R—呼吸作用消耗量

B_g—生产量

L—枯枝落叶损失量

G—被动物吃掉的损失量

一般所称的生产量是指净生产量。生产量与生长量常以年作为计算单位，
故生产量与年生产量，或生长量与年生长量，往往作为同义语使用。单位面积
的植物生产量，则是植物的生产力。绿色植物的生产力是生物生产力的基础，
而其生长量是生物生产力的主要标志。在进行生态规划时，测定生长量比较麻
烦，因此给出了生物量这一指标，作为规划的指标。

生物量是指一定地段面积内某个时期生存着的活有机体的数量。它又称现
存量，是用来表示"量"的概念，而与生长量或生产量用来表示"生产速度"
的概念不同。只有最大的生物量，才能保证最大的生长量。

生物量是衡量环境质量变化的主要标志。生物量的测定，采用样地调查收
割法。

样地面积：　　　森林选用 1000m²，

　　　　　　　　疏林及灌木林选用 500m²，

　　　　　　　　草本群落或森林的草本层选用 100m²。

样地选择以花费最少劳动力和获得最大精确度为原则。森林样地确定后，
依次测定全部立木的高度、胸高直径等项目，草本及灌木层，测定各种类成分
的高度、盖度、频度等，然后分别按不同植被类型确定其生物量。

判定的标准：

☆ 世界上主要自然系统第一性生产力和生物量（参见表 2-1-1）

☆ 在对本地自然系统进行调查的基础上，测算出生物量的背景值。

表 2-1-1 地球上生态系统的净生产力和植物生物量

(按生产力次序排列)

生态系统	面积 106 km²	平均净生产力 (克/m²/年)	世界净生产量 10⁹ 吨/年	平均生物量 (公斤/m²)
热带雨林	17	2,000	34	44
热带季雨林	7.5	1,500	11.3	36
温带常绿林	5	1,300	6.4	36
温带阔叶林	7	1,200	8.4	30
北方针叶林	12	800	9.5	20
热带稀树干草原	15	700	10.4	4.0
农田	14	644	9.1	1.1
疏林和灌丛	8	600	4.9	6.8
温带草原	9	500	4.4	1.6
冻原和高山草甸	8	144	1.1	0.67
荒漠灌丛	18	71	1.3	0.67
岩石、冰和沙漠	24	3.3	0.09	0.02
沼泽	2	2,500	4.9	15
湖泊和河流	2.5	500	1.3	0.02
大陆总计	149	720	107.3	12.3
藻床和礁石	0.6	2,000	1.1	2
港湾	1.4	1,800	2.4	1
水涌地带	0.4	500	0.22	0.02
大陆架	26.6	300	96	0.01
生态系统	面积 106 km²	平均净生产力 (克/m²/年)	世界净生产量 10⁹ 吨/年	平均生物量 (公斤/m²)
海洋	332	127	420	1
海洋总计	361	153	53	0.01
整个地球	510	320	162.1	3.62

(资料来自 Smith，1976)

※ 奥德姆（Odum，1959）根据地球上各种生态系统总生产力的高低划分为下列四个等级：

a. 最低：荒漠和深海，生产力最低，通常为 0.1 克/m²/天或少于 0.5 克；

b. 较低：山地森林、热带稀树草原、某些农耕地、半干旱草原、深湖和大陆架，平均生产力约为 0.5~3.0 克/m²/天；

c. 较高：热带雨林、农耕地和浅湖，平均生产力为 3—10 克/m²/天；

d. 最高：少数特殊的生态系统（农业高产田、河漫滩、三角洲、珊瑚礁、红树林），生产力约 10—20g/m²·天，最高可以达到 25g。

（2）生态体系稳定状况的判定

自然等级系统，包括景观和生态系统的稳定和不稳定是对立统一的，由于各种生态因素的变化，生态系统处于一种波动平衡状况。生态系统随时间的变化曲线可用 3 个参数表示其特征：

一是总趋势（上升、下降或持平）；

二是围绕总趋势的相对波动幅度，可以年变化率表示，按大小分等级；

三是波动的韵律，系指小的波动的周期变化，可分为规律或不规律两种。

这三个要素的排列组合可产生 12 种基本模式（如图 2-1-1 所示）。

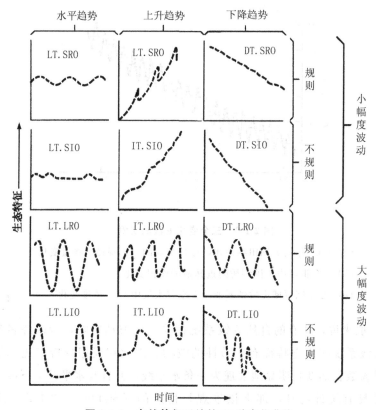

图 2-1-1　自然等级系统的 12 种变化曲线

（引自 R. Forman，M. Godron，1986）

① 图示显示，水平趋势多呈现波动平衡状况，自然等级系统稳定在某一中心位置。而上升和下降则应进行具体分析，如波动的是有害参数，如 SO_2、NO_x 的浓度值，则下降有利于该自然系统维持生态平衡，而下降的如果是植物净生产能力，则显示该自然等级系统处于退化状况，甚至超过生态

承载力阈值。图 2-1-2 给出了三种变化曲线实例。验证了我们对变化曲线的分析。

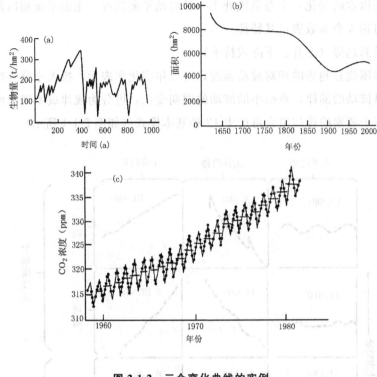

图 2-1-2 三个变化曲线的实例

(a) 1000 年间美国田纳西州阿巴拉契亚的硬木森林生物量变化

(b) 4 个世纪中英国剑桥附近林地的面积变化

(c) 22 年间夏威夷冒纳罗亚山上空气大气中 CO_2 浓度变化

② 一般来说，所有的自然等级系统都受气候波动影响，所以许多参数显示自然等级系统的生态特征有季节性的波动。因此在我们分析上述变化曲线时，如果参数长期变化明显地表现为一条水平线，并且其水平线上下波动幅度和周期性具有统计特征，那么该景观是稳定的（Stable），如 LT－SRO 和 LT－LRO 曲线。

③ 如果一个小的环境变化就使系统不再围绕中心位置摆动，它具有不稳性（Instability）。

④ 有两类不稳定状态：一种是系统在干扰之后达到一种新的可预测的波动状态，是亚稳定平衡；另一种是没有出现可预测的新的波动。也就是说，不稳定态不是暂时的就是永久的。

自然系统的稳定性包括两种特征，即阻抗和恢复，这是从系统对干扰反应的意义上定义的。

阻抗是系统在环境变化或潜在干扰时反抗或阻止变化的能力，它是偏离值的倒数。偏离值愈大意味着阻抗愈低。

恢复（或回弹）是系统被改变后返回原来状态的能力，用返回所需要的时间来衡量。

（1）恢复稳定性的度量

自然系统是由具备不同稳定性和不稳定性的元素构成。有三种基本的稳定元素类型：

① 最稳定元素，如岩石露头、道路等，它们具有物理系统的稳定性，光合作用的表面积极小，储存于生物体中的能量也很少。

② 低亚稳定性元素，代表恢复稳定性，有较低的生物量和许多生命周期短但繁殖快的物种和种群。

③ 高亚稳定性元素，代表阻抗稳定性和恢复稳定性，具有较高的生物量和生命周期较长的物种和种群，如树木、哺乳动物。

第一种元素是封闭系统，而第二、三种属于开放系统。

因此，对自然系统恢复稳定性的度量，是采取对植被生物量进行度量的方法来进行的。

（2）阻抗稳定性的度量

阻抗稳定性与高亚稳定性元素的数量、空间分布及其异质化程度相关密切。

异质性（Heterogeneity）是指在一个区域里（景观或生态系统）对一个种或者更高级的生物组织的存在起决定作用的资源（或某种性状）在空间或时间上的变异程度（或强度）。景观以上的自然系统都需要有高的异质性，异质性使人类生存的自然系统具有长期的稳定性和必要的抵御干扰的柔韧性。人类社会需要利用自然系统中所固有的异质性，并且提高自然系统的异质化程度。

景观以上等级的自然等级系统的异质性是时间异质性和空间异质性，是多维空间异质性，是时空耦合异质性。空间异质性带有边缘效应，与该系统功能状况相关密切。由于异质性的组分具有不同的生态位，给动物物种和植物物种的栖息、移动以及抵御内外干扰提供了复杂和微妙的相应利用关系。

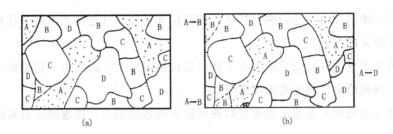

图 2-1-3 异质性降低示意（A、B、C代表了3种建种群）

异质化程度高时，当某一特定嵌块是干扰源时，而相邻的嵌块就可能形成了障碍物，这种内在异质化程度高的自然系统或组分，很容易维护自己的地位，从而达到增强自然系统抗御内外干扰，增强该系统生态稳定性的作用。

2.1.3 生态承载力

1. 生态承载力的概念

（1）生态承载力是自然系统调节能力的客观反映

在地球上各等级自然系统中，无论是大陆、区域、景观、生态系统，尽管它们具备不同的生态学特征，例如生态系统的相对同质和景观的异质化特征，但都是具有强大活力的自然系统。

这些自然系统具有自我维持生态平衡的功能。这是因为系统功能的核心是生物，生物有适应环境变化的功能。生物的适应性是其细胞、个体、种群和群落在一定环境下的演化过程中逐渐发展起来的生物学特性，是生物与环境相互作用的结果。从植物和动物最初出现直到今天，在相对稳定的气候环境下，大自然界存在着各种互相连贯的食物链和网络，并通过链网进行着能量的流动和物质的循环，这种提供食物和取得食物的连锁关系基本上没有变。所以直到工业化发达的今天，各个级别自然系统中的各种食物链网，即使部分受到破坏，但还有相当的自然系统存在下来，在地球上发挥着维系生态平衡功能。有些系统的链网，其未破坏或改变较轻的部分仍在行使机能，并为遭到破坏的部分提供重新修补的条件，以维护自身系统处于高亚稳定状态。因此，在理论上说，自然系统都是具有强大活力的系统，可以长期维持下去。

应该强调的是，自然系统的生态平衡维护，是系统中的具有维持功能、自我调节功能并处于控制地位的组分维护了自身的主导地位。

然而，自然系统的这种维持能力和调节能力是有一定限度的，也就是有一个最大容载量，超过最大容载量，该等级自然系统将失去维持平衡的能力，遭到摧残或归于毁灭。

生态学平衡是某种类型自然系统自我维持的一种基本功能，但这种功能是有限度的，超过这个限度将使该自然系统发生质的改变。因此，可以说，自然系统对内外干扰的承受能力，或承载能力是其功能极限，或容载量的表达，于是，生态承载力是客观存在的某种类型自然系统调节能力的极限值。

（2）生态承载力不同于物理承载力

自然系统的生态平衡是一种亚稳定状态。因为没有一个具有生命的系统是绝对稳定的。而自然系统的这种相对稳定状态叫亚稳定性。即系统围绕中心位置波动，有时可以偏离到不同的平衡位置，但总体看是在中心位置周围波动。因此，自然系统的生态平衡就是亚稳定平衡。

这种亚稳定平衡与物理系统的稳定性不同。亚稳定态不是稳定态和不稳定态的中间状态，而是一种具有新的性质的两者的结合。

如图 2-1-4 是一个更加完善的"亚稳定"性模型，可帮助我们进一步理解有光合作用、异质性结构和反馈机制的生态系统，解释自然系统的稳定性并预测它们变化。

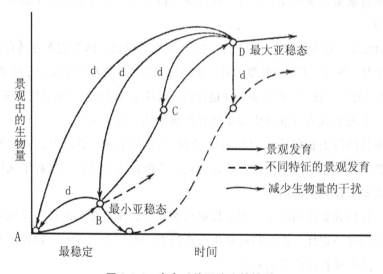

图 2-1-4　生态系统亚稳定性模型

当生物量（潜在能量）逐步聚集在缺少干扰的地方时，景观的发展从 A 依次到 B、到 C 和 D，达到最大的生物量，以 S 形曲线离去。

干扰，如过度放牧等，可以降低生物量，少数情况下增加生物量（如草原上雨量增大）。系统因生物量增加的干扰恢复到受干扰前的状况，比因生物量减少的干扰恢复到受干扰前的状况可能性小。

最稳定的物理或矿物系统不会失去生物量，而在景观发育或生物量增加的干扰作用下可以迅速变为低亚稳定态景观，或保持不变。这个差异取决于植物的迁移能力。

低亚稳定系统对两种干扰几乎都没有抵抗能力。但如果能萌发的种子很多，就可以迅速从降低生物量的干扰中恢复过来。

高亚稳定系统对各种干扰有较强的抵抗能力，但一般恢复很慢，因为它的系统受到破坏，失去相当多的生物量。

物理系统和生命系统代表了不同性质的稳定状态，它们有许多类似，但也存在明显差别。物理稳定有一个承受点，或叫断裂点，外力超过断裂点则稳定状态毁坏，不再回到最初状态；对生命系统来讲，在超过类似物理断裂点之前，物理系统将永久变形，而生命系统则建立了新的波动平衡；超过断裂点之后，物理系统毁灭，而生命系统则被新的平衡取代。造成这种差异的原因是由于生物除了遵循物理和化学原理之外，生命系统在条件变化时自身具有可调整能力，通过繁殖、遗传变异、自然选择等可以适应这类变化，使生态系统具备恢复能力。

生命系统中很少使用"永久"和"不可逆"等词语，因为它本身具有调整和恢复的能力。当力大于物理断裂点时，从结构上看，某种自然系统变了或消失了，但土地仍然存在，还有一些生态特征也存在，而且还可以通过再生重新发展。

（3）生态承载力（现存生命系统容载量）估算的意义

在漫长的历史长河中，自然系统受到了内外两种类型的干扰，发展到今天，人类对自然系统的干扰已成为人与自然之间的主要矛盾。这种干扰以两种演变形式展示在人们面前。

第一种形式是逆向演变。即生物量由多变少，由高亚稳定性变为低亚稳定性再变为物理稳定性。总的趋势是生命系统在衰败，走向灭亡。这种演变形式是当今自然系统存在的普遍形式。

第二种形式是正向演变。即生物量由少变多，由物理系统稳定性过渡到低亚稳定性再过渡到高亚稳定状态，其趋势是生命系统的重建。这种形式是几十年来人们在认识到自然衰败的趋势后对退化环境的重建。

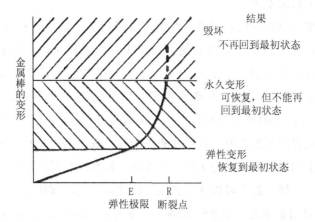

图 2-1-5　对一个物理系统（如金属棒）逐渐增加力的效应

（引自 R. Forman，M. Godron，1986）

2. 生态承载力确定的主要因素

奥德姆的几个量纲：

当第一性生产力不断降低，其降低的幅度在 $3650 \sim 7300 g/m^2 \cdot a$ 之间，而 R 点的阈值是 $3650 g/m^2 \cdot a$，当低于这个数值时，由最高等级的自然系统退化为较高的自然系统。

较高自然系统中第一性生产力如果受到外力（或内部）干扰也发生退化时，其第一性生产力的幅度由 $3650 g/m^2 \cdot a$ 降到 $1095 g/m^2 \cdot a$，而 R 点的阈值是 $1095 g/m^2 \cdot a$，这时，较高等级的自然系统退化为较低等级的自然系统。

在较低等级自然系统中，当第一性生产力受到内外作用力干扰发生退化时，其第一性生产力的幅度由 $1095 g/m^2 \cdot a$ 降到 $182.5 g/m^2 \cdot a$，而 R 点的阈值是 $182.5 g/m^2 \cdot a$，较低的自然系统演变为最低等级的自然系统。

上述各自系统的 R 点值，可分别作为森林、灌丛、草地和荒漠等自然系统生态承载力的限值，在区域生态规划中我们可以根据本区域所在生态地理区位和本底情况，参考并使用这些量值，也可以通过历史数据和现场监测成果确定生态承载力的变幅和阈值。

3. 承载力数值应用的讨论

（1）R 点的值可作为生态承载力的限值，只要外力不超过 R 点，自然系统可以利用生命系统的功能恢复到新的波动平衡状态，这个波动平衡已与原先的波动平衡有了很大差距。

以草地系统的退化为例，当第一性生产力降到 $182.5g/m^2 \cdot a$ 以下时，草地系统消失了，代之以新的自然系统，如果干扰仍未停止，系统退化仍在进行，当第一性生产力降到 $36.5g/m^2 \cdot a$ 以下时，系统显示荒漠景观，而当生产力降到 $3.3g/m^2 \cdot a$，则呈沙漠景观了。虽然同在一个等级，但 $36.5\sim 182.5g/m^2 \cdot a$ 生产力的波动平衡与 $3.3—36.5g/m^2 \cdot a$ 的波动平衡不一样，而沙漠景观是很难再回复到荒漠景观（除非人为改造或自然环境有大的转变）。

（2）上述事例说明，虽然处于同一个等级，但系统自身恢复和调节所能达到的波动平衡不一样。如果可以恢复到原先的波动平衡，如图 2-1-6 中由 N 点回复到 D 点，对防止生态平衡恶性失调十分重要，而由 R 点回复到 N 点，只不过是建立了新的波动平衡，仍处于继续恶化的边缘地带，这不是维护生态良性循环所需要的。因此，当 R 点为生态承载力的限值时，N 点可说是生态承载力的应用值，是定量确定人类活动方式和强度的合理限值。

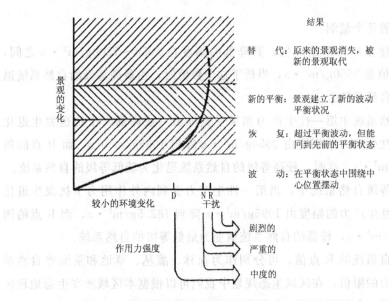

图 2-1-6 对生态系统（如景观）逐渐加大作用力的效应

（引自 R. Forman, M. Godron, 1986）

（3）自然系统生产力的高低还受很多环境因子的限制，如光照、水分（主要是降雨）、温度、养分供应、生长期以及其他生物因子都能限制生产力的提高。例如荒漠和深海的限制因子，前者是水分，后者是光照强度和养分的可利用性。这两个地域代表着生产力很低的真正生物学的荒漠。除此以外，其他陆生和水生生态系统，就生产力而言没有很大差别，都有一个良好的环境条件。在同一条件下，自然系统的结构对生产力的提高也很重要，如具有垂直成层分布的阔叶林，往往比单层针叶林产量高。水生生态系统也有同样的情况，高生产力都是温度较高的浅水地域，但水体也应有足够的容量。使水生植物能够有更适宜的密度，固定更多的能量。

2.1.4　空间格局与规划尺度

1. 空间格局

空间格局　通常是指各类型拼块在景观中的分布。空间格局分析是指对景观组分分布规律的研究。景观的空间结构实质上是指镶嵌结构。因而景观生态学在强调异质性的基础上，解释和应用了镶嵌性，这对区域生态规划有重要指导意义。空间差异性是经典的地理学理论，称之为地理学第一定律，它表述了地球分异运动的概念。生物多样性是生物适应周围环境的空间差异性的结果。景观具有空间差异性和生物多样性效益，由此派生出景观结构和功能的相关性，以及能流、物流和物种流的多样性等原理。各种景观元素在空间分布的格局影响着干扰的传播、物种的运动、地表径流、土壤侵蚀等许多生态现象。

环境、资源以及生物系统的结构在景观中既有水平变化，又有垂直变化。成为空间变异的普遍现象。在不同尺度下由各种自然和人为过程产生的自然景观或者人工干扰大的景观的空间格局是景观的标志，因此，结构分析是景观生态学研究的核心之一。在现代条件下，人为过程对景观格局的差异性产生着越来越大的影响，日益引起人们研究的兴趣。分析空间格局的目的在于在无序的景观上发现潜在的有序的规律，只有认识了空间结构是什么样的和为什么是那样的，才有可能进一步设想和规划更合理的景观格局。

2. 等级自然系统和规划尺度

（1）等级自然系统

由于地球上的自然系统是划分不同等级的，从局部的生态系统直至生物圈，不同层次自然系统基本的生态学特征不相同，遵循不同的生态学规律（见表 2-1-2），因而，根据规划区域所属的自然系统，确定适宜的空间尺度进行区域生态规划是十分重要的。

表 2-1-2　等级自然体系的特征和受到影响的生态变化

名　　称	生态学基本特征	受影响的主要生态变化
生态系统	由相对同质的生境组成，如农田生态系统、森林生态系统、湖泊生态系统、绿洲生态系统，等等。	生态系统中生物组分的变化最明显，使该系统的生产能力发生变化。
景观系统	由相对异质的生态系统或组分按一定的空间顺序组合，但仍是存在类似条件的生态统一体。	不仅生物组分的变化影响了该体系的生产能力，而且异质化程度的变化也影响了该体系的稳定状况。
区　　域	其边界是由地理、文化、经济、政治、气候多方面的因素决定的，被运输、通讯、文化较密切地联系在一起，但空间上存在明显的生态差异性。	除了区域性自然植被的生产能力和生态平衡状况变化以外，可能由于区域体系结构与功能的变化，引起大陆或全球环境的变化。

（2）规划尺度

对区域可持续发展进行评价、规划和管理的最适宜的空间尺度是景观，这是由于可持续发展的特征所决定的。

可持续发展的稳定性是一种镶嵌体稳定性，是一个沿着不同梯次稳定状态而不断变化的镶嵌体。

镶嵌结构是自然等级系统中高于生态系统的系统的最显著特征，即是地球、大陆、区域或景观的最显著的特征。而生态系统由于相对同质，不具备这个特征。环境稳定不变是不可能的，这不是可持续发展所追求的目标，由于景观的高异质性，整体结构可以逐渐改变或保持稳定，而组成景观的空间组分都可以不同的速度与强度发生着变化，甚至是急剧的变化，它是可持续发展的关键因素，对系统产生各种各样的影响，其中也包括人为调控过程。

由于规划尺度不合理而影响了建设效果的实例也很多，阿拉善盟额济纳绿洲的不断萎缩就是一例。近年来北方沙尘暴日趋严重与额济纳绿洲荒漠化加快密切相关。额济纳绿洲是阿拉善荒漠中仅有的一块绿色屏障，近年来在不断沙化。为保住这一绿洲不少人在绿洲生态系统内搞了多年的防治，但效果不明显。为什么会出现这种情况呢？原来把规划和建设的尺度放在生态系统上是不适宜的，因为绿洲萎缩是与它相距几百公里的中游的开发密切相关。绿洲的生存是祁连山冰川融化和降水形成的地表径流汇成了出山口的黑河，黑河流长850km 到达额济纳后渗入地下而形成的。有水文记载至今，黑河的径流量基本平衡，它流经山地生态系统、山前冲积扇生态系统、冲积平原生态系统、荒漠生态系统最后抵达额济纳绿洲生态系统。这些系统之间差异明显，但相互之间关系密切，它们在空间按一定顺序排列组成了典型的黑河流域景观生态体系，而水是这些系统之间相互制约的关键因子。近年来，中游的农业开发不断升温，它们拦截了本应流到额济纳的河水的大部分。失缺了来水的额济纳绿洲无可奈何地向荒漠化发展，而唇亡齿寒的生态恶果也使中游地区的沙化扩大了。这个事实告诉我们，北方沙尘暴的解决，关键在于用景观尺度规划和分配好西北内陆河流的水资源，恢复荒漠上的绿洲，消除沙源。

流域，无论处于天然状态或者处于人类和自然共同作用下的复合状态，它都是一个"清晰的和可度量的单位，有明显的边界"。例如，海河流域面积广阔，但边界明确。北面以蓟运河、潮白河的北界分水岭为边界，西面以发源于燕山山脉、山西高原和大行山脉的水源区边界为界，南面以黄河河堤为界，东面以渤海海岸为界。流域的组成成分差异明显，但相互关系密切，是相辅相成，相互依存和相互制约的关系，而且在空间的排列有一定的规律。基本顺序是，自山西高原、大行山东麓和燕山南麓起，先是水源区生态系统，然后依次为山地生态系统、冲洪积扇生态系统、冲洪积平原生态系统、河积海积平原生态系统、海岸带生态系统和河口生态系统。这种排列自北向南反复出现，最先是蓟运河流域，然后是潮白河流域、永定河流域、大清河流域、滹沱河流域、漳浊卫运河流域和徒骇马颊河流域。流域的组成成分虽然是高度异质的，例如水源区与冲洪积扇、平原、海岸带及河口都是内涵和功能有明显区别的生态系统，但相互关系十分密切。例如，山地生态系统一般距河口生态系统都在上百公里至几百公里的距离，它们之间还有其他生态系统隔开，但河口水生生物的饵料最初是来自山地生物物质和无机营养的流失，而河口地区的淤积也来自于山区的水土流失。这些生态系统之间有特定的生态学关系，系统之间发生着有规律的能流、物流和物种流，不清楚地了解这特定的生态学规律和能流、物流、物种流的畅通情况，就无法解决流域的整体区域的优化规划和发生在生态系统之间的敏感的生态经济问题，因此，规划的空间尺度问题，或者说将区域放在什么尺度上进行规划和管理，对该区域社会经济的可持续发展至关重要。

表 2-1-2 说明，面积大小不是判定等级自然系统的唯一根据。如果规划区域边界明确（不受政治、文化、经济等人为因素制约），由异质性组分组成，且在空间排列有一定规律，可以重复排列，就要按景观的生态学特征和规律来

进行规划，才能对规划区域的生态完整性受损程度进行准确度量，才能为区域生态经济的整体优化找到可操作的方案

2.1.5 物种流

1. 物种流的运动特征

物种流即动、植物越过景观的运动。影响运动有两方面的因素。一是取决于廊道、障碍和拼块等结构因素。在趋于同质性的地区，这种流有较稳定的运动速度，并且是连续运动。而当动物从一种景观元素进入另一种景观元素时会发生变速或者停顿；二是取决于运动的方向，景观元素是有利于运动还是障碍运动。所以，为了分析物种运动，首先需要分析景观的异质性程度和景观中的对比度。例如一只狐狸在前进的方向上遇到一条小河，如果是一条大河它就会改变方向绕行，而如果是一条小河，则会放慢速度蹚水过河。再如一只鹿从丛林来到草地之后，它的速度会加快。这里提出一个新概念，越过边界的频率（Boundary crossing frequency），即物体在景观中运动时，单位长度上越过边界的数量。它反映了景观的连通性。测定越过边界频率的方法可用于规划管理之中，如比较使用廊道和避开廊道的路线。这个概念对于我们理解拼块中内部种的活动很有帮助，包括极少越过边界的隐蔽种。

2. 动物的运动

动物有三种运动方式：巢区内运动、疏散运动、迁徙运动。

巢区（Home range）即动物在窝的周围进行觅食和其他日常活动的地区。通常是一对雌雄动物及其后代在巢穴四周的活动。有些动物的巢区可随季节变化，冬天下雪时动物行动受阻，巢区变小，而有些动物由于冬季食物来源减少而巢区变大。

疏散（Dispersal）即动物个体离开出生的巢区到达一个新的巢区的运动。新巢区距老巢区一般很远。临近成年的动物离开父母是最普遍的疏散类型。疏散运动扩大了动物物种的分布范围。

迁徙（Migration）是动物在分隔开的地区间进行的周期性运动。在不同季节，迁徙物种需要适应气候的变化，躲避不利的环境条件。候鸟是最典型的例子，大雁秋天向南飞，春天又北归；驯鹿在苔原和北方森林边缘间做季节性

迁徙。以上都是越过几个景观的纬度迁徙。另外，动物还有垂直迁徙，即在不同海拔高度间的迁徙也是常见的。例如落基山脉的鸟类在高海拔处繁殖，而冬天一到又下山在低海拔处越冬。

下面我们通过分析几种运动模式，来研究景观结构对动物运动的影响及运动特点。这些实例是采用诱捕、野外观测和无线电遥测技术等方法来获取的资料。

臭鼬在北美分布很广。伊利诺伊州臭鼬的巢穴多沿树篱构筑，那里的积雪一直到春天才融化。只有极少数臭鼬的活动范围超过巢穴附近1000m，说明它们的巢区一般在1km²之内，其往返距离随季节变化。在春天的繁殖季节之后，雄臭鼬跑得更远些，主要吃树篱上的小动物；夏天在窝附近活动，可能此时食物丰富不需远行；到秋天降雪以前，它们主要沿树篱运动。它们穿行在谷物（玉米）地中，避开燕麦和干草地，可能是由于玉米地有较高的冠层和完全荫蔽的地面，不仅可以预防空中和地面天敌，还有丰富的节肢动物可以食用。

臭鼬集中在树篱上活动是否说明，在草原大规模被垦殖之前，它普遍生活在树林里呢？进一步的试验排除了这个假设。从这种动物的分布与林地分布比较，可以看出它们更多地生活在有少数树木的开敞景观地区。然而，在更小的空间尺度上的观测发现，它们经常生活在林地边缘和林地内。这说明结构对物种的影响随空间尺度的变化而不相同。

赤狐是一种广泛分布于北美的食肉动物，栖息在地下的巢穴里，以各种中小型脊椎动物为食，是一种夜行性动物。在Storm等人的研究中，赤狐的窝几乎都筑在高地生境中，有林地、谷物地、草场、树篱和沙石地。调查的517个巢中仅有8个位于距居民建筑物275m以内，这说明与建筑物的距离是赤狐巢穴分布的主要限制因素。它们的巢区比臭鼬大，大约为4km×2.4km，形状似长条状，这在哺乳动物中经常可以见到。

在秋季和冬季，快成年和成年的狐狸离开巢区，原因不明，目标也不能预测。运动的平均直线距离雄性为31km（最远211km），雌性为11km（最远108km），实际距离远远超过这个数字。用无线电遥测法跟踪这些散布的狐狸，它的运动路线弯弯曲曲，是不规划的扩散。分析具体个体的运动路线，发现有建筑物的地区（如城镇）是它们穿越景观的障碍，在距农家院92m以内极少发现这种夜行动物，也没有一只企图越过场院。湖泊迫使它们改变路线，没有狐狸游水过去。小河小溪不是重要障碍，发现有的狐狸渡过了55m宽的小河，但速度减慢了。宽一些的河流成为狐狸运动的障碍，有的狐狸在鲁姆河边逗留数小时之久并未游过去而转向西南了。6 只狐狸中有 4 只速度不变，另外 2 只速度减慢。

这些狐狸的运动明显是跳跃的而不是连续的。在夜间，它们运动的时间约占 85%，停顿的时间约占 15%，停顿持续 20～60 分钟，用来休息或进行其他活动。当接近城市和主要河流时，停顿就更频繁了。令人惊奇的是狐狸都躲避廊道，没有一只狐狸沿着河流、大道、高速公路等主要廊道运动（也不与廊道平行运动），甚至这些夜行动物白天睡觉也远离大道 92m 以外。在这个实例中，廊道只起了"过滤器"作用，而没有显著通道的功能。

从猎人捕获的大量身上有标志的狐狸提供的数据进一步说明，廊道具有明显的屏障作用。密西西比河隔开了伊利诺伊州和艾奥瓦州，河宽 0.5～0.8km，秋天在狐狸疏散以前河不封冻。狐狸在它们的疏散运动后，待在越冬巢穴附近活动，不越过大河。所以河流阻挡了两岸种群间基因的交流，结果两岸的狐狸基因出现差别，伊利诺伊州狐狸头盖骨稍大些。

荒漠巨角岩羊是一种有蹄类食草动物，胆子很小，长着一对又厚又重弯曲的角。在内华达沙漠中 4～5 只集结一起成群活动。用无线电跟踪技术了解到，它们的巢区大约 3～6km²。仅在零星分布的永久性水源周围活动，群体可达 50～60 只。它们绝大多数在永久性水源 3km 范围内活动，除非下大雨，那时岩羊有了暂时性水源和再生的草料可以走得更远些。河床是它们觅食和躲避猛兽的通道，此外陡峭而高低不平的岩石地形对它们的活动很重要。在调查中没有发现一只岩羊离开这种多石地形 1.3km 以外，因为这种地形为它们提供了干燥炎热的白天所需要的阴影。

白尾鹿生活在美国明尼苏达州的森林与农田交错地区，巢区 1～3km 长。冬天和夏天巢区不同，相距 15～25km。夏天它们在景观中广泛散布，冬天集中在茂密常绿的北美崖柏洼地内。它们的运动时常停顿，路线比较直，不把道路、河流和附近植被的边缘作为通道。

从上述例子可以总结出动物在景观中的运动有如下特征：

（1）动物回避对它不适宜的景观元素，例如狐狸绕行湖泊和居民住宅区。许多物种的生存需要邻近一种以上的景观元素，如白尾鹿、巨角岩羊等，这种需求使得景观元素之间产生了动物流。同时提醒我们景观中的汇聚点（线）有特殊的重要意义。

（2）廊道有时是栅栏，有时是通道。树篱可以作为通道（如对臭鼬）。小河不是屏障，而大河则可能是屏障（如对狐狸）。河流一般不是通道，但对某

些种则成为通道（如巨角岩羊、水獭）。屏障作用可能会造成两边动物种群的
基因差异（如赤狐）。

（3）巢区的形状通常是拉长的，有时是线条状的。巢区间一般存在障碍
物，如峡谷、小河流、沼泽、田野等。巢区边界的波动是由于种群变化和季节
变化（如白尾鹿冬、夏季的迁移）。跳跃运动较为常见，时间间隔可分为几分
钟、几小时和几天。

（4）景观中的不寻常特征有特别重要的作用（如永久性水源对巨角岩羊）。
不同物种个体大小不同，景观结构对它们的影响也不相同。

了解景观中各种物种利用景观特征的情况，就可以在规划中预测它们对景
观变化的反应。

3. 植物的运动

成熟的植物靠果实和种子的传播，可以将一个物种传送到很远的地方。因
此植物是通过繁殖体扩散，依靠物质流和移动力迁居到新地点的。风和水都可
以带走果实和种子，动物的皮毛、羽毛、肠胃也可以把种子带到很远的地方。
传播动力的多种多样使得散布模式不同。长距离的传播意味着越过几个景观，
椰子可以漂过大海，野鸭的蹼和羽毛携带的种子可以越过数千公里。短距离的
传播是在数米到数百米之内，例如一些重量大的种子被做短距离运动的动物携
带。植物传播距离无论远近，都存在三种模式。

（1）植物种的分布边界在短期发生波动。这是由于环境条件的周期性变化
引起的。例如降雨、气温变化造成物种的小范围内局部变化。

（2）长期环境条件的变化，使物种灭绝、适应或迁移。例如自最近的冰川
期以来，许多树种适应了气候变化越过温带地区存活下来。

（3）非本地种（外来种、入侵种等）成功地移植到新的地区，广泛繁殖和
传播。这种扩展有时像病虫害一样发展迅速，例如仙人掌的入侵毁灭了澳大利
亚的主要放牧地区。

景观结构对入侵种的影响以前很少研究，本节将介绍两个实例研究。

旱雀麦侵入美国西部就是非本地种传播的典型实例。

1850 年以前，把落基山和它西面的内华达山分开的 40 万 km² 的广大地区
被冰草和灌木丛覆盖。20 世纪 50 年代到 70 年代，由于发现金矿和银矿，满
怀希望的采金人蜂拥而入，他们带来畜群，开垦土地。由于运载麦种的船舱中
混有旱雀麦，人们在 19 世纪 80 年代就发现麦田中长着旱雀麦。此后它迅速扩

展，进入 20 世纪，它已成为小量的地方种群分布在华盛顿东部。1905—1914
年，旱雀麦发展成华盛顿东部到大盐湖地区的优势种。1915—1930 年它又成
为不列颠哥伦比亚到内华达的优势杂草种，繁盛地生长在农田和其他受它干扰
的地区，而后，从 1930 到 1980 年的 50 年间，它发展成现在的分布格局。原
来的优势种冰草在许多地方消失了。这个非本地种起初缓慢后来迅速的扩展呈
现了一条指数增长的 J 型曲线。

旱雀麦的人侵过程显然反映出它本来就具有适应新环境的遗传因素。本地
种由于不能适应新的干扰和更强大的竞争者而败退下来，而旱雀麦在新环境中
缺少竞争者和以它为食物的动物，因此很快成为景观中的优势种。

Monterrey 松（辐射松）在全世界的分布面积达 $106hm^2$ 以上，但在其本
土加利福尼亚海岸仅有三小块，总计 $4000hm^2$。在包括澳大利亚在内的大多数
地方，该松树比在本土生长得更快更直。有 200 多种桉树源于澳大利亚，而桉
树在全世界都有广泛分布，在加利福尼亚也广为种植桉树，而且比本地种生长
得更好。究其原因不是两地土壤和气候的明显差异，而可能是生物因素造成
的，本地寄生虫、食草动物、其他竞争者是关键因素。为了了解松树的入侵过
程，研究人员对澳大利亚东南部布灵达拜拉山中松树种植地附近的一个桉树林
做了研究。发现桉树很难侵入松树林中，因为松树趋向于小块聚集生长，小树
苗多生长在老树林四周，160m 以内树苗逐渐减少，500m 以外一棵也没有了。
松树一旦侵入到桉树林中，则抑制了桉树苗的生长。与旱雀麦入侵受干扰地区
不同，松树是以小块聚集生长向外扩展，从而成功地侵入原来相对同质的生态
系统。

在植物种子的传播运动中，廊道起了重要作用。在前面我们已经谈到了
树篱网间宽度对物种多样性的影响。网络交点是由不同宽度树篱形成，只有
某些交点才能起到结点的作用。假设网络连接处附近树篱上的物种有三种分
布格局。如图 2-1-7(a) 表示连续运动；(b)、(c) 表示跳跃运动，其中 (b)
表示物种成功地到达并在网络的某一点上幸存下来；(c) 表示一个物种到达某
一位置，成活后进行局部传播。为了证明上述假设，研究人员对 10 个 T 型树
篱的连接点附近 100m 内频繁出现的 10 种草本植物绘制了分布图，并按上述
三种类型进行分类，结果表明没有一个草本是连续运动的，它们是跳跃式通过
景观的，而多数呈 (b) 的模式。如果条件适宜，也可局部扩散，即 (c) 的
模式。

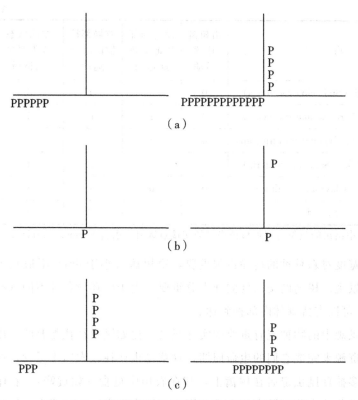

图 2-1-7　假设的森林植物种通过树篱网的运动模型

（a）连续运动　　（b）没有局部传播的跳跃运动　　（c）有局部传播的跳跃运动

直线是 T 型树篱网的连接处，P 是沿着树篱运动的植物的位置（引自 Forman，Godron，1986）

表 2-1-3　森林草本植物种在树篱上的移植格局

物　　种	沿树篱连续运动	没有局部扩散的跳跃运动	有局部扩散的跳跃运动	中间状态（或不明显）的格局	缺失物种
加拿大水杨梅（Geumcanudense）	0	3	7	0	0
好望角凤仙花（Impatiens capensis）	0	5	333	1	1
拉拉藤（Galium aparine）	0	5	2	0	3
败育毛茛（Ranunculus abortivus）	0	2	2	1	5
三叶天南星（Arisaema triphyllum）	0	4	0	0	6

续　表

物　　种	沿树篱连续运动	没有局部扩散的跳跃运动	有局部扩散的跳跃运动	中间状态（或不明显）的格局	缺失物种
总状鹿药（Smilacina racemosa）	0	3	0	1	6
露珠草（Circaea quadrisculcata）	0	1	1	1	7
二花黄精（Polygonatum biflorum）	0	1	0	1	8
团状变豆菜（Sanicula gregaria）	0	0	1	1	8
春美草（Claytonia virginica）	0	0	0	1	9
总　　计	0	24	16	7	53

注：表中给出的是符合每种移植格局的交接点数目（引自 Forman，Godron，1986）

　　树篱宽度对森林种的传播也很重要，窄树篱（小于 8m）不适宜于森林草本种越过景观。树篱网交点处同样十分重要，由于微环境条件不同（有潮湿的小气候），可以支持森林内部种到达。

　　研究景观中的物种流有重要的实际意义。比如昆虫往往需要两个以上景观元素中的资源来完成它们的生命周期，食草昆虫往往在农田中觅食，而到林地过冬。许多捕食昆虫定居在树篱上，却在农田中觅食（如黄蜂）。农作物与环境条件的季节性变化对昆虫流有重要影响。许多研究证明景观生态学的研究方法对模拟和解释昆虫流的时空格局很有价值，例如在选择、发展和利用物种的不同抗性方面可以得到满意的效果。

　　在区域生态规划中，人们希望生物组分可以形成生态环境质量调控系统，具有动态控制功能。而这种功能是可以实现的，因为，只有生物组分具有修复受损的生态环境的功能，这个修补功能主要是依靠物种流的"持久存在"和"顺畅移动"来完成的。可见，区域生态规划的核心之一，是对物种流的规划和建设。

2.1.6　异质性

1. 基本概念

　　在本书前面的章节中已经分析过许多动物都需要生活在不同的景观组分之中，它们在不同的生态系统中去筑巢、觅食、生育和越冬，等等。这个事实证明了景观的异质性对动物来说是多么重要。同样，当我们考察人类的生活和聚集时，也发现了同样的倾向。城市"择水"分布的特征类似自然界中某些"湿生"植物群落分布的特点，城市规模越大对水陆界面的依赖性越强。世界上45 个特大城市的空间位置特征统计指出，有 26 个属"临海型"（占 57.8%），如果包括距海 100km 以内的，可达 75% 以上。其余城市除墨西哥城以外，全部沿主要江、河、湖泊分布。所以说，城市景观主要是水陆界面效应的产物。这是一个重要的生态学边界，它将地球分为陆地和海洋，城市从两种不同生态环境中取得了互相补充的不同资源。许多美丽的风景区都是依山傍水，也表明了人类对于景观异质性的偏好。景观的异质性使人类居住的生态系统具有长期的稳定性和必要的抵御干扰的柔韧性，人类社会需要利用景观中所固有的异质性，并且提高景观的异质性。

景观组分和元素在景观中总是不均匀分布的。异质性是景观生态学的重要概念，空间异质性的维持和发展是景观生态学的重要内容。"景观生态学研究空间异质性的发展和维持、异质性景观中不同组分在时间和空间上的相互作用，以及能量与物质的交流、异质性对生物和非生物过程的影响及对这种异质性的管理"（Risser 等，1984）。

景观异质性是时间异质性和空间异质性，是时空耦合异质性。空间异质性带有边缘效应。正是时空两种异质性的交互作用导致了景观系统的演化发展和动态平衡，系统的结构、功能、性质和地位取决于其时间和空间异质性。所以，景观异质性原理不仅是景观生态学的核心理论，也是它的方法论的基础和核心。

景观的异质性与功能相关密切，动物对多种景观元素的利用和在景观中的运动证明了这一点。例如，日本甲虫生活在潮湿生境中，那里适宜它们大量繁殖，但捕食它们的天敌也大量集中在同一生境中。在条件适合的年景，大量繁殖的甲虫有一些也会迁移到较干燥的拼块中去，而那里捕食者并不集中。到了干旱年份，在潮湿地方生活的甲虫由于被捕食而死亡，而干燥拼块中的甲虫反而存活率较高。因此，日本甲虫的密度和稳定性很大程度上取决于每种景观元素类型占总面积的比例。这个例子证明异质性在物种共存方面发挥了作用。

动物对不同景观元素的利用关系是复杂的和微妙的，它使我们对生态位原理有了进一步的认识。生态位（Ecological riche）是指与某种物种有关的各种生态因子和生态关系的集合。当我们从景观异质性的角度去观察，把动物对景观中不同组分（或生态系统）的综合利用考虑进去，生态位理论被拓宽和深化了。一种动物的生态位既不能用食物网中互相连接的"盒子"网络中的一个

"盒子"来完全地表示出来，它们都必须通过对景观中异质性的生态系统的集合体的利用而放大。让我们来观察一下生物对景观组分的适应程度以及随时间发生的变化。例如有人对摩弗仑野羊的活动进行了大量的观察，发现对它迁移产生影响的主要变量是海拔高度、植被类型、优势植物种类以及坡度等。动物对生态因素的集合是敏感的，而不是单对独立的某一因素。摩弗仑野羊的活动就是这样的，在无风时它们常常在西部和北部的裸露山坡逗留，强风时一般运动到东坡。它们在多岩石的景观组分中休憩并度过大部分时间。春天离开草地，偶尔全年到开敞森林中去活动；夏季和秋季生活在石楠丛生的荒地；冬季移居到密林中。这项研究成果证明，野羊对景观元素的偏好是小气候与觅食两方面因素集合的结果，这种偏好往往随时间而发生变化。

动物对景观中不同类型组分的利用情况提示我们，越过边缘和通过汇集点的运动是大量的。一些动物在边界附近的活动有时会产生另一种景观格局，当物种由于受到另一种元素的影响而使其运动受到阻止时，会形成一个排斥地带。例如道路将红狐阻止在 90m 以外。一种景观元素中的热量、污染物、食草动物、捕食动物都可能对某个物种的运动造成排斥或禁止作用。

人类和动物都需要两种以上景观元素的事实证明了异质性在生物圈中存在的重要性，这对我们理解物种共存、生态位以及对野生动物和昆虫的管理是极其重要的。地球上多种多样的景观是异质性的结果，异质性是景观元素间产生能量流、物质流的原因。

2. 异质性产生的机理

本节将重点讨论产生景观异质性的热力学过程

（1）热力学定律和耗散结构理论

热力学第一定律告诉我们，能量由一种形式转变为另一种形式（例如燃煤发电），其总能量在转变前后保持不变，即能量既不能产生也不会消失。同时，我们也知道能量的转换率不会是 100%。比如燃煤发电产生的能量少于煤中原来含有的全部能量，损失的能量是以热能的形式白白丢失了。热力学第二定律对此做了进一步的解释，一个与外界没有能量与物质交换的独立系统经历了不可逆变化以后，终态之熵大于始态之熵，即熵增原理。熵是系统中无序状态的量度，所以熵增加意味着独立系统逐步失去结构，趋向于组成它的所有分子的同质混合物。例如气体向真空的自由膨胀，冷热气体的自由混合，等等。

而生态系统是远离热力学平衡的开放系统，其熵减少。普利高津的耗散结构理论指出，线性非平衡态显示与平衡态相似的特征。但在给系统增大压力时，一个新的有序结构出现了，这是非线性的不可逆的热力学过程，在与外界有能量与物质交换的开放系统中，在非平衡条件下出现的自组织，这就是普利高津及其同事发现的"非平衡是有序和自组织之源"。这种自组织的有序结构的出现和维持，是靠消耗与环境交换的能量和物质来维持的，普利高津称之为耗散结构。

景观也是一个与外界有物质与能量交换的开放系统。太阳能与地球内能以负熵流的形式流入，以抵消系统内部的熵的产生。这两种能量在景观系统的水平与垂直方向上的分布都是不均匀的，造成系统在热力学上的非平衡态。当在近平衡条件时，能量和物质的传输近似于线性传输，但当能量和物质的交换进一步增强，达到远离平衡态时，由物质和能量交换给系统带来的小起伏，经过系统各单元间正反馈环的增强作用，可引起系统大的涨落，出现自组织现象，产生新的、动态的、稳定的有序结构。这就是普利高津的"有序通过涨落"自组织化的有序原理。在生态系统中，能流、物流、信息流都有反馈机制。正反馈环起着自我增强作用，将小的起伏放大到大的涨落，引起自组织化；系统的负反馈环起着自我减缓的作用，将变动收敛到原来的水平，以保持系统的稳定。能量和物质交换的负熵流是生态系统存在和发展的条件。在这种条件下，系统通过能量耗散的耦合使用，产生和发展时空有序的生命现象。

日本学者的异质共生理论认为增加异质性、负熵和信息的正反馈环可以解释在生物系统的发展过程中自组织的基本原理。自组织形式以后可由自稳定的偏差抵消过程来维持。

（2）景观异质性的产生

在开放系统中，能量由一种状态流向另一种状态，建立了新的结构的同时也增加了异质性，而累积热量的地方则增加了同质性。

当我们应用上述理论讨论景观异质性产生的机理时，可以一直追溯到地球的产生。

异质性产生的起点是用最高熵值表征的无序原子或分子。按照星云假说，原始状态的地球是 45 亿年以前从太阳星云中分化出来的一个接近均质的球体，主要是由碳、氢、镁、硅、铁等元素组成，物质没有明显的分层。它是一个炽热的团块，旋转着离开太阳，并开始冷却和收缩。随着地球温度的变化，在重力影响下产生圈层变化。放射性元素释放的能量累积在地球内部，温度增高，铁呈液态，并因密度大而流向地球内部形成地核。比重大的物质向地心集中时产生热能，地球内部温度继续升高以至局部熔化，对流作用加强，伴以大规模的化学分离，最后形成地核、地幔和地壳三个圈层。同时，地球内部产生的气体经过脱气形成了大气圈。早期大气中含有水汽，地表温度的降低和尘埃的存在使水汽凝结、降落、汇集于地表洼地而形成原始水圈。以后由于水量的增加和地壳形状变化，原始水圈逐步变成现在的海洋、河流、湖泊、沼泽、冰川。原始的地壳、大气圈和水圈中都早已存在着碳氢化合物，在此基础上出现了生物，逐步形成了生物圈。这就是地球由原始的同质状态产生异质性的过程。保留在地球内部的热量和后来不断从太阳光中吸取的能量使得系统从无序走向有序，不断增加着异质性，形成了今日地球上多种多样的景观。

从以上描述可以看出，景观异质性产生的机制是热动力学机理，即，是从太阳光放射的能量流中产生的。造成目前空间异质性的阳光能量可以分为三个不同的时间周期：①地球的原始形成时期，有炽热的地核和逐渐冷却的地球表面；②古代植物繁盛期，随着地壳变动它们演变成了化石、煤、石油和天然气；③现今。所有的这些过程如风化、沉积、动植物的迁移、食物网的发展等都依赖于太阳能，在大多数情况下这些过程提高了异质性。此外，人类对生态系统的影响日益增大，在景观异质性变化方面发挥了重要作用。人对自然的改造过程向系统输入了更多的能量，主要是以化石燃料为主，而这些化石燃料是几十或几百万年以前古代植物从太阳能中吸取并累积的能量。在这种情况下，景观的异质性是由于过去形成化石燃料的太阳能和今天直接吸取的太阳能的输入而形成的。

2.1.7 干扰

1. 基本概念

干扰是自然界中无时无处不在的一种现象，直接影响着生态系统的演变过程（Pickett and White，1985；Hobbs et al.，1988；1991；1992；魏斌等，1996，Farina，1998；陈利顶，2000）。干扰对于生态学家来说，是一个中性的概念，他们主要是从自然生态系统的角度出发，研究自然界各种人们认为不应该发生的现象。干扰既可以对生态系统或物种进化起到一种积极的正效应，也可以起到一种消极的负效应。然而从人类发展的角度来看，干扰似乎永远是一种消极的东西，它对于人类社会的发展将产生一种不期望出现的结果。在本质上，干扰与地球科学中的自然灾害相类同，但灾害从人类社会的角度被认为是所有不利于人类社会经济发展的自然现象；其实对于许多灾害学家来说，那些发生在渺无人烟地区的火灾、洪水、火山爆发、地震等，常常被认为是一种自然的演替过程，由于它们没有对人类活动造成危害，并没有被看作是一种灾害。但对于干扰来说，尽管这些现象没有对人类活动形成危害或影响，但由于它们对自然生态系统的正常演替产生了影响，因而常常是生态学家关注的热点。

Pickett 等（1985）认为干扰是一个偶然发生的不可预知的事件，是在不同空间和时间尺度上发生的自然现象。由于干扰存在于自然界的各个方面，研究不同尺度干扰所产生的生态效应十分重要。目前已有许多生态学家认识到，各种类型的干扰是自然生态系统演替过程中一个重要的组成部分，许多植物群体和物种的形成与演替同干扰具有密切关系，尤其在自然更新方面干扰具有不可替代的作用。

2. 干扰类型与常见的干扰现象

（1）干扰的类型

根据不同分类原则，干扰可以划分为不同类型，一般有 4 种分类方法：①按干扰产生的来源可以分为自然干扰和人为干扰。自然干扰是指无人为活动介入的自然环境条件下发生的干扰，如风、火山爆发、地壳运动、洪水泛滥、病虫害等；人为干扰是在人类有目的的行为指导下，对自然进行的改造或生态建设，如烧荒种地、森林砍伐、放牧、农田、施肥、修建大坝、道路、土地利用结构调整等（Theobald et al.，1997；Vos et al.，1998；Fitzgibbon，1997）。从人类活动角度出发，人类活动是一种生产活动，一般不称为干扰，但对于自然生态系统来说，人类的所作所为均是一种干扰（肖笃宁，1998）。②依据干扰的功能可以分为内部干扰和外部干扰。内部干扰是在相对静止的长时间内发生的小规模干扰，对生态系统演替起到重要作用。对此，许多学者认为它是自然演替过程的一部分，而不是干扰。外部干扰（如火灾、风暴、砍伐等）是短期内的大规模干扰，打破了自然生态系统的演替过程。③依据干扰的形成机制可以分为物理干扰、化学干扰和生物干扰。物理干扰，如森林退化引起的局部气候变化，土地覆被减少引起的土壤侵蚀、土地沙漠化等；化学干扰，如土地污染、水体污染以及大气污染引起的酸雨等；生物干扰主要为病虫害爆发、外来种入侵等引起的生态平衡失调和破坏（魏斌等，1996）。④根据干扰传播特征，可以将干扰分为局部干扰和跨边界干扰。前者指干扰仅在同一生态系统内部扩散，后者可以跨越生态系统边界扩散到其他类型的斑块。

（2）几种常见的干扰现象

① 火干扰（fire）

火是一种自然界中最常见的干扰类型，它对生态环境的影响早已为人们所关注（Pichett，1985；Farina，1998；Forman and Godron，1996；肖笃宁，1998）。一些研究表明，火（草原火、森林火）可以促进或保持较高的第一生产力。北美的研究发现火干扰可以提高生物生产力的机制在于它消除了地表积聚的枯枝落叶层，改变了区域小气候、土壤结构与养分。同时火干扰在一定程度上可以影响物种的结构和多样性，这主要取决于不同物种对火干扰的敏感程度。

② 放牧（grazing）

有人类历史以来，放牧就成为一种重要的人为干扰。不仅可以直接改变草地的形态特征，而且还可以改变草地的生产力和草种结构（Hobbs，1991）。Milchunas（1998）研究发现，放牧对于那些放牧历史较短的草原来说是一种严重干扰，这是因为原来的草种组成尚未适应放牧这种过程。而对于已有较长放牧历史的草原，放牧已经不再成为干扰，因为这种草地的物种已经适应了放牧行为，对放牧这种干扰具有较强的适应能力，进一步的放牧不会对草原生态系统造成影响。相反那种缺少放牧历史的牧场经常为一些适应放牧能力较差的草种所控制，对放牧过程反应比较敏感。一些研究发现适度的放牧可以使草场保持较高的物种多样性，促进草地景观物质和养分的良性循环，因此，放牧也可以作为一种管理草场、提高物种多样性和草场生产力的有效手段（Hopkins and Wainright，1989）。然而放牧具有一定的针对性，对于某种物种适宜的，对于其他物种也许不适宜。如何掌握放牧的规模和尺度成为生态学家研究的焦点。

③ 土壤物理干扰（soil disturbance）

土壤物理干扰包括土地的翻耕、平整等，一般为物种的生长提供了空地和场所，改变了土壤的结构和养分状况。对于具有长期农业种植历史的地区，大多物种已经适宜了这种干扰，其影响往往较小；而对于初次受到土壤物理干扰的地区，自然生态系统往往受到的影响较大。一些研究发现，土壤物理干扰可以导致地表粗糙度增加，为外来物种提供一个安全的场所（Hobbs and Akins，1988）。土地翻耕有利于外来物种的入侵，可以减少物种的丰富度。对于某些敏感区，例如荒漠，土壤物理干扰破坏了地表覆盖层（如荒漠植被、砾幂等），就可能激活沙丘，这在我国西部地区是经常可以看到的。

④ 土壤施肥（nutrient input）

另外一种重要的干扰是对土壤中养分或化学成分的改变，如化肥和农药的施用。化肥和农药施用除了在一定程度上可以导致淡水水体富营养化外，同时促进了某些物种的快速生长，而导致其他物种的灭绝，造成物种丰富度的急剧减少。土壤施肥对于本身养分比较贫缺的地区而言影响尤为突出，更有利于外来物种的入侵（Hobbs and Huenneke，1992）。这种干扰与放牧、火烧、割草相反，可以增加土壤中的养分，而放牧、火烧和割草常常是带走土壤中的养分，导致土壤养分匮乏。如何将上述几种干扰有机地结合起来，研究土壤中养分的循环与平衡，对于土地管理和物种多样性保护具有重要意义。

⑤ 践踏（trampling）

与前面几种干扰相似，践踏的结果是造成在现有的生态系统中产生空地，为外来物种的侵入提供有利场所，与此同时也可以阻碍原来优势种的生长。适度的践踏通过减缓优势种的生长，可以促进自然生态系统保持较高的物种丰富度，然而践踏的季节和时机对物种结构的恢复、生长的影响具有显著差别，并具有针对性。践踏对于大多数物种来说具有负面的影响，但对于个别物种影响甚微。

⑥ 外来物种入侵

外来物种入侵是一种最为严重的干扰类型，它往往是由于人类活动或其他一些自然过程而有目的或无意识地将一种物种带到一个新的地方。在人类主导下的农作物品种的引进就是一种有目的的外来种入侵，其结果是外来物种对本地种的干扰。如澳洲对欧洲家兔的引入，起初只是想在家庭中喂养，但在一次火灾中，一些家兔流入自然环境中，未想到它们会很快适应新的生存环境，在短时间内大面积扩散，并成为对当地的生物物种形成危害的物种。从 1967 年到 1970 年间，一种非洲丽鱼被引进到巴拿马的加通湖中，致使原来的 8 个普通鱼种有 6 种灭绝，种群剧减到原来的 1/7，使由水生无脊椎动物、藻类和食鱼鸟构成的食物链遭到严重的破坏。1977 年南太平洋的穆尔岛引入了一种蜗牛，原来的目的是控制另外一个引入种，结果使当地 6 种蜗牛几乎全部消失。一种原生于黑海和里海的斑贻贝，1986 年由一艘在底特律附近倾倒压舱水而被引入北美内陆水域，此后竟造成供水系统的堵塞，在以后的 10 年中尚需 50 亿美元进行治理。这种有意或无意带来的外来种入侵造成的生态影响是深远的，在较大程度上改变了原来的景观面貌和景观生态过程。

⑦ 人类干扰

人类对景观干扰的方式有多种形式，如农业种植、城市规划、道路修建、森林砍伐、水库建设、矿产开放等。对于人类来说，均是一种正常的经济生产活动，但对于自然生态系统来说则是一种干扰。人类对自然景观的干扰随着人口数量的增长和经济发展，其影响不断加剧。陈利顶（1996）研究了黄河三角洲地区人类活动对景观结构的影响，发现随着人类活动的加强，景观多样性在降低，景观破碎度在加大；与人类活动密切相关的景观类型，如耕地和居民点及工矿用地，景观的分离度与人类活动强度成反比关系；对于那些受人类影响遗留下的自然或半自然景观类型，如草地、水域、盐碱地及荒地，景观的分离度和人类活动成正比关系。

（3）干扰的性质

① 干扰具有多重性，对生态系统的影响表现为多方面的。干扰的分布、频率、尺度、强度和出现的周期，成为影响景观格局的生态过程的重要方面。干扰源一般性质可以概括为表 2-1-4。

表 2-1-4　干扰的一般性质与特点（Pickett，1985；魏斌等，1996）

干扰的性质	含　义
分　布	空间分布包括地理、地形、环境、群落梯度
频　率	一定时间内干扰发生的次数
重复间隔	频率的倒数，从本次干扰发生到下一次干扰发生的时间长短
周　期	与上述类同
预测性	由干扰的重复间隔的倒数来测定
面积及大小	受干扰的面积，每次干扰过后一定时间内景观被干扰的面积
规模和强度度	干扰事件对格局与过程，或生态系统结构与功能的影响的程度
影响度	对生物有机体、群落或生态系统的影响程度
协同性	对其他干扰的影响（如火山对干旱，虫害对倒木）

② 干扰具有较大的相对性。自然界中发生的同样事件，在某种条件下可能对生态系统形成干扰，在另外一种环境条件下可能是生态系统的正常波动。是否对生态系统形成干扰不仅仅取决于干扰的本身，同时还取决于干扰发生的客体。对干扰事件反应不敏感的自然体，或抗干扰能力较强的生态系统，往往在干扰发生时不会受到较大影响，这种干扰行为只能成为系统演变的自然过程。

③ 干扰具有明显的尺度性。由于研究尺度的差异，对干扰的定义也有较大差异。如生态系统内部病虫害的发生，可能会影响到物种结构的变异，导致

某些物种的消失或泛滥。对于种群来说，这是一种严重的干扰行为，但由于对整个群落的生态特征没有产生影响，从生态系统的尺度，病虫害则不是干扰而是一种正常的生态行为。同理，对于生态系统成为干扰的事件，在景观尺度上可能是一种正常的扰动。

干扰（disturbance）往往与生态系统的正常扰动（perturbaation）相混淆，干扰与扰动在空间尺度和对生态系统的影响程度上均有较大差异。扰动一般是指系统在正常范围内的波动，这种波动只会暂时改变景观的面貌，但不会从根本上改变景观的性质。干扰是指系统中发生的一些不可预知的突发事件，它对生态系统的影响可能是大范围的或局部的，但这种影响均超出了系统正常波动的范围，干扰过后，自身无法恢复到原有的景观面貌，系统的性质将或多或少地发生变化（Pickett and White，1985）。扰动往往具有一定的规律可循，具有可预测性，而干扰是不可预测的。Neilson 和 Wulstein（1983）将二者归为一类，认为二者的区别在于前者为破坏性的，后者为一般意义上的环境波动行为。

在自然界，干扰源规模、频率、强度和季节性与时空尺度高度相关（Pickett and White，1985）。通常，规模较小、强度较低的干扰发生频率较高，而规模较大、强度较高的干扰发生的周期较长。前者对生态系统的影响较小，而后者所产生的生态环境影响较大。

④ 干扰可以看作是对生态演替过程的再调节（Pickett and White，1985）。通常情况下，生态系统沿着自然的演替轨道发展。在干扰的作用下，生态系统的演替过程发生加速或倒退，干扰成为生态系统演替过程中的一个不协调的小插曲。最常见的例子如森林火灾，若没有火灾的发生，各种森林从发育、生长、成熟一直到老化，经历不同的阶段，这个过程要经过几年或几十年的发展，一旦森林火灾发生，大片林地被毁灭，火灾过后，森林发育不得不从头开始，可以说火灾使森林的演替发生了倒退。但在另一层含义上，又可以说火灾促进了森林系统的演替，使一些本该淘汰的树种加速退化，促进新的树种发育。干扰的这种属性具有较大的主观性，主要取决于人类如何认识森林的发育过程。另一个例子是土地沙化过程，在自然环境影响下，如全球变暖、地下水位下降、气候干旱化等，地球表面许多草地、林地将不可避免地发生退化。但在人为干扰下，如过度放牧、过渡森林砍伐，将会加速这种退化过程，可以说干扰促进了生态演替的过程。然而通过合理的生态建设，如植树造林、封山育林、退耕还林、引水灌溉等，可以使其反方向逆转。

⑤ 干扰经常是不协调的，常常是在一个较大的景观中形成一个不协调的

异质斑块，新形成的斑块往往具有一定的大小、形状。干扰扩散的结果可能导致景观内部异质性提高，未能与原有景观格局形成一个协调的整体。这个过程会影响到干扰景观中各种资源的可获取性和资源的结构的重组，其结果是复杂的、多方面的。

⑥ 干扰在时空尺度上具有广泛性。干扰反映了自然生态演替过程的一种自然现象，对于不同的研究客体，干扰的定义是有区别的，但干扰存在于自然界不同尺度的空间。在景观尺度上，干扰往往是指能对景观格局产生影响的突发事件；而在生态系统尺度上，对种群或群落产生影响的突发事件就可以看作干扰；而从物种的角度来说，能引起物种变异和灭绝的事件就可以认为是较大的干扰行为。

（4）干扰的生态学意义

长期以来，干扰的生态学意义一直未引起生态学家的重视，主要是因为以前生态学家更多考虑的是生态系统的平衡和稳定，关注生态演替中顶级群落的发展和形成。随着研究的深入，发现干扰在物种多样性形成和保护中起着重要作用，适度的干扰不仅对生态系统无害，而且可以促进生态系统的演化和更新，有利于生态系统的持续发展。在这种意义上，干扰可以看作是生态演变过程中不可缺少的自然现象。干扰的生态影响主要反映在景观中各种自然因素的改变，例如火灾、森林砍伐等干扰，导致景观中局部地区光、水、能量、土壤养分的改变，进而导致微生态环境的变化，直接影响到地表植被对土壤中各种养分的吸收和利用，这样在一定时段内将会影响到土地覆被的变化。其次，干扰的结果还可以影响到土壤中的生物循环、水分循环、养分循环，进而促进景观格局的改变。

① 干扰与景观异质性

景观异质性与干扰具有密切的关系。从一定意义上，景观异质性可以说是不同时空尺度上频繁发生干扰的结果。每一次干扰都会使原来的景观单元发生某种程度的变化，在复杂多样、规模不一的干扰作用下，异质性的景观逐渐形成。Forman 和 Godron（1986）认为，干扰增强，景观异质性将增加，但在极强干扰下，将会导致更高或更低的景观异质性。而一般认为，低强度的干扰可以增加景观的异质性，而中高强度的干扰则会降低景观的异质性。例如山区的小规模森林火灾，可以形成一些新的小斑块，增加了山地景观的异质性，若森林火灾较大时，可能烧掉山区的森林、灌丛和草地，将大片山地变为均质的荒凉景观。

干扰对景观的影响不仅仅决定于干扰的性质，在较大程度上还与景观异质性有关，对干扰敏感的景观结构，在受到干扰时，受到的影响较大，而对干扰不敏感的景观结构，可能受到的影响较小。干扰可能导致景观异质性的增加或降低，反过来，景观异质性的变化同样会增强或减弱干扰在空间上的扩散与传播（Pickett and White，1985；Farina，1998）。景观的异质性是否会促进或延缓干扰在空间的扩散，将决定于下列因素：a. 干扰的类型和尺度；b. 景观中各种斑块的空间分布格局；c. 各种景观元素的性质和干扰的传播能力；d. 相邻斑块的相似程度。徐化成等（1997）在研究中国大兴安岭的火干扰时，发现林地中一个微小的溪沟对火在空间上的扩散均起到显著的阻滞作用。

② 干扰与景观破碎化

干扰对景观破碎化的影响比较复杂，主要有两种情况：其一是一些规模较小的干扰可以导致景观破碎化。例如基质中发生的火灾，可以形成新的斑块，频繁发生的火灾将导致景观结构的破碎化；然而当火灾足够强大时，将可能导致景观的均质化而不是景观的进一步破碎化，这是因为在较大干扰条件下，景观中现存的各种异质性斑块逐渐会遭到毁灭，整个区域形成一片荒芜，火灾过后的景观会成为一个较大的均匀基质。但是这种干扰同时也破坏了原来所有景观生态系统的特征和生态功能，往往是人们所不期望发生的。干扰所形成的景观破碎化将直接影响到物种在生态系统中生存（Vos and Chardon，1998；Fitzgibbon，1997；Farina，1998），也会改变景观组分原有的生态功能与过程，例如拉萨市拉鲁湿地被中干渠切割，其湿地下游的干旱化、荒漠化是不可接受的干扰。

③ 干扰与景观稳定性

景观的稳定性是指某一种景观格局在一定的环境条件下保持基本不变的过程。干扰是与景观稳定性相对矛盾的，之所谓称为干扰，言外之意是它对原来的景观面貌产生了一定的改变，或者是直接改变了景观的物理特征，或者是改变了景观的生态功能，在一定程度上将影响景观的稳定性。景观对干扰的反应存在一个阈值，只有在干扰的规模和强度高于这个阈值时，景观格局才会发生质的改变，而在较小的干扰作用下，干扰不会对景观的稳定性产生影响。Tang 等（1997）研究了林地砍伐的物理特征与景观稳定性的关系，发现林地砍伐的位置在影响景观的稳定性上比砍伐林地斑块的形状更为重要，坡地上的林地砍伐常常会导致大面积坡面的不稳定性，如滑坡、泥石流、塌方等。干扰对景观稳定性的影响还取决于周围的景观因子。

④ 干扰与物种多样性

干扰对物种的影响有利有弊，在研究干扰对物种多样性影响时，除了考虑干扰本身的性质外，还必须研究不同物种对各种干扰的反应，即物种对干扰的敏感性。在同样干扰条件下，反应敏感的物种在较小的干扰时，即会发生明显变化，而反应不敏感的物种可能受到较小影响，只有在较强的干扰下，反应不敏感的生物群落才会受到影响。许多研究表明，适度干扰下生态系统具有较高的物种多样性，在较低和较高频率的干扰作用下，生态系统中的物种多样性均趋于下降。这是因为在适度干扰作用下，生境受到不断干扰，一些新的物种或外来物种，尚未完成发育就又受到干扰，这样在群落中新的优势种始终不能形成，从而保持了较高的物种多样性。在频率较低的条件下，由于生态系统的长期稳定发展，某些优势种会逐渐形成，而导致一些劣势种逐渐被淘汰，从而造成物种多样性下降，例如草地上的人畜践踏就存在这种特征。

干扰的影响是复杂的，因而要求在研究干扰时，一定要从综合的角度和更高的层次出发，研究各种干扰事件的不同效应。许多研究发现，对干扰的人为干涉的结果往往是适得其反，产生出许多负面影响（Odum et al.，1987；Niering，1981）。例如适度的火灾和洪水，在较大程度上可以促进生物多样性（含景观多样性）保护，但由于火灾和洪水常常会对人类活动造成巨大的经济损失，因此常常受到人类的直接干涉。人工灭火可以导致易燃物质的大量积聚，从而可以形成更为严重的火灾。修筑堤坝防止洪水，其结果是导致河床淤积而增加了堤坝溃决的危险性。修建水库的结果可以导致河流下游水文系统的改变，而引起区域景观格局的变化，其生态环境影响是深远的。这种行为可以说是人类对自然干扰的人为再干扰，其结果不仅仅是导致生物多样性的减少，同样会导致经济、社会、文化等人文景观多样性的减少（Nassauer，1987）。

2.1.8 景观变化

1. 以人类干扰为主的景观变化

景观格局变化的原因在于外界的干扰作用，这些干扰的作用机制往往是综合性的，它包括自然环境、各种生物以及人类社会之间复杂的相互作用。现今，完全不受人类影响的景观已十分罕见了，所以，以人类干扰为主的景观变化是一种普遍的现象，城市就是典型的以人类干扰为主的景观。本节将介绍我国学者肖笃宁等有关沈阳西郊的研究。

（1）沈阳西郊景观特点

沈阳市位于辽河中下游平原的北部，面积 8422km²，其西部在自然区划上属于洪区，地势平坦，海拔高差不大。近 30 年来，由于人类活动的干扰作用，景观格局发生很大变化，天然景观趋于简化，而人工景观趋于复杂，城市化现象较为明显，土地利用的经济效益也有所提高。

（2）研究结果

在 1958—1988 的 30 年中，沈阳西郊的景观发生了很大变化，各种拼块面积与数目均有不同程度的增减。

在 1958 年，旱地为模地，占有较大的面积；到 1978 年后，景观模地已完全改变，则旱地变为水田。其他各类拼块的面积也有相应变化，其中较为明显的是城镇工矿用地、菜地和苗圃、果园增长较多，而荒地则明显减少。另外，拼块总数由 183 增至 254，每个拼块的平均面积由 118hm² 减少到 85hm²，表明景观在逐步破碎化。

表 2-1-5　沈阳西郊景观中各类嵌块体的面积和数目

	1958 年		1978 年		1988 年	
	数量（块）	面积（hm²）	数量（块）	面积（hm²）	数量（块）	面积（hm²）
基质类型	旱地 65%		水田 60%		水田 56%	
旱　田	—	14202	31	2916	21	1420
水　田	17	3451	—	13028	—	12228
菜　地	14	318	23	1148	47	2339
林　地	12	533	9	782	17	784
苗圃、果园、草　地	8	155	19	319	27	384
城镇、工矿	74	1087	75	2099	81	3174
水　域	20	858	33	821	58	1256
荒　地	38	996	19	487	3	25
总　值	183	21600	209	21600	254	21600
平均面积	1	118	1	103	1	85

（引自肖笃宁、孙中伟等，1990）

对景观优势度的比较可以较明显地看出，各类拼块在景观中具有重要地位。在 1958 年，旱地为模地，城镇工矿用地的优势度较大，且与其他拼块优势度的差值较大。而 1978 年和 1988 年，虽然城镇工矿用地的优势度值仍很大，但与水域、旱地或菜地的差值有所减少，说明城镇工矿用地在景观中的相对重要地位有所下降，景观格局的形成向着多优势度的趋势发展。

在 1958—1978 年间，旱地和荒地转化率很高，平均每年约有 458hm² 的旱田转化为水田，42hm² 的旱地转化为菜地，45hm² 的旱地转化为城镇工矿用地，另外，也有部分旱地变为林地、苗圃和果园。由于旱地大幅度减少，水田大幅度增多，景观模地在逐步改变。荒地的转化较旱地缓慢，平均每年约有12hm² 转化为水域。而在 1978—1988 年间，拼块之间的转化趋势复杂，这是由于景观变得更加破碎化的结果，拼块之间的作用增强了。

2. 景观动态研究的几点讨论

景观格局在时间和空间上的变化是自然的和组成社会的人类活动相互作用的结果。例如智利的景观格局就是在亚热带地中海气候、山脉地貌、特殊的供水条件与人类世世代代的生产活动共同创造的，这是自然条件与人类活动交织活动的时空尺度过程。

（1）上述实例的一个共同特点是首先介绍了研究区域地理的和自然的基本条件，然后进行深入分析，表明地貌、水文气象等条件对景观格局变化和形成有重要的限制作用，它们是影响景观形成和变化的最主要、最活跃的因素。从景观的形成过程看，构造运动、断裂、褶皱、地震、火山活动等内生营力作用造成地形起伏、水文气象（风化、剥蚀、冲刷、堆积）等外生营力作用对地形起了夷平作用，削平山岭，填充低地。一旦景观受到干扰，景观的空间异质性对干扰的传播有重要作用，它可以促进，也可以阻止干扰的传播，例如地形对火灾和风等干扰的传播有明显影响。异质性高的景观对同一土地覆盖类型内的干扰传播（如林地中某物种寄主的传播）起抑制作用，而对越过边界在不同土地覆盖类型间的干扰传播（如火从农田向林地蔓延）起促进作用。

对景观自然条件的分析既涉及地域差异性的水平方向研究，又涉及从植被顶端到受大气影响地表以下几米恒温层的垂直结构研究，充分体现了景观生态学研究具有双向研究的特点。而且这个三维物质系统的立体景观不是静止的，而是随时间不断变化。对自然景观生态的研究是景观动态研究的基本前提，地形等自然因素在景观结构的动态研究中是相对可以预测的因素，水文气象因素引起的景观变化有明显的周期性，是一种循环紊动。

（2）人类对景观的干涉——所谓第三营力作用

人类活动对景观的变化起着日益增大的作用，它可以加速或减弱地貌、气候、水文等条件的影响。这三种营力交织在一起，会产生一种十分复杂的巨大的综合作用。

在未来的 10～100 年尺度的景观变化中，人的影响可能会超过自然变化的幅度。与自然因素引起的重复紊动不同，人类干扰引起的景观变化越来越趋向于无方向性。沈阳的实例说明在人类的强烈干扰下，半个世纪以来，农田数量锐减，工业、城市、运输用地急剧上升，整个景观格局的变化十分显著。城镇工矿拼块数量少，面积增大，边缘总长度下降了，说明景观破碎化程度降低，连通程度提高了。在智利随着人口增加，景观逐步衰退。

景观的非市场价值以往被人们忽视或低估了。城市地区能源密度是森林和自然地区的 10 倍，庄稼地的能源密度是自然地区的 1.5 倍。湿地和河流廊道具有特别高的非市场价值，公共土地的非市场价值也十分重要。在自然生态条件已受到人们日益严重破坏的今天，非市场价值应该引起人们的高度重视。

（3）土地利用空间格局随时间的变化是了解景观动态的关键

人类对土地的利用影响着大部分景观格局，导致自然景观拼块和人类管理拼块的大小、形状和排列都发生变化。土地利用格局的变化影响了各种生态现象，包括生物迁移、水径流、干扰的扩展或一般意义上的边界现象。在许多实例研究中，沈阳、北京和佐州都利用地图、航片着重分析了几十年间土地利用格局的变化。土地利用格局的变化可以用拼块大小、数目、分数维、边缘总长度等一些参数来定量分析。

（4）河流系统在景观动态过程中起着重要的综合作用

沿流域人口密集分布（如智利）的现象证明了河流系统重要的生态作用。

水、陆生境交汇的界面区是水生和陆生生态系统相互作用的三维地带，它不仅为野生生物提供了运动廊道和觅食、栖息场所，而且对河床结构、河流质地及鱼类生境都有很大作用。美国非常重视林区河流及两岸植被的研究，许多学者建议，应划出河岸植被保护带，在保护带中尽量避免采伐，并尽可能减少经营活动，以保护野生动物生境并保护河流生态系统的功能与结构稳定性。

国外有学者认为，应该发展流域景观生态学，采用新的观点来分析河流的生态学问题。他指出，用生态学的概念和方法研究流域会遇到许多困难，对水文过程与它们的陆地环境之间的相互作用这类生态学问题不能只通过研究小流域来解决，他特别强调不能把河流从流域中脱离出来。他认为采用新的方法十分必要，尤其是用更加复杂的模型来分析整个水文过程的空间异质性以及它们随时间的变化。

对河流系统的研究再次涉及尺度问题。由于观察尺度不同，景观过程的差异很大。河流系统结构体系可分成 6 个等级尺度：①单个颗粒物（single particle）；②亚单位（subunits）；③水道单位（channel units）（如水塘或急流）；④河段类型（reach type）；⑤多个河段组成的区段（section）；⑥整个流域网络（full drainage network）。在研究中有时（如美国西北部太平洋沿岸的山村河流的研究）各个等级尺度间的界线并不是绝对的，比如一单个颗粒是一棵高大的坠入河道的老树，它的大小、结构和功能可能如同一个水道单位。

在调查河流这 6 个尺度等级的地貌结构和特征的基础上，可以预测谷底的长期动态情况，对河段地貌特征的认识是其中的关键因素。河段类型是根据主干河系以外因素对河流系统的约束类型和等级来确定的。山林中河流一般有 3 种河段类型：①被水道的河床和河堤上暴露的岩床所约束的河段；②被从山坡上缓慢滑动的滑坡所约束的河段；③不受约束，有更大横向运动可能的河段。这几种不同类型河段的生态特征有很多不同之处，包括水道——生境结构、大的木质碎屑流的空间分布和地貌功能、谷底野生生物生境等。

从对水质影响的污染源的地理分布的定量分析来看，河流管理的战略也必须扩大范围和深度，应包括整个流域。这种基本认识再加上对水数量和利用问题的考虑，促成了河流管理部门的诞生，如俄亥俄河流域环境委员会，由于计算机和运筹学的发展，研究者开始根据线性规划、动态规划和过程模拟探讨整个流域的水质管理战略。这种研究需要对大规模的地理数据、空间关系以及环境过程进行，显然，这些工作不是人力能够负担的，而需要借助计算机和地理信息系统来完成。现在由大型 GIS 数据库支持的复杂的水资源系统模拟在许多区域研究中已很普遍。

（5）在森林管理中争论的主要问题越来越集中到景观尺度上，森林格局的变化对水文、沉积物的产生、野生动物和河流生境产生了累积效应。

采用了景观生态学原理从景观尺度研究森林皆伐后格局的变化，这些对森林的管理有重要的意义。例如，不同于交错安置法的连续带状皆伐可以减少边缘总长度，从而减轻破坏性风灾的损失；森林拼块的大小应该根据森林内部种的需要。管理者在选择具体采伐方案时，必须仔细斟酌景观尺度的远期后果，根据所要达到的具体空间格局和可能产生的生态影响选择皆伐方式。

富兰克林和福尔曼利用景观生态学观点对花旗松林景观随森林采伐而变化的趋势做了定性评价和预测。通过使用"棋盘模型"分析，提出了景观格局变化的阈值，对随之而产生的景观干扰状况、物种多样性和狩猎种群数量变化做了预测。根据理论分析，他们对美国联邦政府农业部林务局推行的"交错安置皆伐地法"提出疑问，认为这种方法虽然有易于更新、易于处理枝丫和发展道路等优点，但从经营目的、技术上的变化以及使森林破碎化程度日益增大等方面考虑，在经济上和生态上不一定合理。因此他们建议适当集中采伐作业区，并扩大单位采伐面积，这样不仅经济上合算，生态学上更趋于合理（有利于保护物种多样性和减少自然灾害的发生）。

受到人类干扰的森林景观的特点是人类活动过程与自然过程交织在一起，导致了具有自然特征的拼块与人为特征拼块交错分布。采用景观生态学原理对森林破碎化的研究和以往比较有下述 3 点提高：①森林拼块之间的相互关系；②与现有土地利用格局平衡；③这些景观仍在变化，而且人类干扰下的景观变化特点是趋向于无方向性强烈变化，它与自然拼块显示的重复或循环紊动显然不同。

用生态学观点研究森林、流域或农田，只对系统的行为进行了细致的描述，解释了一些过程；而景观生态学则使研究的各个部分成为一个有机整体，取得了环境保护和资源管理方面的成功。

（6）如何度量景观格局的变化及建立指标体系

景观生态学中采用的数据分析方法是多种多样的，其中特别重要的是空间格局分析。李哈滨将这些方法总结归纳如下：

①作图法，这是一种传统的描述空间格局的方法，可以将感兴趣的景观属性在二维或三维空间上展现出来，人们可以直接观察到系统中的空间变异情况；②概率分布法，这是一种在生态学研究中曾被广泛使用的方法。它的思想是用某个理论分布（如波松分布、负二项式分布、奈曼 A 型分布等）去拟合样本频率数据，然后用 x^2 拟合优度检验结果来表明空间格局是否服从某个理论分布；③指数法，这种方法是描述性的，简单且具有可比较性。所用指数通常被设计用来度量团聚性或分析随机性的偏离程度（如 Lioyd 的镶嵌性指数）；④空间相关法，通常用于地理学研究，可在图上直接、详细地度量空间格局（包括点格局分析法、线格局分析法、面格局分析法，各种自相关分析法等）；⑤地理统计学法，这类方法应用区域化变量理论来研究自然现象的空间相关性和依赖性。它可以定量描述空间变异，并可用来计算空间插值及设计合理的抽样方法，其最显著的特点是摒弃了经典统计学中与样本空间无关的假设，而考虑变量的空间相关性，这是一类在景观生态学研究中很有潜力的方法；⑥图论，这种方法是用抽象的网格图解法来分析景观空间格局的性质。其他方法，如模拟法、常规统计学法、渗透理论（Percolation theory）等，也都可以用于

景观生态学的空间格局分析。

关于景观空间格局动态度量指标体系，我国研究人员赵景柱进行了有益的探索。该指标体系包括有两种动态指标序列，一种是单项动态指标序列，用 $\{I_i(t)\}$ （$i=1$，2…，13）表示，其中包括类斑匀度、斑匀度、类斑散度、斑散度、斑块贴近度、斑块形状指标、类斑丰度、斑丰度、带丰度、带斑比、边缘强度、网络连通度以及环度指标；另一种是总体动态指标序列 $\{I(t)\}$，从总体上体现出空间格局的演替规律。这项研究的意义在于，把同一空间不同时段上的变化通过航片、卫星影像记录下来，再利用上述指标体系进行度量，即可把它们随时间的变化轨迹揭示出来，对 $\{I(t)\}$ 长期进行统计、计算，为景观预测和规划提供基础。

3. 景观的生态监测

宏观领域（包括景观、区域和全球生物圈等）的生态变化直接涉及人类生存环境，因而受到愈来愈广泛的关注，全球变化的研究（IGBP）就是一个典型的例子。我国国家科委曾组织了国土开发整治与人地关系的系统研究，显示出宏观生态监测是保护人类生存环境的重要手段。本节将就近年来的景观生态监测的时空尺度、空间分析手段和动态预测做简单介绍。

（1）时空尺度

景观动态监测的最有效方法，就是借助于周期性的航空航天遥感资料对景观进行定时跟踪监测。对同一区域不同年份的航空航天摄影照片进行对比，不仅能记录生物群落的更替，而且能够同时观察广阔范围中人为活动引起的剧变。在所获得资料的基础上进行数学计算，能够相当准确地预测可能发生的生态变迁。为了有效地运用重复摄影对比方法对景观动态进行宏观监测，就必须涉及时空尺度问题。

关于监测的空间尺度要因研究的目标而定，不可强求统一。沈阳应用生态所曾建议，在经济发达地区、重点整治的生态脆弱地区以及生态脆弱或破坏严重地区等分别监测 1 万 km^2 的面积。美国科学家提出地区性生物圈观测台站所占景观单元面积为 $100km^2$，他们进行景观格局指标研究所选定的 96 块景观区，每块面积 $1.9 \times 10^4 km^2$。苏联一些学者提出在 1：10000—1：30000 的大比例或中比例航空摄影图片上可以很好地辨识具有足够宽度的群落，以及有着多种土地利用的形式和发生巨大破坏的复杂生态系统。他们认为摄影比例尺应该保证在照片上辨识生态系统的可靠程度不低于 95%～99%，否则，解译的错误会掩盖生态系统中发生的变化。气象卫星的象元为 $1km^2$，它能辨识的一些动态有时在大比例尺上是看不到的。因此，空间尺度要由研究对象的特点来定，一般来讲，以自然干扰为主变化的监测空间尺度要大，而以人为活动干扰为主变化的监测空间尺度要小一些。

其次是观测的周期。苏联学者认为在稳固的生态系统占优势、人为影响不显著的稳定地区，每 10~15 年进行一次摄影就足够了；在变化和缓地区，人为影响尚未根本破坏自然过程的进程，监测周期可定在 7~10 年重复一次；而在多数经济发展的农业、林业、城市地区，监测周期要缩短 3~5 年。

我国学者提出监测的项目包括：景观单元空间结构的变化，土地利用状况的变化，土壤侵蚀和土壤肥力的变化，植被的种类、组成和生物量，农作物产量和生物量，水资源的开发利用状况，居民点和人口的变化状况，交通道路的变化状况，环境污染状况，区域经济发展状况等。除此之外，还要根据研究的目标增减一些项目。

（2）航空航天遥感技术的应用

遥感技术以其多平台、大范围、多波段、多时相的特点，广泛应用在资源、环境、生态研究的众多领域。

遥感影像一般提供两方面的信息，一是形态信息；二是色调（灰度）信息。这些信息通常可以直接反映一个地域的地势、植被、地表水分布状况和土地利用特征。而气候、土壤、地下水、环境污染等特征一般不能直接反映出来，但可以借助特殊的光学处理方法或借助间接指标解译一些参数。因此，首先要利用生态学知识在典型地段上建立判释标志，建立各组成要素之间的相关特征，然后在遥感影像上判译，推测间接因素的状况，把研究成果反映到生态图上，最后还要选一定区域进行调查验证。

利用遥感技术进行景观动态监测，具有视域广、宏观性强、监测同步、信息廉价、数量巨大等特点，可以加速景观制图的全过程。

（3）景观生态制图

景观生态学的研究工作都是在各种图件的基础上进行的。景观生态制图既是必不可少的研究手段，又是研究的主要成果之一。苏联学者 Л. С. 贝尔格指出："没有景观图，景观就会像悬在空中一样"。对景观结构进行分析和制图是景观生态学沿用了传统地理学的方法，是地理学与生态学结合的必然产物。

景观生态制图多是在土地分类制图的基础上完成的。由于所调查的土地自然条件不同，以及调查方法、时间、服务目的的不同，制图方法有明显的不同。

利用地理信息系统进行景观生态制图是近年来得到快速发展的方法，这项工作有三个基本要素，即数据、数据处理工具和概念模型，这3个要素处于平衡状态，当中心维系轴稳定可靠时，数据收集处理可顺利进行。从作为信息处理工具的信息系统获得的最大收益不是速度加快，而是向用户提供大量数据能力和途径；不仅具有目前存储大量的数据的能力，而且有重新获取和转换占据时空数据的可能性。

在静态分级、分类的情况下，专业地图起到数据存储和景观模型两种作用，而在这种情况下利用地理信息系统，我们可以获得数字化数据库，并根据需要进行转换、分类和显示工作。为了将数据转换成信息，我们必须对数据源、提取和转换过程与期望结果间的关系有足够的了解。

我们可以用数学形式写出：$R = f(a, b, c, d\cdots)$，式中，R 为将这一转换过程系列 $a, b, c, d\cdots$ 应用于已知的数据上的结果。这个转换过程代表一个概念模型的格式化，称之为"关联"，经常要进行转换或十进制计算。

当用户掌握了类似普通语言的机器语言，就可以用这种语言表达他的概念，以便在数据和输出结果之间建立起所需的联系。当数据输出后绘成地图时，可以将这种关联的产生称之为"制图模型"。

在这个描述中，数据依照一个或多个关联被提取出来或转换。比较典型的例子就是通过给土壤图重新着色或由操作人员有选择地利用"系列设备"对卫星影像进行 Pixels 分类，将土壤图制成适宜的地图。这种转换称之为"静态的"，因为原始数据是最后输出内容的核心。然而，在其他情况下，景观过程可能在起作用，以致随时间的流逝，可能对变化起很大的影响。侵蚀与沉积、地下水位发生变化导致含盐量的增加，由于管理造成植被构成的变化，由于经济的发展导致土地利用的变化等就是景观过程的几个佐证。如果这些景观过程能够模型化，它们本身便可以称作"关联"。

没有好的数据是不会取得好的结果的。在地理信息系统中数据并不是不可靠性的唯一来源，误差还可以在数据处理过程中产生，例如地图叠加时，或者选用了有疑问的关联或制图模型，等等。

荷兰阿姆斯特丹大学自然地理和土壤科学实验室研制的景观制图方法，其制图单位系统是以描述特征、识别特征、附加诊断特征为依据的，强调了地质、地貌和土壤数据间的关系，具有坚实的自然地理学基础。而国际航空测量和地球科学研究所研究的土地综合分类系统，将地貌资料与岩石、土壤、沉积物、植被、地表水和地下水的资料综合在一起，确定了4个分类等级：土地要素、土地单位、土地系统和土地省。该分类系统特别适用于航片解译。1974年马得勒支大学自然景观生态研究小组绘出了两类景观图：一类是景观形态图，以单个要素为制图对象；另一类是景观功能图，是以生物要素和非生物要素的空间功能联系为对象，它主要包括三方面图件：生物系统图、自然系统图和景观系统图。

（4）景观动态预测

生态监测的任务是不断地监视自然和人工生态系统及生物圈其他组分（如地下水、大气）的状况，确定其改变的方向和速度，并查明不同的人类活动对这些变化所起的作用。而生态预测是预告在长期气候波动的背景下，在不同的人类活动影响条件下，生态系统的结构和功能的可能改变，并对其不利后果发生预警。由于宏观生态变化的影响因素复杂，参数难以确定，动态预测的方法还很不成熟。

① 生态变化趋势模型的建立和外推预报

生态预测的基本方法是利用系统分析建立预报模型。生态系统面积变化的最简单情况，用下面简单线性相关式可以描述：

$$Y = a\ (\chi_1 - \chi_0)$$

其中 Y 为所研究生态系统的面积（也可是景观的面积，下同），a 是它的每年变化率，用 1 年百分比表示，χ_1 为记录年份航空航天照片上生态系统（或景观）的面积，χ_0 为生态系统变化开始年份的面积。

然而，用外推法预测开垦土地面积有着更为复杂的形式，因为只有存在适合于耕种的土地后备资源，开垦面积才能增加，后备资源一旦耗尽，所谓质的转变点就马上到来，一年之后耕地面积将缩减，这个质的转变点年份可用下面的方程式算出：

$$S = a\ (\chi_{1jm} - \chi_0') + b\ (\chi_{1jm} - \chi_0'')$$

其中，S 表示所研究区域总面积，a 为非农业用地征用面积增加率，以每年占地区总面积的百分比表示；b 为开垦土地面积的增加率，以每年占生态区总面积的百分比表示；χ_0' 为建筑占地开始年份的面积，χ_0'' 为开始开荒年份的面积。

上述公式是对生态变化最简单情况的预测，而我们经常处理的不是简单的线性相关，而是离散片断的非线性函数。苏联学者在罗斯托夫省干旱草原地区利用 1962、1970 和 1978 年的航空及航天遥感资料，用外推法预测了可垦土地面积的变化（如阿姆河三角洲景观生态系统的动态），建立了下述模型：

$$Y = a + b\ (\chi_0 - \chi_1)^a + c\ (\chi_0 - \chi_1)^\beta$$

式中，Y 为该生态系统的面积，χ_0 为开始变化年份的面积，χ_1 为摄影年份的面积。结果显示，生产芦苇的老年期湖泊在 1954 年占三角洲总面积的 32%，居于稳定地位。而后就急剧干缩，1978 年开始消失；随着盐渍化的发展，盐土面积从 1978 年的 20% 将继续上升；如不安排好供水，到 1994 年中亚泛滥地森林将全部消失，2015 年草原沼泽将消失，2024 年全区将会成为盐土荒漠。

根据卡耳梅次黑土地区 1954—1983 年的遥感监测资料，对由于集约化放牧引起的土壤沙化现象进行了研究。这个过程用下述方程式加以描述：

$$Y = \exp\ [a\ (\chi_I - \chi_0)]$$

其中，a 为流动沙地面积每年的增长率。对这个方程式作追溯分析（即向过去时期的外推），可以得出结论，在 1946 年沙地是稳定的，而加速沙化大约开始于 1960 年，到 1992 年流动沙地将囊括沙土地带的全部地带。

对复杂系统动态的估计，首先需确定景观生态系统整体的变化方向，是趋向恢复还是趋向破坏，通常可以按下式计算：

$$C = \sum c_{ij} - \sum c_{ji}$$

其中：$\sum c_{ij}$ 为正向转变的空间频率总数，$\sum c_{ji}$ 为反向转变的空间频率总数。在中拉脱维亚森林—沼泽—旷野区进行的动态监测中，选用了 1936 年、1956 年和 1974 年的监测资料，推导出了该区景观生态系统动态模型。分析表明，景观的变迁主要与森林采伐、开垦采伐迹地以及开垦自然草场和牧场、疏干沼泽和开采泥炭地相关。在查明的全部变迁中，只有 20% 的面积属于自然更替，而 80% 属人为因素造成的剧烈变动。该分析还预测到 1992 年割草场、牧场、沼泽、沼泽化林地、灌木林和林地中的幼林将完全消失或极为稀少（少于 1% 面积），主要是建筑占地，农田将缩减 5.4%，由于幼林的自然成长，中等成熟林面积将显著增加（10%）。

外推预测预报的优点在于，可以根据生态形势改善或恶化的程度，对预测预报进行修正。例如 1969 年判断卡腊—博加兹—哥耳湾的水到 1983 年应该干涸，但是现在海湾的水更多了，这是因为及时引送了海水，从而使这处独一无二的水体化学系统及时保留下来。

② 景观生态变化的地球物理效应——生态预测的新方向

不同景观的空间结构和生态系统的变化造成地面覆盖状态的差别，从而影响地面的反射率。将自然生态系统状态（在保护区）与人为影响出现的变态加以对比之后，就可以估算出在人的经济活动影响下生态系统动态的地球物理效应。根据被比较的同地异态生态系统（自然的与人为因素影响的）色彩明显程度的不同，可以制定人为变化的光学效应；而根据红外图像的差别则可以计算其辐射效应。比如荒原牧场只要有中等程序的放牧，光亮度（图像）就平均每年增加 0.04，砍伐木林为 0.08；相反，大草原焚烧尽可使该地段光亮度平均每年减少 0.08，开垦草原则可以使光亮度减少 0.04。这些物理变化孕育着严重的气候后果。正如 M. N 布德科所指示的，反射能力只要变化 0.01，温度平均变化为 2.3℃。

地表反射率的季节性变化比年平均反射率对气候的影响更为突出。在农业区，草原禁区与农田相比，光亮度差别在个别季节达 0.18；在牧区，草原禁区与严重破坏的牧场相比，差别达 0.16；而在林区，森林保护区与采伐迹地比较差别达 0.15。从这些实验资料可以清楚看出，人为干预所引起的即使不大的地球物理效应，其季节性的地球物理偏离也能导致激烈的水文气象变迁。对景观生态系统变化的地球物理效应进行遥感监测，是生态预测的新方向，有助于做出长期预测。

［附录］景观空间特征的若干指标

1. 破碎化（Fragmentation）

（1）拼块的密度

反映景观空间结构的复杂性，取决于土地覆盖类型的多样性和规模。用拼块总数、单位面积上拼块数目及单位面积内拼块面积来度量。

（2）相邻度

表示景观破碎程度和拼块边缘的复杂性。N_{ij} 为第 i 类拼块与第 j 类拼块相交长度，N_i 为第 i 类拼块边缘总长度。

$$F_{ij} = N_{ij} / N_i$$

2. 连通性（Connectivity）反映了拼块间聚散模式和相互作用

（1）相互作用指标　　$L_i = \sum_{j=1}^{n} \dfrac{A_j}{d_j^2}$

A_j 为与 i 拼块相邻的 j 拼块面积，d_j 为 i 拼块与相邻 j 拼块的边缘间距离。

（2）离散指标　　$R_c = 2 d_c \left(\dfrac{\lambda}{\pi} \right)$

d_e 为从一个拼块中心到另一个最近拼块中心的距离，λ 为拼块平均密度，拼块分布为团聚型时，$R_c<1$，随机分布时 $R_c=1$，有规则的分散型则 $R_c>1$。

3. 分数维（Fractal dimension）作为拼块周长形状度量的分数维本是用来描述客观几何形状特征的参数，因为它所反映的客体图形的形状作为周长的函数因周长的变化而变化，其结果可以被一种图形的比例转换为另一种。两维客体的直径和面积关系：

$$S=KP^D$$

S 为面积，P 为周长，D 为分数维，K 为常数。

D 值的理论范围为 1.0～2.0，1.0 代表形状最简单的正方形，2.0 代表同等面积时周长最复杂的图形。通常 D 值的可能上限为 1.5，代表一种自相关为 0 的随机布朗运动形状。

4. 每一类拼块与毗邻拼块接触边长

$$L_i = \sum_{j=1}^{k} N_{ij}$$

N_{ij} 为第 i 类拼块与第 j 类拼块接触的单元边长，k 为拼块类型数，L_i 为单元边长。

5. 景观多样性指数（Diversity）

$$H = \sum_{k=1}^{m} P_k \cdot \log_2 P_k$$

m 为景观元素类型数目，P_k 为第 k 景观元素类型所占的面积比例。

6. 景观优势指数（Dominance）

$$D = H_{\max} + \sum_{k=1}^{m} (P_k)\log_2(P_k)$$

H 为多样性指数最大值

M 为拼块类型的个数。

7. 蔓延度（Conagion）是测量景观是否有多种要素聚集分布的指数。

$$C = K_{\max} + \sum_{i=1}^{m} \sum_{j=1}^{m} Q_{ij} \log_2 Q_{ij}$$

$$H_{\max} = -m\left(\frac{1}{m} \cdot \log_2 \frac{1}{m}\right) = -\log_2 \frac{1}{m}$$

$$= 2m\log_2 m + \sum_{i=1}^{m} \sum_{j=1}^{m} Q_{ij} \log_2 Q_{ij}$$

K 为最大蔓延度，Q_{ij} 为第 j 类土地利用类型与第 i 类土地利用类型接触边长占第 i 类土地利用类型周边长的比例。

2.2　生态经济学与生态规划

2.2.1　生态经济学的产生与发展

1. 生态经济学的内涵

生态经济学是一门由生态学和经济学相互渗透、有机结合而形成的一门新兴的交叉性边缘学科。它以"生态—经济"复合系统为研究对象，探讨该系统中生态子系统与经济子系统之间的相互关系和发展规律，以及经济发展如何遵循生态规律，也即探索自然生态和人类经济社会活动统一体的运动和发展的规律。由于生态经济学倡导生态和经济之间的交叉研究，除借鉴经济学和生态学原有的理论基础之外，还涵盖了生物学、地理学、社会学、人口学、哲学、环境经济学、资源经济学和制度经济学等的理论。其方法论主要是在系统论的基础上，采用当前各相关学科的研究方法；诸如信息论、控制论、协同论、系统动力学、价值分析法等来耦合生态和经济系统。值得一提的是，由 Odum. H. T 创立的系统生态学的理论和建模模拟方法，是最适宜探讨生态、经济系统协调发展的最佳方法论体系。

2. 生态经济学的产生与发展

生态经济学是近 40 多年来国内外才兴起的新兴学科。较之生态系统思想的产生及生态学向社会经济问题研究领域的拓展，生态经济学的发展历史短暂，但它一经提出，便蓬勃发展。

早在 1866 年，德国动物学家恩斯特·海克尔（E. Haeckle）首先提出了生态学的概念，比生态经济学的出现大约要早一个世纪。英国生态学家阿·乔·坦斯利（A. G. Tansley）（1871—1955）于 1935 年提出了生态系统学说，这不仅丰富了生态学的内涵，也为生态经济学的产生奠定了自然科学方面的理论基础。

传统的生态学只限于生物与环境的关系，并不涉及经济社会问题。20 世纪 20 年代中期，美国科学家麦肯齐（Mekenzie）首次把植物与动物生态学的概念运用到对人类群落和社会的研究，主张经济分析不能不考虑生态学过程，从而开创了生态学与经济学结合的先河。虽然麦肯齐提出了"经济生态学"概念，但他是从生态学的角度研究经济，与后来从经济学角度研究生态的生态经济学还存在一定差别。

真正结合经济社会问题展开生态学研究始于20世纪60年代的人类对经济增长与生态环境关系的反思。1962年，美国海洋生物学家莱切尔·卡尔逊（Rachel Carson）发表了震惊世人的《寂静的春天》。她通过对美国由于滥用杀虫剂所造成的危害进行了生动的描述，揭示了近代工业对自然生态的影响，从而激发了更多的生态学家与经济学家投入到社会经济与生态环境边缘交叉的研究之中。

20世纪60年代后期，美国经济学家肯尼斯·鲍尔丁（Kenneth Boulding）在他的论文《一门科学——生态经济学》中正式提出了"生态经济学"的概念。而后，生态经济学的研究方兴未艾，涌现了一大批影响较大的生态经济著作和专门的研究机构。主要代表有：20世纪60—70年代埃因克（Ehrich）的《人口爆炸》和罗马俱乐部的《增长的极限》，巴巴拉沃得的《只有一个地球》（1972）；20世纪80年代末成立了国际生态经济学会（ISEE），并出版编辑了《Ecological economics》杂志。从这一发展过程可以看出，生态经济学与近代生态学有着密切的渊源关系。20世纪90年代，随着可持续发展思想成为人类的共识，生态经济学研究焕发出新的生机。

然而，纵观西方发达国家的生态经济学研究，似乎不太重视对基本原理、范畴和科学体系的探讨，而比较重视对人类经济社会未来发展和所谓"全球问题"的研究，如可持续性、酸雨、全球变暖、物种灭绝和财富的分配等。

生态经济学研究在中国的起步较晚，至今仅有20多年的历史。1980年，著名生态经济学家许涤新在我国首先提出了加强生态经济研究，创建生态经济学科的建议。同年9月，他又发起召开了生态经济问题座谈会，正式提出了生态经济研究的任务和当前急需解决的重大课题等，从而驱动了学术界对生态经济问题开始较全面的探索。

1981年11月云南省生态经济研究会成立，1984年中国生态经济学会成立，这标志着我国生态经济研究进入了一个新的阶段。自此，无论是在生态经济理论和实践管理，还是国际交流和合作领域，中国都开始了全方位的探索。不仅明确建立了生态与经济必须协调发展的理论框架，而且围绕系统、平衡和效益问题展开研究，并开始了很多生态经济的实证分析，如李金昌主持的自然资源价值核算和金鉴明主持的全国生态环境损失的货币计量。在研究方法上也开始跟上国际潮流,如陈仲新、张新时采用当前国际上流行的方法,估算了中国生态系统的价值为 77 834.48 亿元人民币/年;徐中民等采用绿色国内生产净值的概念衡量了 1995 年张掖地区与水有关的生态环境损失。

由此可以看出,生态经济学在中国的发展和完善,是理论与实践同时并举,从实践中发现问题,总结经验,深化理论研究;在生态经济原则指导下,积极开展科学实验,指导社会经济正确迅速发展。然而,无论从生态经济研究的理论与实践来看,我国与西方国家都存在比较大的差距。

2.2.2 生态经济学的基本原理

追求经济效益和生态效益相统一的生态经济效益是生态经济学的最基本、最核心的理论准则。主张经济与生态协调发展,既不是提倡经济的"零增长率",更不是借维护自然生态平衡而反对经济发展。相反,它是要研究在经济发展中如何自觉遵守自然生态规律,并把经济规律与生态规律相结合来指导经济建设,从而即使社会经济能得到合理的较高速度的发展,又能在发展经济的过程中注意保护生态环境质量和自然资源,以保持生命系统和环境系统的协调发展,使社会经济得以持续健康发展。也就是说,既要提高经济效益,又要同步提高生态效益,达到生态进化与经济发展的"双赢"。

因此,生态与经济协调发展的原理(何乃维、王耕今,1996)是生态经济学的理论核心。其主要内涵是,社会经济系统与自然生态环境系统都是客观存在的,二者相互制约、相互促进是演化的历史必然;在社会经济系统中,人有意识有目的地通过自身的社会经济活动同自然生态环境进行物质交换,在追求社会经济发展的同时,又必须以生态环境为基础;为了社会经济的发展,既要不断提高社会生产力,又要保持自然资源的持续可供性和环境的有效成载力,互相促进、协调发展。即经济的扩大再生产,要建立在自然资源再生产的提高和环境优化的基础之上;在社会经济健康发展中,既要考虑经济系统的均衡,又要保持生态系统的平衡,以及二者之间的协同;要促进经济、社会和生态三效益的协调发展,树立生态经济的系统观念和生态环境的价值观念;在组织社会经济发展活动时,既要考虑经济效益、近期效益,也要考虑生态效益和远期效益,即坚持生态经济效益最佳原则,坚持经济与生态、社会和环境、人类与自然的协调发展。

2.2.3 生态规划中的生态经济学准则

生态经济学把生态经济系统作为研究对象，旨在给人类社会经济发展提供一种新的思考方向，使人们深刻认识到经济系统对生态系统的依赖与冲击，以及生态系统对来自经济方面作用力的反应敏感性，从而自觉地遵循自然规律。生态规划作为人类有意识地协调经济发展与保护生态环境的重要手段和措施，应在重视提高生态经济效益的同时，遵循生态经济学所提出的一些共同性准则。

1. 物质利益关系与生态效益相协调的原则

物质利益有个人利益、企业（或集体）利益、国家利益及全人类利益分享之分，或称局部利益与整体利益之分。从时间的延续上来分，又分为眼前利益和长远利益。

长期以来，特别是自工业革命以来，人类忽视了生态环境提供资源和消纳污染能力的有限性，从而片面追求物质利益，结果造成资源短缺和严重的环境问题。为此，在生态规划中，要从提高生态经济效益的高度，从多方面开展生态经济预测工作，通过经济、管理、法律、宣传的各种手段，真正把不同层次不同时间的物质利益协调起来，以尽量把各种生态经济失误可能造成的长远利益的损失降到最低限度，使经济建设建立在生态经济规律的基础上，实现经济效益和生态效益的同步提高。

2. 自然资源的最优利用与保护原则

自然资源是一切物质财富的基础，是人类生存发展不可缺少的物质依托和条件。人类从一出现在地球上，就是在利用资源的过程中向前发展的。然而随着全球人口的增长和经济的发展，对自然资源的需求与日俱增，加之人类不顾自然规律的约束，盲目地开采和超度利用自然资源，造成大量浪费，不仅破坏了生态环境的再生调节能力，而且使原本有限的自然资源更加紧缺，从而导致人类正面临着某些资源短缺或耗竭的严重挑战。资源的短缺必然制约经济的发展，进而威胁人类物质生活水平的提高。

不能有效地利用、节约和保护自然资源，人类社会亦难于可持续性发展。因此，如何有效地利用和保护自然资源，是人类社会可持续发展实践亟待解决的重大课题。

自然资源的最优利用和保护原则，是提高生态经济效益的基本原则，也是生态经济学研究的基本要求。由于自然资源的最优利用和保护原则实质上就是经济系统与生态系统之间合理进行物质转换和能量流动的问题。这就要求人类在利用自然资源的过程中，必须同时保护生态环境，以使其不发生有害于人类的变化。

3. 生态经济系统结构的最佳化原则

任何系统的结构和功能都是对立的统一，结构决定功能，功能又反作用于结构，经济生态系统也不例外。生态经济复合系统的结构是经济系统的经济结构和生态系统的生态结构的结合，简称生态经济结构。生态经济结构合理与否，最终体现在系统的生态经济效益的好坏上。一般来说，凡是生态经济结构合理的系统，其产生的生态经济效益也较好；反之，则不可能产生好的生态经济效益。所以，在区域生态规划与建设中，必须重视生态经济结构的调整，使合理的经济结构和良好的生态结构有机地结合起来，促进经济系统、生态系统各自内部以及二者之间的人流、物质流、信息流、能量流的畅通、有序和高效，进而产生良好的经济效益和生态效益。

2.3　自然保护理论与生态规划

2.3.1　自然保护

1. 自然保护 (Conservation of Nature)

保护自然环境和自然资源，其中心任务是保护、增殖（可更新资源）和合理利用自然资源。目前，对自然保护的对象有不同的认识，有人认为自然保护是"维持人类所能发挥最高潜在可能性的各种条件"；有人认为自然保护，不仅要保护原始的自然和接近原始的自然景观，即保护构成自然的动、植物，以及需要保护的地学对象，而且要努力把人类活动造成的不良环境改造成为对人类有益的环境。关于自然保护的对象，有人具体提出 12 个方面：①确保可更新的自然资源的连续存在；②在自然灾害发生时保护国家资源不受危害；③保护水源的涵养；④保护野外休养娱乐的场所；⑤维持环境净化的能力；⑥确保自然生态系统的平衡；⑦确保物种的多样性和基因库的发展；⑧保护学术研究对象；⑨保护宗教崇拜的对象；⑩保护乡土景观；⑪保护弱者；⑫保护稀有动物和植物。

（1）自然保护的历史。18世纪，欧洲由于农业和畜牧业的发展，使原始森林减少，同时由于产业革命的影响，自然的破坏速度加快，这就促使人们采取保护地域的形式来保护自然。1872年美国设立黄石国家公园，把黄石的广阔原始地域辟为永远保存的国家公园。随后世界各国相继建立了各种形式的自然保留地。1900年召开了"关于非洲动物保护的欧洲会议"。1913年第一个国际自然保护机构在瑞士伯尔尼建立，1928年在布鲁塞尔设立了国际自然保护事务所，1948年联合国教科文组织和法国政府共同倡议召开会议，讨论全球性环境保护问题，并成立了"国际自然保护联合会"（International Union of Protection of Nature），这一组织在1956年改称为"国际自然和自然资源保护联合会"（International Union for Conservation of Nature and Natural Resources）。1972年在斯德哥尔摩召开了联合国人类环境会议，有114个国家的代表参加，通过了《人类环境宣言》和《行动计划》。

（2）自然保护的必要性。人类的生存和发展，需要有良好的自然环境和丰富的自然资源。自然环境是指客观存在的物质世界中同人类、人类社会发生相互影响的各种自然因素的总和，主要是大气、水、土壤、生物、矿物和阳光等。自然资源是自然环境中人类可以用于生活和生产的物质，可分为三类：一是取之不尽的，如太阳能和风力；二是可以更新的，如生物、水和土壤；三是不可更新的，如各种矿物。随着人类生产力的发展和提高，自然资源可为人类利用的部分不断扩大。如一种矿物往往和其他矿物共生，选矿和冶炼技术的发展，使共生矿物不再是被排入环境的废渣，而是被回收进入社会生产过程中，成为新的自然资源。这些资源，特别是可更新资源，如开发利用不合理，不仅会使大气、水体、土壤等受到污染，生态平衡和自然环境遭到破坏，而且自然资源本身也将日趋枯竭，严重地影响人类的生存和社会的发展。因此，人类在开发和利用自然资源的同时，必须对自然进行保护和管理。建立自然保护区即对一定范围内的陆地或水域，采取有效措施，保护自然综合体或自然资源，以及保护其他特定的单种、多种或整体的对象，是自然保护工作的重要内容。

2. 水资源保护

河流、湖泊、沼泽、水库、冰川、海洋等"地表贮水体"，由于太阳的照射使水蒸发后在空中凝结成雨降到地面，一部分渗入地下，大部分流进河流汇入海洋。地球上的水总量约 14 亿立方公里，但真正可利用的水资源却只有很小的一部分。中国大部分地区是季风气候区，降雨多集中于夏季，很多河流雨季后流量迅速减少；华北和西北又处于干旱和半干旱气候区，缺水尤其严重。因此保护水资源，防止水污染，十分重要。

保护水资源必须有效地控制水污染，因此要大力降低污染源排放的废水量和降低废水中有害物质的浓度。行之有效的措施是：①调整产业、行业和产品结构，减少经济发展对水资源的高度消耗；②改革生产工艺和设备，少用水或不用水；少用或不用容易产生污染的原料，减轻处理负担；③妥善处理工业废水和生活污水，杜绝任意排放；④回收城市污水，用于农业、渔业和城市建设等，节约新鲜水，缓和农业和工业同城市争水的矛盾；⑤加强对水体及其污染源的监测和管理，使水污染逐步得到减轻和控制。

水是环境的基本要素。水，尤其是陆地水是重要的基础自然资源，是生态环境的控制性因素之一；同时又是战略性经济资源，是一个国家综合国力的有机组成部分，在很大程度上决定着一个地区的生态平衡和一个国家的经济兴衰。

水分从大气到地面再返回大气的过程称之为水循环。水分从大气运动到地面为降水，一般以降水或降雪两种形式完成。降水沿地表而运动，则成为地表径流，渗入地下蓄水层，则成为地下水。水从地表和水面蒸发以及从植物蒸腾又返回大气中。水通过生物圈的循环开创、联结、推动在土地、海洋和大气中发生的过程，支持导致人类产生并供养大量生物的生存。水是维持地球生物的基本体系之一。

地球是水的星球，其表面 70％ 由水覆盖，大部分是海水。地球总储水量约 14 亿 km^2，而海洋蓄积了地球上水的 97％ 左右，面积约有 13.6 亿 km^2。平均厚度在 2750m。陆地水仅占 3％ 左右，而江河蓄积的水量仅占陆地淡水储量的 0.01％。陆地水资源由地表水、土壤水和地下水组成，这三种彼此密切相关，互相转化，构成了一个完整的陆地水循环体系。

水，不仅作为一种至关重要的资源维系着地球上的生命和物质，同时，水的循环支持着地球物质的相互作用。

——水是大气的重要成分，虽然大气中仅含全球水量的百万分之一，然而，大气和水循环的相互作用是至关重要的。这些作用形成了支持生物的气候，确定了水循环运动。

——水是全球气候系统的组成部分，在调节昼夜和不同季节间气候波动中起着重要作用。

——水循环是保持全球能量平衡的重要手段之一，通过水循环这种传输能量的手段，使能量从赤道向极地运动。

——水是形成土壤的关键因素，流动的水构成地形、重塑景观，把各种各样的材料和营养物质输送到大海，形成三角洲，养育近海生态系统的生产力。岩石中存在许多化合物都溶于水，同时，水在岩石的物理风蚀中起着重要的作用。

——水循环与生物圈以各种方式相互作用着，对于生物来说，水是极为重要的。生物的主体是水，而且水是生物化学得以发生的介质。

水是所有生物的重要组成。但是，对于陆地上的生物来说，97%的水由于它的咸度而不能被利用，即使3%的淡水也并不都是易于得到，大部分闭锁在冰川或储藏于地下。一般意义上的水资源是指流域水循环中能够为生态环境和人类社会所利用的淡水，其补给来源主要是大气降水，赋存形式为地表水、地下水和土壤水，可通过水的循环逐年得到更新。

区域水文状况与水文环境对当地生态环境起着重要的调节作用，而生态环境质量直接影响着区域的水文情势。从广义上讲，维持全球生物地球化学平衡如水热平衡、水沙平衡、水盐平衡等所消耗的水分都是生态环境用水。自然界通过自身能量调节和物质分配来维持其平衡，而人类对自然环境的干扰和作用强度的加大，会使自然界原有的运作程序被打乱，当这种干扰超出自然生态系统的承受力，系统自身无法修复时，生态环境就会恶化，环境的恶化首当其冲的表现就是水资源量的短缺，质的变差和循环上的失衡和不合理开发及利用。

生态环境建设和水资源保护利用是一种互相依存的关系，主要表现在三个方面：

（1）植被建设。植被包括森林、灌丛、草地、荒漠植被、湿地植被等各种类型，是生态环境的重要组成部分。它影响着水的循环，涵蓄水分，调节地表径流，控制土壤侵蚀，保护水质。

（2）水土保持。它是一项综合治理的工程行为，主要通过人类的正面干预行为，合理利用降水资源，调节地表径流量，控制水土流失，改善生态环境。

（3）荒漠化防治。按照国际上通用的概念，土地荒漠化是指干旱区、半干旱区和半湿润区的土地退化。荒漠化的主要原因是天然草原和荒漠植被受到破坏，失去了涵养水分的功能，而土壤中水分的缺乏加剧了区域荒漠化的程度。因此，加强荒漠化防止有助于水源涵养和生态环境的改善。

好的生态环境对水资源起着重要的保护作用，同时它也要消耗一定的水量。保障生态环境需水，有助于流域水循环的可再生性维持，是实现水资源可持续利用的重要基础。

生态用水包括：水土保持生态环境用水，林业生态工程建设用水，维持河流水沙平衡用水，保护和维持生态系统的生态基流，回补超采地下水所需生态用水以及城市景观生态用水等方面。

随着全球人口的增长和经济的发展，人类对淡水资源的需求日益上升，由此面临的供需矛盾愈显突出。在我国水资源紧缺与用水浪费并存，一方面，因缺水造成的经济损失超过洪涝灾害；另一方面，水的重复利用率远低于发达国家，城市用水器具和自来水管网浪费损失率大于 20%；水土资源过度开发造成生态环境破坏，如海河、淮河等流域开发利用率达到 50% 以上，超过了国际公认的合理限度，由于开发过度，甚至导致部分河流断流；水环境质量恶化，一方面是有限的水资源不能得到合理利用，另一方面则是现有水资源遭到污染，河流湖泊、近岸海域、地下水均面临污染的威胁，水利工程缺乏保障。

因此，以水资源紧张、水污染严重和洪涝灾害为特征的水危机已成为我国可持续发展的重要制约因素，必须从人口、资源、环境的宏观角度，制定水资源战略。

3. 土地资源保护

土地是人类生活和生产的场所，是地质、地貌、气候、植被、土壤、水文和人类活动等多种因素相互作用下组成的高度综合的自然经济系统。中国的国土有 2/3 是山地，1/3 是平地；而耕地面积只占 10.4%，约为 100 多万 km²；工业、交通、城镇等面积占了 6.996%，约为 6.7 万 km²。因此从生态平衡的观点出发，控制人口增长和严格限制对耕地面积的侵占，是同自然保护密切相关的。

土地资源保护的基础措施是通过植树造林来构建土地资源的保护屏障，且对已开发利用的土地资源要合理灌溉、施肥和耕作，防止水土流失。海涂是沿海淤积平原的浅海滩，可为农业提供可耕土地，又可为水产业提供养殖场地，可以制盐，还可利用潮汐能发电等。因此必须对海涂资源进行综合调查和研究，做出全面安排和统筹规划，使海涂得到合理的开发和利用。

4. 生物资源保护

森林是由乔木、灌木和草本植物组成的绿色植物群体，要根据森林的自然生长规律，有计划地合理开发，永续利用，还要注意防止森林火灾和防治病虫害。草原是草本植被，要根据草原的生产力，合理确定载畜量，防止超载放牧。对已沙化地区，要进行封育，并结合人工补种。对大面积天然草场采取围栏、灌溉、施肥、化学除莠、灭鼠、区划轮牧等综合技术措施，提高草原牧草的产量和质量。某些原始性的草原，或有特殊植被类型的草原，以及有珍稀动物栖息的草原，可划为草原自然保护区。在野生动、植物资源保护方面，要开展资源的普查工作，建立自然保护区和禁猎区，规定禁猎期；建立物种库，保存和繁殖物种，并开展人工引种驯化科学研究。

自然保护的法律和人类对自然保护的努力是同对自然价值的认识分不开的。人类对自然价值的认识程度较低，或者自然受到污染或破坏较轻时，自然保护活动规模也是较小的。随着人类对自然价值认识程度的提高，以及自然资源的蕴藏量日趋枯竭，人们认识到必须设立自然保护的行政机构，及时根据可靠、系统的情报资料，进行正确的预测，提出有效的防治措施。同时，为了有效地对自然进行保护和管理，需要制定相应的法律。如德国于 1902 年制定保存美丽景观的法律，1935 年制定自然保护法。日本于 1919 年制定《古迹名胜天然纪念物保存法》（日本在名胜及天然纪念物的概念中，也包括人工构筑物、饲养的动物和栽培的植物）；1931 年制定《国立公园法》，还颁布了有关鸟兽保护区、禁猎区的《狩猎法》，有关地域环境保护的《自然环境保护法》，有关保护森林的《森林法》等。

我国从古代起就注意利用自然资源和保护自然的相互关系。《逸周书·大聚篇》记有传说中的大禹所述："春三月，山林不登斧，以成草木之长。夏三月，川泽不入网罟，以成鱼鳖之长"。荀子指出保护自然资源的重要性，必须做到"万物皆得其宜，六畜皆得其长，群生皆得其命"，并提出保护措施："草木荣华滋硕之时，则斧斤不入山林，不夭其生，不绝其长也。鼋鼍鱼鳖鳅鳝孕别之时，网罟毒药不入泽，不夭其生，不绝其长也"。《礼记·王制》上记有："林麓川泽以时入而不禁"。"五谷不时，果实不熟，不鬻于市；木中不伐，不鬻于市；禽兽鱼鳖不中杀，不鬻于市"。为了"山泽多禽兽""鱼鳖优多"，设有官吏管理，川衡掌握川泽的禁令，管理水产；迹人掌握苑囿田猎的政令。明末清初王夫之《噩梦》记有："土广人稀之地，如六安、英霍，接汝黄之境，及南漳以西，自河以南，襄府以东，北接浙川、内乡之界，有所谓'禁山'者"。说明 17 世纪秦岭东端、巫山、荆山、武当山、桐柏山、大别山、霍山等山地均被列为"禁山"。此外，许多地方有"风水山""风水林""神林"等，虽然有封建迷信的色彩，但起着保护自然资源、保持山林植被的作用。

中华人民共和国成立后，1956 年第七次全国林业会议通过了《狩猎管理办法（草案）》。同年，在全国科学技术规划中，自然保护和自然保护区都被列为基础研究的内容。1957 年制定了《中华人民共和国水土保持暂行纲要》，1962 年国务院发出《关于积极保护和合理利用野生动物资源的指示》，1963 年颁布了《森林保护条例》，1979 年公布了《中华人民共和国森林法（试行）》《水产资源繁殖保护条例》《中华人民共和国环境保护法（试行）》等。1980 年 3 月 5 日中国共产党中央委员会和国务院又一次发出《大力开展植树造林的指示》，全国人民开展了大规模的全国性植树造林活动。

从 1979 年起，国务院和有关部门及部分省、市都先后建立了自然保护管理机构。1979—1980 年中国先后参加了"世界野生生物基金会""国际自然和自然资源保护联合会""面临灭绝危险的野生动物国际贸易公约"。1980 年 3 月 5 日在北京同世界其他一些国家同时公布了《世界自然资源保护大纲》。1979 年，中国同世界野生生物基金会签订了《关于保护野生生物的合作协定》。这些表明，我国对自然资源的保护不仅走上了法制的轨道，也开展了国际性的合作，有助于推动我国和全人类的可持续发展。

2.3.2　荒漠化

1. 基本概念

土地退化，是指由于使用土地或由于一种营力或数种营力结合致使干旱、半干旱和亚湿润干旱地区土地的生物、经济生产力和复杂性下降或丧失，其中包括：

（1）风蚀和水蚀致使土壤物质流失；

（2）土壤的物理、化学和生物特性或经济特性退化；

（3）自然植被长期丧失。

荒漠化，是指包括气候变异和人类活动在内的种种因素造成的干旱、半干旱和亚湿润干旱地区的土地退化。

2. 土壤侵蚀

土壤侵蚀，是指侵蚀量超过成土速度，或土壤的生成能力降低，即超过了以永续利用的准则所能允许的侵蚀速度，才称为土壤侵蚀。以水为主要侵蚀营力的称水土流失。

在自然系统抗御干扰回复到波动平衡状态过程中，土壤生产能力的回复十分重要。由于土壤的再生十分缓慢，在热带和温带农业条件下，形成 2.5cm 厚的表土或 $340t/hm^2$ 的表土需要 200～1000 年时间，其更新速度相当于 0.3～ $2t/hm^2 \cdot$ 年，而对于中国中西部干旱地区和北方寒温带地区来讲，这个更新速度要小于 $0.3t/hm^2 \cdot a$，形成 2.5cm 厚的表土需要 1000 年以上的时间。

据测试，耕地土壤损失幅度一般为每年 $10～100t/hm^2 \cdot a$，中国耕地土壤损失平均约为 $43t/hm^2 \cdot a$；黄河流域土壤损失平均约为 $100t/hm^2 \cdot a$；这个平均损失在我国南方需要 5 年以上的时间才能恢复，在干旱地区则要 33 年以上时间才能恢复。因此，防止土壤损失是一件十分艰难的工作。

表 2-3-1 美国各地不同作物和植被引起的土壤年损失量

作物或植被类型	地 区	坡 度	损失量（吨/hm²）
玉米（单作）	密苏里（哥伦比亚）	3.68	48.6
	威斯康星（拉克罗斯）	16	219.0
	密西西比（北部）	—	53.3
	艾奥瓦（克拉林达）	9	69.9
玉米（圆盘耙）	印第安纳（拉塞尔）	—	51.6
	俄亥俄（坎菲尔德）		30.1
玉米（常规）	南达科他（东部）	5.8	6.6
玉米（单作）	密苏里（金多姆市）	3	51.8
玉米（等高耕作）	艾奥瓦（西南部）	2～13	52.8
	艾奥瓦（西部）	—	59.2
	密苏里（西北部）		59.2
棉 花	佐治亚（沃金斯维尔）	2～10	47.1
小 麦	密苏里（哥伦比亚）	3.63	24.9
	内布拉斯加（阿莱恩斯）	4	15.5
小麦（与豌豆轮作）	华盛顿（普尔曼）	—	13.8
小 麦	华盛顿（普尔曼）	—	17.1～24.4

续　表

作物或植被类型	地　区	坡　度	损失量（吨/hm²）
百慕大草	得克萨斯（坦普尔）	4	0.07
当地产草	堪萨斯（海斯）	5	0.07
森　林	北卡罗来纳	10	0.005
	新罕布什尔	20	0.02

天然森林中不会出现土壤侵蚀，草地上也只会出现很轻微的土壤侵蚀，即使其坡度很陡也是如此。林区成片的枯枝落叶和地衣起着海绵那样的作用，例如，1 公斤干地衣能吸收 5 升水，所以 1hm² 地中海森林在一场暴雨之后，可持留大约 400 立方米水。其中一部分雨水通过蒸腾而失去，其余则慢慢向下渗透，逐渐补充地下水。

任何一种连绵不断的植被都能减慢雨滴下降速度，使雨滴失去大量动能，从而以很小的速度触及土壤。另外，可抑制任何径流，使其破坏性影响失效。

以为数极少的耕种作物或甚至单作植物（热带地区的花生或咖啡；温带地区的小麦或玉米）为基础的现代农业的发展，已成为一个相当大的土壤侵蚀因素。表 2-3-2 是特定地理区域的土壤侵蚀率。

表 2-3-2　特定地理区域的土壤侵蚀率

国　家	侵蚀率 （吨/hm²·年）	备　注
美　国	18.1*	所有耕地的平均值
中西部陡峭的黄土山	35.6*	主要土地面积 10.722 亿 hm²
南部高原地区	51.5*	主要土地面积 7.762 亿 hm²
中　国	43	所有耕地的平均值
黄河流域	100	中游，不断耕作的黄土区
印　度	25～30*	耕地
德干黑土区	40～100	—
印尼爪哇	43.4	布兰塔斯河流域
比利时	10～25	比利时中部，农田黄土

续　表

国　　家	侵蚀率 （吨/hm²·年）	备　　注
民主德国	13	某地黄土耕作区一千年的平均值
埃塞俄比亚	20	贡德尔地区的山区
马达加斯加	25～40	全国平均值
尼日利亚	14.4	伊莫地区，包括非耕地
萨尔瓦多	19～190	阿塞尔瓦特流域的谷类作物地
危地马拉	200～3600	山区的玉米种植地
泰　国	21	湄南河流域
缅　甸	139	伊洛瓦底江流域
委内瑞拉和哥伦比亚	18	奥里诺科河流域

* 包括风蚀和水蚀，其余均为水蚀。

3. 水土流失程度的测定

水土流失的测定方法较多，如野外进行坡面、沟道典型地区侵蚀量的调查，利用小型水库和坑塘的多年淤积量进行推算。倘若能获得下游水文站的输沙量资料，则由淤积量和输沙量之和可计算出上游小流域面积的侵蚀量；一般可根据水土保持试验站实测坡沟泥径流资料进行分析和采用"通用水土流失方程式"进行计算，这里着重介绍后一种方法。

$$A = R \times K \times L \times S \times C \times P = RKLSCP$$

式中：A— 单位面积上的土壤流失量（t/hm²）

R— 降雨因子

K— 土壤可蚀性因子

L— 坡长因子

S— 坡度因子

C— 作物管理因子

P— 土壤保持措施因子（如梯田耕作、等高带状耕作）。

土壤侵蚀受着许多不同变量的影响。这个方程式本质在于，它将每一个变量分隔开来，并将其影响简化为一个符号。而当这些符号在一起连乘时，就得出了土壤流失总量。要指明的是，这些变量的测定是困难的。

4. 沙漠化

现代沙漠化主要是人类的行为不当造成的，所以沙地（丘）活化过程主要发生在农地周围的沙质农田、居民点、牲畜饮水点附近和交通沿线（陈广庭，1994）。沙丘活化过程中植被覆盖度的减少和生产能力的降低是显而易见的。它既是沙漠化—沙丘活化的结果，又是沙丘活化的原因，还成为沙漠化的最明显的标志。

荒漠化程度是荒漠化发生地区环境退化程度的客观反映。判断荒漠化程度可以从生态学角度，如利用植被覆盖度和植被组成成分的变化，土壤质地与肥力的变化，水分条件的变化，特别是生产潜力变化等，把整个环境发生的变化密切联系在一起，才能做出全面的判断（朱震达，1984）。

荒漠化程度的量化可以参考见表 2-3-3 和表 2-3-4。

表 2-3-3　荒漠化发展程度指征

荒漠化程度	年扩大面积占该区面积（%）	流沙面积占该区面积（%）	形态组合特征
潜在沙漠化土地	0.25 以下	5 以下	大部分土地尚未出现沙漠化，偶见有流沙点
正在发展中的沙漠化土地	0.26～1.0	6～25	片状流沙，吹扬灌丛沙堆及风蚀相结合
荒漠化程度	年扩大面积占该区面积（%）	流沙面积占该区面积（%）	形态组合特征
强烈发展中的沙漠化土地	1.1～2.0	26～50	流沙做大面积的区域分布，灌丛沙堆密集，吹扬强烈
严重沙漠化土地	2.1 以上	50 以上	密集的流动沙丘占绝对优势

表 2-3-4　荒漠化程度的生态学指征

荒漠化程度类型	植被覆盖度（%）	土地滋生力（%）	农田系统的能量产投比（%）	生物生产量 [t/（hm².a）]
潜在的	60 以上	80 以上	80 以上	3～4.5
正在发展中	59～30	79～50	79～60	2.9～1.5
强烈发展中	29～10	49～20	59～30	1.4～1.0
严重的	9～0	19～0	29～0	0.9～0

表 2-3-3 是利用地理景观及土地荒漠化的发展判断荒漠化程度。

我们过去一直把沙漠化分为潜在的、正在发展中的、强烈发展中的和严重的四级。这种划分给人以沙漠化发展动态的概念，指出"沙漠化危机"程度，以引起人们对沙漠化警觉。从其发展角度可以采用以下指标：

（1）沙漠化土地每年扩大率。可以利用不同时期卫星相片或航空相片计量分析所得的数值计算年增长率，按年增长率的大小判断发展程度；

（2）以沙漠化土地景观中最显著的特征——流沙所占该地区面积的大小作为可利用土地资源丧失的一个主指标；

（3）沙漠化土地景观的形态组合特征及配置比例。

表 2-3-4 是从生态学角度判断沙漠化程度。在沙漠化过程中，随着沙漠化程度的发展，土地滋生潜力、生物生产量（含植物结构及覆盖度的变化）以及生态系统能量转化效率，都有较明显的变化，这些变化随着沙漠化进程而产生和发展，利用这些变化可以半定量地描述沙漠化的发展程度。

表中植被覆盖度按投影估算，并以当地原生景观的植被覆盖度为100%。土地滋生潜力，利用水分效率（或蒸腾系数）推算出本区单位面积的可能生产量，并以其为100%计。我国干草原农牧交错地区旱作农田推算的可能产量为 $1.5 \sim 2.0 t/hm^2$。农田系统的能量产投比是将耕种收获全过程所花费的各种有机能和无机能总和与产出能之比求得。我国干草原农牧交错区旱作农田的能量产投比值约为 2.0。

从生态学角度划分沙漠化程度，由于抓住了沙漠化是土地生产力退化过程这个实质，因而是比较科学的。但是要在大范围内运用生态学的划分，必须建立完整的监测系统，做长期的大量细致工作，仅凭借个别点或个别年份的资料，难免有偶然性。

由于各种类型沙漠化的过程不一，其发展的"顶极"景观也不相同，需要区别类型来确认沙漠化的程度。判断一个地区沙漠化过程是否已经开始，主要依据地形形态是否出现了变化。在进行实地调查时，除了调查上述的土地滋生力、农田系统的能量产投比、生物生产量外，主要依靠植被覆盖度、植被种群类型、微地貌形态等地理景观作为我们的直接信息。

通过遥感手段和地面实地调查，区别各种程度的沙漠化土地主要标志综合于表 2-3-5。

表 2-3-5　各种程度的沙漠化现状景观综合标志

土地沙漠化程度	综 合 地 理 景 观 标 志
轻度沙漠化	1. 沙丘迎风坡出现风蚀坑，背风坡有流沙堆积；植被覆盖度 30%～60%，流沙斑点状出现，面积 5%～25% 2. 出现大小不等的灌丛沙堆，灌丛生长茂密 3. 地面显现薄层覆沙或砂石裸露 4. 春季耕垅有明显的风蚀痕迹，垅间有积沙，土壤腐殖层风蚀损失不超过 50%，产量为开垦初期的 50%～80% 5. 在细土深厚地方出现风蚀坑，但其中仍有一定植被覆盖，坑边沿尚无明显的陡坎
中度沙漠化	1. 沙丘显现明显的风蚀坡和落沙坡分异；植被覆盖率 10%～30%；流沙面积为 25%～50% 2. 灌丛有叶期仍不能覆盖整个沙堆，灌丛沙堆迎风坡显现流沙 3. 黄土地区出现小片流沙，地面布满粗砂砾石，但仍有稀疏的植被生长，草群覆盖度 10%～30% 4. 耕地明显风蚀低下，土壤腐殖层被风蚀厚度超过 50%；产量降为开垦初期的 50% 以下 5. 风蚀坑大部分裸露，地面出现明显的小型陡坎
严重沙漠化	1. 沙质沙漠化地区整个呈现流动沙地状态，流沙面积超过 50%，植被零星分布，覆盖度小于 10% 2. 砾质化地区呈现不毛的戈壁状，植被覆盖度小于 10%，砾质化耕地弃耕 3. 腐殖层几乎全部被风吹蚀，出露钙积层或土壤母质层，因收获不抵籽种，大部分弃耕 4. 地面出现风蚀残墩、残柱等

表 2-3-6　沙漠化发展状况的划分

沙漠化发展状况	沙漠化年增长率（%）
正在逆转的沙漠化土地	负值
比较稳定的沙漠化土地	<0.25
正在发展的沙漠化土地 其中：一般发展的 强烈发展的	≥0.25 0.25～3 >3

2.3.3 生物多样性保护

1. 基本概念

自然资源的开发对区域环境影响的首要问题是有可能进一步使生境破碎化和岛屿化，因此区域生态规划不能不探讨物种保护这一热点问题。

生物多样性是指一定范围内多种多样活的有机体（动物、植物、微生物）有规律地结合在一起的总称。生物多样性包括 4 个层次，即遗传多样性、物种多样性、生态系统多样性、景观多样性。从一定的角度上说，后两个层次的保护更为重要。这是因为：

第一，人类的时间、经费、社会承受能力和科学知识不足；同时，占世界物种总数 90% 的"小型生物"是无法逐种保护，只有保护生态系统，才能保护这些"小型生物"在内的所有物种和尚不明了的生态过程及生境（Franklin，1993）。

第二，生态系统和景观是物种生存的环境，它的结构与功能在一定程度上决定了物种的多样性。

第三，生物多样性最丰富的地区不一定是全部由顶极植被覆盖，而常常包含所有演替系列群落的地段。现在，地球环境管理较好的区域大多是由未经破坏或破坏极少的天然生态系统及其演替系列、栽培生态系列、城镇村落等生态系统所组成的半自然景观镶嵌体。这些半自然景观是现实环境的主体，可见景观多样性保护是保护生物多样性的关键问题。第四，景观是自然与人类相互作用的舞台，景观多样性保护是人类合理利用自然资源，保护区域持续发展的基础。

景观生态学认为，对遗传、物种、生态系统和景观这四个层次的生物多样性应综合研究，整体保护。不仅要研究和保护受到威胁的基因、物种、生态系统和景观，而且应重视尚未受到威胁和正在进化发展的生物多样性。可见，景观生态学的上述观点极大地拓宽了自然保护的范围和领域（邱扬，1997）。

2. 生物多样性保护现代理论透视

近年来物种保护研究倍受关注。随着经济的发展和人口的增加，许多大型陆生脊椎动物的栖息地被大量破坏，生境的破碎把许多随机交配的大种群分割成互相隔离的小种群，它们往往由于近亲繁殖、遗传演变、基因随机固定和丧失而使基因多样性枯竭，并不是通过动物的意外死亡而消失（Frankel，1983）。由此可见，生境破碎化和岛屿化是当前物种灭绝危机的最主要原因。

（1）岛屿生物地理学的"平衡理论"

随着人对自然干扰的增多，强度的增大，使生境破碎化和岛屿化。因此，岛屿的许多显著特征为发展和检验自然选择、物种形成及演化，以及生物地理学和生态学诸领域的理论和假设，提供了重要的自然实验室（Diamond，1978），岛屿生物地理学理论（Mac Arthur Wilson 学说），即为岛屿生物学研究中所产生的著名理论之一，该理论发展之快，应用之广，影响之深，争议之多，超过其他生态学理论（邬建国，1989）。

① 种—面积关系和岛屿生物地理学的"平衡理论"

种—面积关系的经典形式可表示为某一区域的物种数量随面积的幂函数增加而增加。即有 $S = CA^z$。式中 S 表示物种数，A 表示面积，C 和 Z 均为常数，此公式适用于大陆和岛屿的动植物物种。

岛屿物种的迁入速率随隔离距离增加而降低，绝灭速率随面积减小而增加，岛屿物种数是物种迁入速率与物种绝灭速率平衡的结果，这就是岛屿生物地理学的"平衡理论"。根据"平衡理论"，相同面积的岛屿随隔离大陆或物种丰富度较高的岛屿的距离不同，所拥有的物种数不同。岛屿物种数随距物种源的距离增加而减小。小岛不但物种较少，物种的绝灭速率也高。隔离岛屿（不存在物种迁入的岛屿）上的每个物种都有绝灭的可能。如果不发生再定居，所有的种都将绝灭，而最后一个物种的绝灭只是时间问题。如果物种在岛屿之间能迁移和定居，尽管某个岛某一物种会暂时绝灭，但很快会从其他岛屿迁入。这样整个群岛物种的绝灭概率很低，物种可能长期存活。

种—面积关系和"平衡理论"在岛屿生物地理学中占有重要地位，但人们对此还没有形成统一的认识。有关种—面积关系的主要观点有：①一些观点认为，尽管物种数量随面积增加而增加，但这种关系不是直接的，面积只是间接地决定物种数量，决定物种数量的主要因素是栖息地多样性。相反的观点认为，栖息地多样性和决定物种多样性的其他因素，如种群大小与面积密切相关。面积是物种丰富度的最佳指示者；②有人认为，$S = CA^z$ 并不是种—面积关系的唯一和最适合的表达形式，任何曲线只要是单调非对称增函数，都可能同样或更好地拟合种—面积关系。但根据 Connor 和 McCor 比较 100 组岛屿种—面积关系的数据，$S = CA^z$ 是较适合的模型；③对 Z 值（$0.2 \sim 0.4$）也有不同的看法,一些人认为 Z 值没有明确的生物学意义,而另一些人认为 Z 值的变化是由生物现象引起。Z 值与物种迁移能力和岛屿隔离程序有关,反映了物种随面积增加而增加的速率。

"平衡理论"缺乏证据。鸟类物种研究表明,一些结果模糊不清,一些证据支持"平衡理论"而另一些证据则相反。岛屿哺乳动物群研究也显示,一些研究证实了"平衡理论",而一些证据则表明,由于气候变化和再定居,以及物种形成的影响,岛屿物种无法达到平衡。

综合这些观点可以看出,种—面积关系只是物种丰富度和面积关系的粗略反映,具体形式应根据具体的数据和条件,选择合适的模型和相应统计判断标准。岛屿生物地理学"平衡理论"应用范围有限,对于那些从未达到平衡的岛屿,"平衡理论"是不适用的(李义明等,1996)。

② 物种—面积关系的初步研究成果

中国学者张知彬在 1995 年公布了他关于物种和面积之间关系的研究成果。该研究通过收集 102 个国家有关兽类、鸟类、两栖类和爬行类的物种数来分析物种数与面积的关系。由于样本面积都很大,而且大多是大陆连续性栖息地,这样就基本消除了"岛屿效应"。

表 2-3-7 是部分国家脊椎动物种数与面积的回归系数($\text{Log}S = b_0 + b_1 \times \text{Log}A$)。通常 $S = CA^Z$ 公式中,面积单位是 km^2,且等同 $\text{Log}S = \text{Log}L + Z \times \text{Log}A$,因此表 2-3-7 中 $\text{Log}S = b_0 + b_1 \times \text{Log}A$(注:面积单位为 km^2)可以写成:

$\text{Log}S = b_0 + b_1 \times \text{Log}(10000 {}^* A/10000)$

$\text{Log}S = b_0 - 4 \times b_1 + b_1 \times \text{Log}A$(注:现在面积单位是 km^2)

即:$\text{Log}S = \text{Log}[10^{(b_0 - 4b_1)}] + b_1 \times \text{Log}A$

表 2-3-7 中 $C = 10^{(b_0 - 4b_1)}$,$Z = b_1$

在表 2-3-7 总计一栏中,脊椎动物 Z 值在 $0.1494 \sim 0.3426$ 之间,均值为 0.2269,且 Z 值顺序为:两栖 > 爬行 > 兽 > 鸟;C 值顺序为:鸟 > 兽 > 爬行 > 两栖,与 Z 值的顺序相反。

表 2-3-7　部分国家脊椎动物种数与面积的回归系数

地区	系数	兽类	鸟类	爬行类	两栖类	总计
	b_0	1.8226	—	—	—	—
非洲	b_1	0.2266	—	—	—	—
	r	0.5252	—	—	—	—

续　表

地区	系数	兽类	鸟类	爬行类	两栖类	总计
美洲	b_0	1.7883	2.6167	1.8727	1.4067	2.7393
	b_1	0.2476	0.1213	0.2438	0.3990	0.2304
	r	0.6021	0.3864	0.7165	0.7674	0.7376
欧洲	b_0	1.7381	2.2066	0.7786	1.1177	2.3791
	b_1	0.0931	0.1592	0.2125	0.0061	0.1386
	r	0.3881	0.6980	0.2980	0.0134	0.5985
亚洲	b_0	1.7752	2.4144	1.7046	1.2580	2.6622
	b_1	0.2909	0.2185	0.2718	0.3720	0.2382
	r	0.6836	0.4753	0.4060	0.9589	0.9030
总计	b_0	1.7690	2.4609	1.4572	1.2044	2.5856
	b_1	0.2413	0.1494	0.2963	0.3426	0.2269
	r	0.5733	0.4270	0.4203	0.5559	0.6098

③ 示例

$S = CA^Z$ 所表示的数量关系是：如果一个原生系统 10％ 的面积保存下来，则该生态系统 50％ 的物种将最终保存下来；如果 1％ 的面积保存下来，则 25％ 的物种保存下来。

例如，某地有脊椎动物物种 47 种，已知每 km^2 17 种，Z 值 0.2382，求最小的保护面积。

计算：$A = Z\sqrt{\dfrac{S}{C}} = 0.2382 \quad \sqrt{\dfrac{47}{17}} = 71.47$（$km^2$）

答：该地最小保护面积 71.47km^2。

（2）种群生存力分析和最小存活种群

为了保护物种的健康和多样性，上世纪初保护主义者发展了保留面积技术，这种技术是针对整个自然系统—景观、生态系统，群落和物种的保护，因此对生物多样性保护的评价也是针对整个自然系统的。但随着人口的增加和经济的发展，建立保护区可利用的土地越来越少，这迫使生物科学家探索自然系统生存力的最小条件是什么？解答这个问题的途径有两条：一条是群落生态学家研究系统生存力的最小面积（如 Moore，1962），岛屿生物地理学研究为此做出了重要贡献；另一条途径是种群生态学家研究目标种的最小种群大小（如

Franklin，1980）或密度，现在发现，系统关键种的生存力研究是定义系统生存力的最适用途径（Soule，1986）。

Soule 和 Simberloff 认为，群落或生态系统一般都有最脆弱的物种，最脆弱的物种最先绝灭。如果群落或生态系统中最脆弱的物种都能在保护区中长期存活，则群落或生态系统中的其他物种亦能长期存活。这样，群落或生态系统就不会丢失物种，因而就保持了比较完整的结构，也就确保了长期生存力。假定群落或生态系统存在最脆弱的物种，一旦知道了目标种，就可以通过种群生存力分析得出最小可存活种群，再通过已知密度估计出保护区的面积。最脆弱的物种通常是群落或生态系统中最大的捕食者和最稀有的物种。这种技术同样可以运用到区域生态规划生物多样性的保护中，假定区中存在最脆弱的关键物种，一旦知道了目标种，就可以通过种群生存力分析得出最小可存活种群，再通过已知密度估计出应保护的面积。

① 基本概念

种群生存力分析（Population Viability Analysis），简称 PVA。是指通过分析和模拟技术估计物种以一定概率存活一定时间的过程。PVA 研究物种绝灭问题，它的目标是制定最小可存活种群。

最小可存活种群（Minimum Viable Population），简称 MVP。广义的MVP 概念有两种（Ewens，1986），一种是遗传学概念，主要考虑近亲繁殖和遗传演变对种群遗传变异损失和适合度下降的影响，即在一定的时间内保持一定的遗传变异所需的最小隔离的种群大小；另一种是种群统计学概念，即以一定概率存活一定时间所需的最小隔离的种群大小。

② PVA 的研究

PVA 主要研究小种群的随机绝灭问题。PVA 研究的是一些对生态系统、遗传学以及政治经济等有重大意义的物种，这些物种包括：a. 其活动为其他几个种创造关键栖息地；b. 其行为增加其他种的适合度；c. 调节其他种群的捕食者，而且他们的消失会导致物种多样性下降；d. 对人类有精神、美学和经济价值；e. 稀有种或濒危种（Soule，1987）。

绝灭有两种划分法，一种是把绝灭分为系统压力和随机干扰（Shaffer，1981），或确定性绝灭和随机绝灭（Cilpin，1986）。系统压力或确定性绝灭通常由不可避免的强制性的变化和力引起，如历史上的冰河时期和栖息地损失，就是由无法改变的气候变化和人类活动引起，它可以导致许多物种绝灭。随机绝灭是由正常的随机变化和干扰引起，它一般不毁灭种群，但削弱种群，使种群绝灭概率增加。系统压力和随机干扰往往联合起作用。在许多情况下，系统压力并不直接导致物种绝灭，而是把物种推到随机事件很容易发生作用的种群大小范围，由随机干扰促使物种绝灭。

随机干扰分为 4 类（Shaffer，1981）：a. 统计随机性，同一定数量个体存活和繁殖中的随机事件产生；b. 环境随机性，由环境容纳量、气候，以及种群间的竞争、捕食、寄生和疾病随时间变化而引起；c. 自然灾害，如洪水、大火、干旱等以随机时间间隔的方式发生；d. 遗传随机性，由奠基者效应（Founder Effect），随机固定（Random Fixation）或近亲繁殖的基因频率变化引起。不同的种群大小对随机干扰的反应是不同的，在没有系统压力下，大种群对随机干扰不敏感，而小种群对随机干扰极为敏感，种群极易绝灭。

③ MVP 的研究

对于最小可存活种群的研究目前主要是分成 4 种随机性进行了模型研究。

A. 统计随机性和环境随机性

统计随机性和环境随机性对种群绝灭影响的特点主要表现在：小种群对绝灭的敏感程度高于大种群；环境干扰增加，种群绝灭的概率增加。

B. 灾害

灾害对物种存活的影响以随机时间间隔方式发生作用，在这方面的研究有灾害的遗传学模型和灾害的统计学模型。其模型虽复杂难解，但研究成果说明统计随机性只对很小的种群（数量在几十至几百）有重要危害。通常情况下灾害对种群存活的重要性大于环境随机性和统计学随机性，而环境随机性又大于统计随机性，在某些情况下环境随机性重要性可能大于灾害。

C. 遗传随机性

——小种群对种群遗传退化的影响

小种群对种群遗传退化的影响主要包括三个方面：a. 近亲繁殖可能增加。近亲繁殖增加遗传基因的同质性，同质性的增加使有害隐性基因表达的机会增加，导致后代间的变化性降低，后代度过突然环境变化而存活的机会减少；b. 异质性变小。在杂合性的远系繁殖物种中，较多异质基因的个体比较少异质基因的个体更能适应环境，异质性增加了个体的存活和抗病能力，增加生长速率和发育稳定性。物种的进化潜力依赖于它所含有的遗传变异量，较低遗传变异的种群对新环境的胁迫较敏感。在动物和植物中，物种所拥有的遗传变异与其适合度是正相关的；c. 遗传漂移对物种长期进化产生的深刻影响。遗传漂移导致遗传变异的损失，损失速率与有效种群大小有关。每代遗传变异的损

失速率为 $1/2N$，这里 N 是有效种群大小，即具有相同遗传变异损失速率和近亲繁殖速率的理想种群大小称真实种群的有效种群大小。在非自然选择条件下，种群的遗传变异损失主要来自遗传漂变。要阻止遗传变异损失，种群应足够大，使得由突变产生的新遗传变异量和遗传漂移损失的遗传变异量相等。这个种群大小主要取决于遗传变异种类，各种变异的突变速率以及作用在这些变异上的自然选择类型。

——有效种群大小与种群短期存活和长期存活

动物育种者发现，家养动物 1％的近亲繁殖率对种群产生的不利影响很小。根据这一事实 Franklin 和 Soule 认为 1％的近亲繁殖率是一般种群能够忍受的近亲繁殖水平。于是由繁殖率公式 $1/2Ne=1％$，可知 $Ne=50$。这就是说，要使近亲繁殖系数低于 1％，有效种群大小必须等于或大于 50。但是 $Ne=50$ 的种群并不能阻止遗传漂变产生的遗传变异的缓慢损失，在不到 100 代内将损失绝大部分遗传变异，剩余的遗传变异已低于一般种群生存所需的遗传变异量。因此，Franklin 和 Soule 认为有效种群大小为 50 只能作为物种短期存活的 MVP。

目前，人类活动对自然生态系统干扰严重，全球气候变化加剧，一个物种要长期生存，必须有足够的遗传变异量以适应变化的环境，这就要求物种由突变产生的遗传变异量至少应与遗传漂变损失的变异量相等。Franklin 和 Soule 根据果蝇刚毛物特征突变的数据，估计这个有效种群大小应该是 500，它能满足种群的长期存活要求。但是他们考虑的只是非自然选择下的遗传变异平衡。Lande 和 Barrowclough 系统地总结了保持遗传变异平衡所需的有效种群大小（见表 2-3-8）认为对于数量遗传性状这一指标，有效种群大小应为 500，这样才能保持遗传变异的损失与突变产生的遗传变异输入平衡。但单个位点的中性基因，有效种群大小应为 $10^5 \sim 10^6$，才能保持遗传变异平衡。$Ne=500$ 的实际种群大小一般在几百至几千范围内。而在环境随机性和自然灾害下，保持 95％的概率存活 100 年或 1000 年的种群大小往往超出此范围，换句话说，仅仅从遗传学考虑而得出的 MVP 并不能保证种群的长期存活。值得注意的是，虽然保持遗传变异对保持个体适合度及种群生存力至关重要，但种群遗传变异保持平衡状态时，与种群大小的数量关系仍不清楚。要准确地估计 MVP，必须综合地考虑四种随机因素以及它们之间的相互作用对种群的影响。

表 2-3-8　突变保持遗传变异平衡所需的有效种群大小

遗传变异类型	选择类型	所需有效种群大小	恢复时间（世代）
数量性状	中性	～500	$10^2 \sim 10^3$
数量性状	稳定或波动最优化	～500	$10^2 \sim 10^3$
单基因位点	中性	$10^5 \sim 10^6$	$10^6 \sim 10^7$
单基因位点	有害的（不完全隐性）	独立于 Ne（除非近亲繁殖，总是表现）	10^2

　　——模拟模型

　　Shaffer1978 年用计算机模拟美国黄石公园大灰熊（Ursus arctos L.）种群的绝灭过程，使用的是 1959—1970 年的种群动态数据。他的模拟模型运用了离散时间数学模型，考虑了种群的性比、年龄结构、死亡率和繁殖率与密度制约关系，离散个体模型包含有统计随机性，是通过伪随机数字发生器产生个体，确定其存活和繁殖。且用死亡率方差和繁殖率方差表示环境随机性。MVP 定义为 95％概率存活 100 年的种群大小。模拟结果显示 50～90 个个体能满足此 MVP。类似的研究见 Suchy 等的工作。他们用黄石公园大灰熊 1975—1982 年的种群动态资料，模拟环境随机性和统计随机性对大灰熊 MVP 的影响，发现死亡率对种群的影响大于繁殖率，以 95％的概率存活 100 年的 MVP 是 125 个个体。Shaffer 和 Samon 比较该模拟模型和分析模型的特点，认为分析模型过高估计了种群的存活概率和存活时间，而模拟模型的结果显得真实可靠。不过 Shaffer 的模拟模型未考虑遗传随机性和灾害等因素，而这两点对种群绝灭起重要作用。

　　获取种群和环境的准确参数依赖于对种群进行长期系统观察并编制出生命表。绝大多数濒危动物的 PVA 研究缺乏有效资料，美国黄石公园大灰熊研究只有 12 年种群动态资料，佛罗里达礁鹿的 PVA 研究缺乏方法一致的种群动态观察资料。并且有关灾害、遗传变异、近亲繁殖方面的资料缺乏；巴厘燕八哥的 PVA 研究绝大部分资料是估计或猜测的。参数缺乏或不准确，影响到模型结果的准确性。然而，收集种群参数要花费巨大的人力、物力和时间，编制大型长寿动物的生命表，通常需要数年，而获取灾祸对种群影响的数据需要的时间就更长了，必须长期系统地研究目标种的种群参数和环境参数，以保证模型结果的准确性。

　　MVP 虽然没有一个统一的为所有保护学家承认的数字，但对 MVP 的数量级认识却逐渐趋于一致。大小为 10～100 的种太小，遗传变异将快速损失，统计随机性很快促使种群绝灭，Soule 和 Simberloff 认为有效种群大小在几百至几千才能达到保护要求。Soule 猜测以 95％的概率存活几百年的 MVP 应在较低的四位数比较合适。Thomas 通过种群动态研究认为种群大小为 1000 能达到正常波动的种群中期存活要求，种群大小为 1 万能保证种群波动极大的鸟兽中期和长期存活，种群几何平均值至少为 5500 才能符合一个完整栖息地中种群的保护目标。从这些研究中可以看出，种群的数量级在 10^3 以上能达到一般物种以较高概率中长期存活。

MVP 是设计自然保护区的一个重要准则。Newmark 检查了美国西北部的 8 个公园和公园系统，发现只有 1 个能支持广泛分布的哺乳类种群，其他 7 个公园和公园系统面积都不足以维持有效种群大小 MVP＝50 的种群。Shonewald-Cox 报道美国 55％的国家公园对大多数脊椎动物和长寿命植物很少提供保护，即使最大的公园，也难以保护繁殖较慢和高度特化的物种长期存活。Belovsky 比较当今世界各国的公园面积和哺乳动物存活所面积，他的计算表明，在自然条件下有 0～20％的公园，大型的食肉动物（10～100kg）能期望存活 100 年，但没有一个公园大到能保证最大的食肉动物存活 1000 年；有 4％～100％的保护区将允许最大的食草动物存活 100 年，有 0～22％的保护区将允许其存活 1000 年。Belovsky 建议我们应重新评价保护区的工作和管理方针。

MVP 理论和实践之间存在巨大的差异，原因有两个：①绝大多数自然保护区的建立早于 MVP 的产生和发展，因而缺乏科学的设计和指导；②扩大现存许多保护区较困难，因为可用于自然保护区的土地越来越少。

尽管 PVA 尚有许多问题未解决，MVP 的理论和实践差距很大，但 PVA 还是在快速发展，因为许多物种正面临着绝灭的危险，一些物种很可能在我们能收集到完全的种群参数和建立完备的理论前就绝灭了。因此，我们必须以现有的资料和不怎么完备的理论给物种保护提供理论指导，这是 PVA 工作的紧迫性所在。

——最小存活种群在区域生态规划中物种保护中的应用

吸取上述有关物种保护研究的各方面最新成果，在区域生态规划中确定生物物种保护的主要步骤如下：

➕确定规划区内的关键种；

➕确定可以接受的或一定时期内可以忍受的遗传杂合子丧失率（遗传学的最小存活种群）或三个参数（最大种群 Nm，种群增长率 r 和方差 V）；

✦确定计算保护的时间（50a，100a，200a……）；

✦确定可以满足上述要求的最小有效种群；

✦根据最小有效种群计算出所需的实际种群；

✦根据经验和合理的推测提出保护关键种所需栖息地面积；

✦当栖息地面积不够大时提出有效的补充生态学设计。

上海华东师大徐宏发等根据已完成的研究成果介绍了如下计算模式：

种群中遗传杂合子的丧失减小了种群的生存力，一般认为，如果种群中杂合子丧失 40%～50%，即达到一个物种能否生存的极限。从保护的观点出发，选择 40% 作为计算标准是比较合适的，而每年的杂合子的丧失率一般不大于 1%。

种群中杂合子的丧失还取决于其他一些因素，如种群生存的年代数和每代的长度。随着种群生存的年代数增加，种群中杂合子丧失量逐渐累积。经历的代数越多，种群中的杂合子丧失得越多。若以生存 50 代来计算，杂合子累积的丧失率为：

$$1-(1-1/2Ne)^{50}$$

一般种群可以忍受 40% 的丧失率，把 0.40 代入，即有：

$$1-(1/1/2Ne)^{50} = 0.4$$

$$(1/1/2Ne)^{50} = 0.6$$

$$Ne = 49.19$$

结果表明有效种群的数量接近于 50。因此，Franklin 建议有效种群的数量，若仅短期保护（50 代）需 50 只，而长期保护（500 代）则需要 500 只。

然而，根据前述 MVP 的研究，这个数字偏小，如果达到中长期的保护目标，种群数应乘以系数 10 较为合适，即达到 5000 只以上比较合理。

对于有效种群和实际种群之间的关系，可用下面的等式来表示：

$$N = (NK-2)/(K-1+V/K)$$

式中 K 为每对成体的产仔数，V 为每对成体产仔数的方差，N 和 N 分别表示实际种群和有效种群。

使用上述式子，只要知道 K 和 V 值即可根据可接受的最大杂合子的丧失率算出有效种群数量，然后算出实际数量。

Jerry Lacaca 计算了美国 Willamette 森林中北美苍鹰的有效种群数量。北美苍鹰是一种需要保护的种类，据 1969 年到 1974 年这 6 年调查的 48 个巢的数据得出：$K = 3.4,V = 2.32$，代入公式 $N = 45.92$。因此在该国家公园中，若要求苍鹰每代的杂合子损失不超过 1％的话，最小有效种群要保持 46 只苍鹰（雌雄各 23 只）。按 MVP 的实际要求，则应再乘以 10 倍比较合适。

（3）玛他种群

① 基本概念

玛他种群（Meta population）是为适应对种群的空间分布和数量动态进行研究而推出的一种新的概念。

在国内一些文献中，已将玛他种群翻译为异质种群（王祖望等，1995）。在英文中，对该词的解释很多，如斑块种群（Patchy population），多种群（Multipopulation），亚种群组（Subpopulations group），种群中的种群（Population in the population）……，为了不至于混淆，本文用音译称它为玛他种群（Meta population），而把组成玛他种群的种群称局域种群（Local population）。

何谓玛他种群，Harrison（1994）在他的文章中指出，玛他种群是指生活在栖息地已破裂的，呈斑块状分布的种群。这一种群可由局域斑块中种群的不断绝灭和再迁入达到平衡而长期地生存。他又指出：从更现实的意义上来说，玛他种群是由一种系列同种种群所组成的种群，这些种群之间可以有关系也可能没有关系。因为在实践中，常常难于确定这些种群之间是否有关系，而且即使目前没有关系，也不等于说将来也没有关系。使用这样的定义，玛他种群的定义非常广泛，几乎包括了所有的野外种群，缺点是这样定义的玛他种群，它的结构和空间分布与种群的生存力的关系可能很大也可能不大。

徐宏发等（1998）对玛他种群研究进行了较深入的综述：

20 世纪 80 年代以后，由于生物资源，特别是生物的多样性受到比任何历史时期更大的威胁，保护生物学的研究受到了极大的重视。人们在研究生物灭绝过程中，发现许多生物的灭绝过程，都是栖息地先行破碎，连续分布的种群裂成斑块状种群，然后逐个斑块种群灭绝，最后导致整个种群的灭绝。也有的种群在栖息地破裂成斑块后，局部小种群因其他斑块个体的不断迁入而能长期生存，甚至局部种群灭绝后形成的空间也可能被来自临近斑块的迁入个体占领而得到恢复，这些现象激发了人们对玛他种群研究的极大兴趣。

② 玛他种群理论的基本内容

自玛他种群理论出现后的 20 多年来，大批学者对这一理论进行研究和野外的验证。

Harrison（1994）把野外的玛他种群分成几种类型：

a. 大陆和岛屿型 (Mainland and island)

这种类型的玛他种群中有一个种群很大或者它的栖息地特别好，在没有很大的外界干扰情况下，可以单独地长期生存，为大陆种群。另有一些局部种群比较小，称岛屿种群，它们不断地灭绝，再由大陆种群的迁入个体重建种群。局部种群的灭绝率和迁入率与种群的大小和"大陆"的距离以及与物种的迁移能力有关。这种玛他种群的生存力主要取决于大陆种群。如美国加州的Checkerspot 蝴蝶，它是由一个超过 5.0×10^5 只的大种群和 9 个 10～400 只的小种群组成。Schoener (1991) 认为大陆和岛屿模式的玛他种群动态，在自然界中呈现出规律性的变化，对寿命较长的物种而言尤为明显。

b. 斑块型 (Patchy population)

这种玛他种群是由一系列栖息在斑块状的栖息地中所组成的，扩散能力很强的动物易于形成这样的玛他种群，如三种取食千里光属某种植物 (Senecio jaco-baea) 的昆虫，根据对 1.3km² 栖息地的研究 (Hanski，1982)，相邻斑块之间的距离极少大于 50m。这种斑块通常是由人为原因所造成的，玛他种群的模式与人为栖息地破裂模式一致。如欧洲许多地区森林因人为的影响，形成斑块状分布，森林中某些鸟类，生活在斑块中的个体形成局部种群，组成斑块型玛他种群。

c. 卫星型 (Satellite population)

这种玛他种群是由位于分布区中央的一个大种群和周围的多个小种群所组成。历史上，这个物种可能是连续分布的，但由于人为和其他因子的作用，分布区边缘的种群逐渐与中心区隔离，形成围绕中心区的若干个卫星小种群，这种小种群往往会面临灭绝的危险。

d. 完全隔绝型 (非平衡型 non-equilibrium)

物种的各局部种群之间完全隔绝，或虽有联系但极少。如美国西南部森林中的兽类种群，在更新世后期气候改变时种群已完全隔绝。有些种群因人为因子造成隔绝后，斑块之间的交流极少，在局部种群灭绝后，几乎不可能自然的再迁入重建。美国的红头啄木鸟和西北部太平洋沿岸原始森林中的几种濒危两栖动物，种群之间完全相互隔离，每一个种群只能视为一个实体，如果再迁入率很低，物种很快就会灭绝。

③ 玛他种群理论在保护生物学中的应用

如上所述，要保证一个玛他种群的长期生存，需要维持几个不同的局部种群，并保持种群之间适当的迁移率。在要进行自然保护规划的地区，要保持多少局部种群，每个局部种群要多大，种群之间的距离多远，才能保持一定的迁移率，这些问题成了生物多样性保护要解决的主要问题。

在保护生物学领域中，最早被广泛利用的岛屿生物地理学理论，提出了岛屿大小与物种数量之间的关系。更重要的是，在岛屿生物地理学理论中提出了岛屿与大陆之间物种的迁移模型。即在一个岛屿中，物种的灭绝率和迁入率与岛屿的大小、离大陆的距离有关。在 20 世纪前半期，世界各国正在忙于建立自然保护区来保护生物的多样性，而保护区实际上又常常是在大片工农业用地中的一块绿岛，这与区域生态规划中生态完整性保护问题十分相似，岛屿生物地理学理论很自然地成为自然保护区设计中的基本原理。

20 世纪 70 年代以后，随着许多珍贵的野生动植物灭绝或濒临灭绝，人们自然而然地把注意力集中在保护濒临灭绝的某些珍贵的野生动物上。在岛屿生物地理学理论中没有专门涉及个别动植物的保护，一些学者转向了对重要濒危动物保护的研究。人们从现实出发，考虑到人类不可能提供大量的土地来保护动物，因而采用了种群生存力分析方法，提出了最小存活种群的概念，例如美国国家公园管理部门在 20 世纪 70 年代提出法案，要求美国国家公园中的所有野生脊椎动物的数量不得少于最小存活种群。在这种背景下，许多国家公园为了制定保护计划，争相研究最小存活种群。

进入 20 世纪 80 年代以后，人们在深入野外研究最小存活种群时发现，处于濒危状态的动物，它们的栖息地大多已被分隔，种群已经破碎。由于在破碎的种群之间存在着许多很复杂的关系，简单地把它们作为一个种群来研究其生存力，将无法反映它们的实际情况。有些物种尽管在栖息地的各个斑块中，各局部种群数量不大，但是通过不断地向数量逐渐下降的局部种群或者已灭绝的空斑块的迁移，可以保持种群的长期生存。而且这种不同局部种群之间个体的交流，还能提高种群的遗传多样性，从而抵消近亲繁殖和遗传漂移的影响，提高种群的生存能力。甚至有人据此认为，在面积一定时，建立一个大的保护区比建立几个面积较小的保护区更保护好动物的观点是错误的。这个被称之为SLOSS（Single Larger or Several Small）的大辩论至今还在继续。

生活在美国的北美斑枭是栖息地破碎的典型牺牲品。在美国的西北部，曾经连成大片的原始森林现只剩下 20%。这种领域性的鸟类需要的领域要超过 1000hm^2，它们一般难于越过大面积的幼树区迁移。根据美国濒危动物保护法令，美国森林服务部在利用森林资源时必须保护这种濒危鸟类。因此在制定利用森林计划时，美国政府要求把北美斑枭长期生存所要求的栖息地面积精确地估计出来。任务交给了美国科学委员会（ISC）的野生动物学家。专家们收集了可利用的所有有关北美斑枭的生物学和种群统计学的资料，用空间模型帮助设计保护区。在这个模型中，把每对鸟的领域作为一个圆形样格来模拟。模型根据野外研究获得的每对鸟的生育力、存活率以及与森林质量的关系等数据计算种群的增长率，根据鸟的繁殖行为计算出鸟的最适密度，而幼鸟的扩散能力则用无线电遥测来测定。

根据这个模型的模拟结果，北美斑枭的长期生存有两个阈值：第一，如果栖息地中原始森林的面积小于总面积的 20％ 时，新生幼鸟的成活数不能弥补成鸟的死亡，种群逐渐崩溃。第二，如果栖息地中斑枭的密度太低（少于 10 对），种群中新生幼鸟就会难于发现配偶，从而无法参加繁殖。根据这一结果，ISC 得出这样的设计原则：a) 每一个栖息地保护区中原始森林的面积不得少于 30％（阈值为 20％）；b) 每一个栖息地保护区的面积不得少于容纳 20 对领域鸟（阈值为 10 对）；c) 根据幼鸟的扩散能力，两个栖息地保护区的距离不得超过 19.3km；4) 栖息地保护区之间的森林可以砍伐，但应轻伐而不能采用皆伐，以保证幼鸟的迁移。

ISC 的计划公布以后，这一用计算机模拟得出的保护策略被某些保护生物学家认为是最先进最科学的玛他种群生存分析方法。

就在人们对根据玛他种群理论采用模拟的方法设计保护区的方法大加赞扬的同时，也有人提出不同的看法。他们认为：暂且不谈模型中所存在的固有缺陷，就实施这个计划的结果来看，问题就不少。根据 ISC 估计，在这一计划实施过程中，将允许砍伐约 $2.02 \times 10^5 \text{hm}^2$ 的原始森林，按最坏的估计，可能会造成 50％～60％ 斑枭因栖息地的减少而消失，但斑枭种群仍然长期生存。但是根据 Anderson 和 Burnham 在 4～7 年中对 2000 多只标记斑枭的统计分析（1992 年），即使该计划不实行，这一区域目前每年种群的自然下降率就达 7.5％～10％，如果再砍伐这么多面积的原始森林，何以保证种群的长期生存？因此，美国地方法院以该计划不能安全地保护斑枭为由做出裁决，禁止美国森林服务部根据 ISC 提出的方案砍伐森林。

综上所述，我们可以取得以下几方面的借鉴：

——"玛他种群"理论对于资源开发活动所造成的生境破碎化景观中的物种保护问题有重要指导意义。

——北美斑枭屿玛他种群的研究提出了一个计算机模拟制定物种保护策略的方法框架，虽然仍有很大缺陷，但可作为区域态环境规划的方法借鉴。其步骤如下：

✚根据目标种的生物学种群统计的资料，对个体物种的领域作为一个园形样格进行模拟，即根据物种的生育力、生存率及与环境质量关系计算种群的增长率，根据其繁殖行为计算其最适密度，其扩散能力则用元线电遥测来测定。

✚模拟结果得出两个阈值，即最小面积阈值和密度阈值可供借鉴。

✚对于所得阈值乘以适宜权重数；根据物种扩散能力，确定栖息地之间距离；根据周围生态环境实际情报做出其他保护决策。

——模拟结果必须放在实践中检验，须与经验数据相对照，进行修正和判断，才能得出更接近真实情况的保护计划数据。

从上面的研究分析可以看出，利用计算机模拟分析种群的生存力，其正确性取决于输入的参数是否反映了真实情况，所以物种的生物学和种群统计学数据十分重要，正如"北美斑枭"的模型中一开始就需要有关领域的数据。

3. 动物对栖息地面积需求的研究成果

动物家域的研究是动物行为学的重要研究内容之一。动物对栖息地选择区活动范围的大小，与生态环境中食物的丰盛度、隐蔽条件、植被状况、基底量以及动物本身的生理状况等因素相关。家域的大小会随食性、季节、气候、群内关系和群间关系及其本身生理条件（性别、体重）等而变化，其面积是由多因素的综合作用决定的。所以研究动物的家域（Home range）对于评估生态环境对动物生存的质量优劣，预测栖息地的负载量，合理保护利用动物资源，改善栖息地质量有十分重要的意义。

（1）基本概念

巢区（Home range），是动物个体在觅食、婚配及育幼活动中经常使用的区域。

根据理解不同，Home range 一词也被人译作家域或家区。与巢区并行的动物行为学中的另一重要概念是领域。领域（Territory）是指动物种群内的个体或家族所占据的空间，通常在该空间内没有同种的其他个体同时存在。

领域和巢区也是两个不同的概念，巢区通常是指包括动物"家"的一个区域，在该区域内动物进行正常的活动，如觅食、配偶、抚幼等；而领域则是家域中受到保护的区域，他可能是 Home range 的全部，也可能是其中一部分或仅仅是巢。每种动物都可能具有一稳定或变化的活动区，而只有那些在其生命进程的某一阶段通过打斗或攻击来保护活动区的一部分以阻止同种其他个体侵人的动物才能说具有领域（石建斌，1996）。

在动物的生活中，巢区并不一定是同一区域，可以从一地转移到另一地。对于具迁徙性的动物而言，它们通常具有夏季和冬季的巢区，但它们的迁移路线不能算作活动区的一部分。巢区大小可以随性别、年龄和季节而不同，种群密度也可能影响巢区的大小，从而导致巢区大小与领域大小非常接近。不同个体的巢区通常重叠，重叠的部分是中性区，不组成领域的一部分，而领域是不会重叠的。

（2）关于一些动物的巢区和领域的研究

关于一些动物的巢区和领域的研究，见表 2-3-9。

表 2-3-9　巢区（Home range）和领域（Territory）的部分研究成果表

种　名	栖息地	群体个数	巢区面积（km²）	领域面积（km²）	备　注
日本猴 （Japanese monkey）	落叶阔叶林 常绿阔叶林 多雪	23 37 23 23 31 22 31	3 3.66 4.8 0.65 0.44 0.54 10.4	—	平均 0.12 km²/只
猕　猴 （rhesus monkey）	多雨落叶林	38 31 19	4.8 7.2 6.1	—	平均 0.12 km²/只
短尾猴 （stump-tailed monkey）	常绿阔叶林，常绿落叶阔叶混交林	（23—33）平均 28	6	—	平均 0.21 km²/只
梅花鹿 （Cervus nippon）	温性针叶林，寒温性常绿针叶林，高山灌丛草甸，次生阔叶林	—	雄 2.69～ 4.85/只 族群 1.86 ～6.58	—	—
日本梅花鹿 （Japanese Cervus nippon）	—	—	雄 1.83/只 雌 1.27/只	—	—
川金丝猴 （golden snub-nosed monkey）	—	—	20.79 30.00 51.00	—	—

种 名	栖息地	群体个数	巢区面积（km²）	领域面积（km²）	备 注
滇金丝猴（Rhinopithecus bieti）	—	20～60	70.0 133.0 26.70 20.01 13.30 113.39	—	平均0.3～1.0km²/只
黔金丝猴（Gray snub-nosed monkey）	—	—	7.0	—	—
长尾叶猴	—	—	6.30 6.40 0.19 0.14		
白颊长臂猿（Nomascus leucogenys）	—	—	5.40		
白掌长臂猿	—	—	0.45 1.0	—	
黑线仓鼠	中性草原	雄22 雌17	76841±1736.6 2720.6±576.0	—	单位为m²，下同
高原鼢鼠	—	雄45 雌45	156.46±45.39 162.14±153.86	—	7～25m²/只 17～19m²/只
高原鼠兔	青海湖黑马河湖滨地区草地	2.7 3.4 2.6	1388 1782 1522.6		514m²/只 524.1m²/只 585.6m²/只
中华姬鼠（Apodemus draco）	亚热带山地常绿阔叶林	雄 雌	4520.6±491.4 2390.5±176.1	—	
紫 貂	大兴安岭山地冬季小兴安岭新疆北部	雄 雌	13.03km²/只 7.18km²/只 5～10km²/只 5～10km²/只	—	多互相重叠（52.3%）

种　名	栖息地	群体个数	巢区面积（km²）	领域面积（km²）	备　注
海南大田坡鹿	热带草原 落叶季雨林 砂生灌丛林 人工林 竹林	—	167～225 只/km² 131～158 只/km² 138～193 只/km² 65～85 只/km² 103～123 只/km²	—	估容纳量仅以食物为约束因子
盐城獐	天狩猎和海潮侵袭影响，在能容纳500头獐的栖息地（50km²）可长期生存	—	10 只/km²	—	适栖生境
麝鼠	—	13 7 7 13 10 3	3900m² 53.90m² 1050.40m² 682.7m² 355.74m² 1607.20m²	—	幅度在54～3900m² 差异大7～300m²/只
红脚隼	育雏期	—	6.89hm²	0.688hm²	—
红隼	育雏期	—	7.63hm²	0.406hm²	—
燕隼	育雏期	—	3.85hm²	2.14hm²	—
白枕鹤	育雏期	—	—	1.2km²	—
	巢前期	—	—	6.9km²	—
野生丹顶鹤	产卵前期	—	—	—	3.55±0.4km²
	雏期	—	—	2.93±0.17km²	—

续 表

种 名	栖息地	群体个数	巢区面积（km²）	领域面积（km²）	备注
三宝鸟	雏期	—	—	1.30±0.23hm²	—
	产卵前期			0.64±0.05hm²	
新疆河狸	沿岸河谷林丰盛的河段	7～8 2 4 4	450m 396m 1300m 1550m	—	平均308m/只
黑长臂猿（云南西南部）	常绿阔叶林，针阔混交林，次生林，热带草原	—	44～49（hm²）	—	—
马麝（西藏东南）	—	雄 M₁ 雄 m² 雌	35.50～47.17（hm²） 25.52～41.71（hm²） 28.95～40.76（hm²）	—	采用三维空间模型，结果高于以往用水平投影法计算的结果
黑长臂猿（云南天量山）	亚热带常绿阔叶林	4～6 2	—	100hm² 100hm²	另有报道，海南长臂猿达300～500hm²

（3）动物巢区的计算模型

计算动物巢区面积的方法有多种，最常采用的是最小凸多边形法和方格法。

① 最小凸多边形法：该方法定义的巢区是指由连接周边各点而形成的一个封闭区域，在这个区域中没有一个内角大于 180 度。具体操作：把每月或一年中动物活动地方标在一张地图上，将最外围点连成有 n 个顶点的一凸多边形，$(X_i，Y_i)$ 是带 i 个顶点的坐标。其巢区面积可由下式计算：

$$A = \sum_{i=1}^{n} (x_i y_{i+1} - x_{i+1} y_i)/2, (x_{n+1}, y_{n+1}) = (x_1, y_1)$$

该方法虽然计算简单，但存在一些缺点。它人为地假设动物区的形状是凸多边形的，但实际上可能并非凸多边形，尤其是在栖息地并非均匀的时候。当巢区并非凸多边形时，该方法就可能过高估计活动区面积。此外这个方法的估计结果很易受外围观察点的影响，动物可能偶尔到它们正常活动范围很远的地方，使得最小凸多边形包括了实际不是巢区的大片面积。

表 2-3-10　某些鸟类的领域面积

种　类	地　点	领域面积（m²）
红嘴鸥	England	0.3
王企鹅	Antarctica	0.5
极小纹霸鹟	Michigan	700
乌鸫	England	1200
旅鸫	Wisconsin（USA）	1200
欧柳莺	England	2500
红翅黑鹂	Wisconsin（USA）	3000
白骨顶	England	4000
莺鹪鹩	Ohio（USA）	4000
橙尾鸲莺	New York（USA）	4000
苍头燕雀	Finland	4000
歌带鹀	Ohio（USA）	4000
欧亚鸲	England	6000
橙顶灶鸫	Michigan（USA）	10000
花尾榛鸡	Finland	40000
欧鸫	Finland	40000
黑顶山雀	New York（USA）	53000
西美草地鹨	Iowa（USA）	90000
大鹏鸮	New York（USA）	500000
槲鸫	Finland	500000
红尾鵟	California（USA）	1300000
白头海雕	Florida（USA）	2500000
象牙嘴啄木	USA	7000000
猛鹰鸮	Australia	10，000，000
金雕	California（USA）	93，000.000
髭兀鹫	Spain	200.000.000
黑卷尾	太原南部	2.82～0.52（hm²）

② 方格法，也称之为单元法。此方法先在地图上标出动物活动路线，然后用带格子的透明纸盖在地图上。统计动物在一天中活动的样格数，从中可知道动物所处的位置和样格使用次数。通过在地图上单元大小的选取与所使用的地图的比例尺有关，如在 1∶5000 的比例地图上，所使用的透明格子大小为 1cm×1cm，即每一格子代表样地面积为 50m×50m。应用该方法估计动物每月或每季的家域大小时，必须长期观察，确定动物不再进入新的小单元中，才能确定动物的家域范围。用时间和单元累积数作图，当单元数据随时间增加而

上升到一定数量时，会逐渐稳定下来，此时的单元数可认为是动物活动的单元数，由此可计算动物每月或每季的家域大小。

这两种方法的计算结果会有一定差异。除这两种方法外，还有许多其他方法，如最小面积法、捕捉半径法、调和不平均数法等。

③ 模型的探讨。对巢区的形状、大小、方向等参数的计算有很多模型，这些模型基本上可以分为两类，即概率模型和非概率模型。上述最小凸多边形估算就是应用较多的一种非概率模型，而概率模型当以二维正态椭圆模型为代表。

在理论上，动物家域常被视为二维空间。一些研究者所做的野外实验分析表明，具有领域性动物的捕捉半径的频数分布直方图都是正态分布的，没有斜度，且具有扁平峭度，而不是领域性动物的半径频数分布直方图上呈现正的斜度而有峭度。因此，他们认为这个扁平峭度是检验一种动物所占领域是否具有确切边界的好方法。海思在 1949 年首先提出利用强度分布这个概念。詹里克和特纳假设用二元正态分布来表达动物对栖息地中每一个点的利用强度，并且假设研究中所收集到位置数据符合二元正态分布，各个位置独立，以 95％或 99％的二元正态分布的区域来估计其家域的大小。其公式如下：

$$A = a_n \sqrt{\frac{1}{h(h-1)} \sum_{i=j} A_{ij}^2} \quad \text{其中，} a_n = \frac{6\pi \sqrt{2n(n-1)}}{n-2}$$

从计算公式可以看出，该方法比较简单，也不存在样本大小的误差。这是因为它以椭圆来概括家域的形状，既用来计算图形对称的巢区面积，也可用来计算非圆形对称的区域面积。二元正态法有时并不能很好地与实际数据相匹配，用二维正态模型估算的家域面积往往大于最大凸角多边形，因此人们在使用当中往往对模型进行修正，如识别极端点位活动及其影响的技术。

除了上述用水平投影法的二维空间计算家域面积外，Koeppl 等人（1997）提出了三维家域模型的概念。这一理论认为陆生动物生活的空间是地壳表面上的一个实际区域，地壳是凹凸不平的，因而野生动物的活动空间应当是一个三维空间中的地表皱折面，即家域的面积应该是该皱折面的大小。而地图上的网格实际上只是该地表皱折面的水平投影，故用二维空间模型来描述一个复杂的三维实际空间模型是不够科学的，只有建立一种能客观反映三维空间中家域实际情况的模型，才能更准确地揭示大中型野生动物的家域特征。这一理论虽未引起人们的普遍重视，但亦有人将此理论付诸实践。例如杨奇森等用采用目前地球表面定位能力最强而又最方便的 GPS 定位技术得到动物活动位点信息，然后将这些信息经高斯投影转化，并开发了计算机三维空间家域模型 3D-OCP，且用于对西藏马麝的家域特征进行了较为精确的分析计算，其结果（$30 \sim 43.2 hm^2$）远高于以前学者用二维空间模型所得到的结果（$15 \sim 32 hm^2$，$23.78 hm^2$）。显然，三维空间模型的研究和应用具有重要的理论和实际价值。

2.4　可持续发展理论与生态环境规划

2.4.1　可持续发展理论

如果说，生存是人类对摆脱自然束缚的渴求，那么发展便是人类征服自然欲望的探索。历史上，"发展"曾被视为一种神话："社会进入工业化后便可实现福利最大化，缩小极端的不平等，并给予个人尽量多的幸福"；又被简单化为"经济增长是推动社会、精神、道德等诸方面发展所必要和足够的动力。"然而，当代全球所面临的发展危机则使这些发展观成为一种悖论，是导致人类社会不可持续发展的罪魁。亦迫使人类对发展的历程进行反思，从而确立了新的发展观和奋斗目标——可持续发展。目标通常具有阶段性和地域之别，作为人类社会的可持续发展则是时空目标协同而又无界的集合。因此，同人类社会已经历的生存与发展阶段相比，可持续发展既是人类社会进化的一个新的历史时期，又是一个漫长而无止境的人类社会演化的最高阶段。

可持续发展概念的形成源于对当代不可持续发展状态的反思，而它作为目标的宗旨则是通过人与自然、人与人的和谐谋福利于当代和未来的人口。显然，可持续发展既是一个衡量人类社会能否有序演化的标准，又是一个全球性人与自然协同进化的状态过程。标准随时空演化状态过程而不同，是一组动态变化的向量。其外部约束受控于环境生产力，即取决于全球生物圈保护和健康演化下的不同地域自然资源的生产能力和存量的多寡，以及环境的质量和消纳废弃物功能的强弱；而其内在评判准则和动力则是当代和未来人口对物质、精神消费与环境优美享受的需求。

因此，就外部约束和内在动力而言，当代人类所面临的环境生产危机，迫使人类必须做出明智的抉择——走可持续发展之路，用于修正自身的自然观、价值观和文化观，规范自身的生产和生活行为准则，以便逐步实现与自然的和谐共存。从人类社会发展的现实来看，不同国家、地域的环境条件和发展水平不尽相同，然而可持续发展却是全人类的共同事业。发达国家借助先发优势占有更多的自然资源和人类财富，同时也造成了对环境更多的危害和对他人较多的盘剥，无疑应承担更多的责任和义务，需要肩负调控自身的发展和支援发展中国家可持续发展的双重职责。而发展中国家既承受着全球发展危机的威胁，又面临着自身需要发展的压力和动力，但决不能再沿袭发达国家的发展模式，而应实行符合可持续发展要求下的发展，即以实现人口、经济、资源、环境的物质、能量供需均衡和社会发展协同为目标要求的发展。

　　人类社会的可持续发展，具有空间上的全球性和时间上的无限性。这意味着，她既不是各个国家、地区或每一行业、部门可持续性发展的简单相加，也不是几代人持续努力的线性组合。全球人类社会的可持续发展需要以每个国家、地区或行业、部门在不同时段的有序发展或可持续性发展为基础，其间包含着人与自然、人与人在内容、方式、空间和时间上的统筹兼顾和综合协同。每一个国家或地区的可持续发展，同样需要内部行业、部门或不同区域在不同时段的和谐发展。

2.4.2　可持续发展阶段的基本特征和行为准则

　　作为人类社会进化的最高历史阶段，可持续发展必须按自然和人类社会的双螺旋演化规律，在继承人类文化遗产和物质财富的基础上，通过调控科技进步的方向，促使人与自然、人与人之间和谐相依；通过倡导和发展环境文明，使自然资源得以永续利用，环境消纳、调节功能不断增强。其具体演化特征和行为准则应是：

　　（1）就人口生产而言，可持续发展应表现为人口生命体的低速或零增长和生命力的持续增强。这是人类自为的明智之举，只有控制好人口数量的适度低速增长和人口素质的稳步快速提高，才能从长远和全球角度保障人类社会的可持续发展。伴随环境生产的压力和社会的进步，人口生命体生产无疑会呈现出低出生、低死亡、低增长乃至静止型趋势。相应地，人口的年龄结构也逐渐演变为老年型，虽然会因此而影响社会经济发展的活力，但人口素质的显著提高和科技进步的辅佐，能够弥补因老龄化带来的社会经济负效应。

　　（2）在物质生产方面，经济的发展将不再只注重于 GNP 或 GDP 的增长，而是着力于自然资源利用效益和社会、经济资本优化组合下生产效率的提高。与之相适应的产业结构则是以第三产业的发展为主导，即通过发展文教卫事业，大力改善人口素质；用现代知识和科技装备产业生产；倚仗金融、交通、信息等优质服务机制调节资源组合、财富分配和社会关系。第二产业的发展应是轻重工业和产品结构合理配置、低污染、高效益要求下的科技集约和清洁型生产，以及废弃物回收利用业的培育。第一产业无疑应侧重于优质高效农业的发展、太阳能资源的生物充分转化利用和生物多样性资源的综合开发与保护。

（3）在环境生产领域，伴随化石能源和矿物资源存量的减少，大力开发利用太阳能、核能、生物能源和海洋资源，以及最大可能地节约、回收和提高资源利用效益成为历史的必然。与此同时，保护和建设全球生物圈，促进生物多样性发展和生态平衡，消除污染和提高环境的生产力，将是和谐人与自然的关系，保障人类社会可持续发展的根本需要。

（4）对于国际社会来说，可持续发展事业的全球化，信息革命导引下的世界经济一体化，必然迫使人类社会须打破国家、民族、政治、文化和价值观等界域、差异束缚，携手建设人类利益共同体，统筹解决人与自然、人与人之间的矛盾冲突。这不仅需要强化联合国和国际、区域性政治、经济、教科文组织的统筹、协调功能，亦更需要各国政府、企业和民众的持续努力，在共建一个"地球村"的目标要求下稳步地推进各国和区域的可持续发展。

（5）从消费和社会运行机制方面看，尽管提高人类的物质生活水平仍是可持续发展阶段的重要目标，但精神、文化生活需求和良好生态环境享受将日益成为人口生命力发展的主导。这不仅需要调整消费观念和生活方式，同时需要改变社会调节机制。在此阶段，商品经济和市场机制仍是调动人的内在活力，优化资源、资本配置，促进社会生产力发展的一种有效手段。然而，资源的无端浪费和加速枯竭，生态环境的破缺和污染的加剧，贫富差距的日趋增大和全球范围的社会动荡，已表明唯市场机制论的危害和"跛脚"。因此，社会法制、公众舆论及社团的民主监督，不同层次政府和组织的职能干预与协调，以及市场调节诸三位一体的联动机制，则是保障人类社会可持续发展的中枢。

如果说，农业文明标志着人类生存阶段社会发展的辉煌，工业文明则是人类社会全面增长了的发展，那么高擎环境文明的旗帜，将使人类社会得以可持续性发展。

2.4.3 区域可持续发展的运行机理与准则

1. 供给与需求均衡

追求人类社会的可持续发展，旨在谐和不同时空域人口、经济与资源环境之间物质、能量的有效转化和供需均衡，以便既能满足当代人健康发展的需要，又能保障未来人口的幸福生存。

就需求与供给而言，任何时空域的物质生产总供给与物质消费总需求应当保持一种相对均衡态，才能既满足人口的基本生存和日益增长的人均消费的需要，又不至于因超度索取而破坏自然生态系统自组织机制下的动态平衡，也不囿于消费总量需求超度而肢解区域社会经济系统内部的协同运行结构和机制，致使系统演化因破缺产生较大幅度的涨落和能量耗散。诚然，特定时空域物质、能量的供需均衡是指在围绕最佳均衡点的某一邻域里的供需等价，即有 S(供给) $\cup D$(需求) $\in \{L, M\}$ 或 $L \leqslant S \cup D \leqslant M$，使 $S \cong D$。在这一状态范围内，物质、能量的总供需之间虽有一定差异，但不破坏供给"源"和需求"宿"及其在供需过程的系统协同、自组织机制。同时，由于均衡域存在的适度势差往往会使物质供需在其过程中得以充分认知、有序调整和有机协同。

区域社会经济系统的显著特征是开放性和继承性。开放性要求区域的发展目标不仅通过开发系统的自然、经济和社会生产潜力来满足自身的生产、生活消费需求，也需要服从上一级或更高级大系统的发展目标。通过域际物质、能量的交换或输入输出，在吸纳负熵流，补偿亏缺，促进自身有序化的过程中，也要输出自身的盈余以满足外部社会、经济和自然环境系统的需要。也只有不断地与外部系统交换物质、能量，才能保障自身区域系统的内在继承性，即持续性演化或发展。因此，供需均衡总是相对于不同层次的空间发展而言的。就是说，子级区域系统物质、能量的供需均衡需要服从上一级或更高级区域系统的总量供需均衡要求。事实上，它也总是受制于上一级或外部系统的发展调控，也只有在上一级或更大系统物质、能量总供需均衡时，才能最终保障自身系统得以均衡发展。为了保障大系统的均衡协调发展，有时可能会损害次级区域的供需均衡性，但其相变范围应以子系统的恢复能力或借助外部补偿能使其恢复均衡生命力的界限为止。

显然，次级区域系统的供需均衡范围相对于上一级或更大系统的需要而言，则具有较大的弹性。而对于自身的张力和均衡自组织能力来说，则又显得狭小。就时间而言，区域供需均衡具有动态性，其可持续发展的轨迹总是沿着这种均衡态在一定范围内涨落，这是由于系统自身的供需驱动和在外部环境制约下，需要通过自组织机能来促使自己的可持续演化。因此，不同级次区域系统的可持续发展具有层次、嵌套的纵向域的协同性，而在某一对象区域系统内又有自身内部的和谐性。在服从上一级或更高级大系统的发展目标及与其他子系统进行物质、能量的交换过程中，区域系统应根据外部供需张力调控自身的发展，使其在一定时间尺度内的物质、能量供需保持相对均衡。

为了保障区域社会经济系统物质、能量的供需均衡，除了依靠科技、教育促使人力资本和自然资源的有效开发，以及持续发展经济以保障物质、能量的供给之外，则需要积极控制人口自身的再生产，调整消费结构和扶正消费模式；在满足当代人消费需求的基础上，着力改善和保护生态环境，以便为子孙后代的幸福生存留有较充裕的经济资源和开拓空间。

2. 发展与保护同步

"发展是硬道理"，这一原则不仅适应于任一发展中的区域社会经济系统，也符合自然生态系统演化的需要。因为客观存在的社会经济系统和自然生态系统本身，均是一个具有生命力的动态机制系统。作为以人的自身再生产和物质再生产为主体的社会经济系统，需要依赖人的智力、体力和社会经济机制，不断开发利用自然力，转化物质、能量来满足当代人口的生存和发展需要。同时，以生物的繁衍生息为特征的自然生态系统同样需要不断适应环境和强化自身的生存、发展机能，在提供人类所需物质和释放能量的过程中，也需要从自然环境和人类社会系统中得到能量补偿与功能调节的负熵流。显然，作为各自独立存在的系统需要发展，需要外部提供负熵流而促进自身的有序化；作为共生存在的复合系统同样需要发展，需要物质、能量和信息的直接或间接补偿与反馈，以便能维持和勃发自身的生命力。

然而，由生命有机体和非生命无机体组成的自然生态系统，其物质、能量的供给虽丰富而无尽，但在一定时空域内的有效供给却总是有限的。这不仅指以矿藏资源为主体的不可再生的物质供给是有限的，且以生物为主体的再生资源同样在转化无穷无尽的太阳能过程中，所能提供人类享用的盈余物质、能量也客观地存在一个阈值。人类生产活动的索取若超越这个阈值，则必然破坏自然生态系统物质的有机循环和能量流动的内在均衡，以及固有的自组织机制。

为了满足人类社会经济系统的持续发展，若欲将自然生态系统的物质、能量的有限界定推向无限持续供给，则需要保护自然资源和环境，以利生物有机体的再生和能量的有序循环。

发展与保护既对立又统一。由于这两者的作用对象都是自然生态系统，而行为主体则又是人类自身，因此发展社会经济不可避免地要打破自然生态的固有均衡，在向自然生态系统索取大量物质财富的同时，也向自然界排放废弃物而污染环境。倘若这种摄取总量（索取量＋污损量）等价于自然生态循环的盈余额，则生态系统依旧保持原有均衡机能。假若这一摄取总量虽然大于自然界盈余，但不超越使自然生态系统丧失生命力的那个阈值，则生态系统在打破原有均衡的基础上，通过内生、外援和自组织机制而能够重新建立起新的物质、能量均衡态。因此，人类社会对于自然系统的开拓只能建立在上述两种均衡的基础上。保护自然环境难免要限制人类的拓展空间和扩张力度，且需要提取一定的社会资本用于保护措施的实施和对自然生态的能量补偿，以利自然生态系统保持原有均衡或产生新的物质、能量循环的有序稳定结构。

显然，发展与保护是相互矛盾的对立体。然而，由于发展与保护的目的旨在使物质、能量的供给不断满足人类社会持续发展的需要，因而两者又是统一的。就是说，由于发展和保护两者的目标唯一，因而其对立的内容需要在行为过程中实现统一。为此，则要求作为行为主体的人类在发展过程中，既需要认识、遵循自然规律，也需要认识和调节自身的再生产；在向自然适度索取的同时，也要补偿自然生态的能量亏缺和保护自然界内在的均衡演替，从而实现发展与保护的有机协同。

就任何区域社会经济系统而言，客观上是一个人与自然相互依存与共生的复合生态系统。要使其持续稳固演化，则需要坚持发展与保护同步的原则。尽管不同级次的区域社会经济系统的纵向从属和嵌套、区域间子系统及缀块的相互融合与依存特征，决定了各自发展和保护的内容、形式及其作用力度不同，但其发展不能没有保护，保护则更有助于长期的持续发展，否则单一的发展只能是短命的、不可持续的。没有社会经济发展的积累，资源和环境的有效保护也只能是无米之炊。亦只有坚持发展与保护同步的原则，才能保障区域系统物质、能量供需的长期均衡和其自身有序稳定地发展。

3. 开源与节流并重

区域社会经济系统的持续发展，离不开自然资源和社会、经济资本的不断有效开发利用，但自然资源和社会、经济资本在特定时空域的有限供给性决定了节流是必需的人类生产和生活消费活动。人类社会自诞生之日起，无不依靠自身的体力和智力向自然界开拓索取物质财富，以满足其生存和发展的需要。

原始人的采集、捕猎是直接依赖手工劳动摄取食物。人口的增加和定居需要，迫使人类在相对固定的土地上耕作和养畜，这既界定了人类生产和生活的区域开源范围，又决定了人类通过对区域自然环境的认识和能量补偿所能赐予的保护与改善。工业革命使得人类能够依靠机器向自然界开拓扩张，从而摄取更多的物质、能量以促进人类社会的发展，但同时对自然资源的超度索取和对环境的破坏亦随之加剧。人类对自然的能动认识和占有欲，往往使人类的生产活动和消费需求更多地注重于对自然的开发、征服和摄取，因而生产的节流和生活的节约常常被忽视、轻视。

当区域空间或国家、世界范围内的资源可开采总量面临耗竭威胁，或开源的经济成本超过其经济收益时，人们才真正认识到了节流的重要性和迫切性。于是，外延的经济扩张得以收敛，内涵的节流性生产和生活消费节约措施依靠经济政策和社会机制得以有效实施。因为节流性生产不仅追求的是要素优化组合基础上的经济效益，也包含着节约社会资本和自然资源的社会效益与生态效益的追求。经济效益则更多的是满足当代人的生产与生活消费追求，社会效益和生态效益常常体现为对社会生活与自然环境和后代人生存的考虑。因此，追求人类社会或区域系统的可持续发展，则需要坚持开源与节流并重的原则。开源意味着更多的物质、能量供给，同样，节流也为了保障物质、能量的持续满足。

我国人口增长和生活消费膨胀的巨大压力已使"地大物博"相形见绌，资源的供给和环境保障不仅已制约着当今社会经济的发展，而且严重地威胁着未来的可持续发展。生产过程中巨大的资源消耗和低效经营已触目惊心，生活消费的超度追求和无端浪费，又不仅导致部分产业的畸形发展和对粮食生产带来沉重负荷，也造成了土地、水和能源的严重短缺。因此，生产中的资源节流和生活消费上的节约在我国的可持续发展战略和政策的制定与实施中，显得极其重要和迫切。在经济发展和现代化建设中，我们不仅要开源，更重要的是要节流，方能保障我国的社会经济得以持续稳固发展。

就区域资源的开源和节流而言，既需要依靠科技进步合理地开发利用辖域的自然资源和社会、经济资源，大幅度地提高资源的利用效率，并通过自有资源的输出和外部资源的输入，实现区域系统内外资源有效利用的优化组合；又需要采用新技术措施和政策机制，通过调整经济结构、产业结构、生产力布局和消费模式，更有效地节约资源，特别是水、土地和稀缺的生物与不可再生的矿产资源，以便为后代人的幸福生存留有较充足的自然资源和社会经济财富。

4. 效益与公平同构

效益是人类活动的终极映象。没有效益则意味着劳而无获和物质财富的丧失，以及能量转化的中断和资源的浪费，从而导致对生态环境的破坏和使人类社会的发展不可持续。公平是指不同代际和代内人口对自然资源和环境，以及社会财富的共同占有与分享。同时也包含着为和谐人与自然的关系，为社会财富的创造与积累，为保护自然资源和环境既负有义不容辞的共同职责，又需各尽所能做出应有的贡献，乃至承担共同的风险或付出必要的牺牲。

和谐人与自然的关系，不仅需要追求经济效益，也要顾及生态效益和社会效益。追求经济效益旨在以较少的劳动和资源消耗获取较多的剩余价值和收益。强调社会效益，则着眼于满足人们的文化、精神等多元需要，保障社会秩序的稳定，以及不同代际和代内人口对社会财富和经济利益分配的公平。顾及生态效益，这不仅意味着人类向自然界的索取应适度，且也要求人类须随时补偿生态循环所需的能量，并通过人类活动来调节其有序演化。显然，生态效益是基础，经济效益乃手段，社会效益为目的。社会效益依赖于经济效益，而经济效益只有建立在生态效益的基础上才具有持久性。

因此，上述三种效益应当是一个相互依存、统筹兼顾的有机整体。它既评判着我们的生产活动是否有效，能否满足当代人生活的全方位需要，又决定着社会可否持续发展，资源能否在不同代际公平分配。我们不能仅仅追求局部的经济效益而忽略了当代人在生产投入、利益分配和非物质享受方面的公平竞争、公正占有，也不能漠视未来人口对环境生产力的公平享用。诚然，我们也不能只强求社会和生态效益，而使经济生产得不偿失和缺乏动力机制。因为任何经济生产只有取得效益和积累，才能提供充足的剩余价值供社会分配，才能有丰厚的资本积累用于改善、保护生态环境。因此，只有坚持生产活动的三效益原则，方能保障人类社会的可持续发展和不同代际对自然资源的公平享用；只有正确处理好三个效益之间的协同关系，也才能保障社会经济的有序发展和当代人的幸福生存。

就区域的可持续发展来说，追求三大效益乃是任何状态系统发展的根本宗旨，而实现三种效益的最佳结合则取决于社会经济和科学技术的力量。就是说，不仅需要依靠科技进步来装备生产力，通过调整产业结构和技术结构扩大内涵再生产；通过重组资产，调整和完善利益机制，不断实现生产要素的优化组合和资源的充分利用；而且应以三大效益的追求为原则，建立生产经营、发展决策和政策管理的评价与监督反馈体系，以便使生产活动、发展过程实现经济有效，社会公平，环境洁净，从而保障代内代际人口生存的幸福。

5. 因地制宜与综合发展协同

人与自然共生的区域系统，客观上是一个社会、经济、生态交融的复杂巨系统。除了具有一切开放系统的远离平衡态、不可逆过程和非线性机制诸一般共性特征，以及应遵循社会、经济和生态演化规律之外，不同级次的区域系统在自然地理、环境资源、经济基础、人文状态等方面具有相异的个体特征。因此，因地制宜与综合发展协同应是其可持续发展过程中的基本守则。

因地制宜意指须根据区域的自然和社会、经济条件，以及自身的发展状态和未来的区位定势与内在需求，以扬长补短为准则，充分发挥自身的生产潜力。并通过贸易、交流等措施，不断吸纳外部的物质资源、经济资源、人才资源和技术资源而补偿自身的不足或欠缺，从而实现资源在区域系统内部，乃至外部的优化配置，以便人尽其力，物能效用，以较少的投入获取最佳的经济、社会和生态效益。从非平衡理论角度看，只有不断吸纳维持系统自身进化的亏缺物质和能量，并能输出自身的盈余物质和能量，才能保障自己有效的催化循环和自我更新；亦才能在更大区域开放系统的优化组合和机制协同中，使其从低序的发展演化到一个又一个高序的耗散结构。

因地制宜既需要明晰自身的优势和短缺，又需要选择正确的方位和路径，且辅以有效的政策、技术和机制措施来实现自身的优化发展。但它又是一个动态的观念和准则，因为区域系统的非平衡进化特征，决定了物质、能量在运动、组合中的涨落和新秩序在旧结构解体、继承上的有序生成。昔日的资源优势可能是未来的亏空稀缺，今天的高速发展和繁荣，也许会导致资源耗竭、环境惨遭破坏下的不可持续演化。因此，因地制宜不仅是一个空间分异状态下的优化抉择，也是一个随时间演变中的发展准则；不仅需要扬长而谋利当前，也需要在同外部交换物质、能量的过程中补己之短，以促进系统持续发展。

区域社会、经济和生态的复合特征，不仅从当代人的需求和系统内在物质、能量的供给上决定了它的综合发展性，而且从复杂系统的非线性机制和持续稳定发展方面也要求系统内部部门、行业、要素之间能够协同发展。区域的综合发展有利于克服系统单一优势发展的不稳定性和短期行为，有利于调动各方面的积极性和活力，使资源得到合理运用；有利于抗拒外部的干扰，使区域系统在随机涨落中依靠自组织机制能够演化到一个更加有序的稳定结构。

诚然，强调区域的综合发展并非大而全式的发展。它是地理区位分工合作要求、因地制宜充分发挥自身优势为主体的发展；是依据区域自身的自然、经济和社会的特点以及发展状态和潜力，进行最优组合和有序协同运作下的综合发展。尽管在不同时空域，对象系统发展的形式、程度不同，但它必须参与更大区域系统的社会、经济分工合作，实施优势互补；必须正确处理自身经济、社会和生态环境之间的和谐关系，以便能将当代人的需求和子孙后代的生存发展联系起来得以有序进化。因此，它应是因地制宜、供需均衡、追求三大效益，以便能够满足当代人需求和保障区域可持续发展要求下的综合发展。

2.4.4 基本原理

系统的内在结构和外部环境决定着系统的输出功能与状态演化，这是研究区域发展、制定其各类发展规划所应遵循的基本原理。认识区域复合生态系统发展的现状，解析其内外关联和机制，掌握其进化规律，就必须依据可持续发展运行机理、准则和复合生态系统的相关理论去辨析、解释、评价和调控系统中各种复杂的生态关系，这是制定区域生态规划的一个关键环节。尽管区域复合生态系统的组分及其之间的相互联系极其复杂多样，但系统内关键组分及其直接联系决定系统的性质和主要行为，因此在实际工作中只要侧重辨识和模拟这些部分的控制论关系足矣。在考察区域复合生态系统的各种关系的基础上，我们认为制定区域生态规划必须以产业结构、土地利用结构和经济、人口的空间格局调整为中枢，协同人与自然及人口、经济和环境的相依关系与互动机制，以满足区域系统可持续发展的需要。这是制定区域生态规划所应遵循的基本原理。

1. 产业结构与生态规划

产业结构既是生产能力和消费需求的关联映像，又决定着社会生产力的发展水平和改变着生态环境的演化状态。区域系统的产业结构总是依据区域社会经济的发展需要和生态环境的支撑能力而变化，但不同的产业结构形态既决定着区域经济和人口聚集的规模，又因相应的资源配置和能源消费结构影响着城市和区域生态环境的质量及可持续支撑的潜力。因此，改善区域生态系统的功能，优化人口、经济与生态环境亚系统之间的物质和能量的输入输出，必须依靠三次产业及其内部行业结构的有序调控，在促进经济发展、满足就业和生活消费需求的同时；借助产业、行业和产品的技术创新与清洁型生产工艺的改造，带动资源特别是能源消费的结构性转移，以节约资源和提高资源的利用效益，减少污染排放和减轻环境的负荷压力；并借助经济发展的反哺和科技、管理体系上的创新，以寻求和利用更多的可再生替代资源，积极治理"三废"污染，不断改善和提高环境的质量。

2. 土地利用结构与生态规划

"土地是财富之母"，这意味着不仅人们的基本生存资料来自土地的富有和对自然力的转化，而且经济的扩张空间、人口的聚集规模、景观和生态建设的潜力均需要有限的土地资源和其可开发利用的强度来支撑。因而土地的利用方式是区域生态系统结构重要环节，也必然决定着区域生态系统的状态和功能。实现区域系统持续发展就必须依靠土地利用结构的合理调整，在保障工业、交通和城区第三产业发展、城乡居住用地和基本农作耕地需求的同时，通过草地、果园和城市绿地面积的增加，以及林地面积的扩大和林分结构的优化，以增强自然抗灾屏障和生态系统的消纳、调节功能；通过自然保护区和人文景观区面积的适度扩大，在保障生物多样性、特有和濒危物种繁衍与历史文化名胜观览的同时，增强生态自养功能和陶冶人们的自然、文化情操。

3. 空间格局与生态规划

地理空间的自然特性和承载、调控能力，均需要因地制宜地合理产业和人口居住格局，才能有效地促进经济的发展，协同有序地改善生态环境。因此，制定城市的生态环境规划，必须立足于依靠城市辖区内不同等级城镇规模、商贸和居住功能的调整，工业转型和格局的合理分布，以及建城区和工业园区内土地配置结构的优化与园林、绿地及空间隔离林带的建设，旨在能持续主导其社会、经济的有序发展，且使各建城区和工业组团内经济发展、人居舒适、环境消纳和生态建设得以协同。

第 3 章 区域生态规划方法

3.1 规划思路

区域生态规划是一项综合性和应用性很强的技术工作，规划的基本思路可参考图 3-1-1。

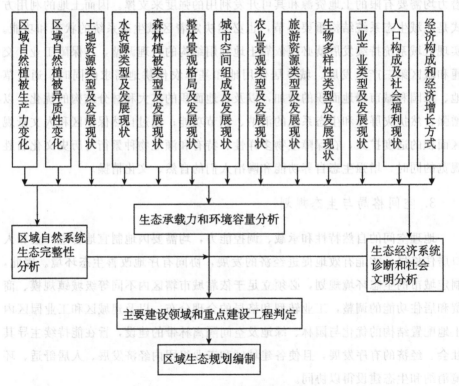

图 3-1-1 区域生态规划思路示意

根据上述图示，区域生态规划的基本思路是：调查—分析—判定—对策编制。调查工作是基础，而分析评价是判定主要的保护和建设目标的基本手段，需要完成下列三个方面的分析和评价：

一是对区域自然体系的生态完整性进行评价。其中重要的指标有植被净第一性生产力（也可用生物量代表）、植被的异质状况、生物多样性指标和人与自然的共生状况。这些指标有些可以直接获取，有些需要采取间接的方法分析判断得出。

二是对生态承载力和环境容量进行分析，要重视普遍存在的生境破碎化和岛屿化、水土流失、森林、草原砍伐和退化、土地退化和荒漠化，以及生物多样性受损等情况。要筛选出其中的制约因素，且对规划区域适宜的开发建设方式和强度做定量化和半定量化的分析。

三是对生态经济体系建设情况进行评价。这个评价要特别注意是否建立了可持续发展的地方模式，注意经济结构（产业结构、产品结构等）和经济的增长方式（自然资源的利用方式和强度，资源的合理利用程度等）和社会进步（基础设施、人口素质、科技贡献率、社会保障能力及福利事业的投入力度和人均占有水平等）。这个分析多采取对比方法来进行，也可以用一些统计值和测算值支持分析结果。

在上述工作的支持下，可以判定规划的主要保护和建设目标，继而确定规划的主要建设领域和配套的重点工程。

3.2　区域生态环境调查

3.2.1　生态调查的一般方法

主要包括调查咨询法、专家评判法、现场监测法和遥感判释法。

1. 调查咨询法

调查咨询要解决的工作内容既要包括区域自然系统的生态学特征和基本过程、环境资源的特色和脆弱性、人类开发建设的历史和存在的问题；也要包括社会经济可持续发展的现状和目标。在调查中，特别注意自然资源特色和市场需求，如海岸带、河口湿地、森林、草原、湖泊、气候资源等。

要特别注意收集自然资源基础资料，不仅有数据资料，还有空间图像信息，这是区域生态规划工作不能或缺的。

调查咨询法是最简单和最容易采集信息的方法。由于我国现存庞大的统计体制，许多资料信息可以通过地、市、县、乡政府的国民经济统计年鉴、农业区划报告、污染年报、土壤普查资料等获取。在采集这类信息时要注意以下几点：

（1）资料尽可能新颖。一般以确定的规划水平年为准，或提前一、二年。

（2）资料信息的同步性或完整、规范性要尽可能好。

（3）资料信息的可信度要高。

（4）资料信息尽可能定量化，以便统计、汇总和进行比较。

（5）数量信息使用的单位要标准化。

2. 专家评判法

由于种种原因，有些地方会缺少一些必需的信息，会给生态规划带来缺项，如土地退化程度、森林植被破碎化、人工化程度等。其中土地退化情况需要查清退化面积、退化程度、退化类型（如土壤的风蚀、水蚀、潜在沙漠化还是土壤肥力下降），治理也包括程度、类型和数量问题。这些问题尺度很不好掌握，与所处地理条件、开发利用方式关系密切。本节以土地退化为例进行如下专家评判过程：

（1）识别过程

类型识别。在某一特定区域，要根据自然环境条件和历史过程，对本区域土地退化进行类型识别。这个识别要请包括长期从事行业研究和工作的技术人员来进行，以确定主要的退化类型。

程度识别。当确定了主要的退化类型以后，要聘请有关专家和技术人员对退化程度进行量化，如极严重、严重、一般、轻微和无退化5个级别。如果可能，赋以一定的对应量值或量值范围，如发生在耕地上的水土侵蚀类型的量值介域。

耕地面蚀

耕地面蚀发生在坡耕地上，其面蚀程度可分为如下六级。对于黄土区，应以地块所在集水区域流域沟蚀面积百分率作为程度分级的主要指标。

① 无明显面蚀：表土层完整，耕作在腐殖质和淋溶层进行，腐殖质层损失较少，坡度小于3度，沟蚀面积百分率等于零。

② 弱度耕地面蚀：表土少量流失，耕作在腐殖质层和淋溶层进行，腐殖质层有一定损失，坡度3~7度，侵蚀沟面积小于10%。

③ 中度耕地面蚀：表土明显流失，耕作已涉及淀积层，坡度 7～15 度，沟蚀面积占 10％～15％。

④ 强度耕地面蚀：表土全部流失（包括淀积层），心土露出，坡度 15～20 度，沟蚀面积 15％～20％。

⑤ 极强度耕地面蚀：心土部分流失，母质或基岩部分露出，坡度 20～25 度，沟蚀面积 20％～30％。

⑥ 剧烈耕地面蚀：母质或基岩裸露，坡度大于 25 度，沟蚀面积大于 30％。

耕地面蚀强度分级的判别指标：是以坡度作为鉴定耕地面蚀强度的主要指标，见表 3-2-1。

表 3-2-1 耕地面蚀分级

强度分级	坡 度	年平均侵蚀模地 T/km²	年平均流失厚度（mm）
1：弱度侵蚀	3°～7°	1000～2000	0.7～1.5
2：中度侵蚀	7°～15°	2000～5000	1.5～3.7
3：强度侵蚀	15°～20°	5000～8000	3.7～5.9
4：级强度侵蚀	20°～25°	8000～13500	5.9～10.0
5：剧烈侵蚀	＞25°	＞13500	＞10.0

鳞片状面蚀

即非耕地（包括林草地）面蚀，其程序分级如下。对于黄土区应以地块所在集水区或以小流域沟蚀面积百分率作为程度分级的主要指标。

① 无明显面蚀：沼泽地，未开发的林地，林草覆盖度达 90％以上，坡度小于 3 度，沟蚀面积近于零度。

② 弱度面蚀：林草覆盖度 70％～90％，表土少量流失，坡度 3 度～7 度，沟蚀面积小于 10％。

③ 中度面蚀：林草覆盖度 50％～70％，表土明显流失，坡度 7 度～15 度，侵蚀沟面积 10％～15％。

④ 强度面蚀：林草覆盖度 30％～50％，表土全部流失，心土露出，沟蚀面积 15％～20％，坡度 15 度～20 度。

⑤ 极强度面蚀：林草覆盖度小于 30％，心土大部流失，沟蚀面积 20％～30％，坡度 20～25 度。

⑥ 剧烈面蚀：林草覆盖度小于 30％，母质和基岩裸露，坡度大于 25 度，沟蚀面积占 30％以上。

非耕地面蚀强度判别指标与耕地相同，主要根据坡度分级。当植被覆盖度小于 40％时，面蚀强度减少一级，见表 3-2-2。

表 3-2-2　非耕地面积分级

沟蚀级别	集水区域	流域沟蚀面积率
1：轻微的	—	＜0.1
2：一般的	—	0.1～0.2
3：严重的	—	0.2～0.3
4：很严重的	—	0.3～0.4
5：非常严重的	—	＞0.4

表 3-2-3　重力侵蚀（包括崩塌、滑塌、坐塌、滑坡等）

级　别	参考指标（重力侵蚀占该地块面积的百分率）
1：轻度	＜5％
2：中度	5％～10％
3：强度	10％～15％
4：极强度	15％～20％
5：剧烈	＞20％

表 3-2-4　风力侵蚀

程度分级	土壤剖面受风力移动
1：轻度	A 层 1/2
2：中度	A 层全部
3：强度	B 层 1/2
4：非常严重	B 层全部

强度分级

① 不明显　　　　　沼泽、草甸草原、低湿地

　② 轻度　　　　　　　有沙坡出现

　③ 中度　　　　　　　有沙滩、沙垄

　④ 强度　　　　　　　有活动沙丘

　⑤ 极强度　　　　　　广布沙丘、流动性大

　⑥ 剧烈　　　　　　　光地板、戈壁滩

（2）评判过程

　　在对土地退化的类型和程度进行了专家识别以后，对治理效果要进行专家判定。当有一定量级或量值范围做参考时，治理的成效比较容易评判，而这个数值的获取可能会有困难，例如土地退化就需要专业部门定点长期监测才能获取。但有一定经验的专家和技术人员可以对治理成效进行估算，当这样的专家数量足够多时，可以采用数学方法进行归纳分析，使评判尽可能接近实际情况。

　　例如可用表 3-2-5 来对治理程度的专家判别进行归纳总结。

表 3-2-5　综合评判治理程度分析

级别量化值	彻底治理	基本治理	中度治理	轻度治理	微小治理	无治理
（10）－0－（－10）绝对值区间代表值	—	—	—	—	—	—

　　可以用连续的实数 0－（＋10）来表示治理成效，无治理（也没有加重退化）用实数 0 表示，治理随程度提高可用 1－10 表示。如果不但没治理，反而加重了退化程度，可用 0－（－10）表示。这样，才做到使单因子治理成效评价结论接近实际情况。

3. 现场监测法或测试法

　　这个方法适用于我国现行监测体系的常规监测内容，如地面水环境质量、噪声状况、大气环境质量，可以按照国家确定的监测技术规范和标准进行监测和评判。

　　我国各地可以收集到林木覆盖率数据，但有时概念不统一，影响了这个指标的可比性。下面给出一些主要用地类型的含义，以资评判时做概念统一的参考。

土地利用现状分类如下：

　Ⅰ 耕地：1. 水田；2. 水浇地；3. 旱地；4. 菜地；5. 水平梯田；6. 坝地

Ⅱ园地：1. 果园；2. 桑园；3. 茶园；4. 其他园地

Ⅲ林地：1. 天然用材林；2. 人工用材林；3. 灌木林地；4. 疏林地；5. 未成林造林地；6. 迹地；7. 苗圃；8. 经济林；9. 防护林；10. 牧用林地；11. 薪炭林

Ⅳ牧草地：1. 天然草地；2. 改良草地；3. 人工草地

Ⅴ居民区用地：1. 城镇；2. 农村居民点

Ⅵ工矿用地：1. 工矿用地

Ⅶ交通用地：1. 铁路；2. 公路；3. 农村道路

Ⅷ水域：1. 河流水面；2. 湖泊水面；3. 水库水面；4. 坑塘水面；5. 沟渠；6. 水工建筑物；7. 滩涂

Ⅸ特殊用地：（用于国防、名胜古迹、自然保护区等）

Ⅹ未利用地：1. 盐碱地；2. 裸土地；3. 沙地；4. 沼泽地；5. 裸岩、石砾地；6. 其他未利用地。

各类用地的含义如下：

耕地：指种植农作物的土地，包括宽度＜2米的田埂、人工修筑的梯田坎、沟、渠、路；包括垦殖三年以上的荒地、休闲地；连续撂荒未满三年的轮歇地，草田轮作的牧草地；包括一年生的零星药材地。以种植农作物为主的有零星果树、桑树或其他树木的土地，以及耕种三年以上的河滩地等。但不包括间作农作物的专业性果园、桑园、造林地和短期抢种作物的河滩地。

水田：有水源保证和灌溉设施，在一般年景能正常灌溉。用来种植水稻或莲藕、席草等水生作物的耕地，包括灌溉的水旱轮作地。

水浇地：指水田、菜地以外，有水源和灌溉设施，在一般年景能正常灌溉的耕地。

菜地：指常年种菜的耕地。包括温室、塑料大棚用地。但不包括季节性种菜的耕地。

水平梯田：指分布在山坡呈阶梯状的耕地，有比较整齐的地埂，田面基本平坦。

坝地：指分布在沟道、筑坝拦河淤出的耕地。

园地：指集中连片种植以采果、叶、根茎为主的集约经营的多年生木本和草本植物，覆盖度＞50％，或每亩株数大于合理株数70％的土地。不论树龄大小，当年有无收益均包括在内，也包括果树苗圃，各树种合理株数见表3-2-6。

表 3-2-6　部分树种合理株数表

树　　种	合理株数　株/亩
落叶松、槐、椿、榆、桦、漆	220～330
云杉、油松、侧柏	330～440
杨、柳	80～150
枣、柿、泡桐、核桃	18～40
苹果、梨	18～20
花　椒	40～60

果园：指种植苹果、梨、桃、杏、葡萄等果树的园地。

桑园：指种植桑树的园地。包括起水土保护作用或以产桑葚等为目的的成片桑园。

茶园：指种植茶树的园地。

其他园地：指种植药材等多年生作物的园地。

林地：指生长乔木、灌木、竹类和用于林木栽培等林业生产用的土地，不包括居民绿化用地以及铁路、公路、河流、沟渠的护路林、护岸林。

天然用材林地：指天然起源的以培育用材为主要目的林地。

人工用材林地：指生长稳定（一般造林后针叶树在五年以上，速生阔叶树在三年以上）保存株数不低于合理造林株数的 70％或郁闭度达 0.3 以上人工起源的林地。且以培育木材为主要目的。

灌木林地地：指覆盖度＞40％的灌木林地。

疏林地：指树木郁闭度为 0.1～0.3 的林地，包括天然起源和人工起源的林地。

未成林造林地：指造林成活率大于或等于合理造林株数 41％，分布均匀，尚未郁闭，有成林希望的新造林地（一般指造林后不满 3～5 年，或飞播后不满 5～7 年的造林地）。

迹地：森林采伐或火烧后，五年内未更新的土地。

苗圃：指林木育苗地。

经济林地：指以采集林产品为主的林地。如核桃、板栗、山杏、油桐、红枣、花椒、柿子等林地。

防护林地：指主要起防护作用的林地。如成片的防风固沙林、水土保护林、农田防护林等的用地，但不包括道路、沟渠、村旁栽植的零星树。

薪炭林地：指以生产燃料为主的林地。

特用林地：指具有特种用途的林地，如母树林、科学实验林、国防林、名胜古迹林、自然保护区的森林等。

牧草地：以生长草本植物为主，用于畜牧业的土地，不包括草田轮作的牧草地。

天然草地：指生长天然草本植物为主，未经改良，用于放牧或割草的草地，包括以牧为主的疏林、灌木草地，且覆覆盖度大于 0.4。

改良草地：指采用灌溉、排水、施肥、松土、补播等措施进行改良的荒地。

人工草地：指人工种植牧草的草地，包括人工培植用于牧业的灌木地。

居民区用地：指城乡居民点用地，包括其内部交通、绿化用地。

城镇用地：市镇建制的居民点，包括市区连片部分和分散到郊区但和城市有密切联系的城镇建设用地，但不包括城镇行政区范围用于农、林、牧、渔业生产的土地。

农村居民点用地：指镇以下，乡和零散农户、工副业生产、畜圈和晒场等生产设施占用的土地，包括村旁树和村内道路。

工矿用地：指居民点以外的工矿用地，包括各种工矿企业、采石场、砖瓦窑、仓库以及其他企事业单位的建设用地。

4. 遥感技术采集信息

遥感技术（RS）在全球定位系统（GPS）的支持下可以获取大量的地理信息，这是区域生态规划最常用的信息蒐集方法之一，已经得到十分广泛的应用。在区域生态规划编制基础图件时，信息可以通过遥感技术获取。

一般来说，通过遥感技术先获得土地利用图，在标准地形图和收集到的自然资源图件的支持下，还可以衍生植被类型图、森林分布图、草地分布图、农田分布图、聚居地分布图等；经过波段的合理组合，还可以生成土壤侵蚀图等。大量基础图件的生成为编制区域生态规划提供了数据基础，这是高水平规划不可以缺少的。

本节以植被的遥感解译浅述遥感技术在规划编制中的应用。

林木（林草）覆盖率可以采用实地调查法获取，然而这样做不仅费时费工，而且斑块的外轮廓的确定十分困难。这一指标与资源利用适宜程度指标都可以通过 RS 技术直接或间接获取。

遥感可以分为航天遥感和航空遥感两个主要类型。由于 RS 技术适宜同步、大数量的采集宏观区域信息，不仅可以获得可见光段的电磁波信息，还可以获得紫外、红外、微波等波段的信息，并可以周期成像进行动态监测和研究。因此，从 20 世纪 60 年代以来在我国得到了广泛应用。

在利用标准假彩色合成卫片（4，5，7 波段）判别地物时，其主要步骤和方法是：

① 现场调查，建立判释标志；

② 室内判读；

标准假彩色卫片的信息来自影像的形状、大小、阴影结构；也来自灰度（颜色）这一判读标志。现将部分地物在卫片（4，5，7 波段）再现的色彩列如下参考表 3-2-7。

表 3-2-7　地物在标准假彩色卫片上色调表

地　　物	色　　调
植　被：	红
幼嫩植物	粉红色
天然林（阔叶）	红色　品红
天然针叶林	暗红，在冬季卫片为暗红色，夏季卫片上比阔叶林色调更重些
农　田	生长旺季红色，成熟季节鲜红色，收获季节浅红色
灌木林地	红色，比天然林稍淡一些
草　地	浅红色
地　物：	
水　体	蓝色，浊水为乳白色
含水土体	蓝青，青或淡青
公　路	乳白色
黄　土	灰到白色

在采集地物信息时，不能单纯依靠颜色判读，而要运用地植被学等综合知识进行判译。例如利用植被的垂直分布规律，耐阴、阳规律，与居民稠密区和交通干线距离的规律，以及当地的地质条件和成土特征等。而且一般要选取冬、夏两个季相卫片进行综合判断，这样才可提高目视解释的可靠程度。

如果经费比较紧张，成图比例可以在 1/10 万以下时，则可选用 MSS 卫片；

如果经费允许，成图比例大，则可选用 TM 卫片或更高级（象元小）的卫星照片；

如果有特殊解译要求，还可以进行卫片的特殊光化学处理，突出想获得的信息。

目前，国际和国内都有成熟的计算机遥感解译和地理信息系统信息分析、整体相配合的信息和图像输出技术，有条件的单位也可以选用。该技术适宜于对环境的动态监测。

③ 野外验证

④ 成图

3.2.2 生态完整性调查

1. 生物量实测

生物量是指一定地段某个时期生存着的活有机体的数量，它又称现存量。生物量的测定，采用样地调查收割法。

样地面积：森林选用 $1000m^2$；

疏林及灌木林选用 $500m^2$

草本群落选用 $100m^2$

（1）森林测定方法

由于生产的发展和对自然资源开发利用的需要，在森林群落中测定生产力的方法，仍旧采用过去测树学和群落学的方法已不能满足当前的需要。目前虽然测定方法很多，但按照生态系统的要求，仍然是比较粗放的。测定生产力的理想方法，最好是测定通过生态系统的能量流，但迄今为止使用这种做法仍然存在困难。下面介绍几种当前通用的办法。

① 净生产力的测定

净生产力的测定主要是采用收获法，这是一种最普通和最古老的方法。很早以前农民就使用收获法说明每年生产了多少斤小麦或其他农产品，生态学者最初也是使用这种办法收割地表植物并称重。森林生产力的测定主要仍沿用测树学的方法，并有所发展。

A. 皆伐实测法：为了精确测定生物量，或用来作为标准来检查其他测定方法的精确程度，采用皆伐法。林木伐倒之后，测定其各部分的材积，并根据比重或烘干重换算成干重。各株林木干重之和，即为林木的植物生物量。

B. 平均木法：采伐并测定具有林分平均断面积的树木的生物量，再乘以总株数。为了保证测定的精度，可采伐多株具平均断面积的样木，测定其生物量，再计算单位面积的干重。

另一种方法是将研究地段的林木按其大小分级，在各级内再取平均木，然后再换算成单位面积的干重。

C. 随机抽样法：研究地段上随机选多株样木，伐倒并测定其生物量。将样木生物量之和（$\sum W$）乘以研究地段总胸高断面积（G）与样木胸高断面积之和（$\sum g$）之比，全林的生物量（W）可以表示为：

$$W = \sum W \frac{G}{\sum g}$$

D. 相关曲线法：研究地段随机选取各种大小的林木，测定其生物量，再根据树木的生物量与某一测树指标（如胸径或树高等）间存在的相关关系，利用数理统计配制回归方程。据研究，生物量与胸高直径间存在着幂函数的相关关系，即 $W = aD^b$，式中 a，b 为参数，D 为直径。利用最小二乘法求出回归方程中的参数 a，b，再利用林分胸检尺的资料，根据各直径所对应的生物量求出研究地段的生物量。鉴于利用胸高直径时参数 a，b 在不同林分中变动较大，故最近多利用树高（H）作为第二个变量，利用 $W = a(D^2H)^b$ 或 $W = a(gH)^b$ 计算生物量。上述两个公式可以在类型不同的林分中适用同样的参数。

测定森林生物量时，除应计算树干的重量外，还应包括林木的枝量、叶量和根量的测定。由于过去对这方面的研究较少，且测定的手续烦琐，成为森林生物测定中最感困难的环节。过去研究森林的生产量不测定地下部分的根系，会产生相当大的误差，因为树木的根系能占全部生物量的 $17\%\sim23\%$。参考图 3-2-1 和图 3-2-2。

上述测得的生物量表示为单位面积、单位时间的重量如克/米²/年，即为林分的生产力。假如所测定的有机物质知道其准确热量，生产力可以转换为热量，故可用能量卡/厘米²/年表示生物量。森林里取得的收获物，不仅是木材，通常是很多种类的混合物（如花、果、种子、树皮以及灌木等），可以根据陆生植物每克干重含能量约为 4.5 千卡，来粗略估算森林的生物量。

收获法最大的局限性是不能计算因草食性动物所吃掉的物质，更无法计算绿色植物用于自身代谢、生长和发育所耗费的物质。实际上所测量的部分是现存生物量，即测定当时绿色植物有机物质的数量。假如把呼吸的损失量和其他

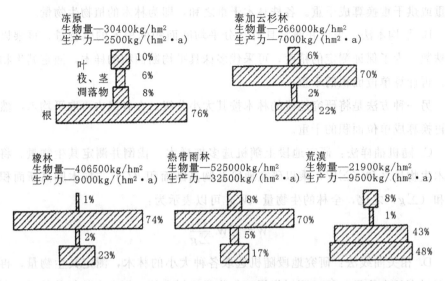

图 3-2-1　几种主要生态系统生产力、生物量的地上和地下部分的分配格式

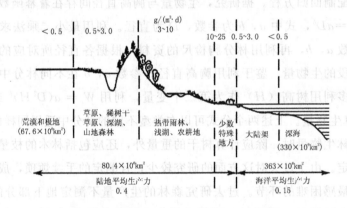

图 3-2-2　世界总生产力分布图（克/米²/天）

（自 Dajoz，1997）（及其他色素）

方面的损失（如草食动物吃掉的量）加进去修正收获量，才可估测出总生产量或总生产力。

② 总生产力的测定

总生产力的测定，主要是通过测定森林生态系统的光合作用和呼吸作用来计算生物量。这种方法既能测定总生产力，又能求测净生产力，是收获法的补充。测定光合成对能量固定的数量和速率，可以根据光合成方程式加以求算。

$$6CO_2 + 12H_2O \xrightarrow[\text{酶} + \text{叶绿素}]{\text{光能 } 673 \text{ 千卡}} C_8H_{12}O_6 + 6O_2 + 6H_2O$$

在上述公式中，如果知道任一边的一个成分数量，如测得 CO_2、O_2 或者葡萄糖的生产量就能求算出其他成分数量。如果测定出 CO_2 的吸收量，就可按每 6 个单位的 CO_2 产生出一个单位的葡萄糖加以计算。迄今为止，各种测定方法尽管还存在技术和操作方法上的限制，但它能够提供一个能量固定的近似值。通常使用的方法有：

A. 二氧化碳测定法（或称气体交换法）

这种方法很适合陆生植物的测定，近年来应用自记红外线气体分析仪，方法是取两个相似样品，分别放置在两个轻便封闭箱里，封闭箱按规定容积用透明物质如树脂玻璃、玻璃或塑料制成。一个曝光，另一个不透光。首先用红外线气体分析仪测定透光封闭箱里流入空气里移走的 CO_2 量（即 CO_2 的减少量），从而说明光能合成的数量和速率；然后测定不透光箱里释放出的 CO_2 数量，即说明植物呼吸活动的数量和速率。于是总生产力能够从这两个封闭箱里所测得的 CO_2 数量计算求得。这种方法只能对陆地植物于短暂时间内在封闭箱里进行。主要缺点是封闭能使箱内温度计升高，改变光合速率，但这方面也能用空气调节方法加以补救。

目前更进一步发展用空气动力学的方法直接测定。这种方法采用二氧化碳敏感器（CO_2 sensor），在测定的森林里放置一个垂直的立杆，沿立杆按一定距离把二氧化碳敏感器放置在上面，测定森林群落上层和内部空气中二氧化碳的差别，从而求得净生产力。这种方法已经成功地应用于测定森林、农作物、草地群落的光合速率，若与封闭箱的方法结合应用，效果更好。

B. 氧气测定法

这种方法主要用于水生生态系统，是根据光合成方程式中所产生的氧气求测生产量。通用的方法是明暗瓶法，即用两个相同的瓶子，一只是透明的瓶，另一只是暗瓶，分别把浮游植物装在两只瓶里，然后悬吊在水中。经过一定时间（通常 24 小时）测定和比较每一瓶中氧气的浓度。暗瓶中消耗掉的氧是用于植物呼吸，而明瓶中的氧是光合作用生产的氧，一部分也用于呼吸，用呼吸的总量（暗瓶消耗的氧）和净生产力（明瓶中产生的氧）可以估测总初级生产力。

（2）草本测定方法

草地生产力的测定多采用样地调查收割法，主要内容包括：

地上部分生产量；

地下部分生产量；

枯死凋落量；

被动物采食量。

可以在 100m² 样地里选取 1×1m² 样方 8～10 个，每个样方全部挖掘取样，如果测生物量，可以在草地最大生长量时期取样干燥后称重，如测净第一性生产力则要去除老叶、老茎、老根，只求算当年净生产量。可以按照表 3-2-8 格式测算：

表 3-2-8　年间净生产量的计算

生育期间	1. 地上部极大现存量 茎、叶稍（＋） 叶（＋） 2. 地上部枯死、凋落量 茎（＋） 叶稍（＋） 3. 地下部生产量 a. 地下茎（＋） b. 根（＋） c. 茎基（＋） 4. 贮藏物质蓄积量 a. 新地下茎（＋） b. 老地下茎（＋） 5. 贮藏物质消费量 老地下茎（－）
生育休止期	6. 芽（＋） 7. 贮藏物质消费量，新老地下茎（－）
年总计	—

武藤在 1968 年对群落的实测表明，年间净生产量可以用下式计算：

$$年间净生产量 = 1 \times 1.8$$
$$= (1+2) \times 1.2$$
$$= (1+2+3+6+4a) \times 0.94$$

各地可参考这个方法。在实测几块样地后，求出用地上部分极大现存量测算的系数，或用地上部生产量（1+2）测算的系数，或该年新长出的植物体量（1+2+3+6+4a）测算的系数，然后估算调查区域草地生物量。

2. 生物群落空间分布异质状况的调查

组成植物群落的每一种植物，对环境各有一定的要求。由于生境条件不一，因此各种植物按照自身的生态习性生存，其数量、空间分布的特点也不相同。当优势种群比较多且以团块式混交时，异质化程度比较高，从而提高了绿色植被抗御干扰的能力，也有益于动物多样性的存在。

（1）多度与密度

多度是指调查样地上某种植物个体的数量，密度是指单位面积上的数量。

例如一个种在某一样地上其数量为 100 株，称为多度；若设这一面积为
0.25hm²，那么种的密度应是 400 株/hm²。假如在该调查样地内，只有一半生
境条件适合该种植的生长，其余都是空地，则只计算这一半生境条件的密度，
称为这个种的生态密度即每公顷为 800 株（800 株/公顷），这里的密度可称为
绝对密度。

当进行森林群落分析时，还应了解各种植物的相对数量，即种的相对密
度。相对密度是指一个种的株数占样地内所有种总株数的百分比。例如样地上
有 50 株林木，其中 30 株是红松，那么红松的相对密度是 30/50＝0.60 或
60％。群落内个体数目最多和次多的种类称为优势种和次优势种。在自然条件
下，优势种总是该森林群落中最适生的种类，但它对群落所起的影响则又因其
体积的大小和覆盖面积的不同而有很大差异。因此，在森林群落中还应分别按
照乔木、灌木、草本各层次进行调查和确定优势种。在森林群落中，乔木树种
的个体数目远不及下木和草本为多，但它却对群落环境的形成及对其他植物具
有更大的影响，因此乔木层中的优势种，通常又称为建种群。

根据树种个体数目计算多度，只是在各树种大小相差不大时才有意义。多
度或密度的大小在幼林时期很重要，它在一定程度上决定着森林形成的速度，
以及林木分化开始的早晚和自然稀疏的强度。因此，根据年龄、树种特性并考
虑立地条件和经营要求来调整多度是十分重要的。对于林分中各种树木大小不
一，有的株数可能很多，但径级小，而有的株数少，但径级大，这样用株数表
示的多度，没有多大价值。

对林内下木和草本植物的调查，通常很难按植株多少计算出某一种植物的
多度，因此多采用目测估计法，即按照事先划分好的多度等级，目测估计多个
种的多度。多度等级的划分有许多标准，其中一些等级是数字的，通常划分为
5 级或 10 级，另一些等级则是使用文字符号。

我国多采用德鲁捷（Drude）的方法，使用的不是数字，是用下列的符号
或译意。

Soc.（Sociales）"极多"——植株地上部分密闭，形成背景，覆盖面积
75％以上；

Cop³（Copiosae 3）"很多"——植株很多，覆盖面积 50％～75％；

Cop²（Copiosae 2）"多"——个体多，覆盖面积 25％～50％；

Cop¹（Copiosae 1）"较多"——个体尚多，覆盖面积 5％～25％；

Sp.（Sparsae）"尚多"——植株不多，星散分布，覆盖面积 5％；

Sol. (Solitariae) "稀少" ——植株稀少, 偶见一些植株;

Un. (Unicum) "单株" ——仅见一株。

西欧的各植物群落学派现在最普遍采用的等级制, 也是把多度和优势度结合起来, 包括下列六级:

+—很少, 盖度小于 1%;

1—多, 盖度小于样地面积的 5%;

2—很多, 盖度为样方面积的 5%~25%;

3—个体数目不计, 盖度为样地面积的 25%~50%;

4—个体数目不计, 盖度为样地面积的 50%~75%;

5—盖度为样地面积的 75% 以上。

这个等级制的前三级盖度不明显, 符合于多度, 而后三级盖度明显, 更多符合于优势度。因此, 人们把它叫作"多度—优势度"等级制。这个等级制适用于温带植被。

(2) 优势度

优势度表示群落中某一个种的下列数值:

第一, 地上部分所覆盖的面积; 第二, 地上部分占的体积; 第三, 地上部分的重量。某一个种优势度的大小, 决定着群落的外貌。优势度在林业上的表示方法有: 一种是测定林分的郁闭度 (覆盖度), 另一种办法是测定林木的胸高断面积或材积。测定林木重量的方法近年来在测定林木生物量中得到广泛的应用。

林分郁闭度, 即树冠垂直投影面积与林地总面积之比, 用十分数表示。"1.0"表示树冠投影遮住整个林地, "0.8"表示树冠投影占 8/10, 树冠空隙占 2/10。凡郁闭度介于 1.0~0.9 为高度郁闭, 0.8~0.7 为中度郁闭, 0.6~0.5 为弱度郁闭, 0.4~0.3 为极弱度郁闭。当郁闭度为 0.2~0.1 时只能称为疏林。复层林的郁闭度视需要可分层统计。

郁闭度大小, 直接影响着林内的生态条件, 对林内下层植物的种类、数量、天然更新状况、幼树生长, 以及树木的生长发育都有很大作用。因此郁闭度有着重要的生态意义。值得注意的是郁闭度不同于透光度, 这是因为树种不同, 其林冠枝叶的疏密和排列方式都不一样。不同树种组成的林分, 或同一树种组成的林分在不同年龄阶段, 即使郁闭度相同, 透光度也有差异。例如, 同样郁闭度等于 0.8 的马尾松和常绿阔叶林, 林下光照的强度前者大于后者。所以透光度不仅决定于林冠的覆盖程度, 还决定于树冠本身的浓密程度。科学研究中绘制树冠投影图时，还应标明树种名称和位置，从而确定每一树种的优势度。

根据林木胸高断面积或材积（树干所占面积或体积）测定优势度是林业上常用的方法。例如确定每一树种在林木组成中的优势度，就是在标准地内，先求出每一树种胸高断面积再与全部林木总胸高断面积相比，其比值用十分之几来表示。例如红松占 4/10，云杉占 3/10，椴占 2/10，榆占 1/10，或用组成式 4 红 3 云 2 椴 1 榆表示，这一式子说明是以红松占优势的混交林。前者分数的和应当等于 1，后者组成式中系数之和应当等于 10。但这些并没有表示出林木是疏或是密，故林业上又常用疏密度来说明林木对空间利用的程度。确定林分疏密度的方法是用每公顷林木胸高断面积与相同条件"标准林分"（当地同一优势树种最大生产力的林分）的胸高断面积之比来表示。标准林分的断面积可查已编制好的标准表。标准林分的疏密为 1.0，故所测定的林分疏密度一般都小于 1.0。

测定优势度的材积法（体积法）需要测定林木胸径和树高。知道了胸径和树高，就可参照专用的地方材积表示确定蓄积量。求得每一树种的材积，就不难计算出各树种材积的组成比，说明各树种材积的优势度。

测定林内的下木和草本植物的优势度可按前节"多度—优势度"等级制，或者用某一个种（或某一类的种）的盖度的十分之几来表示。例如，草本植被中，鳞毛蕨占 5/10，其余的种覆盖面积占 3/10，剩下的 2/10 未被草本植物覆盖。测定草本层优势度的重量法应用较多。为了测定重量，可以在样方上贴地面剪下全部草类，按不同植物种加以分开，每一植物种以新鲜状态或风干状态（根据要求而定）单独称重。然后用百分率来表示每一种地上部分的重量。

（3）频度

频度是指某一个种在样地上的分布均匀性。频度在某种程度上决定于多度，但也不尽然。例如，多度较大时，频度也必然较大；多度中等时，频度可能在某种情况下较大，而在另一些情况下较小，这就决定于该种的个体在样地上分布的均匀性。在多度很小时，频度也很小。上述情况可由图 3-2-3 说明。

频度在调查树种更新或下木、下草时经常应用，以表示一个种的个体在一个地段上出现的均匀度。调查频度的要求是，在一个样地范围内，设置一些较小的样方，这样样方要尽可能均匀分布在整个地段上。小样方的面积越小，样方数目就应当越多。某一树种或植物在小样方出现的百分数即表示其频度。

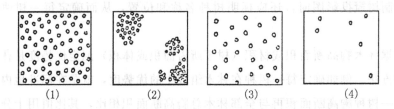

图 3-2-3 多度和频度之间的相互关系

(1) 多度大，频度也大； (2) 多度颇大，而频度小；

(3) 多度中等而频度大； (4) 多度小频度也小。

$$频度=\frac{某种植物出现的样方数}{全部样方数}\times 100\%$$

例如 10 个样方内甲种植物出现于 4 个样方，其频度为 40%，乙种出现于 6 个样方，其频度为 60%。频度与多度结合起来应用，成为一个很有用的数值，因为这不仅知道了个体的数目，而且还知道了这些个体的分布状况。这两个定量数值联合应用，是了解群落结构的基础。

天然林中更新树种或各种下木、下草，频度的高低决定于各种植物生物生态学特性和生境的一致性程度。例如具有地下茎繁殖的种类，常呈片状分布，喜光植物则多集生于林窗下，其频度都较低。但当生境变化不大或某些植物生态幅度较大时，则频度要高。

掌握了群落中各种植物的种类成分、多度、优势度，再通过频度的调查，这样才能得到一个群落结构的更完整概念，有助于对各种植物在群落中的重要程度以及群落的利用价值给予科学评定。

(4) 异质性

在生物群落中，以优势种为基本单位在空间中的分布状况（异质性程度）对生物群落抗御内外干扰和物种移动的功能维护有重要作用。生物群落（尤其是植物群落）内部的异质化和镶嵌分布有重要意义。例如，某一优势种（如松林）可能是虫灾爆发的干扰源时，如果植物群落的这一组分被其他优势种（如竹木）隔离的话，那么虫害这一干扰就可能不进一步扩大。如果不存在这种镶嵌结构，则干扰很容易扩散。因此生物群落中的优势种呈团块式混交状态时，当某一组分是干扰源时，而相邻的组分就可能形成障碍物，这种内在异质化程度高的生物群落很容易维护自己在区域生态环境中的地位，从而达到增强生态体系稳定性的作用。

异质性的测定一般情况下可以采用线性抽样来测定。令直线通过一个区域生态体系（在卫片或地图上），把这条线分成相等的线段，记录每段线段中每类种群出现的频率。

也可以采用密度和频度来综合反映异质状况。由于密度是某一种群组块占有总的植被组块的百分数，频度是某一种群组块出现的样方数占总样方数的百分数。因此这两个指标值可以间接反映生物群落的异质化程度。

3.2.3　物种多样性调查

1. 植物物种多样性调查

由于植物种类多样复杂，因此植物物种多样性的调查只限于维管植物（包括蕨类植物和种子植物）。

调查方法：单位面积内（hm²）维管植物种数。

2. 动物多样性调查

动物的分布与区域生境的差异性关系密切，也是动物与它们互相制约和互相作用的结果，在各种条件中尤以植被条件最为重要。因此，各种不同的植被类型的动物分布情况也不相同，但是动物（尤其鸟类）的迁移能力强，具有较大的生态可塑性，能适应多种类似的环境，并且由于人类经济活动的影响，使动物种群的数量与分布亦随之发生变化。因此，动物多样性的调查可以在植被类型确定的基础上进行。

（1）根据以往资料，确定本区珍稀濒危动物物种情况，根据上述情况和不同种的巢区面积要求，确定调查的样方面积和调查方法。调查方法可采用示踪法、遥测法、野外观测法等。

（2）简单的物种多样性调查，在样地数一数种类的数目。这个计数包括了定居种，而非偶然或暂时的移入种很难判定。

3. 物种多样性测量

物种多少是物种多样性的第一个概念，也是最早的概念，并可称为种的丰富度（Species richness）。

物种多样性的第二个概念来源于异源性（heterogeneity）。以物种的数目来测量多样性，是认为稀有种（rare species）及普通种相等的这样一个问题。

一个群落有两个种，可将其分为两个极端不同的范围。例如：

	群落 1	群落 2
物种 A	99	50
物种 B	1	50

看起来群落 2 似比群落 1 更为平均。皮特（peet，1974）建议把物种数概念及相对丰盛度（relative abundance）合并为一个单一概念"异源性"（heterogeneity）。如群落中物种多，则异源性较高，而且各种丰盛度均等。

但困难的问题是在生物群落中如何去判断种的数目。由于物种的多少由取样的大小来决定，因而充分的采样一般能避免这种困难，尤其对于脊椎动物，但并非对昆虫及节肢动物都有用。

（1）费希尔（Fisher）的对数序列（logarithmic series）

这类问题可采用两种策略来对待。首先，统计性分布的变化，能适用于物种的相对丰盛度。一个典型群落包含较少的种类，这些种类是普通的，并有相当大量的属于稀种。这样，就能容易地判断在任何已知区域里的物种数，以及在这些种内的个体数。有关这方面的研究的资料已有大量的积累（Williams，1964）。

在许多区系，采样中种的数目由一个标本所代表，由两个标本所代表的种的数目就比较少些，直到仅有几个种而被许多标本所代表。为此费希尔、科贝特（Corbet）和威廉斯（Williams）（1943）经排列这些数据曾得到以下凹形的曲线（图 3-2-4）。费希尔利用对数序列总结这些数据是一种具有最终的总数的积分序数列，它的各项可以写成：$ax, \dfrac{ax^2}{2}, \dfrac{ax^3}{3}, \dfrac{ax^4}{4}, \cdots\cdots$

这里 $ax = $ 在整个采样中由一个个体所代表的物种数目；$\dfrac{ax^2}{2} = $ 由两个个体所代表的种的数目，……。各项的总和等于采捕种类的总数。对数的序列数据是由两个变量所决定，采样中的物种的数目及取样中的个体数目。其关系式可写成：

$$S = a\log_e\left(1 + \frac{N}{a}\right)$$

其中：$S = $ 样方中的种数；$N = $ 样方中的个体数；$a = $ 多样性指数

常数 a 表示在群落中种的多样性。如群落中物种数低，a 即低；如种数高它就高。费希尔指出，多样性指数不依赖于取样的大小。

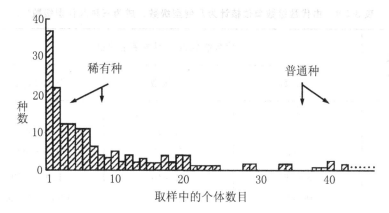

图 3-2-4 英国灯光诱蛾捕到的鳞翅目（蝶与蛾）丰盛度

注：其中有 37 种只有一个标本（稀有种）；最普通种有 1799 个体，共捕 6814 个体，代表 197 种，6 个普通种占全捕数的 50％（按 Krebs，1978 仿 Williams，1964）

对数序列说明物种的数目最多，而各种只有很小的丰盛度，而那些由一个标本代表一个种的，常是种数最多的一些种类。这并非在所有群落中都如此。图 3-2-5 说明在纽约州的魁克低谷繁殖的鸟类的相对丰盛度。鸟种的数目最多是由 10 对繁殖鸟所表现，而其对丰盛度模式并不符合于下凹线如图 3-2-4 所表现的那样。普雷斯顿（Preston）提出，x 轴表示采样中出现的个体数，在指数（几何级数或对数）级数上比代数级数更为明显。几个指数级数之一可以利用，因为其区别仅仅是由于恒定的增长；有一些级数从表 3-2-9 可看出。

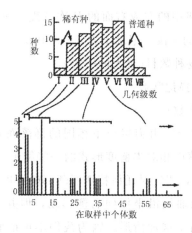

图 3-2-5 在纽约州营巢鸟种类的相对丰盛度

注：下图示按算术级数分布，上图示同样数据用几何级数×3 集群大小（1，2＝4，5－13，14－40，41－120 等）（按 Krebs，1978）

表 3-2-9　由代数级数单位核计为几何型级数，成为三种几何型级数[a]

指数级数	代数级数按下列数字组成群		
	×2 级数[b]	×3 级数[c]	×10 级数[d]
1	1	1	1～9
2	2～3	2～4	10～99
3	4～7	5～13	100～999
4	8～15	14～40	100～9999
5	16～31	41～121	10000～99999
6	32～63	122～364	100000～999999
7	64～127	365～1093	—
8	128～255	1094～3280	—
9	256～511	3281～9841	—

a. 为按图 3-2-4 的集群型；b. 普雷斯顿氏的 8 度级数，相当于 $\log_2$ 级数；c. 相当于 $\log_3$ 级数；d. 相当于 $\log_{10}$ 级数。

当把这些级数转换后，相对丰盛度即形成钟形，常规分布，并由于 x 轴表示指数（几何级数或对数级数），这种分布即称为标准对数（log-normal）。标准对数式分布，亦称对数正态分布，可用下列公式：

$$y = y_0 e^{-(aR)^2}$$

其中，$y =$ 在模式等级中的左或右面的 R 次八度（octave）出现物种的数（所谓八度，即 $\log_2$ 级数的一段，记录于表 3-2-9 中）。

$y_0 =$ 在模式八度中物种数目（最大的一级）

$a =$ 分布度的展开的描记常数

$e = 2.71828\ldots\ldots$（常数）

标准对数式分布，符合于由突然全不相同的群落而来的数据的变化。图 3-2-6 就是几个在不同群落中相对丰盛度形式的一些例子。

标准对数曲线的形状，假定对任何特殊群落都能表现出其特点，增加群落的采样，必然把标准对数曲线沿坐标向右侧移动，但并不改变其形状。如图 3-2-7 的诱蛾灯数据，说明了这种情形。因为我们不可能收集半个或四分之一个动物，所以这一类的稀有种，只有在很大的采样中才能取到。

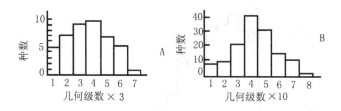

图 3-2-6　在多样性群落中相对丰盛度对数正态分布：

A. 巴拿马的蛇；B. 英国的鸟（按 Krebs，1978）

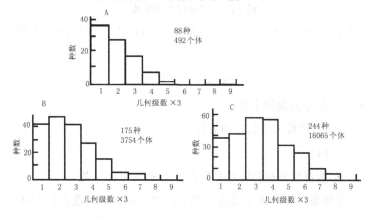

图 3-2-7　灯光诱鳞翅目昆虫的标准对数分布的相对丰盛度

注：在英国实验站，为期：A. 1/8 年；B. 1 年；C. 4 年。当标本数增加，标准对数分布倾向右面（按 Krebs，1978，仿 Williams，1964）

普雷斯顿（1962）指出，在生物群落中，用标准对数曲线得出的数据，具有特殊的构形，他称为典型式分布（canonical distribution）。标准对数方程式有三种基本参数；y_0 为模式最高顶峰级（曲线的顶的物种数目）；a 是测量分布展开的常数；沿 x 轴上的曲线地位，这种地位依赖与样品中物种数有关的个体数。普雷斯顿指出，在多数情况下 a=0.2，这三种数是相互有关的，所以如果了解全群落中的物种，就能指明整个标准对数分布曲线。这表明种类的多样性可用统计物种数目加以测量，并且也暗示相对丰盛度是符合生物群落中的规则的。

应注意到当物种的丰盛度的分布是标准对数分布的正对数时，就有可能估计出群落中种类的全数，并包括尚未采到的稀有种。这就是外推（extrapolate）判断钟形曲线降低到最小丰盛度（minimal abundance）并测量其区域。如图 3-2-8 可刻画出这种曲线。这一方法可用于那些所有物种不容易看到，并列成表格的群落。全部物种数目的公式（May，1975）。

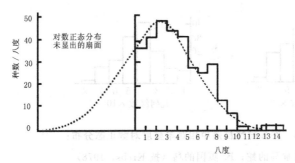

图 3-2-8　诱虫灯诱捕蛾数

注：标准对数分布在有一种处划断，最多采样必然形成右侧，但说明左侧未出现的扇面为稀有种。

$$S = y_0\sqrt{\pi/a}$$

其中，$S = $ 群落中的物种全数

$y_0 = $ 在八度模型中物种的数目

$\pi = 3.14159$

$a = $ 标准对数分布的展开的常数描记（常为 $a \cong 0.2$）

用标准对数分布研究种的丰盛度有两点困难。第一，标准对数分布曲线作为相对丰盛度并无理论证据。在当今它仅表现为一个方便的描记形式。第二，标准对数分布也可被利用，因为由于它假定是稳定平衡的。但我们不知道在温带的冰河地区，有多少群落已经从平衡状态被替代，而热带的工作也做得很少（普雷斯顿，1962）。虽然有这些困难，确有一些群落十分接近标准对数分布。事实上，如英国的那些蛾类，西班牙的淡水藻类，巴拿马的蛇，以及纽约的鸟的群落结构中，都有相似型式的物种曲线。梅（May，1975）认为标准对数分布，常能描述那些具有大量起多样化作用的物种的多样性群落。

（2）香农—威纳指数（Shannon Weiner index）

对物种多样性测定的第二种方法包括测量群落的异质性（heteroge neity）。异质性的测量有几种已经应用（Peet，1974），普通测量异质性最常用的是借用信息理论。这种方法被一些人所套用，是由于它不依赖于任何理论性分布，例如标准对数分布。信息论的主要对象是试图测量一个系统中所包含的程序（Margalef，1958）。按其程序在群落中可收集四种信息类型：①种的数目；②每个物种的个体数目；③每一物种的个体所占的地方；④种的每一个个体所占的地方。大多数群落工作，只做到收集①和②。

玛格里夫（Margalef）认为，信息论可以保证一个避开正态对数分布曲线及对数程序的困难。我们试问：如何预测在下一次物种个体收集中的正确性？象通信工程师同样感兴趣的问题，是在信息中正确推测下一个字母的名字。这种不能确定的，可用香农—威纳指数加以测量：

$$H = -\sum_{i=1}^{S} (Pi)(\log_2 Pi)$$

其中，H＝采样的信息含量（彼特/个体）＝物种的多样性指数

　　S＝物种数

　　Pi＝属于第 i 物种在全部采样中的比例

　　信息含量（information content）是测量未确定的量，因此 H 值越大，未确定量也越大。一个信息如 $b\,b\,b\,b\,b\,b$ 中无未确定量，则 $H=0$。可举例为：两个种各为 99 及 1 个体。则

$$H = -\left[(P_1)(\log_2 P_1)+(P_2)(\log_2 P_2)\right]$$
$$= -\left[0.99(\log_2 \times 0.09)+0.01(\log_2 \times 0.01)\right]$$
$$= 0.081 \text{ 彼特/个体}$$

又例如：有二种各为 50 个体

$$H = -\left[0.50(\log_2 \times 0.50)+0.50(\log_2 \times 0.50)\right]$$
$$= 1.00 \text{ 彼特/个体}$$

这就与我们的直觉感觉是一致的，第二例的样品比第一例的为更多样化。

　　严格地说香农—威纳所测的信息含量，应该用之于一个很大的群落的随机采样，而群落的物种数是已知的。皮洛（Pieleou, 1966）讨论了信息测量转用于其他环境。

　　在香农—威纳信息论多样性指数中包含两个组成：①种类数目；②种类中个体分配上的平均性（equitability）或均匀性（evenness）。种类数目大，也就越增加种类的多样性，由于用香农—威纳指数测量物种多样性，使种类间个体分配的均匀性分布也会增加。均匀性可用几种方法测出。最简单的方法是：如果所有 S 物种在丰盛度上相等，那么样品的物种多样性将如何？在这种情况下：

$$H_{max} = -S\frac{1}{S}\log_2 \frac{1}{S} = \log_2 S$$

这里，H_{max}＝在最大的均匀性条件下种的多样性

　　S＝群落中的种数

　　例如，在一群落中仅有两个种：

$$H_{max} = \log_2 2 = 1.00 \text{ 彼特/个体}$$

如上所观察，均匀性可限定为一种比。例如：

$$E = \frac{H}{H_{\max}}$$

其中，E＝均匀性（阈为 0～1）

H＝观察的种类的多样性

$H_{\max}$＝最大的种类多样性＝$\log_2 S$

（3）辛普森指数（Simpson's index）

测量多样性的方法还可由概率论导出。辛普森在 1949 年提出过这样的问题：在无限大小的群落中，随机取样得到同种的两个标本，它们的概率是什么呢？如在加拿大北部寒带森林中，随机采取两株树标本，同一个种的概率就很高。相反，如在热带雨林随机取样，两株树同种的概率就低。用这种方法可以得到一个多样性指数。

辛普森多样性指数（Simpson's index of diversity）

＝随机取样的两有机体为不同种的概率

＝1－（取样的两有机体为同种的概率）

如果某种 i 的个体比例，在群落中用 Pi 代表。那么，随机采取同样两个体，其联台的概率为 $[(Pi)(Pi)]$ 或 P_i^2。如我们把群落中的 i 种全部的概率总合起来，就得到辛普森的多样性指数(D)：

$$D = 1 - \sum_{i=1}^{S} (Pi)^2$$

其中，D ＝ 辛普森多样性指数

Pi ＝ 群落中物种 i 个体的比例

例如：前面所说的两个种各具有 99 及 1 个体，按上式则：

$$D = 1 - [(0.99)^2 + (0.01)^2] = 0.02$$

辛普森指数对稀有种起作用较少，而对普通种作用较大。其阈值是由低多样性(0)到最高多样性化($1-1/S$)，这里 S 是种类数目。在实践上关系似不很大，在采用不同的方法测量种的多样性时，却常应用，并将两种测量联合起来：① 样品中种类的数目；② 相对丰盛度的型式(如 a，H，或 D)—— 多样性上的多数生物信息。

3.2.4 生态制图方法简介

1. 生态制图数据的获取

生态制图的首要工作是数据的获取，即确定选取什么样的数据，可完成所需图件的制作。所需制作图件分三级，根据不同类型的项目、制图内容又略有不同。从内容上看，我们可将图分为两大类，其中一类是基础图件；一类是专项图件。基础图件是指不同类型建设项目共用的图件，专项图件则指不同类型建设项目特别要求生成的图件。

（1）基础图件的获取

基础图件数据包括：地理位置图，工程平面布设图，土地利用图，植被类型分布图，资源分布图，这类图件数据的获取步骤如下：

地理位置图可选取适合比例尺的行政区划图来完成，工程平面布设图可选取地形图为底图来完成。土地利用、植被类型分布、资源分布图可选取各地有关部门编制的专业图为底图，也可以用航片、卫片图像来生成。

（2）专项图件的获取

专项图件数据包括关键评价因子成果图，主要评价因子的评价成果图，珍稀动、植物分布图，荒漠化和土壤侵蚀分布图，地质灾害及其分布图；生境质量现状图，景观生态质量评价图。这类图件可根据不同类型的项目进行不同类型的选取，特别是主要评价因子评价成果图及关键评价因子评价成果图等评价图要在对评估项目进行综合分析评价基础上才能获得，有的则需要在监测数据，调查信息的分析基础上才能生成。

（3）数据获取的方法

制图数据获取的方法包括地图投影及比例尺的选定，基础底图的选取原则，要素图编绘方法，元数据的建立。

① 地图投影及比例尺的选定。制图区域越大，则选择与设计投影就越复杂。对很小的制图区域，无论采用何种投影方案，其变形都是很小的。从区域生态规划的范围看，基本属大比例尺图，因此选择地图投影并不是十分重要的。中华人民共和国成立后，大比例尺的地图均采用高斯—克吕格投影。所以对于一般的项目都可采用高斯—克吕格投影。项目区图件比例尺的选定可视区域大小而定，区域越小，则比例尺应该尽可能的大，区域越大，比例尺可适当小一些，以保证图的精度为目的。对于大区域制图，可采用多幅地形图拼接来作为底图。

② 基础地图的选取原则。基础地图选取的质量直接影响着成果图的分析与质量，所以在基础地图的选取上应注意下述几个方面：

一是尽可能选择比例尺相同的地图作基础图。这样才能保证更好的使用图形叠置法进行图件编制。

二是图廓尺寸与版面的确定。图廓尺寸与版面的设计应以最终提交的区域规划成果图为主。这样在图面上不仅要考虑基础图信息的分布，也要充分考虑包含成果在内的所有信息的反映区域，以及人们对图幅画面的视觉审美效果。

③ 基础要素图编绘方法。基础要素图指所收集到的用于项目的不同要素的系列图件，它包括了基础图件和专项图件。

首先，地理底图制作。地理底图是控制自然资源和环境信息在空间分布的数学特征和结构形式的框架。选用的地理底图数学精度和内容要符合编图要求，才可用于编绘地理要素的其他内容。

绘制的底图一般要在涤纶薄膜上或专用透明纸上，然后将底图复照涤纶薄膜蓝图和拷贝成黑图，供编绘其他地理要素和专题图内容使用。这样形成的图件在扫描和数字化时才不会变形，保持精度。

其次，生成系列薄膜图。利用地理底图绘出每个基础图件和专项图件的薄膜图。对于和底图不同的图件，也要求绘制到薄膜上，这样做有利于在计算机上进行图件配准处理。

2. 生态图的编制

生态制图过程如图 3-2-9 所示。

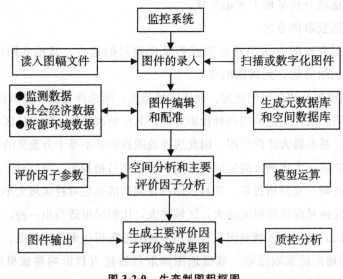

图 3-2-9　生态制图粗框图

（1）图件的录入。图件的录入指对收集到的所有图件进行录入，包括基础图件和专项图件。录入时的图件主要包括两个部分，一部分是指经计算机编制好的图形文件，这类文件可直接拷贝到计算机，或经过数据转换变成可用格式存入计算机制图系统目录中；一部分是指经人工收集后，转绘在薄膜上的图件，这类图件可经扫描仪或数字化仪录入计算机中，形成可供编辑的图形文件。

（2）图件编辑和配准。图件编辑和配准是生态制图工作中很重要的一部分。图件编辑是指对录入计算机的原始图件进行编辑，而图件配准则是指将不同类型图幅的内容进行配准，以便于进行综合分析。这两部分的工作缺一不可。

① 图件编辑

录入计算机的图件一般分两类：一类扫描文件，这类图件一般都是栅格的格式存贮。在扫描后要把它转换成矢量格式的图形文件，才能进一步编辑。一类是数字化的文件，这类文件一般都是矢量数据格式存贮，对这类文件可在计算机内直接进行编辑。编辑时，首先将原录入文件调出，对有错误的点和线进行编辑，然后加注特征值，如行政区划代码、植被类型码等，再加必要的注记，如地名、河流名称、交通名称等。最后形成拓扑关系，即生成面状特征。在确信图形点、线、面及相应信息正确无误后，可提交系统进行图形配准。

② 图件配准

图件配准指对所有图件都和预选好的地理底图叠加，以满足综合分析 的需要。对于不同投影、不同比例尺、不同类型（如航片、卫片等图件）的图件进行配准处理。首先对不同投影的图件进行投影转换，其次对不同比例尺进行同比例尺转换，最后进行图件配准，最大可能地满足精度需求。

对于需要拼幅的图件，则还要进行图幅接边的处理，保证接边精度误差在规定误差之内，若超过规定标准，则应对图幅进行纠偏，由人机对话进行追踪拼接。

相邻图幅接边，一般采用分层调入图形编辑程序进行追踪拼接，使同标识符的多边形自动形成一个完整的多边形。

（3）图件提取。编辑生成的生态图，应是系列的分类型、分层次的图幅，既可以按类型进行查询、检索、提取，任意出图，也可以按层次分别提取叠加，供分析组合使用。

（4）空间分析。空间分析指利用空间数据库信息，属型数据库信息以及评价因子参数等综合信息，在计算机硬、软环境支持下，依赖于模型进行空间的分析。而且结果仍可落实在图上，形成项目所需的各类成果图。

在空间分析中，首先对经过生态环境状况调查的各类环境指标做出现状评价，在确定生态影响保护目标值的前提下，对水、气、固体废弃物、噪声等环境给出环境要素质量评价。并做出生态环境影响预测评价，提出与对策与建议有关的图件。

（5）图件输出。图件输出指利用计算机绘图程序，将生态图进行排版，图面整饰，最后输出。输出图件可根据需要，小到 A4 幅面，大到 1 米挂图，甚至更大的挂图都可。目前用的 GIS 软件都有这部分功能。而输出设备小到彩打、彩喷、激光输出（彩色、黑白），大到 HP 公司、Colcom 公司的静电绘图仪都是很好的输出设备。

3.3 区域生态环境质量的监测与评价

3.3.1 生态完整性现状监测与评价

1. 自然系统生产能力现状监测与评价

规划区域自然系统生产能力的监测是通过对自然植被现状生物量的监测来进行的。这个监测是在编制完成的植被类型图上拟定监测方案，一般是每种类型植被选取样地 2～10 块（根据规划区的大小而定，既要有代表性，工作量也要适当），每块选 5～7 个样方，依据前文对样方大小的要求，取样并计算出此种类型植被的生物量，并折算此种类型植被的净第一性生产力。

自然生态系统生产能力的评价标准一般应取本底自然植被净第一性生产力数值。有些地区（如海南）测算过不同优势种群的净第一性生产力，多数地区可以依据所在地区的生态地理区位计算出该区自然植被净第一性生产力的等值线图，取得数据作为标准，也可以参考第二章表 2-1-1。

现状监测和评价结果可汇总为表 3-3-1。

表 3-3-1　规划区自然植被净第一性生产力的变化

植被类型	自然植被净第一性生产力		备　注
	本底值（g/m² · d）	实测值（g/m² · d）	
平均净第一性 生产力变化			

表中内容显示，在数字测算后，不仅可以通过实测值与本底值的进行比较，得出本区不同优势种群生产力的变化幅度，而且可以对平均净第一性生产力的变化做出定量判定。依据第二章生态承载力中奥德姆的量纲，可以判定现状的生产力水平是否处在应有的变化幅度范围内，是否降低到生态承载力阈值以下，而发生了自然等级的改变。当然，这仅是从生产能力的角度评价，还应评价下面内容。

2. 自然生态系统稳定状况的监测

（1）恢复稳定性的监测可以直接应用植被生物量的实测成果，这是由于高亚稳定性是由较高生物量和生命周期较长的物种和种群来决定的。一般来说乔木的恢复稳定性优于灌木，其他依次为人工植被、灌草、草地、荒裸地、裸地等。

同样，生物量的变化也要以本底值为标准。本底值可以是历史测算结果，也可以依据本区所在生态地理区位计算得出，还可以参考表 2-1-1 和奥德姆给出的量纲进行评价。

实测和评价成果可以汇总为表 3-3-2。

表 3-3-2　规划区植被生物量的变化

植被类型	植 被 生 物 量		备　注
	本底值（kg/m²）	实测值（kg/m²）	
平均生物量变化			

（2）阻抗稳定性的监测是根据植被的异质构成情况来分析的。作为自然系统中具有动态控制功能的主要组分——不同植被类型种群嵌块的空间组成情况对于维护植被抗御内外干扰的能力十分重要。目前还没有很成熟的判定指标，但考虑到全国范围植被人工化和单一化的趋势，我们在分析中要注意两点：一是植物种群的多样性，尤其是优势植物种群类型数目及其与本底的比较；二是优势植物种群在空间的排列组合，各类种群不要形成大面积纯林，而是团块式混交。当某一种群形成干扰源时，相邻的异质种群就成为干扰的阻断。

阻抗稳定性的监测是在编制植被类型图的基础上，对照本底图件进行分析判定，一是分析优势种群数目和增减情况；二是分析种群的空间的分布，进而对其阻抗稳定性进行判定。

总之，生态完整性的监测和评价是借助对生产能力和稳定状况的评价完成的。自然生态系统的稳定状况应是高亚稳定平衡状况，因此，稳定状况的监测和评价应包括恢复稳定性和阻抗稳定性两个方面内容。

3.3.2 敏感生态问题的监测和评价

在第 2 章我们已经介绍了一些监测和评价内容，读者可以借鉴应用。本节中我们将根据作过的工作，介绍一些监测和评价方法。

1. 关于风蚀荒漠化的监测和评价

风蚀荒漠化是我国西北干旱区主要的生态问题之一，产生的原因有自然的和人为的，或者在人为诱导下加重了自然进程。

根据本书第二章第三节介绍的朱震达先生的多年研究成果，风蚀荒漠化的生态学监测指标和不同程度荒漠化进程评价指标已列在表 2-3-3。指标的内涵也同时给出，可供风蚀荒漠化生态监测和评价参考。根据我们在干旱区工作的一些体会，如西气东输和青藏铁路建设中涉及的诱发荒漠化问题，认为，在戈壁和荒漠区，那里的年降水可能低于 20mm。这种条件下土壤的覆盖层会不会受到扰动，成为荒漠化发展的关键因素之一，这个地表覆盖层可能不是植被，因为，生物生产力十分低，植被覆盖几乎为零，而是多年稳定的表层砾石或粗砂粒，叫"砾幕"或"沙幕"，它的受扰动的面积可能是该种类型自然生态系统荒漠化发展的监测和评价指标。

在西藏一江两河规划的荒漠化调查中我们发现，植被的覆盖率实际上掩盖了一些重要的荒漠化事实。在坡地上耕垦，种上了农作物，植被覆盖率不低，但耕垦破坏了草毡土的根系，因而破坏了草毡土强大的固土能力，几年的农耕由于水土流失形成新的沙源，被大风吹走就形成了活的沙丘，该区沙漠化由于坡地开荒而严重发展。

上述事例说明，由于我国干旱区生态环境复杂多样，只会用一套生态指标对荒漠化进行监测和评价是不行的，区域生态规划对荒漠化的生态监测要因地制宜，要依据本区荒漠化的特征和规律拟定针对性比较强的生态监测和评价指标，不可套用一种模式，一套指标。

一般地区可以参考朱震达先生提出的指标体系，一将监测和评价数据列在表 3-3-3 内供参考。

表 3-3-3 风蚀荒漠化生态监测结果

地块名称	植被覆盖度（%）	土地滋生潜力（%）	农田系统的能量产投比（%）	生物生产量（t/hm²·a）

2. 关于土壤侵蚀的监测和评价

水土流失的计算一般采用类比法，也可以按照第二章第三节介绍的通用方程，对各参数进行计算，并参照本章第二节内容进行评价。各参数确定的难易不一，本节对土壤可蚀性因子、作物管理因子和土壤保持因子的判定作简要论述。

土壤可蚀因子的判定，一般可以从地方绘制土壤侵蚀现状图提供的信息判定，也可以利用卫星数据进行判译编绘。卫星影像对土壤侵蚀的解译要在地质地貌现状图、植被类型图、坡度图的支持下进行。卫星影像给我们提供了两方面信息，一是形态信息，侵蚀程度差异可根据冲沟的发育程度得到信息；另一是色度信息，侵蚀程度可间接由植被的色度差异判译，再参考地方多年的经验和工作成果，就可以解译出规划区域土壤侵蚀现状图。

作物管理因子造成的坡地的水土流失差异很大，土壤保持因子也是一样。在现状监测中要特别注意人的干扰程度，本节以黔北竹纸一体化项目为例予以介绍。该项目准备发展 40 万亩竹原料基地，许多人认为，在山地退耕还竹不但可以建设几十万亩竹浆原料林，也落实了国家退坡耕还生态林的政策。实际上可能有误导。陡坡退耕种竹浆原料林，一般会采取人工扰动地表的措施，因为要获得高产就必然进行系列作物管理，包括耕作清理、锄草施肥、削山松土、挖除竹篼等大强度的管理就会干扰坡地稳定的覆盖层，因而破坏固水保土的现象也很严重，其产生的土壤侵蚀会比同坡度条件下的天然林、灌丛、草地增加几十至上千倍。

3. 关于湖泊湿地的监测和评价

湖泊湿地的生态监测和评价，要注意面积的历史变化，这一点可以通过选取不同时期的卫星数据准确判定。此外，要依据生态服务功能的变化，选择的监测内容与方法也要有所改变。本节以武汉东西湖区为例，在东西湖区生态规划中，我们进行了湖泊群的历史演变监测和评价工作，监测时段涉及围垦前、二十世纪八十年代、九十年代和 21 世纪初。卫星影像准确地给我们的解译提供了形态和色调信息，准确提供了面积的变化情况；也提供了一定的功能改变信息，东西湖湖泊群历史的功能是蓄洪，同时，由于排泄不畅、杂草丛生也是钉螺滋生地；围垦后湖面缩小，主要功能由蓄洪转变为农灌。由于灌排配套，钉螺无法滋生，血吸虫病得到了根治。现在，该区又在退田还湖，但主要功能不是复原为蓄洪，这种功能由于上中游大型水利设施和防洪工程的实施已退为预备性功能。这些湖泊群的大量恢复，主要功能在于改变环境质量，形成休憩旅游的重要资源，为日益富裕了的武汉市民提供与自然和谐相处的胜地。

本节只概要介绍湖泊群的宏观生态监测。水生生态系统的改变、污染防治和湖泊的富营养化已有许多专著介绍，本节不再赘述。

4. 关于森林植被的监测和评价

森林植被的生态监测和评价要做三个方面的工作。一是对空间格局变化的监测，这要在卫星遥感技术和全球定位技术的支持下，编制植被类型图来完成，具体做法前面章节多处已涉及；二是对自然植被生产能力和稳定状况的监测，前面的生态完整性监测和评价章节中介绍的也很细致，上述两方面监测和评价内容不再重复介绍；三是对物种的监测，需要进行物种的地面调查工作，一般要由专业人员完成。

森林植被中植物物种的调查一般只进行维管束植物的调查，这个调查应该在收集原有历史调查成果的基础上进行。物种调查工作量大，工作周期长，因此，在区域生态规划中往往难以独立完成，多数的规划可借用近期的调查成果。在区域生态规利中，关于森林植被的监测和评价主要针对本地种的消失和外来物种的侵入。

5. 关于城市空间格局的监测和评价

城市空间格局与城市生态系统功能是相匹配的，因此，城市空间格局的监测与评价是生态城市规划和设计的重要基础。

城市空间格局的监测是在卫星数据和土地利用现状图的支持下完成的。

城市空间格局的监测要包括整个规划范围，TM 数据对 1/5 万以上比例的影像都可以提供支持。我们曾在近 20 个区域生态规划中对城市及其周边的空间格局进行了监测，不仅获得了比较满意的空间信息，获得了各类组分分布密度、出现的频率、景观比例等用于景观优势度分析的信息，同时也获得了各个嵌块面积大小、与其他嵌块相互之间关系的数据，用于城市景观中各种组分来源、演化、功能和过程的评价。一般的土地利用图应提供下列数据：林地、灌丛、草地、荒裸地、水体、聚居地、公路等，如本区有特殊类型，如湿地、农田、海岸带、近海海域、自然保护区、文化遗迹等也要统计进去。

6. 关于农业景观格局的监测和评价

根据景观生态学结构与功能相匹配的原理，对农村中半自然和半人工环境生态功能与过程的监测和评价，也可以通过对宏观区域景观组分的空间分布的监测和分析来进行。我们曾在西藏一江两河地区农村景观格局的监测中，依据二十世纪七十年代（MSS 数据）和八十年代（TM 数据）的卫星数据支持下，以解译的土地利用现状图为主，同时在植被类型图、土壤侵蚀图、生态质量现状图的支持下编绘了该区景观的空间历史演变和现状布局图件，也取得了所有嵌块的面积数据，为农田、荒漠、聚居地、水体等人工干扰比较大的嵌块的起源、发展、演化及其功能现状的分析评价打下了基础。我们在承德市生态规划中为了准确筛选坡地植被恢复的制约因素，进行了多因子监测列在表 3-3-4 中可供借鉴。

表 3-3-4　承德市风景区山地阳坡生态因子调查表

编号	点位	海拔（H）	坡度（P）	土层厚度（T）	有效水储量（S）	砾石含量（L）	有机质含量（O）	碱解氮含量（Q）	净生产量（Y）
		m	°	cm	mm	%	%	ppm	g/m².a

7. 关于自然保护区的监测和评价

自然保护理论近年发展很快，在前沿理论的支持下，人们做了大量实践工作，这些前沿的研究与实践成果为自然保护区的监测和评价提供了技术支持。自然保护区由于保护目标的不同，其监测和评价的方法差异很大，很难用一种模式与一种方法概括之。在我们的实践中体会到有两个问题必须重视。一是对保护目标敏感性的分析，有些资源受到干扰的敏感性不强，资源自身弹性大，而有些资源非常敏感和脆弱，其资源的敏感程度决定了我们监测和分析的方法。二是面积指标，由于生态学理论发展的滞后，历史上许多自然保护区面积的划定并没有重点考虑生态学因素，而受经济因素影响使划定的面积过小。例如，一些自然保护区中有重点保护的食肉兽类，这些物种习惯独栖，单个个体的领地要几十平方公里甚至上百平方公里（如华南虎），而从最小可存活种群所需面积分析，就是实现近期保护目标（50 只个体），其面积也要几百甚至几千平方公里，这些自然保护区面积达不到这个标准，而且分区不规范，难以实现这种物种在自然保护区内的有效保护。三是周边的景观组分及其分布对自然保护区影响很大，当自然保护区面积过小，分区不规范时，周边的半自然环境和保护区有无生物通道也十分重要。据报道，我国野生华南虎还有三四十只，它们不会只栖息在一块自然保护区中，而是借助生物通道活动在保护区内与外，在这种情况下，我们的监测和评价只限定在自然保护区内是没有意义的。

依据自然保护区最敏感的问题，判定自然保护区面积是否达标，以及是否规范；敏感目标对周边环境的依赖程度以及周边相关景观组分提供的抗御干扰能力是对自然保护区进行宏观监测和评价的主要内容。

监测方法一般要采用 GPS 支持下的遥感技术，并应用生态制图方法，对自然保护区内与外的景观组成、空间分布和人的开发建设方式、强度进行定量和半定量监测和评价。

3.4 生态功能区划分

3.4.1 概述

自然系统是由相对异质的不同生态系统在区域内有规律的排列组合而成。如山地森林生态系统、河谷滩地生态系统、山口洪冲积扇、冲积平原生态系统、聚居地生态系统、地表水体生态系统、城市生态系统等。这些异质性的生态系统具有不同的生态学特征和生态服务功能。进行生态功能区域划分可以据此调查了解不同功能区主要的生态问题，确定保护目标，为制定建设方略和环境保护对策服务。

3.4.2　指导思想与原则

1. 指导思想

生态功能区划是以规划区域为范围，在对区域自然系统的生态学基本特征和对自然资源开发利用方式和强度进行详细调查的基础上，按照异质性的分异特点进行功能区划分。在遵守"人与自然共生""以人为本"的基本法则的基础上，查清各分区"人类需求"情况，各功能区"生态完整性"维护状况和敏感生态问题的现状，从而按功能区确定主要的生态问题、主要的保护目标确定并编制相应的对策方案。

由于各个功能区都会有主导的生态功能和辅助的生态功能，因此生态功能区划分是基于主导功能进行，兼顾辅助功能。

2. 原则

（1）以主导功能为主，兼顾其他的原则

生态功能区划分的目的就是利用生态功能的地域分异进行类型划分和空间定位。生态功能区划注重自然系统的主导功能特征，注意功能过程与格局相关性的地域差异，又兼顾对区域中具有辅助功能的生态系统、组分和因子的认识。例如鄂西北山地生态功能保护区是由于丹江口水库处于水源地位，因此其主导的生态功能是涵养水源，保护水质。但该区生物多样性丰富，因此，生物多样性可以确定为辅助功能。

（2）联系时空尺度的动态原则

区域生态功能的形成是久远的，是历史过程中在全域大尺度范围实现的。而主导功能可以随着历史演变而确立，如武汉东西湖区的湖泊群历史上形成的主导功能是蓄洪分洪，随着汉江中上游大型水利设施的建成，蓄水功能退居次位，突出了提供休憩旅游的生态服务功能。鄂西北山地的水源地地位也是在南水北调中线工程将丹江口水库的水源地地位确定后凸现出来。这个主导功能将保持久远的历史时期，而功能维持则须在大尺度的空间地域中进行。

（3）便于管理的原则

在确定生态功能区的边界时，除了主要考虑生态系统的生态功能外，还要考虑生态系统结构和功能的完整性，兼顾当地经济、社会发展和居民生产、生活的需要。实际上的生态边界，都是一条带状区域，而不是数学意义上的一条曲线。如果这一条带状范围内，存在行政辖区的边界线，就要以政区的边界为生态区划边界，从而有利于合理利用和有效保护生态环境，既可以满足高层次决策的需要，也便于综合管理措施的实施。

3.4.3 功能区的特征及划分标准

生态功能是反映自然综合体地域分异规律的基本单位，每一个功能区都有一定的水热组合类型，以及相应的地形地貌，植被类型和主导功能。以鄂西北山地生态功能区划分为例，主要标准见表 3-4-1。

表 3-4-1 鄂西北山区生态功能区划分标准

项 目	Ⅰ中低山林地为主水源涵养区	Ⅱ低山丘陵灌草为主水质保护区	Ⅲ低山丘陵林灌为主水质保护区	Ⅳ中低山林地为主生物多样性保护区
海拔（m）	500～3500	200～1500	200～1500	1000～3500
地貌类型	中、低山	低山、丘陵	低山、丘陵	中、低山
土壤	褐土、棕壤	褐土为主	褐土为主	棕壤为主
植被	乔木林	灌丛、草丛	灌丛、乔木	乔木林
主导功能	涵养水源	保护水质，涵养水源	保护水质，涵养水源	保护生物多样性

3.4.4 生态功能区划系统

功能区划不宜过细。每一个功能区的命名方式可为：地名（或地貌类型）＋生态系统名称（或以主要植被类型代替）＋主导生态辅服功能（或＋辅助生态功能）

根据表 3-4-1，鄂西北山区可以划分为 4 个功能区（图略）。

Ⅰ. 中低山林地生态系统为主水源涵养区；

Ⅱ. 低山丘陵灌草生态系统为主水质保护区；

Ⅲ. 低山丘陵林灌生态系统为主水质保护区；

Ⅳ. 中低山林地生态系统为主生物多样性保护区。

3.5 区域生态规划动态仿真

3.5.1 模型方法的选择

区域复合生态系统多因素耦合的复杂性和可持续发展要求下的综合协同性，需要运用系统科学的思维机理和动态模拟方法进行规划设计和不同方略的探索。美国著名生态环境学家 OdumH. T. 教授创立的"系统生态学"，集生态学、环境学、经济学、系统学和计算机科学等多学科理论及方法技术于一体，既利用特有的符号体系直观而系统地揭示对象系统物流、人流、资金流、能量流和信息流的积累、流动与转化之间的相依关系和内在调控机制，又可借助能值的同度量换算将经济、社会和生态环境彼此各异的特性统筹起来，便于对区域、城市或自然生态系统的纵向演化和横向关联进行比较分析。

此外，利用系统生态学的基本原理构建的动态模拟模型，既可是根据对象系统主元之间的相依关系和变化规律建立的因果函数或时序方程集，抑或选用多种已有实际效用的模型方法于一体，然后借助计算机进行在线和/或离线的模拟试验。由于系统生态学的建模是以对象系统的内在结构、功能和同外部环境物质、能量交互流动循环的机理与自组织机制进行未来发展的系统设计，故能够通过变量的选择、函数或预测方程的确立以及参数的调整，将参与者对对象系统现状和趋势的认识、把握及欲望数字化、理性化，在借助计算机动态跟踪模拟其演化规律的基础上，选择、制定适宜的战略规划方案和对策措施，以促进其综合协同发展或可持续发展。

在系统生态学模型中，模拟是靠对贮存元内量的输入输出变化连续计算而完成的。对具有一个以上贮存元的系统，每个贮存元都有一个相应的微分方程或差分方程来刻画其能量的积累，影响其积累的变量则是"生产"和"消费"的变化，它们又与资源的投入和最终消纳转移有关，加之控制变元的介入，形成了一个有机联系的整体。描述这些贮存和其他变元之间的关系，除了微分或差分方程外，需要引入其他恰当的函数或非线性和线性方程，然后编程或利用模拟程序进行模拟分析。这种状况与系统动力学方法有些相似，但没有其规范的方程和特殊函数及相应 DYNAMO 程序语言的约束，故较之更灵活、适用，自然研究难度也较大些。诚然，也可借助 DYNAMO 语言对该模型进行技术转换而实现动态模拟。

显然，利用系统生态学的基本原理和模拟方法制定区域或城市的生态环境规划，抑或区域社会、经济和生态环境协同演化的可持续发展战略与规划，不啻是一种先进、适用而有效的方法手段。尽管因其建模难度较大，知识素养要求较高，国内成功应用的案例迄今较鲜见，但从国外多领域研究的成功应用和我们的实践尝试中，深感这一学科原理和模拟方法所具有的综合、灵便和实用特性，对于探讨区域可持续发展的决策方略，制定城市或区域的生态环境规划等富有广阔的应用前景和甚强的生命力。

3.5.2 模型设计与案例模拟

依据系统生态学的基本原理和方法构建区域生态环境的规划模型，首先需要通过搜集各类调研报告、近多年的统计资料和实际考察、座谈等方式，了解对象系统的现状和过去，把握未来的发展趋势和目标；然后以产业结构、土地利用结构和人口、经济格局的空间调整为轴心，借助系统生态学的特有符号表征状态、控制变量和其他参变量，以及这些变量之间物质、能量和信息流的相依关系；最后，选择适宜的数理方程描述变量之间的变化机制，并通过编程和数据处理进行计算机的模拟试验。

我们结合广州市的实际案例进行了应用探索。在对广州市生态环境现状及其与社会、经济关联的系统分析和滞胀、潜势的综合诊断的基础上，通过辖域生态功能区的划分和适宜性评价，按照分异规划和整体协同原则，构建了融经济发展、人口控制、大气污染的风力扩散和雨水沉降、SO_2 和粉尘的植被吸纳等非线性和线性方程为一体的广州市生态环境规划动态模拟模型（如图 3-5-1 所示）。该模型包括 17 个子模块，借助 DYNAMO 语言编写了 1650 余条方程语句。嗣后，在万余条数据资料统计处理和辨识选择的基础上，我们以紧缺形资源和生态环境可能支持下的产业结构、土地利用结构和城市商贸、工业和人居的格局调整与局域功能优化为调控中枢，以各次产业发展速度、人均 GDP 水平、水和能源消耗系数、土地经济支持强度、人口负载密度、污染排放和环境质量标准要求，以及淡水资源可供给量等为控制变元，经过多次交互式的动态模拟研究，得到了广州市 2005 年和 2010 年生态环境规划的基准优化方案（具体方案指标共计 11 张表，这里从略）。

图 3-5-2 是我在从事国家自然科学基金项目的研究中，以县域的可持续发展与生态环境规划为背景而设计的。其特点是：产业分类较细，物流在部门之间的转化更为清晰。但最鲜明的特点是突出了土地利用结构、土壤营养结构、三大产业结构、人口控制与失业率控制、城乡人口转移和贫富差异的控制、环境质量的控制，以及人口—经济—资源—环境的协同发展。

因此，该模型图比较符合国情，且在主张区域系统自组织调节的同时，更强调了宏观政策与法规的他组织调节作用。这对于分析、研究我国县级区域或省市级社会经济和生态环境的稳定、协同发展与其生态环境规划，具有甚为重要的参考价值。

图 3-5-3 是我和研究生在从事十堰市域生态规划项目研究中绘制而成的。其特点是：充分考虑到区域生态建设与环境治理必须同当地的经济建设和社会发展相协调，在保障其社会、经济适度快速健康发展的基础上，加强生态建设、物种保护、水环境治理和自然环境的整体改善。因此，该模型仍以产业结构、土地利用结构和生产力及人口的空间格局调整为中枢，侧重于考虑到辖域丹江口水库水质和神农架自然保护区外围缓冲带建设的需要，通过各次产业及其内部行业结构的调整、土地资源利用结构的调整、农村人口的城市化和农村工业的城镇集聚，以及水土流失治理、农村面源污染控制等决策变量的设置与调控，实现生态环境与社会经济协同发展机制下的物种保护、水质改善和生态环境的良性循环。

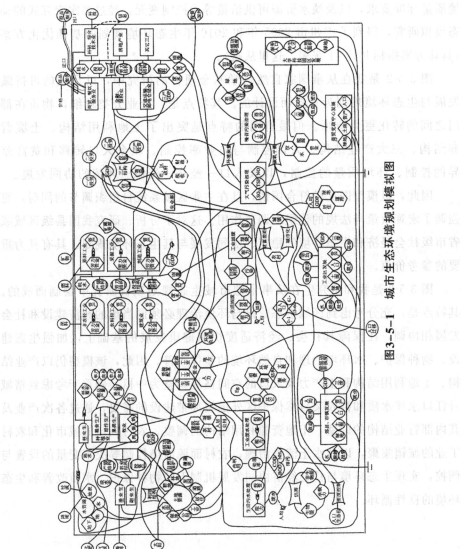

图3-5-1 城市生态环境规划模拟图

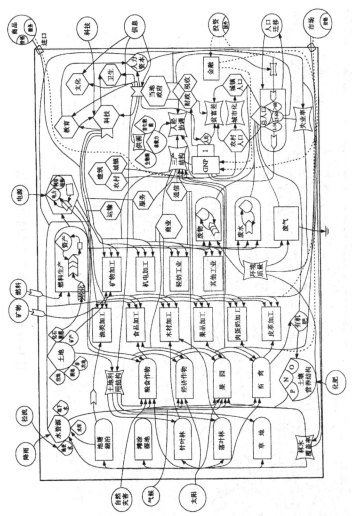

图3-5-2　区域可持续发展能值分析和仿真模型图

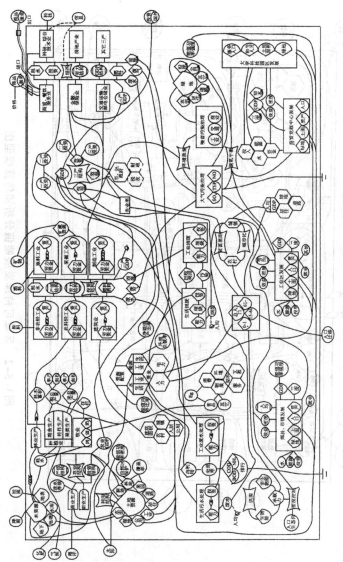

图3-5-3 城市生态环境规划模拟图

第 4 章　城市（镇）生态规划

4.1　目的要求与基本特征

4.1.1　目的要求

我国已进入城市化快速发展时期，目前城市化率大约在 37%，而要步入小康社会，必须吸引大量的农村人口，加快城市化的进程。城市化进程加快给我们提出了这样一个迫切需要解决的问题，即建设什么样的城市才能走可持续发展的道路。历史上，城市建设基本是按有上百年历史的传统型城市规划设计，城市建设是围绕"人的需求"来定位。由于认识的局限，人们一直把城市看作是一个人工系统，除了人以外，其他一切均按照物理系统布设，不重视城市中生命系统的功能和过程，而把人摆在了"主宰"的位置。因此，传统的城市规划只研究和解决物理和化学的"能流""物流"，而将"物种流"这一关系到生态可持续的基础放在附属地位。

城市化发展到如今，城市区域成为生态破坏最大，污染集中分布的区域，城市越来越不适合人类生存。历史告诉我们，人类需求与生态完整性之间的矛盾在城市的集中显现已经到了不得不改变的时候。

从十九世纪末开始，欧洲开始试行"花园城市"，"山水城市"，城市中的"自然"占有了相当的面积和重要位置，人们也因此多了与自然亲近的机会。我国不少城市接受了这种模式，一些城市还提出了 30% 的绿地指标。然而，由于绿化放在城市用地的附属地位，人们对土地价值的衡量是以房地产的高回报为基础的，因此绿化不仅形不成系统，其生态功能也是有限和低水平的。

据此，生态学家提出了建设"生态良好型"或"生态安全型"城市（简称生态城市）的构想，不少人为此撰写了大批文章，也进行了一些实践。但由于过于理想化，没有抓住关键，即解决"生态可持续"这一基础问题，因此规划成果难以实施。

生态可持续是社会、经济可持续的基础，生态可持续的实现必须针对传统规划的缺陷提出问题和解决问题。在几十个城市生态规划的实践中，我们悟出两个重要规划内容：一是进行城市生态经济规划，卡住生态破坏和环境污染的"源"；另一是进行城市生态环境质量调控系统的规划和建设，抛弃城市是"人工系统"的观念，让城市回归到"生命系统"为调控主体的自然系统原貌。

4.1.2　城市生态环境的基本特征

尽管人工干扰再剧烈，历数世界上的所有城市，无一不是仍然隶属于自然生态系统的范畴。这是由于"人本来就是属于自然组分之一"，人的干扰实质上与所有的自然系统受到的内外干扰一样，干扰越大，自然系统所处的等级越低。人可以按照科学来规划和建设城市生态系统，不必保留自然系统的所有功能和过程，尽管是这样，"人与自然共生"的基本法则也是城市必须遵守的。历史经验证明，当过高估计了人的力量时，这个城市就如同戈壁和荒漠一样，最不适宜人类生存。但戈壁和荒漠仍然是自然系统，只不过所处的等级很低罢了。

城市生态系统实际上是属于景观等级范畴，必须遵守景观的生态规律和功能过程。城区景观是由聚居地、林地、草地、水体等各种相对同质的生态系统在空间排列组合而成，各种拼块面积大小、密度和出现的频率决定了生态环境的质量。以北方城市承德为例，承德市林地面积约占城区面积的34%，这在北方干旱、半干旱区很先进了。然而酷夏去承德你会发现，城区的酷热与北京无二。原因在哪里呢？原来34%的林地集中在避暑山庄，城区树木很少，绿化率很低，加之地处河谷沟地，酷热得不到林地调节，生态环境质量不高就是必然的。这个例子说明，城市中的"自然组分"尽管面积较大，但空间分布不合理，难以发挥生态质量的调节功能。可见景观生态学的"结构与功能相匹配"原理是生态城市规划必须遵守的。要将"城市中的自然"作为生态环境调控系统的主体来规划设计，让城市景观中各种组分发挥最合理的相互支持和相互制约功能，是生态城市规划的基础。此外，由于城市人口密集，尤其在我国，城市不可能安排绝对大面积的绿地，因比必须将城区周边纳入城市规划内容，利用城市周边生态良好区作为城市的生态依托地区和支撑地带来规划设计，才能保证城市生态规划的作用。

4.2　基本原理与内容规范

4.2.1　基本原理

1. 结构与功能匹配原理

在景观尺度上，每一个独立的生态系统（或景观元素）可以看作是一个有相当宽度的拼块、狭窄的走廊或者模地。生态对象如动物、植物、生物量、热能、水和矿物养分等在景观元素之间是异质性分布的。景观元素在大小、形状、数量、类型和构型方面又是变化的，确定这些要素空间分布是为了认识景观结构。生态学对象在景观元素之间是连续运动或流动的。确定和预报这些景观元素之间的流或相互作用，就可以了解景观的功能。

2. 物种流动的原理

物种在景观元素之间的扩张和收缩既影响景观的异质性，也受景观异质性的制约。调控环境质量能力建设的关键在于种群源的"持久存在"和物种流的"顺畅"移动。

3. 产业结构可以改变生态环境质量

产业结构既是生产能力和消费需求的关联映像，又决定着社会生产力的发展水平和改变着生态环境的演化状态。城市的产业结构总是依据区域社会经济的发展需要和生态环境的支撑能力而变化，但不同的产业结构形态既决定着城市经济和人口聚集的规模，又因相应的资源配置和能源消费结构影响着城市和区域生态环境的质量及可持续支撑的潜力。

4.2.2　内容规范

主要规划内容应包括如下主要方面：

（1）城市生态环境质量调控系统的规划和建设；

（2）物种流的"持久存在"与"顺畅流动"规划和建设；

（3）城市的生态平衡构架规划和建设；

（4）城市中的"自然"的异质性规划和建设；

（5）城市产业结构调整和企业生态系统的规划与建设；

（6）城市生态文明规划和建设。

4.3 规划框架与方法

4.3.1 规划框架

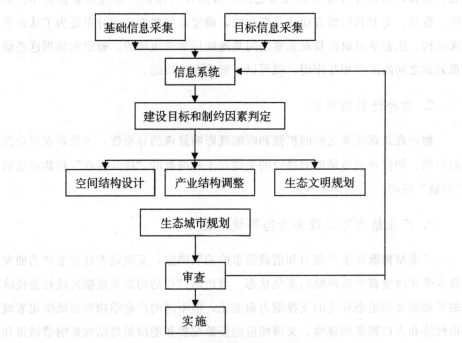

图 4-3-1　生态城市规划框图

4.3.2 方法概述

城市生态规划的主要方法，一是在全球定位技术的支持下，应用卫星遥感技术采集基础信息，主要包括地形地貌、土地利用现状、植被类型分布、聚居地分布、地表水体和敏感生态区域分布等方面的资料信息，然后通过生态制图方法把这些基础信息在空间上反映出来，以便于产业、土地和空间结构的调整；二是在生态学前沿学科理论的支持下进行生态城市空间布局设计；三是应用系统分析和仿真模型调整产业结构；四是根据资源特色进行企业生态系统规划。

后面两点十分重要，已有专章介绍，为避免重复，本节案例主要介绍应用前两个方法进行生态城市空间结构规划。

4.4　案例概况与规划结论

4.4.1　案例概况

1. 三亚城市市区景观现状的生态评价

1) 景观的空间结构分析

空间结构分析是景观异质化分析的基本方法。景观格局的变化包括自然环境、各种生物以及人类社会之间复杂的相互作用。而从景观生态学结构与功能匹配的观点出发，结构是否合理决定着景观功能状况的优劣，亦决定了对自然法则的尊重程度。

在三亚城市中心区 158.37km² 控制范围内，土地利用格局见表 4-4-1。

表 4-4-1　三亚市区用地主要拼块类型、数目和面积

拼块类型	数目（块）	面积（hm²）
灌木林地	14	4220
草地	39	552
农田	6	3527
建筑物、交通用地	113	7135
水域	39	403
总计	211	15837.0

在景观的三大组分中，模地是景观的背景地域，是一种重要的景观元素类型，在很大程度上决定着景观的性质，对景观的动态起着主导作用。

判定模地有三个标准，即相对面积要大，连通程度要高，具有动态控制功能。

目前对景观中模地判定的定量方法还不很成熟，人们多采用传统生态学中计算植被重要值的方法决定某一拼块类型在景观中的优势，也叫优势度值，优势度值由 3 种参数计算而出，即密度（Rd）、频率（Rf）和景观比例（Lp），这 3 个参数对模地判定中的前两个标准有较好的反映，对第 3 个标准表达不够明确，但依据景观中模地的判定步骤可以认为，当前两个标准的判定比较明确时，可以认为其中相对面积大，连通程度高的，即为我们寻找的模地。

优势度计算的数学表达式如下：

密度 $Rd = \dfrac{拼块 i 的数目}{拼块总数} \times 100\%$

频率 $Rf = \dfrac{拼块 i 出现的样方数}{总样方数} \times 100\%$

样方是以 $1 \times 1km$ 为一个样方，对景观全覆盖取样，并用 Merrington Maxine "t—分布点的百分比表" 进行检验。

景观比例 $Lp = \dfrac{拼块 i 的面积}{样地总面积} \times 100\%$

优势度 $Do = \dfrac{(Rd + Rf)/2 + Lp}{2} \times 100\%$，（见肖笃宁，1991）

运用上述公式计算三亚景观主要拼块类型的优势度如下表 4-4-2。

表 4-4-2　三亚市区各类拼块优势度值

拼块类型	Rd（%）	Rf（%）	Lp（%）	DO（%）
灌木林地	7.3	47.3	26.6	27
草地	20.3	27.3	3.5	13.7
农田	3.1	44.5	22.3	23.1
建筑物、交通用地	58.9	55.0	45.1	51
水域	20.3	16.3	1.3	9.8

在三亚市区的拼块类型中，灌木林地属于最接近于高亚稳定性元素的类型，然而其优势度值在 5 大类型中排第 2 位；而建筑物、交通用地等拼块类型代表了极不稳定的元素，其优势度值达 51%，该拼块出现的频率和分布的密度也最高，分别达到 58.9% 和 55.0%。这种景观的格局在一般城市中，由于人口密集、人文建筑布局稠密，是普遍存在的。但在新兴的热带旅游城市三亚市，建筑等类拼块虽然还未形成模地——主导性元素，但城市中自然组分的减少，将使人们生活质量大大降低。那么，三亚市城市景观中的控制性组分是什

么呢?哪种类型是景观的背景地域——模地呢?是绿地,即灌木林地、草地、农田和水域的总和。这 4 种类型中的任何一种均无法形成模地。4 种类型均是趋向于高亚稳定性的元素类型,因此集合起来形成了相对面积达到 54.9%,连通程度高 (Rd=51%, Rf=135%) 的集合类型,是 158.37km² 范围内景观的控制性组分。如果人为干扰不再加重,它们的演替方向是趋向灌木林,最终形成次生林。这种空间结构是三亚市建成跨世纪国际热带风情旅游城的有利基础,失去这一基础,三亚市将失去大发展的有利自然条件。

在对三亚城市中心区的空间布局分析中,我们还发现,三亚市城市中的自然组分分布的极不均衡,其中旧城区的用地格局和类型分布见表 4-4-3 和表 4-4-4。

表 4-4-3 城市现状用地格局

用地项目	现状 (1987)			生活居住用地指标 (1980)	
	面积 (hm²)	人均面积 (m²/人)	占总面积 (%)	近期人均 (m²/人)	远期人均 (m²/人)
1. 工业用地	79	9.88	116.1		
2. 仓库用地	47	3.38	3.97		
3. 对外交通用地	42	5.25	6.17		
4. 市政公用设施用地	4.5	0.56	0.65		
5. 旅游用地	30	37.75	4.40		
6. 生活居住用地	344.4	43.0	50.57	2135	40~58
其中:居住用地公建用地	138	17.25	20.29	8~11	12~19
道路广场	131	16.37	19.26	6~8	9~13
公共绿地	35	4.38	5.14	6~10	11~14
7. 综合区用地	40	5.0	5.88	3~5	7~11
8. 高校、科研文体用地	142	17.75	20.89		
	2	1.5	1.76		
合 计	680.51	85.07	100		

表 4-4-4 旧城区用地主要拼块类型、数目和面积

拼块类型	数目 (块)	面积 (hm²)
绿地	15	203.0
水面	1	203.2
道路、广场	1	77.0
各类建筑	19	1293.8

对景观优势度的计算结果列于表 4-4-5。

表 4-4-5 三亚市各类拼块优势度值

拼块类型	Rd（%）	Rf（%）	Lp（%）	Do（%）
绿地	41.7	40.0	11.4	26.1
水面	2.8	42.9	11.4	17.1
道路、广场	2.8	85.7	4.3	24.3
各类建筑	52.8	82.9	72.8	70.3

数字显示，在旧城区面积最大（72.8%）和连通程度最高（Rd＝52.8%，Rf＝82.9%）的拼块类型是各类建筑物，如果再与性质相近的交通道路和广场相加，相对面积占 77.1%，连通程度中 Rd 达 55.6%，Rf 达 168.6%，可以肯定，对城市生态环境没有调控能力的拼块类型，即各类建筑、交通道路和广场已成为景观的控制性组分，而各种绿地总和只占 11.4%，故导致城区环境质量极差。

2）景观的功能和稳定性分析

（1）景观的恢复能力分析

景观的恢复能力是由景观基本元素的再生能力，即高亚稳定性元素是否占主导地位来决定的。三亚市城市规划控制区现状植被以灌木林为主，生物量约在 1.9～2.0 吨/亩之间，较树木（4.0～7.0 吨/亩）低，该群落所占面积和发展动向对景观质量的维护具有决定作用。

三亚市城市规划控制区所处的植被带为中生性热带草原，由于干、雨季交替出现，常绿季雨林被破坏后演替形成的次生群落是一中生性的演替系列。在破坏初期的森林迹地上，由于土壤肥力较高，大气和土壤都较湿润，草本植物阶段不明显，常同时出现山茼蒿（Garland Chrysanthemum）、淡竹叶（Lophatherum gracile Brongn）等草本植物和很多先锋灌木种类，随即过渡为白楸（Mallotus paniculatus）、山黄麻等组成的先锋灌木阶段。此时先锋灌木种类最多，有时由一种或两种占优势，只要人为干扰停止，7～8 年内便过渡到幼年次生阶段。但在反复破坏（尤其刀耕火种）的情况下，由于生境条件恶化，很快便为白茅（Cogongrass Rhizome）、石芒草（Arundinella nepalensis）和斑茅（Root of reedlike sweetcane）等多年生中草或高草群落所代替，于是成为热带草原类型。只要人为干扰停止，8～10 年内便成为由海南椴（Hainania trichosperma）、半枫荷（Pterospermum heterophyllum）、相思树（Acacia sp.）、槟榔青（Spondias pinnata）、厚皮树（Lannea grandis）、枫香（Liquidamhbar formosana）、鸭脚木（Schefflera octophylla）为代表的次生热带季雨林群落。

可见，三亚市的植被恢复能力是很强的，一般在 10～20 年内可以形成较稳定的次生地带性植被群落。因此，如果人类干扰的范围和程度不再增加，该市绿地的模地地位是可以维护的。

而在旧市区，目前裸露地面已很少了，被人文建筑所覆盖，植被已失去了恢复的基本条件。

（2）模地的内在异质性分析

三亚市的绿地包括灌木林地、草地、农田和水面 4 个类型，绿地的抗干扰能力是由这四种资源拼块内部的异质性决定的，异质性有利于吸收环境的干扰，提供了一种抗干扰的可塑性。而从现状看，灌木林地和草地内部物种组成差异不大，有些拼块如金鸡岭上的灌木林面积达 57.6hm²，鹿回头岭 290.0hm²，南边岭和火岭 229.5hm²，虎豹岭 2025.6hm²，狗岭 318.0h，海螺岭 1274.2hm²，大安岭和隔离岭 755.6hm²，南丁岭 979.0hm²，抱坡岭 110.5hm² 等，均是组成相似的灌木林地。相对同一的大面积拼块对某些物种的保护是有利的，但抗干扰的能力较差，因为一旦形成干扰源，例如火灾和虫灾，则整个拼块有消失的危险。拼块内部的异质化和镶嵌分布有重要意义，例如某一拼块可能是火灾或害虫爆发的干扰源时，如果景观中的这一嵌块被隔离的话，则干扰很容易扩散。因此资源拼块随机分布时，当某一特定拼块是干扰源时，而相邻的拼块就可能形成障碍物，这种内在异质化程度高的模地很容易维护绿地的模地地位，从而达到增强景观稳定性的作用。

（3）种群源的持久性和可达性分析

景观的功能是由景观元素之间的相互作用来决定的，即若能量流、养分流和物种流顺利地从一种景观元素迁移到另一种元素，通过大量的流，一种景观元素对另一种景观元素便可施加着控制作用。

在三亚市城市规划控制区控制性组分是绿地，其中灌木林地的地位最重要。灌木林地的控制能力由两方面因素所决定，即当它作为物种流动的种群源时，其种群源的持久性与物种流动的可达性便成为考核物种流动的重要标准。

影响持久性的第一个因素是种群源的面积和种群的动态。我们可以把动植物物种生存的资源拼块（在三亚系指灌木林地拼块）看作一个岛屿，根据岛屿生物地理学理论，对同一种鸟类、同类栖息地的不同面积（A）岛屿下的物种数目（S），包括植被和动物，从鸟类、甲虫到哺乳动物等种群进行比较，得到物种与面积的关系式如下：

$$S = CA^z$$

式中 C 是比例常数，主要取决于被测面积 A 的大小和被研究的分类类群，参数 Z 是 LogA 对 logS 回归线的斜率。

上述关系所表示的数量关系是，如果一个原始生态系统 10% 的面积保存下来，则该生态系统的 50% 物种将最终保存下来；如果 1% 的面积保存下来，则 25% 的物种将最终保存下来。

当然，面积不是物种保存的唯一因素。因此，上述关系只表达了面积与物种保存的相关趋势。

在三亚城市中心控制范围内，可以将总面积 4220hm² 的灌木林地视为种群源。种群源面积最大的一块 1274.2hm²，最小的一块 57.6hm²。按当地物种鹛对面积的要求，均可以达到最小栖息地 50hm² 的要求。但从空间布局看主要分布于东部和南部低山丘陵地上，中部和西部除金鸡岭以外几乎没有分布。

种群的动态是一个十分复杂的问题。如果人对自然组分的干扰不再增大，地带性植物物种恢复并持久发展可以说是比较容易出现的。但对当地一些鸟类，如白喉冠鹛、黑鹛、绿翅短脚鹎、盘尾树鹊、白眶雀鹛、斑颈穗鹛、赤红山椒鸟、白喉扇尾鹟、黄腹花蜜鸟，以及一些动物如海南缺齿鼹、穿山甲、食蟹獴、豹猫、鼬獾、青鼬、松鼠、猕猴等的恢复就需要辅之一定的人工措施。

影响物种扩散（或移居）可达性的因素也很复杂，但主要由种群源到比较小一点的栖息地（或叫次种群源）或在通过"阻断"以前的休息地（或叫中继站，也叫节点）的距离，以及景观对物种扩散的阻力和物种本身的扩散能力等来决定。对不同物种来讲，植物物种的移动较动物物种移动的瞬时距离短，一般动物也较鸟类为短。试验证明，如无生物通道支持，鹛鸟的可达距离小于 5km，大于 5km 时难以达到，一般动物和植物的可达距离约在 1～2km。

根据上述分析可见，由于三亚种群源集中在一起，缺少次种群源、廊道与节点，无论是植物、一般动物和鸟类都难以向市区迁移。

（4）绿色拼块之间及周边地区的连通分析

当作为模地的绿色拼块占有面积不够大时，这些拼块之间的连通程度对物种流动影响很大。

生物通道是指便于植物物种和动物物种从一个资源拼块运动到另一个资源拼块内的树篱，这种树篱在物种多样性保护和景观质量维护上具有十分重要的意义。可以认为，树篱廊道是景观中生物组分保持平衡的重要景观结构，这种结构在三亚市城市规划控制区具有特殊意义。城区由于人口密集、干扰频繁，物种流动的主要通道之一是树篱以及由树篱组成的网络。大量的研究证明，网络的连通性促进了生物物种在拼块之间的运动。

树篱网的建设在三亚还一直未得到实施。旧市区 17km² 范围内，街道只有行道树，物种单调，宽度不足。三亚河感潮波段红树林被破坏后只剩下互不相连的几段，主要公路两侧也缺少足够宽度的林带，市区更缺少与周边丘陵山地相连通的宽大树篱，这种状况使得物种流动在全市范围内无法进行。

（5）景观组织的开放性分析

景观是一个开放性系统，需要不断与周边环境进行物质、能量和物种的交换，这种开放性可以增加景观组织的抵抗力和恢复力。

三亚市的旧城区受到人类干扰的程度要比外围的自然地域强烈的多，城区的自然组分对于干扰的抗性以及受到干扰后的自然调节能力相对较弱，形成了较大范围的生态不稳定地带，而外围景观组分所受的人为改变程度相对较弱。因此，除须设置生物通道与周边环境进行能量和物种交换以外，也需建立城市的生态依托地区。

3）评价结论

三亚市城市规划区控制范围 158.37km²，该区位于北回归线，水、光、热等自然资源十分丰富。但近几十年，尤其是 1984 年以来，城市基本建设与城市的经济发展脱节，因而景观的空间布局不合理。表现在，城市中的自然组分所占面积小、分布不均衡、缺少生物连通通道、缺少与周边环境的连接、缺少生态依托地带。由于景观的空间布局与景观的功能匹配，因而城区缺少改善和美化城市环境质量的高亚稳定性生物群落，缺少自然组分来调节环境质量。但由于该区域具有特定的自然地理条件，因此，只要人类对自然组分干扰的范围不再增强，该区的自然恢复能力是比较强的，这是重建优秀景观的基础和条件。

2. 人口发展与生态环境问题

三亚市及其毗邻地区的开发具有悠久的历史。随着城市的发展，人口不断增加，生态环境承受的压力日益增重。建筑侵占耕地，粮食侵占山地，人类对自然组分的破坏由滨海延伸到山区。历史上三亚河的红树林郁郁葱葱，种类繁多，林木高达 15m 以上，胸径达 40cm，层次结构明显，而现在大片红树林迹地已填埋在城市建筑和道路下面，残余的几片红树林已呈灌木林状。

1) 三亚市人口增长过快，资源压力巨大

四十余年来，三亚市人口一直呈增长趋势。1949 年为 7.9 万人，到 1988 年增长到 34.2 万人，39 年间净增人口 26.3 万。

三亚市人口的发展经历了三次增长过程。

第一阶段（1949—1958 年）

9 年中总人口由 7.9 万人增加到 11.6 万人，净增人口 3.7 万人，基本上形成了人口增长的基础。

第二阶段（1959—1977 年）

19 年中总人口由 11.6 万人增加到 26.9 万人，净增人口 15.3 万人。

第三阶段（1978—1993 年）

15 年中总人口由 26.9 万人增加到 38.7 万人，净增人口 11.8 万人。

上述情况表明，三亚市的人口增长与全国许多地方并不一致，主要是反映在 1961—1963 年。由于三年困难时期的影响，不少地方人口出现负增长，而这个影响在三亚反映不明显。

人口数量的增长主要来自自然增长与机械增长两个方面。三亚市人口增长的主要原因是自然增长过快，其中 1963—1973 年人口出生率年均为 38.0‰，1974—1982 年人口出生率年均为 25.2‰。根据全国第三次人口普查资料，1981 年三亚人口总和生育率为 4.72‰，高于广东省（3.29）和全国（2.63）的水平。1990—1993 年三亚人口出生率控制在 18.1‰～21.46‰，其中 1992 年出生率为 20.9‰。人口增长过快，对资源的需求增加，因而自然生态环境受到了严重的破坏。1982 年与 1964 年相比，人均耕地面积从 1.2 亩减少到 0.76 亩（全国人均耕地 1.7 亩，世界人均耕地 4.4 亩）。尤其是近年来，城区土地被征用不断增加，据统计，从 1987 年至 1993 年共出让土地 12521 亩（包括各类开发区），转让土地 8858 亩。最为严重的是金岭公园部分被开发占用，山坡被炸平 26hm²。金鸡岭公园对于三亚旧市区的环境质量有十分重要作用，是市区内硕果仅存的一片动、植物种群源，也是城市山水风情景观的主要控制点之一。失去金鸡岭公园，旧市区 17km² 范围内的生境质量将极难改善，这一点已引起了市政府和民众的关注。

2) 三亚市人口结构

三亚市人口的分布严格地受到生态环境条件的制约，同时也与区域社会经济发展水平有关，城市的吸引力和高生态位，是人口聚集，并高密度分布的主要原因。

表 4-4-6　三亚市人口结构

项　目	1990	1991	1992	1993
一、总人口				
（一）按性别分	362918	370526	380182	386928
男性	188166	194574	197697	203933
女性	174752	175952	182485	182995
（二）按农业、非农业分				
农业人口	260098	259249	261003	261854
非农业人口	102820	111277	119179	125074
（三）按市镇、乡村分				
市镇	84912	89692	96469	100242
乡村	278006	280834	286713	286686
二、人口自然增长率（‰）	14.3	16.4	16.8	13.4
三、人口出生率（‰）	18.1	20.7	20.9	17.1
四、人口死亡率（‰）	4.1	4.3	4.1	3.7
城市人口比例（%）	23.4	24.3	25.4	25.9

上表列出了全市总人口分情况，数据显示，城市人口比例，在 1990 年为 23.4%，1991 年为 24.2%，1992 年为 25.4%，1993 年上升为 25.9%（全国市镇人口占总人口的 26.23%），4 年净增城市人口 1.5 万人。城市人口比例的增加，主要是机械人口增加引起，其中 1962 年每年迁入人口 235 人，1983 年为 1305 人，1988 年以后外来人口急剧增加，近几年平均迁入人口 5000 人/年。此外，由于三亚的经济建设发展较快，外来流动人口每年达 3 万余人。

在三亚市的人口中，科学技术人才比较缺乏，每千人口中大学文化程度人口在 1964 年为 0.39 人，1982 年上升为 0.71 人，1990 年达到 10.86 人（全国平均 14.21 人，海南省 12.4 人）。而文盲、半文盲占总人口的比例 1990 年为 34.14%（全国为 15.88%）。知识结构的不合理严重阻碍着三亚市知识密集型企业和高技术企业的发展，是滞障三亚经济发展、导致资源环境破坏的主要原因之一。

3. 城市园林建设基础薄弱

城市建成区中的植物主要是园林物种，这些植物是城市生态系统的最重要的组成部分，城市环境质量的优劣，人们居住环境的美化程度，无不与此密切相关。目前，三亚市有鹿回头公园一座，城市绿化率 18.77%；人均绿地 16.72m²/人，人均公共绿地 6.5m²/人。总的来看，城市绿化水平还比较低，与城市的性质和发展目标很不相称。主要存在如下方面的问题：

1）城市建设和各种开发活动对城市绿地冲击很大，主要反映在城市景观控制组分的地位正被削弱。如鹿回头公园已被一些单位占用了 47hm²（占公园原有面积的 36.2%），而且是在海拔 25～50m 之间削平山头被利用的，金鸡岭公园也被炸山占去 26hm²（占原有面积的 27.4%）。

2）没有形成完整的绿地系统，城市道路两侧缺少林木隔离带，行道树幼小且不连续，宽度也不够。住宅区绿地建设没有统一要求，工矿企业和事业单位园内绿化也参差不齐，城区内只有零星公共绿地，这些绿地相互不衔接，缺少生物通道。

3）背景山体绿地和滨海绿带部分已被占用，周边的生态依托地带和衬景地带也受到破坏。

4）城市绿化品种单调，生产苗圃用地缺乏（只有 13 亩）。

4. 社会生态问题

改革开放以来，三亚市城市居民社会生活条件日益改善，但仅处于全国平均水平，与海口相比还有差距。

5. 三亚市市区景观规划

城市景观规划是应用景观生态原理解决景观水平的生态学问题的实践活动；是在理解景观功能、结构和变化特征的基础上，应用生态学原理，对原有景观元素优化组合，或对新的组分经过调整构成新的景观格局，并据此对景观进行长期的动态维护、管理。

1）编制的依据

三亚市城市的发展定位为：跨世纪国际热带海滨旅游城市和海南省南部中心城市。城市人口规模控制目标为：2000 年市区人口 25 万人，流动人口 10 万人；2010 年市区人口为 40 万人，流动人口 15 万人。

2）规划原则和要点

（1）规划原则

整体性原则：把三亚市规划区景观作为一个整体来考虑，即以自然风情为主，自然景观与人文景观融会贯通，互为衬景。国内外游人心目中的三亚，不在于高楼大厦，而在于热带资源特色。人们期望在三亚享受洁白、均匀、松软的沙滩，享受严冬中的温暖、海岸条带状的风景林木和内陆低山丘陵郁郁葱葱的热带季雨林。在浓郁的大自然情感笼罩下，配以现代化的住宅、交通、文化和服务设施，从而体现了景观整体的最佳状态和优化利用。

空间异质性原则：空间异质性是景观发展、维持和管理的核心问题，坚持这一原则，城市景观质量将变好，稳定性能日益增强。

突出地方特色的原则：历史上的三亚，从山、河、海、沙滩到动植物都有浓郁的海南特色。其特色不仅反映在类型丰富（或物种丰富）上，而且数量多。以植被为例，三亚市原生植被平均生物量约 16.0 吨/亩，后来由于人类的干扰破坏，到新中国成立初期只有 4.8 吨/亩，目前三亚平均生物量为 2.29 吨/亩，市区所在的滨海地带更低于这个数量。突出三亚地方特色，就是向恢复原有生物质总量的目标努力，向恢复丰富的热带季雨林物种目标努力，使三亚的山、河、海、沙滩重新披上原有的绿装。

（2）规划要点

✚景观质量控制性组分——绿地模地与其他景观要素（拼块，廊道）空间布局规划，要使绿地模地相对面积尽量大，连通程度尽量高，具有控制和调节城市环境质量及体现三亚热带风情特色的功能。

✚为保证各种"流"移动，对流的移动方向和移动通道进行规划。城市是一个开放性系统，不仅要与周边环境进行能量和物质交换，其内部各种"流"的渠道也必须畅通。如废弃物的流动方向是由内向外，而生物物种的流动则内外两个方向都在频繁进行。

✚城市景观的控制点——种群源、次种群源和节点的设计。种群源的面积设计要考虑生物物种的最小生存面积、最小栖息面积和最小活动面积，还要考虑物种与其他环境因素的相关性。次种群源和节点的设计目的不尽相同，但都要考虑了物种的可达性和持久性目标。

✚景观的生态整体性设计。城市是一个以人工干扰为主的自然系统，自我调节能力相对较弱，但周边可以建设城市的生态依托地区，不但防止城市盲目扩展，同时对城市自然组分具有支撑功能。

✚景观的异质性设计。景观是由异质性的组分构成，在这些异质性组分中，绿地模地自身的异质性设计也十分重要，它可以增加物种的丰富程度，也可以增强模地抗御干扰的能力。

✚景观中高亚稳定元素类型——树林的设计。高亚稳定性元素不同于其他的稳定性类型，最稳定元素具有的是物理稳定性，而低亚稳定性元素有较低的生物量和许多生命周期短但繁殖快的物种和种群，只有高亚稳定性元素可以代表抗性稳定性，具有较高的生物量和生命周期较长的物种和种群，且表明景观基本元素的再生能力。

➕景观的美学设计。城市中的自然组分设计即要考虑总体功能的需要，也要考虑美观。在这个设计中，人文景观要融入绿地模地中。绿地、树篱都要进行适当的物种配置，物种配置中除考虑异质性设计的同时，也要考虑居民和游客的感观需要。

➕必要的政策法规和保证措施制定。一个规划若想变成现实，必须有相应的手段，从法规、资金、物质上加以保证。因此，在规划中必须对上述各方面进行考虑，提出可行的建议，使规划的实施有所保证。

（3）规划内容

三亚市城市总规的内容是：综合地发展城市功能并成为三亚风景旅游区域的中心旅游服务基地；商贸发展，建成主要对外的国际的金融商贸中心。市区将按照风景旅游城市的要求进行规划建设，工业布局在荔枝沟一带，主要发展电子工业和部分食品工业、地方工业等。在市区以东有牙龙湾、榆树湾（大小东海、鹿回头）和海棠湾主要风景区；为保护环境，东线各居民点均不布设较大的工业项目。为避免将大量城市人口挤入牙龙湾等处，在田独开辟为牙龙湾风景旅游区服务的职工生活基地，同时在田独、红沙安排一些食品工业和中小型地方工业。在此基础上，景观规划的内容如下。

① 控制性组分设计

a. 功能分析

控制性组分（或元素）设计是城市景观生态规划的核心问题之一。科研成果证实，在城市的若干组成成分之中，自然组分是城市环境质量的调控成分。当自然组分成为控制性组分时，该组分的功能是，在干扰比较大时，生态系统具备较强的抗性稳性，可以承受干扰力，可以维护环境质量，使景观具备较好的功能。

b. 设计原则

如果景观功能比较好，这个景观必然表现为较强的抗性稳定性。即景观的基本元素要具备再生能力，也就是高亚稳定性元素占主导地位；景观中的生物组分保持物质平衡；景观空间结构的多样性和复杂性有助于保持功能的稳定；人类活动的干扰影响未超过景观物理稳定性的承受能力。据此，设计原则如下：

——控制性组分主要由高生物量植物物种，即多年生的乔、灌木组成；

——乔、灌木林的种植面积要相对大（在一般情况下，应超过规划区总面积的 50%）；

——乔、灌林地要起到种群源（一般情况下，种群源面积要大于 50hm²）、次种群源（几块相近的次种群源总面积要大于 50hm²）和节点（物种流的中继站，暂停地点，面积 1～5hm²）的使物种持久存在和使物种的流动具备可达性的作用。

——乔、灌林地由团块或混交林地构成，保证控制性组分自身具备高异质性；

——对人类活动的强度和范围进行有效控制。

c. 种群源的布局设计

布局方案：

金鸡岭源　原有灌木林地 94.9hm²，后被炸山等占去约 37.3hm²，现有面积约 57.6hm²。金鸡岭位于新旧市区接壤处，是市区中、西部唯一的自然绿地，也是土地开发最抢手的目标之一。金鸡岭的地位应该十分明确，它必须完整保存下来作为城市中心的种群源，以保证物种从这里流往新旧市区，使新旧市区的生物组分保持平衡。另外，三亚城区的热带风情，滨海和山地景观的美学组合，都离不开这片山地。自于金鸡岭的面积已经是种群源要求的最小面积，本规划认为已无余地开发使用。

鹿回头岭源　现存面积约 290hm²，由于所处地理位置和观海地位的重要，也是房地产开发商的目标地段。该源位于市区临海南端，其附近再无补充源和生态依托地带，一旦性质改变，大、小东海及其沿海陆地环境质量将迅速恶化，因此该源的地位、面积都不能再变更。

火岭和南边岭源　现存灌木林地面积约 229.5hm²，南边岭上建有鹿回头公园，现有公园面积约 129.8hm²。由于邻近三亚河口，接近城市中心，该源控制和调节城市中心区的作用很强，而且从河口景观看，也是不可缺少的组分，因此此源不可再缩小面积。

虎豹岭、狗岭、海螺岭源　该三块种群源由于连接在一起，可以作为一个种群源整体来规划。从空间位置看，该源位于城市中心控制范围内，最接近市中心区并且是面积最大的源，该源共有面积约 1797.8hm²（其中虎豹岭 205.6hm²，狗岭318.0hm²，海螺岭 1274.2hm²），在这里可以栖息多种物种，并方便于向市中心的移动，因此地位十分重要。该源的西部已建有临春居住区，要控制该居住区的规模，不适宜再进行房地产开发。该源北部共有两片农用地（丹州、海螺两村和高园村），丹州村已规划成居住小区，海螺村计有84.6hm² 农地可做城市发展备用地，高园村附近有约 633.9hm² 的农耕地也可作为城市发展的备用地，上述备用地面积不可再行扩展，以保存该种群源的分布态势和面积。

大安岭、隔离岭源 面积 755.8hm²，分布在城市控制范围的东南部，两源相间距离约 2km。该源与上项源一起将控制红沙、田独两片市区的环境质量。该源山体的凹陷部分和比较平缓的坡地已被多所住宅和成片农田占用，城市发展不应再盲目向这处山体扩展。

南丁岭源 面积约 979.0hm²，是荔枝沟东北和田独北部的重要种群源。该源西南部有农用地 86.6hm²，西北部有农用地 5 片约 155.4hm²。这些农用地可作为城市发展后备用地，该源应该保持现在的格局和面积。

抱坡岭源 面积 110.5hm²，距金鸡岭约 3.4km，是城市控制范围北部的唯一种群源，今后对荔枝沟工业区环境质量的控制功能十分重要，绝对不能再开发利用。

上述种群源集中分布在城市控制范围的东半部，而西半部没有种群源分布，这样西半部市区缺少环境的控制性组分，为此须在 158.37km 范围以外的周边地带，补充两个种群源如下。

鸟古岭源 位于凤凰机场北约 1.5km 处，该源周边多为农田，面积约 1000hm² 左右，城市建设对该源影响不大，易于发挥其物种保存和作为栖息地用。

两王岭源 位于城市控制范围外西部，便于物种从西部向城市西半部的迁移。

上述源的分布见图 4-4-1 三亚市原有种群源，增添设计种群源分布图。

在城市控制范围（158.37km²）内，种群源总计面积42.2km²，占 31.26％。

物种配置方案：

由于人为干扰强度过大，种群源的现状特征是：植被破坏严重，地带性植物种群正在消失；天然植被向荒山荒地过渡特征明显，人工抚育、造林等措施难以恢复原有生态景观，特别是在现有措施及保护不利的条件下更为明显；树种单一，珍贵用树种濒危。据此，种群源植被的恢复措施如下：灌丛及疏林地的改造以抚育为主要；对不含或含有少数优质树苗或幼令树木的地段采取造林为主的方针。其主要树种可以考虑地带性珍贵树种和速生丰产树相结合，经济林与特种用材林相结合的原则，实行相互搭配、因地制宜、因树制宜的方针。

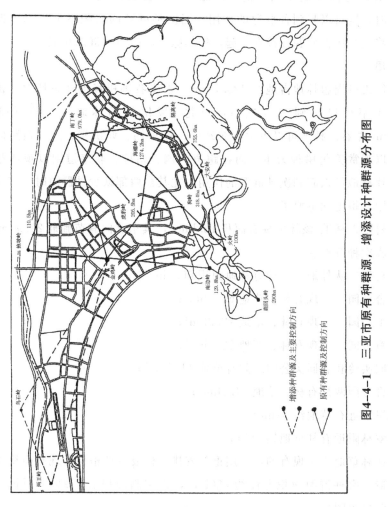

图 4-4-1　三亚市原有种群源，增添设计种群源分布图

d. 次种群源布局设计

当种群源之间的距离超过物种流动的可达范围时，要设计新的林地作为物种的暂存地点，以提高物种移动机率。我们称新的林地为次种群源。次种群源的物种数量与面积是正相关的，因之，次种群源的面积越大越好，当达到 50hm² 时，则可以起到种群源的作用；当次种群源的面积不足 50hm² 时，可用树篱将几个次种群源连接在一起，使其综合功能与种群源相似。

布局

凤凰机场周边林地占地约 428.7hm²，根据我国机场的建设情况，机场的林木覆盖率可以达到 30% 左右，因此，凤凰机场林地总面积可以达到 128.6hm² 左右。林地可以集中在航站区、停车场、候机楼、进场道路以及生活区，以观赏美化树种为主。而在跑道两侧、站坪、联络道则以观赏花草为主。这片林地可以起到次种群源的作用，尤其当西部缺少种群源时，该次源的调节作用显得更加重要了。

旧村附近林地 该林地现有面积 13.1hm²，其东北向有苗圃地 23.9hm²，可以改造成次种群源。

高村和三队林地　　计有林地面积 66.6hm²；

综合公园　　现有林、草地 65.7hm²；

水上公园　　现有林、草地 18.9hm²；

儿童公园　　现有林、草地 23.3hm²；

鹿回头岭和鹿回头公园之间有草地 11.5hm²；

体育公园两片有林、草地 24.2hm²；

东岸附近有草地约 31hm²；

海罗林附近有林草地约 68hm²。

上述林草地均系现有的，不用重新安排，但要在严格保存现有面积条件下进行改造。次种群源面积合计约 680hm²，占控制面积的 4.2%（见图 4-4-2，次种群源分布图）。

物种配置方案

以经济林和观赏林为主，混交或团块式混交，辅助以防护林，形成组团式的配置格局。

② 节点和廊道设计

廊道是指不同于两侧梅地的狭长地带，树篱廊道则是一个狭长的物种运动的通道（一般情况下），也是一个资源拼块（特殊形状的），廊道的宽度效应明

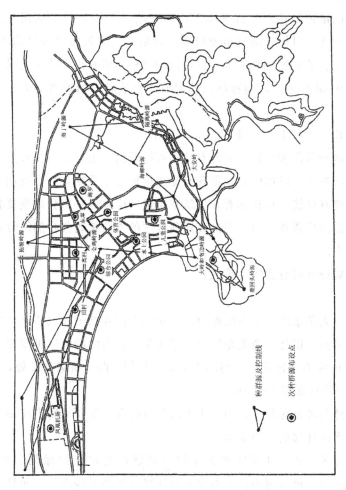

图 4-4-2　次种群源分布图

显，宽的廊道足可以造成一个内部环境，会有内部种（敏感种），每个侧面都存在边缘效应。因此不同廊道的生态学差异性完全是由于宽度造成的。大量研究证明，适宜物种迁移的树篱廊道宽度应在 12~30m 以上。

一些类似的植被拼块连接在廊道上，以节点（Node）的形式出现。由于隶属于廊道，因此对目标移动有重要影响。廊道的交叉处特别容易出现节点，如两条公路的交会处植被重叠形成节点，这种结构非常有用。公路交叉处正是廊道的中断（Break）处，是物种移动的阻碍，而节点为物种移动提供了暂存地点和中继站。

节点的面积可大可小，但以 1~5hm² 为好。

从三亚城区种群源和次种群源的布设中可以看出，由于城市快速发展，打乱了原来的布局规划，城市中心地带现有绿地维护已十分困难，在近期再发展成片绿地几乎没有可能（从长远看，建筑密集地区应拆迁一部分以恢复林木），因此只能通过设计廊道和节点，用提高连通程度的方法来改善自然组分对城市质量的控制能力。

廊道的布局设计可分成 4 个等级。

第一等级

以三亚河、大茅水沿岸为主的廊道。三亚河沿岸除新风路大桥到河口（该段河岸已铺设道路）以外，西北至旧村，东北至荔枝沟河的两岸可规划为树篱廊道，宽度 30m 左右，最窄处不得小于 12m。凡与公路、桥梁交叉处，设 2~4 个节点，每个节点面积 1~5hm²。

河流廊道外与种群源相连，内与市区次种群源和道路树篱廊道连通，是市外生物物种向市内迁移的主要通道。

海岸带廊道的布设。市区十里海岸原来规划有宽 80m 的绿化带要保留，并改造成树篱廊道。该廊道不仅要美化滨海环境，阻挡风沙内移，而且要具备供物种迁移的功能。

物种配置方案：

三亚河、大茅水、榆林港的感潮河段和水域，以人工栽培和抚育红树林为主，海岸线树篱廊道的物种配置要考虑观赏特征，一般迎风的沙滩前缘，以种植木麻黄（Casuarina equisetifolia）为主体，内缘以栽培桉树林为主。

第二等级

根据 1988 年城市道路规划说明，城市主干道计有：榆亚大道（100m 宽）、月川路（河西 50m，河东 100m 宽）、金鸡岭路（100m）、二环路（100m）和城市北缘的环岛高速公路（80m 宽）等共计 6 条。这 6 条路不仅构成了城市交通的基本骨架，也是与市外联系的主要通道。从景观生态学的角度考虑要对上述 6 条主干道两侧进行廊道规划使其形成城市内外相连的物种移动通道。本规划建议：新风路市外段红线加宽到 80m，月川路、金鸡岭路、环岛高速公路、二环路、榆亚大道红线内增加 30m 树篱廊道设计，该廊道位于道路一侧，另一侧可以维持原设计方案（本规划不考虑交通流量等因素）。而解放路、一环路由于无法拆除建筑物，只能尽可能把行道树种好。道路的交叉处均设 2～4 个节点，面积 1～5hm²。

• 物种配置方案：

由于主干道廊道担负着种群源内生物种向市区移动的主要通道功能，因此廊道上和节点上的植物物种要接近种群源。

第三等级

根据城市总体规划道路设计说明，次干道红线宽 40～50M。次干道与种群源的连接仅次于主干道，但在城市中心区仍然是物种移动的主要通道。因此除市内无法改造的小路以外，道路红线应加宽 12m，使红线宽达到 54～62m。其中树篱廊道宽 12m，这是生物通道的下限值，低于 12m，则内部种的移动则难以进行，如果条件允许，应使廊道宽度大于 12m。次干道与其他道路或河流交叉处，要规划节点，节点面积 1～5hm²。

• 物种配置方案：

与主干道相似，由于次干道主要在人口密集区，树种可偏重美观需要，如选相思树、木棉、紫锦木等树种。

第四等级

次要道路和小街道主要分布于城市中心地带。根据城市总规道路规划说明，次要道路红线宽 20～30m，小街道红线宽 15～18m。本规划认为，次要道路与小街道最接近人口密集地段，与居住地区绿地连接在一起，必须具备树篱廊道物种移动通道的功能。因此除旧城区次要道路和小街道由于建筑密集太大，不拆除房屋无法植树外，凡有条件的地方均应安排树篱，宽度 12m（如没有条件安排 12m，最少安排 6m），这样 次要道路红线宽改为 26～42m，小街道红线宽 27～30m（最窄 21～24m）。

• 物种配置方案

以美化街道的乔木为主体，如木棉、紫锦木、凤凰木等。

③ 非控制性组分设计

非控制性组分主要指居住地、工业区、医疗用地、旅游设施用地等的设计，从景观规划的角度看，这些组分是与人们的生活与工作最密切的环境组分，因而这些小环境中的自然组分应占有一定比例，现规定如下。

表 4-4-7　非控制性组分中自然组分构成标准

用地类型	绿地率（%）	林木覆盖率（%）
一类居住用地	60	30
二类居住用地	35	15
工业用地	30	15
医院、休疗养用地	50	20
旅游用地	60	30
公建用地	35	15
学校、科研用地	40	20
综合区用地	40	20
其他用地	>30	>15

物种配置方案：在非控制性组分中自然部分物种的配置要注意两点，一是美观大方，照顾人们的欣赏需要；二是异质性布局，即与种群源、次种群源、节点上的物种形成组团式的布局差异，这种差异可能会对某些物种的迁移带来影响，但抗干扰能力强，如虫灾、火灾等。

3）景观的美学规划

·海景　三亚城市区的海岸线主要包括三亚湾、鹿回头、大小东海、三亚港、榆林港、六道海湾等。从地貌上看包括有沙岸、岩岸、生物海岸（珊瑚海岸）以及人海河口、半岛、岛屿等。景观的美学设计上要分门别类，进行特性设计。沙滩的设计不仅要考虑横向的美学效果以及林带的防风及物种移动功能，而且要进行纵深的层次设计，使自然景观与人文建筑和谐地融汇为一体；岩岸的设计要以恢复自然层次为主，对已破坏的岩体要人工辅助培植植被；珊瑚海岸是三亚海岸极其重要的景观类型，如白排珊瑚礁、鹿回头半岛东、西侧珊瑚礁海岸、东海珊瑚碎屑岩海岸和潮间带的礁盘等，要采取果断措施，恢复珊瑚被破坏的海岸原貌。三亚市的珊瑚礁海岸自然条件十分优越，只要停止人为的破坏和污染，美丽的珊瑚礁就一定可以重现，使这一宝贵的生物资源成为三亚市的重要景色之一，成为吸引海内外游客的重要内容。

• 山景　三亚市区的山体是物种栖息地和种群源，要禁止在山上砍伐树木以及在主景观面上炸山取石，尤其是金鸡岭、南边岭、鹿回头岭等。山上物种配置要以物种栖息需要为主，但主景观面上可栽种风景林。

• 川景　由于历史的原因，三亚河市区段中很大部分没有留出滨河绿带，这将成为人们十分遗憾的内容，这种状况的改变需要在三亚经济腾飞以后才有可能，那时一定要拆去滨河建筑，恢复应有的自然组分。

• 街景　街道景观的好坏直接影响一个人对城市的印象，因此必须重视城市街道的绿化美化。据此，沿街建筑不能压红线而建，应后退一定距离，留出前庭供绿化使用，具体要求如下。

建筑高度在 6m 以下（包括骑墙）的建筑后退 3～5m；

建筑高度在 15～25m 的建筑后退 5～10m；

建筑高度在 25m 以上的建筑后退 15m。

由于各种原因，上述标准难以达到时，应尽可能符合上述要求。现在旧市区已难以实现上述要求，因此这部分街景要以垂直绿化、屋顶绿化、阳台绿化以及改铺生态砖（在人行道上）的方式增加绿化内容，使人们更趋于接近自然。

4）生态构架平衡带设计

a. 原理　作为区域组成部分的城市是人口相对集中的地区，人类生产与生存活动的方式、强度与外围农、林、牧及自然保护地区有很大差别，即市区内自然组分遭受人类干扰的程度要比外围的自然地域强烈的多，且受城市化影响地区自然景观系统对干扰的阻抗性以及受到干扰后的自然调节能力相对较弱。因此除了加强城市中自然组分的数量、连通程度和调节能力以外，要重视城市外围自然组分的数量、布局和调控能力设计。

城市的外围部分首先是城市的边缘地带。城市的边缘地带也是受城市化影响的特殊的区域，这个区域的范围视城镇群的规模、形态以及外围区域的地貌、气候、水文、土壤、生物等条件的不同而有差异。三亚市作为一个年轻的城市，边缘地区应具有下述功能：

——基本景观要素的再生足以保证城市与区域物质流与能量流的平衡，从物种活动的角度看，要具备足够数量的物种源；

——交通运输、工程建筑、旅游等的景观负荷指标应比景观所固有的自然稳定度指标小；

——保存没有被破坏或较少破坏的自然生态系统地块，使边缘地域景观整体上具备复杂与多样的结构。

b. 三亚市生态平衡框架设计

生态构架平衡带的面积可参考下述模式（董雅文，1991）：

$$Z_g = \frac{H_r \cdot T \cdot 2.5}{\sum_{i=1}^{m} P_i} - Z$$

$$Z'_g = \frac{H_r \cdot B}{\sum_{j=1}^{n} V_j} - Z$$

式中：

Z_g—— 为依据人均能耗与耗氧量的平衡带面积

Z'_g—— 为依据人均耗水量与产水量的平衡带面积

H_r—— 城市人口数量(千人)

T—— 人耗能量(吨／千人)

P_i—— 第 t 块地段年均产氧量

2.5—— 计算大气耗氧的转换系数

B—— 千人年的耗水量〈工业、民用〉(千立米)

V_j—— 第 j 块地段年均产水量(千立米)

Z—— 经济活动最活跃地带面积

据此若三亚市 2010 年人口数量 40 万人，经济活跃地带 158.37km²，则生态构架平衡带面积约为 5000km² 左右（其中包括农、林、草和水面）若按美国人均生态用地标准约为 3hm²，依此到 2010 年，三亚市生态用地约为 12000km²。

三亚市的生态构架平衡带涉及范围很大，布局如图 4-4-3 所示。

市区范围

城市中心地带，指现在的新旧市区；

限制发展地带，指新旧市区外围与其他城市组块的相间地区；

城市次要地带，指羊栏、红沙、荔枝沟、田独等地区；

缓冲带，指市区控制范围（158.37km²）的外围地带。

为了实现三亚城市的生态构架平衡，城市限制发展地带应该实行最严格的限制措施，除经市规划部分严格审查并报上级主管部门批准外，不准布局新的居民住宅区、开发项目和工业项目，对此市城建和规划部门要进行严格管理。今后城市发展了，但限制发展地带仍要连成片，并在城市区内占有 50% 左右的面积。

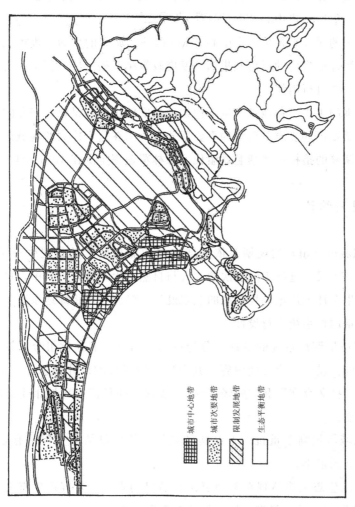

城市中心地带
城市次要地带
限制发展地带
生态平衡地带

图 4-4-3　三亚市生态构架平衡带

在城市外圈，生态平衡带是最直接与城市进行能量和物质交换的地带，除必要的交通及管道工程外，不准布局新建工业项目。位于该区的村落和小集镇的发展，要经市规划部门的严格审查，污染物的排放要符合较高的标准，要扩大种群源、自然保护区和森林公园，要保护好地表水源和地下水源。生态平衡带的外边界一般以距市中心 25km 左右为好。

城市外围的缓冲地带位于市中心 25km 以外，城市的生活垃圾可以在这个地区填埋。缓冲地带内的村落和集镇的发展政策稍宽松一些，但生产与生活排放的"三废"要自行消解。

城市外围的生态后备地带是生态构架最外围的组分，是物种来源的重要组成部分，也是城市环境质量调节的重要部分之一。在这个广大的地域内，要制定森林草地恢复的指标，严禁滥砍滥伐，森林覆盖率至少在 40%～50%。

4.4.2　规划结论

1. 生态城市（镇）的规划要依据结构与功能相匹配的景观生态学原理，要从大、中、小尺度进行不同层次的"人与自然共生"设计，其中，最重要的是进行城市生态环境质量调控系统的规划设计。对此，可将绿地系统的地位提升为生态质量调控系统进行设计。

2. 生态质量调控系统的设计要分为控制性组分、非控性组分、景观美学和生态平衡框架设计 4 个方面内容。其中控制性组分的设计要保证"物种流"在规划区的"持久存在"和"顺畅移动"，实现"物种流"对城市生态环境质量的调控功能。

3. 生态城市规划要重视产业结构的调控，使污染从源头得到有效控制，使生态破坏减到最小。

4. 城市的生态文明体现在管理层次和居民的素质，要宣传生态文明，把"生态可持续"这一社会经济可持续的基础落到实处。

5. 要根据城市的区域特色，在生态科学原理指导下，编制可操作的生态城市（镇）规划。

第5章　农业景观调整规划

5.1　目的要求与基本特征

5.1.1　目的要求

根据国家的总体要求，我国现存有大量的 25°以上坡耕地、草原耕地、围垦的湖泊湿地等要退耕，但是还有一些地方，尤其是在西北干旱区和高寒地区仍在制定大面积的垦荒计划。所谓"垦荒"，不少的地方是将草地、湿地（或草甸）和灌丛草地，甚至疏林地垦为农田。从自然保护的角度看，我国不宜再行大规模垦荒，事实证明，在这些土地上垦荒，其造成的荒漠化后果是十分严重的。那么，怎样做才能满足人类对粮食增产的需求呢？本章内容是介绍一种通过对农业景观的调整，既保护生态环境，又解决人类对粮食需求的一种整体优化规划方案。

5.1.2　农业景观的基本特征

农业景观是以人工引进拼块为主要特征，引进的拼块主要有两种类型。一种是种植拼块，一种是聚居地拼块。种植拼块是面积最大的人对自然的干扰类型。大量生物能、化学能和物质的投入除了获取相对大的生物量，满足人类对粮食、工业原材料的需求外，大量化学物质进入环境也造成了难以控制的面源污染；而违背自然规律的农耕（垦）是人工诱发荒漠化、减少生物多样性的主要原因之一。

5.2 基本原理与内容规范

5.2.1 基本原理

1. 景观变化原理 在无干扰条件下，景观的水平结构逐渐趋向均质化；中度干扰将迅速增加异质性；而严重干扰则可能增加，也可能减少异质性。

2. 景观结构与功能原理 景观是异质性的，物种、能量和物质在拼块、廊道、及模地之间的分布表现出不同的结构，因此，物种、能量和物质在景观结构组分之间的流动方面表现出不同的功能。

5.2.2 内容规范

1. 规划区域农业景观基本的生态学特征；
2. 农业景观现状与问题；
3. 农业景观结构调整措施。

5.3 规划框架与方法

5.3.1 规划框架

5.3.2 方法

农业景观由于区域面积大，区域信息资料的收集十分重要，一般情况下可以借用已有的地方基础图件和资料。如果资料图件不能支持规划编制工作，则需在全球定位系统的支持下，应用遥感技术采集基础信息，并应用生态制图方法编制土地利用现状图、地形地貌图、坡度图、农田和聚居地分布图、植被类型分布图等，在上述工作基础上，对比土地开发利用图和其他资料，分析等拟

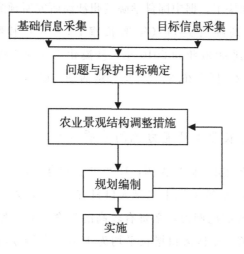

图 5-3-1　农业景观结构调整规划框架图

选定垦荒区域、地类的适宜性，找到主要问题，确定保护目标，进而有针对性的编制对策方案。

5.4　案例概况与规划结论

5.4.1　西藏一江两河地区生态环境基本特征

1. 植被净生产能力低，土壤再生速度缓慢

一江两河地处雅鲁藏布江中部流域，面积 6.5 万 km²，含拉萨、日喀则、山南三个地区 18 个县市。由于海拔高、气温低，区内自然植被的净第一性生产力约是全国平均数的四分之一，土壤的再生十分艰难。据《世界自然保护》介绍，在地球热带和温带条件下，形成 2.5cm 厚的表土或 340t/hm² 的表土需要 200～1000 年的时间。而在一江两河，由于平均气温只有 4.7～8.3℃，平均降水只有 251.7～508mm，干燥度在 5～10 之间，再生同样厚的表土要超过 1000 年的时间，其每年土壤更新速度低于 0.3t/（hm².a）。改革开放以来，随着经济发展，人口增加，区内开荒的速度不断增快，由于垦殖破坏了低矮的高原草被，使土壤的年损失量由低于 10t/（hm².a）扩大到 50t/（hm².a）以上，

因而荒漠化的速度加快了。据中国科学院兰州沙漠研究所预测，如果保持现有的人均占有耕地，则随着人口（年增长率18.69‰）和牲畜（年增长率16.60‰）的增长，到2000年和2010年，沙漠化土地面积将在目前18.16万hm² 的基础上增加12.2%和26.3%，人类经济活动与脆弱生态环境间的矛盾将变得更为尖锐。

2. 人口激增与农业生产能力低的矛盾日益加深

以区内拉萨市的七县（区）为例，1990年人口普查时15岁以下的少年儿童占总人口的30%，而65岁以上老年人口只有3.4%，人口年龄的中位数为23.8岁，未来育龄人群比例大，必将有较高的生育率和自然增长率，并将在10年内达到生育高峰。全区人口增长平均为15‰，预测今后的人口增长与农业生产能力的相关由表5-4-1所示，人口发展与农业生产能力之间的矛盾是严重的。

表 5-4-1　人口发展与农业生产能力

项　　目	现状（1990）	预测（2000）
人口数量（万人）	78.45	94.41
人均耕地（hm²）	0.21	0.18
单位面积粮食产量（kg/hm²）	2257	3510
单位面积油产量（kg/hm²）	967.5	1961
人均粮食（kg）	439.8	365.5
人均油料（kg）	15.2	12.6
人均肉类产量（kg）	18.2	15.2

3. 人类对自然环境的干扰强度日益增大

该区人类对自然环境的干扰主要表现在三个方面：破坏森林、过度放牧和过度开荒。

一江两河地区人口相对稠密，能源短缺，农业生活能源主要依赖畜粪和薪材。据典型调查推算，每年作燃料的薪材约为1.75亿kg，除少部分从林芝林区和亚东林场购进外，大部分采自区内天然乔灌林。如果按每hm² 乔灌林生物量11t计，则区内每年有近15909hm² 的天然林遭受破坏，仅拉萨市1989年乔灌木林的面积比30年前就减少了1/3。

该区76%以上家畜集中于河谷地区，长期以来，由于盲目生产，单纯追求牲畜存栏数，规模不断扩大，草畜矛盾突出，造成冷季草场超载，严重地破坏了草场的生产力，加之干旱及草原鼠害、虫害，草原荒漠化进程加快。据1990 年统计，退化草场已达 97.23 万 hm^2。鼠害面积 116.14 万 hm^2，鼠害严重地方草场生产力下降 $35\% \sim 40\%$。

据 1988 年的统计资料，一江两河地区粮食播种面积 8.8 万 hm^2，平均单产超过 $300kg/hm^2$ 的只占 42%，而低于 $300kg/hm^2$ 的占 58%，其中保灌面积约占 40%。该区现在和今后仍将主要发展旱作农业。因此，土壤侵蚀造成的水土流失是相当严重的，尤其是坡耕地和风口地区不平整土地，在大风季节（该区平均大风日数为 $27.5d \sim 90.7d$）就形成了沙源和沙覆盖地区。

5.4.2　农业景观现状与问题

一江两河地区农业景观的形成是喜马拉雅造山活动后，经过几百万年的抬升而形成的。由于海拔高、地形复杂、气候干冷和多风少雨，因而景观元素中的自然组分，尤其是植被和土壤抗御干扰的能力极差，小小的干扰就足以破坏生态平衡。

1. 空间结构不合理

利用景观组分优势度值的计算方法分析该区景观空间格局的合理程度可知，由于区域内有 13 个县 91 个乡存在着沙地和沙化、石质化低质草地，其中65 个乡沙化、石质化草地或沙地的优势度值已大于 8%，根据景观生态学结构与功能匹配的原理可知，景观空间结构是否合理，关系到景观内各种"流"，尤其是物种流是否畅通，从而决定了该生态体系的功能优劣。因而一江两河地区农业景观空间布局不合理这一问题，已上升为急需改善的紧迫问题。

2. 功能与稳定状况较差

景观与生态系统相似，稳定与不稳定的关系是辩证统一的。因为不稳定性不断为稳定性创造条件，稳定总是暂时的。而人类赖以生存和所有生命现象基本的稳定性类型是具有较高的生物量和生命周期较长的物种（如树木和大型哺乳动物）起决定作用的高亚稳定性类型，这种类型表现是恢复稳定性。

1）景观的生物恢复力分析

景观的生物恢复力是由景观基本元素的再生能力，即高亚稳定性元素（主要指乔灌木）能否占主导地位来决定的，乔灌木的空间分布应达到三项指标：即相对面积要大、空间分布要均匀、连通程度要高。一江两河地区景观中乔灌组分占地及生长量见表 5-4-2 所示。

表 5-4-2　一江两河地区林地构成及生长量

地域	土地总面积 (hm²)	天然林		人工林		疏林地		灌木林		其他林灌		林地合计	
		hm²	%	hm²	%	hm²	%	hm²	%	hm²	%	hm²	%
全区	6665212	7557.8	0.11	8616.8	0.13	471.9	0.01	140210.2	2.11	3004.1	0.045	159860.8	2.34
拉萨	1946775	2.7	0.0	582.1	0.03	28.3	0.0	100490.4	5.16	1380.6	0.07	102484.1	5.26
山南	1039531	4703.2	0.46	2935.9	0.28	5.7	0.0	35298.9	3.42	1091.6	0.11	44035.3	4.24
日喀则	3678906	5.5	0.0	3031.5	0.08	438.9	0.01	4420.8	0.12	531.9	0.01	8428.6	0.23
生长量 (kg/hm²·a)		500				—		650					

表 5-4-2 说明，区内林灌木覆盖率低，生长量小，因而生物恢复能力很低。

2）农业景观的生态构架分析

良好的景观系统，其自然组分，尤其是林地的内在异质性程度要高，异质性有利于吸收环境的干扰，提供一种抗干扰的可塑性，高异质性表现的是恢复稳定性。一江两河地区由于生境条件恶劣，植物物种相对贫乏，绿色组分物种单调，对干扰的阻抗能力很差。因此，一旦形成干扰源时，则整个绿色组分有消失的危险。据实地考察，仅以海拔 4500m 左右的羊卓雍错湖山地的鼠害为例，山上的鼠洞达 18000 个/hm²，小嵩草草甸已被破坏，草毡土千疮百孔，水土流失十分严重。

5.4.3　农业景观结构调整措施

一江两河地区农业景观调整的总体构思是：提高中高产田的生产能力，用单产水平的提高来满足人口日益增长对粮食的需求，退耕还林还草，少垦或不垦荒地，遏止土地荒漠化趋势的进一步发展。

农业景观结构调整的内容涉及两个方面，一是景观中各类组分（拼块）占有土地面积的调整，其中最重要的是到 2000 年使森林覆盖率由现状的 2.4% 上升到 3.66%，河谷地区的森林覆盖率由现状的 1% 上升到 10%；二是各类组分在景观中的空间布局调整，其中要使自然组分尤其是高亚稳定性元素—乔灌木的布局趋向合理，拼块外形成凸面，便于通过物种流动对其他组分实施控制功能。

1. 农业景观调整规划的可行性论证

由于一江两河生态环境极其脆弱，人类任何开发活动都会对自然系统产生干扰，这种干扰破坏一旦发生，自然系统的阻抗和恢复能力均很差，往往造成不可逆转的后果。因此，景观结构调整规划是在严格控制自然开发活动和开发强度的基础上进行。区内农业开发活动以不干扰自然系统为原则，如果土地不平整，没有可靠的水浇条件，严禁开荒种粮，农业增产只能依靠中、高产田的改造来完成。

1) 旱地还林还草的可行性

一江两河地区中低产田共有 13.3 万 hm^2，占耕地总面积的 75.4%，其中中产田每 hm^2 产量低于 3000kg，低产田每 hm^2 产量低于 1500kg。在中低产田中，干旱型占总数的 40.32%，低洼渍涝型占 21.59%，土薄缺肥型占 32.99%，高寒霜冻型占 5.1%，见表 5-4-3。

表 5-4-3　一江两河地区中低产田类型分布

地区	干旱型 面积（hm^2)	%	低洼渍涝型 面积（hm^2)	%	土薄缺肥型 面积（hm^2)	%	高寒霜冻型 面积（hm^2)	%	合　计 面积（hm^2)
拉萨	14714.27	30.55	9031.8	18.75	22651.53	47.03	1763.93	3.66	48161.53
山南	13598.92	49.18	612.05	2.21	11832.17	42.79	1608.84	5.82	27651.98
日喀则	25315.53	44.7	19069.4	33.34	9394.47	16.43	3409.40	5.92	57188.8
合计	53628.72	40.32	28713.25	21.59	43878.14	32.99	6782.18	5.10	133002.29

干旱型主要分布在雅鲁藏布江、年楚河、萨加河、拉萨河等河谷阶地高处及其各支流沟谷之中，田高水低，引水灌溉困难。也有部分由于没有水源或来水量少，导致受旱。干旱低产类型由于产量过低，其面积的扩大对一江两河地区粮食总产量贡献不大，而且由于改造困难，加之水土流失严重，成为一江两河重要的沙源。因此，干旱类型中的坡耕地、地面不平整土地和与本地居民（如偏僻沟谷）吃粮关系不密切的低产干旱型耕地，要分批实施还林还草工程，产量损失可由中高产田的改造来弥补。

低洼渍涝型主要分布在一江两河河谷阶地最低处及其沟谷低洼处，由于排水工程不畅而导致减产。高寒霜冻型主要是海拔高，易受霜冻造成，而土薄缺肥型多是肥源短缺，也有一部分是由于农田坡度大，水土流失严重造成。这3种类型如实施相应工程可以改造时则以工程改造之，不然，也应还沼还林还草。

根据一江两河农业规划，现状 2.08 万 hm² 旱地中，只有 0.23 万 hm² 的旱地有条件改成保灌或可灌地，余下的 1.857 万 hm² 旱地中应有 0.8428 万 hm² 退耕还林还草，可使干旱型中低产田维持在 1.0142 万 hm² 左右。可见，由于水利工程投资过大，在区内使所有的干旱中低产田变成有保灌条件的高产田是不现实的。

2) 中、高产田的潜力

一江两河地区的中、高产田是相对而言的，其中全部高产田和经过改造的一部分中产田具备向稳产高产田过渡的基本条件，这些农田灌排渠系基本配套，农田防护林网也比较发达，土壤肥力水平较高，不易受干旱威胁，也不存在渍涝灾害。因此，除提高农田基本建设水平和注意培肥地力以外，实施现代农业的先进技术，如可降解塑料的地膜覆盖技术，减量高效配方施肥技术、优良农作物品种推广和应用技术，免耕栽培技术等。可以使原来的 11.6 万 hm²中产田改造为高产田，使高产田总数达 12.8 万 hm²。如果按单产 3000kg/hm²计，则粮食产量可以达到 3.84 亿 kg；还可以使 3.1 万 hm² 高产田改造为稳产高产田，如果按单产 4500 公斤/ hm² 计，则粮食产量可以达到 1.4 亿 kg。两项合计（不计其他低产田）产量可以达到 5.26 亿 kg，超过了农业综合开发规划中 2000 年达到 3.89 亿 kg 的目标。可以认定，用提高中高产田单产的办法实现粮食的总体目标才是合理的和可行的。

2. 农业景观调整规划内容

西藏一江两河地区大农业开发工程原定发展规划如表 5-4-4 所示。

表 5-4-4　水浇地和旱地规划

时间	灌溉地		可灌地		旱地		耕 地总面积
	（万 hm²）	（增长%）	（万 hm²）	（增长%）	（万 hm²）	（增长%）	（万 hm²）
现状	9.88	100	5.67	100	2.09	100	17.64
"八五"目标	11.29	114	4.27	75	2.08	99	17.94
"九五"目标	14.28	145	1.50	26	2.03	97	17.81

数字显示，原计划在"八五"期间使 0.01 万 hm² 旱地和 1.4 万 hm² 可灌地变成保灌地；计划在"九五"期间再使 0.05 万 hm² 旱地和 2.77 万 hm² 可

灌地变成保灌地。到"九五"末，保灌地总面积达到 14.28 万 hm²。

这个规划只考虑了改善水利条件技术的运用，而没有考虑其他农业技术，因而将粮食生产总目标定为 3.89 亿 kg。而从该地区看，粮食生产的潜力还很大，如果实现了保灌条件，其他农业先进技术的应用将产生增产效果。农业景观调整规划内容见表 5-4-5。

表 5-4-5　农业景观调整规划

时间	稳产高产田		高产田		退耕还要还草的中低产田		耕地总面积
	（万 hm²）	（增长%）	（万 hm²）	（增长%）	（万 hm²）	（增长%）	（万 hm²）
现状	—	100	4.34	100	—	100	17.64
"九五"	3.1	310	12.68	295	0.84	84	16.8

数字显示，"九五"期间农业景观调整的任务主要有如下 3 项。

第一，使原有的 4.34 万 hm² 高产田中的 3.1 万 hm² 改造成稳产高产田，在这类农田中，实施现代农业技术，使平均单产由目前的 3000kg/hm² 以上增加到 4500kg/hm² 以上，完成粮食生产目标 1.4 亿 kg。

第二，改造原有的 11.44 万 hm² 中低产田为高产田。由于现有的保灌地和可灌地共计 15.55 万 hm²，除去 3.1 万 hm² 改造成稳产高产田外，还有 12.45 万 hm² 地有条件改造成高产田。因此，改造完成 11.44 万 hm² 高产田的目标是有条件实现的。该类耕地的平均单产由 2250kg/hm² 提高到 3000kg/hm² 以上，完成粮食生产目标 3.84 亿 kg。

第三，一江两河地区现状耕地面积 17.64 万 hm²，除上述两项改造内容外，还有 1.86 万 hm² 中低产田，在其中选择干旱的坡地，不平整土地和与当地居民生活相关不密切的旱地退耕还林还草，实现农业景观结构的初步调整。

3. 其他措施

农业景观结构的调整，除限制开垦荒地和退耕还林还草以外，还有三项重要内容：①实施减缓荒漠化工程；②防治草地退化工程；③植树造林工程。在一江两河地区实施上述综合治理措施以后，才能遏止高原生态环境退化的趋势，使区域经济社会实现可持续发展的目标。

5.4.4　规划结论

第五，近年来，由于粮食贮备丰富和粮食作物价格偏低，不少地方在实施退耕还林还草的战略，这与二十世纪九十年代欧洲的情况类似。也有些地方仍准备垦荒，扩大粮食生产面积。如何调整农业景观结构，是放任自流还是遵守"人与自然共生"的基本法则，是一项全新的课题，必须引起人们高度重视。

第二，依据结构与功能匹配的景观生态学原理，在退耕地区和垦荒地区，从维护生态完整性的大局出发，应该对农业景观进行合理的规划和设计。

第三，农业景观的调整要考虑"三农"问题，这个问题的根本解决需要有长远的眼光，不要追求近期效益而使生态环境受到破坏，使农村生态环境陷入恶性循环之中。

第6章 生态旅游规划

6.1 目的要求与基本特征

6.1.1 目的要求

生态旅游概念源于绿色旅游或自然旅游，现在认同的生态旅游的基本概念包括两层内涵：旅游对象是自然环境，旅游方式是不对自然环境造成破坏。

生态旅游模式与常规旅游开发模式在发展理念上有根本区别。生态旅游模式是将自然环境和历史人文环境的保护作为旅游开发的基本前提，在规划上采取有控制、有选择的开发模式，限制旅游发展规模，包括限制游客人数、限制旅游设施的建设，尽可能保护和维护自然和文化历史遗迹的系统完整性，防止对敏感和脆弱的自然资源造成损害。如防止对珍稀濒危的生物多样性造成损害、防止森林严重的破碎化和岛屿化、防止旅游资源出现严重的荒漠化，等等。

目前，不少旅游活动多以冠上"生态旅游"的名称，名称虽然时髦，实质却破坏着生态环境，影响着景区的可持续发展。例如张家界是世界著名的旅游胜地，然而，在著名景区水绕四门狭窄的景观区内建起了现代化的客房、服务中心、摄影部、停车场和竹亭、草亭等高大建筑，连厕所均高大亮丽，自然景点宝剑峰、宝塔峰、奇峰倒影、旗帜峰反而"相形见拙"，游人难以享受原有的风情。这种不和谐的规划和建设令游人大跌眼镜，使武陵源的观赏价值大打折扣。再如黄山景区内建设的三条索道把景区切割破碎，景区内几个豪华饭店使景区犹如闹市，笔架峰上的松树已是以假代真，原因是山下开发强度过大影响了自然形成的水源输送渠道。这两处景区都是世界遗产尚且如此，一些地方更是以资源作代价，把发展经济作为主要目标，甚至不惜损害动物的生存。前几年，我国不少地方兴起建设野生动物"乐园"，在几千平方米的模拟环境中，养着十几只老虎、十几只狮子、几十只熊，几十只狼……这些老板都标榜自己是在保护野生动物，一些"媒体"也跟着"宣传"这些"乐园"是环保先锋。这真是保护吗？且不说一些老板在狠心发熊胆财，就单从这些动物需要的最小生存面积来分析就可以真相大白。虎是独栖动物，除了繁殖季节都是独往独来，每只虎或一个家庭需要几十、上百平方米领地范围，不然，就会加大遗传杂合子丧失，加速种群灭亡速度。而所谓的动物"乐园"里的这些食肉动物几十只，甚至上百只拥挤在几千平方米网栏内，连生存的最小面积都不享受又怎么能称之为"乐园"呢？这里只能是它们的慢性屠宰场。区域生态规划要将生态旅游作为重要的规划内容来规划，使人们在享受自然的同时，真正保护自然，实现生态可持续基础上的旅游业。

6.1.2　基本特征

旅游资源按照资源性质可以分为自然资源为主型和历史文化景观为主类型，按照旅游方式又可以分为休憩旅游为主类型和观赏旅游为主类型。按照资源自身的敏感（或脆弱）程度还可以分为资源敏感型和非敏感型。如果旅游活动有可能损害敏感资源的生存，则这种资源不适合发展旅游。而其他非敏感类型的旅游发展，也要根据资源的弹性确定旅游方式和游客容量。因此资源本身的敏感性和弹性是界定生态旅游形式、强度和规模的决定因素。

6.2　基本原理与内容规范

6.2.1　基本原理

生态旅游基本的规划原理是人与自然共生理论。人类为了永久地生存和发展下去，必须与大自然和谐相处，与地球上其他生物共同繁荣昌盛。共生本来是一种自然界常见的现象，但"由于对长时期、大范围的环境干扰政策的无能，促使人们通过'共生'来控制人类—环境系统。"马克思主义者认为，我们统治自然界，绝不像征服者统治异民族一样，绝不像站在自然以外的人一样——相反的，我们连同我们的肉、血、头脑都是属于自然界，存在于自然界的；我们对自然界的整个统治，是在于我们比其他一切动物更强大，能够正确认识和运用自然规律。

6.2.2 内容规范

1. 旅游资源的生态环境特点（侧重对资源敏感性与弹性的界定）
2. 主要环境问题与主要保护目标
3. 主要对策与重点工程
4. 规划内容

6.3 规划框架与方法

6.3.1 规划框架

6.3.2 方法

生态旅游规划是区域生态规划的重要内容之一。对资源的调查应从两个方面进行：一是空间信息，要在全球定位系统和在地面调查工作的支持下，主要依据遥感技术获取信息；二是对资源敏感性的调查，要根据资源属性采取不同的方法进行。如果有珍稀动植物，就需要进行关键种的生理生态习性调查，判定其敏感程度。旅游资源承载力的判定要注意下述方面：一是由生态完整性维护所决定的生态承载力；二是敏感资源限定的承载力；三是环境容量限定的纳污限值；四是游客的生理承受能力。旅游产品的规划和市场规划都要与上述内容密切联系，然后才能编制出可操作的生态旅游规利。

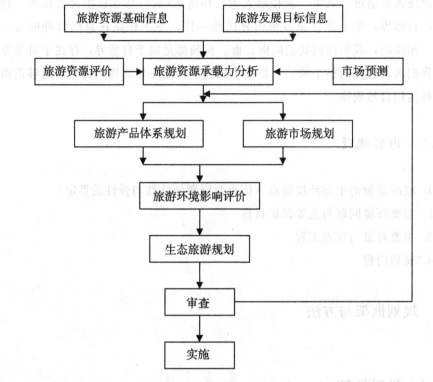

图 6-3-1 生态旅游规划框图

6.4 案例概况与规划结论

6.4.1 案例（一）概况

1. 旅顺口区的旅游资源现状

1) 自然景观

旅顺口区位于辽东半岛的最南端，东临黄海，西、北沿渤海，区内丘陵起伏，树林茂密，一望无际的大海，星罗棋布的岛礁，峰峦叠翠的山峦，果菜相间的田野，山水相依，交相辉映，景色绮丽。境内有久负盛名的天然港湾和园林化城市建筑，有举世无双的蛇岛，海鸥寄居的海猫岛和候鸟聚集的老铁山，这些资源形成了旅顺自然景观的四奇，即：良港、叠峦、珍禽、奇岛，构成了旅顺自然风光的独特色彩。

(1) 岛屿景观

碧蓝的海面上，散落着八处风趣各异的岛屿和众多的岩礁，离岸很近，又相对集中，排列组合奇妙，形成岛前有礁，岛旁有岛，层次清楚，各具特色。世界闻名的蛇岛，距双岛湾镇西湖咀仅七里，在 0.82km² 的岛屿上，生长一万八千余条单一蛇种——黑眉蝮蛇，堪称世界一绝。岛上多沟缝和洞穴，灌木丛生，杂草茂密，生长着 65 科，206 种植物。蝮蛇在春、秋季和夏季的早晚，以各种姿态蛇蜓栖息在树枝、草丛、裸岩上和洞穴中，犹如一个天然的大蛇园。蛇身披上与树木、岩石相似的保护色，平时守枝待鸟闻风不动，当猎物停歇枝头，则一反恬静常态，以迅雷之势射出咬住对方，置于死地而食之。此情此景使人望而生畏，却又想一睹为快。其南有著名的海猫岛，数以万计的海鸥在岛上生活、产孵、繁衍后代，它们展翅如白云遮日，落下似白雪盖地，时而在空中翱翔，跟踪船只，时而掠过海面，嬉戏捕食，犹如海鸥的王国，另是一番奇景。距北海镇北海村仅九里处，有一面积为 1.12km² 的猪岛，因俯瞰像猪状而得名。该岛海岸线长 5km，岛上土质较好，有 200 多亩耕地，还有四眼水质较好、水源较丰富的淡水井。该岛南有一长近 0.5km，纵深 0.3km 的海湾，可做浴场。其余岩岸皆为岩礁，鱼、蟹、贝类等海产品资源丰富，可供人们垂钓、拾贝、抓蟹，其乐无穷。

(2) 港口景观

在漫长的海岸线上，分布着三个港口，十四个港湾。其中有举世闻名的天然不冻军港——旅顺港，该港两边由高丘形成了天然屏障挡住滔滔的黄海波涛，像一座庄严的雄狮守卫着海口。口内又有一弯曲狭长的岸带——老虎尾，形成天然的防浪堤，堪称大自然的杰作。港内水深冬季不冻，可停万吨轮。由于旅顺是京、津的大门，更显示出军事地位的重要。西部渤海岸边的羊头洼港，南为三羊头，北为大羊头，港内最大水深七 m，可避北风和东风，是通往蛇岛、海猫岛、猪岛的理想港口，1990 年已与山东等地通航旅游船，1995 年与秦皇岛通航客货混装船。

(3) 植物景观

旅顺是一个天然的大花园，全区森林覆盖率为 50.5%，其中城区的绿化覆盖率达 33.07%。初春盛开星花玉兰，以全国稀有而招揽各方游客争相观赏。稀有树种有美国榆、红槲栎、日本冷杉、欧椴、红花洋槐、老铁山腺毛茶藨、光叶桦等，以其独特的风姿引人观赏。翠绿挺拔的法国梧桐和绚丽多彩的樱花，整齐地排列在道路的两侧，特别是苍劲葱郁的龙柏、四季常青，以其独特的树型，幽静古老、虔诚肃穆的姿态，仿佛把人带入仙境。旅顺植物园占地 4hm²，集中了各种名贵的观赏树木和花卉，是具有地方特色的百花园。

（4）动物景观

蛇岛、老铁山是天然的蛇园、鸟园，现属国家重点自然保护区。老铁山丘陵连绵蜿蜒，树木繁茂，是候鸟南迁北移的重要停歇站，每年停歇的鸟类达 200 余种几十万只。其中有国家一级保护动物丹顶鹤，二类保护动物虎头海雕、鸳鸯、天鹅等十几种。海猫岛上的海鸥，蛇岛上的蝮蛇，资源丰富。蝮蛇不仅可供观赏，更重要的是具有科研和医疗价值，现用蛇毒配制的药物，可治脑血栓等多种疾病，效果极佳。1990 年建成并开放的蛇岛自然博物馆，是普及大自然保护知识的理想场所，也是科研、教学、学术交流的基地。全馆分序厅、蛇岛厅、蛇类厅、蛇的利用厅、老铁山岛、影视厅、蛇园等七大部分，让人们进一步了解大自然、热爱大自然、保护大自然，为保护生态平衡和造福人类做出了贡献。

初春，海豹随水漂来，哺乳育仔，是罕见的自然野趣。旅顺动物园，创建于 1929 年，占地 5hm²，是我国早期动物园之一。园内有各种动物 70 余个品种近五百只。有珍贵的东北虎、华南虎、非洲狮、天鹅、丹顶鹤、孔雀、海豹等。有一个 6300m³ 的大鸟笼。整个动物布局合理，绿树成荫。有龙柏、雪松、桧柏、樱花等各种花木 100 余种 2000 多株，绿地占总面积的 60%。

（5）岸壁景观

造型奇特的岸壁岩礁沿海到处是。北有九头山，西有艾子口和老铁山头，悬崖峭壁，景色壮观。姑子庵西，奇特的"草马"影印在百米高的峭壁之上，天然岩洞散落在陡壁与海水连接处，矗立在海水中的造型特异的岩礁，都给人一种雄伟、壮观的感觉。

（6）沿海一带有七处海水清静、沙滩整洁、海沙和光滑卵石延伸浅海的良好海滨浴场。黄金山浴场被列为大连的四大浴场之一，坐落在旅顺港口东部，北靠青山，南朝黄海，东为模珠礁，西为黄金山。该浴场水域面积约 5 万 m²，滩涂面积 2 万 m²，上部为鹅卵石，下部是粗砂，滩涂较平缓，海水清澈无污染，服务设施较齐全，又有电岩炮台、南子弹库、大和旅馆分馆等景点相映衬，是理想的海水浴场。西部渤海岸边的羊家套浴场，西向海面，3000m 长的海滩被两边突出的山峡环抱，水清浪静，沙底平缓，坡降只有 2%，岸边是清洁光滑的小卵石，滩涂面积广，容量大，可与大连四大海水浴场相比美，是大连最好的浴场之一。大连南路沿线的塔河湾浴场，南向海面，水清滩浅，交通方便，地域宽广，是理想的休养、疗养区。宽阔的大潮口浴场，北向海面，长达 2 千多米，沙底、水清，岸边为光滑的小卵石，与猪岛、牤牛岛、湖平岛隔海相望，近在咫尺，都是理想的消夏避暑的场所。

2）人文景观

旅顺地理位置十分重要，是我国北方海上交通要道，历史悠久，文化发达，古迹繁多，战痕累累。该区被列为重点文物保护单位有 47 处，它们记载了帝国主义侵华罪行，是保存得较完整的中国近代史中现场大课堂的一部分，构成了旅顺人文景观的古、多、齐、整的特点。

（1）古文化遗迹

从新石器时期开始该区有许多村落遗址、墓地、城池等历史文化遗迹，它们遍布全区反映了旅顺悠久的历史文化。

村落遗址：据今四五千年前的郭家村遗址，位于铁山镇郭家村北大岭上，占地面积很大，延续二千年之久。遗址分上下两层，已出土许多的石器、骨器、陶器、雕塑艺术品和狩猎工具及大量的各种禽兽骨骼；还有各种贝壳和鱼骨以及网坠等。铁山镇于家村出土的铜器时代村落遗址，占地 1 万平方米，也有各种石器、骨器、陶器，都很有考古价值。

城池：位于铁山镇刁家村西南丘陵上的长方形牧羊城，是汉代建筑，南北长 114m，东西宽 78m，城西南临渤海，隔海与山东半岛相对，是汉代海上交通往来的要冲。城内出土有青铜器材、石器和陶器残片。战国时代的"明刀钱""明字园钱"和"一化园钱"，还有西汉的"半丙"、"五珠"，新莽时的"大泉五十"货币，以及战国时期至汉代的陶器、瓦当、铁工具、铜器等，有"河阳县令印"、"武库中丞"封泥等。另在长城镇山有元明时期建筑的石城，明代在三涧堡镇土城子村建的土城子，遗址尚存，可供历史考察。

墓葬：有古代各式墓葬数百处遍布全区。其中老铁山东、北山脊和将军山上新石器时期的积石墓由大石块砌成。将军山上的一个墓有二十五至五十个墓室。青铜器时期的于家村蛇头的积石墓、三涧堡镇的小黑坨子、北海镇的东坨子、水师营街道的于大山、长城镇的城山等地的墓群各具特色；战国时期的铁山镇尹家村南河的石墓，出土有青铜短剑、陶器等文物；铁山镇尹家村、刁家村、水师营街道寺沟村、三涧堡镇土城子村、北海镇李家沟、龙头镇东北山村等地挖掘的从汉代到明代的土坑墓、贝壳墓、瓦棺墓、砖石墓等各种墓葬中，出土了各个历史时期的文物可用以考察历史。

　　另外，唐朝开元年间，鸿胪卿崔忻开凿的鸿胪井，坐落在黄金山下；三涧堡镇南凤凰山西山坳中的长春庵始建于明朝，于清光绪三十三年（公元1907年）改建，原庙堂中有雕塑得栩栩如生的天仙圣母、释迦佛、观音菩萨等佛像，有用功精巧的壁画多幅。这些景点绿树静地相映衬，仙境佛地山中生，颇值得引人一赏。

　　（2）近代战争遗址

　　旅顺战略地位十分重要，境内山峦起伏，地势险要，曾遭受了中国近代史上中日甲午战争和日俄战争的洗劫，战痕累累。区内各种工事、堡垒、以及帝国主义宣扬其侵略"功绩"的碑文等战争遗迹比比皆是，保留尚较完整，是全国少有的。由东鸡冠山北堡垒、二龙山堡垒、松树山堡垒、案子山堡垒、椅子山堡垒、"二〇三"高地等组成一系列文物。日本侵略者的碑文，树在每座争夺过的山顶上，其中白玉山上的"表忠塔"，是侵略者为其亡命徒扬幡招魂，树碑立传的真实写照。旅顺港口的闭塞纪念碑（已炸毁）记载着日本侵略军沉舰封闭旅顺港口的历史事实。黄金山南电岩炮台，面临大海，北靠高山，十分隐蔽，与西鸡冠山炮台一起扼守在旅顺港口的两侧。这一切构成了一个庞大的露天战争遗迹、实物陈列馆，内容丰富，遗迹完整，供人观览。

　　（3）现代海防景观

　　1988年建成的旅顺海军兵器馆是重要的景点之一，当游人登上馆内舰艇指挥台眺望或通过潜望镜搜索就能观看水兵之城——旅顺军港和旅顺方圆几十里村镇、山丘和古战场。全馆分水中兵器陈列厅、轻武器陈列厅、舰艇模型和海军制式服装陈列厅以及潜望镜陈列厅、导弹和航模靶机陈列室。

　　（4）近代历史文化

　　旅顺博物馆坐落于新市区，创建于1917年4月，是我国建立最早的博物馆之一。该馆陈列面积1800m²，辅助陈列面积500多万平方米，分为历史文物专题，大连地方历史文物及特展三部分。馆内藏品三万余件，陈列的展品内容丰富。有新疆出土的具有一千三百多年历史的"木乃伊"，新石器时期的石器、骨器、陶器，青铜器时期的青铜器，汉代的铜贝鹿镇、彩绘陶器及历史陶器，还有宋代苏东坡的"阳羡贴"，元代刘秉谦的"竹石图"以及变幻莫测、引人入胜的"双龙洗"等各种稀世珍贵的历史文物，展示了中华民族的悠久历史和光辉灿烂的古代文化，吸引各地游客，每年有近五十万游人到此参观。

　　（5）近代历史遗迹

　　南子弹库遗迹坐落在模珠礁南海岸，属半地下式，是在1880年由清政府修建的。"南子弹库"两侧有"虎踞"、"龙盘"字样，其位置南面临海，地势险要，树木丛生，极其隐蔽。水师营街道东南角的"龙引泉"建于清朝，是我国最早的自来水工程之一，坐落在秀丽的万木丛中。旅顺港内的大坞，是清政府建的我国北方第一个修船厂。太阳沟的大和旅馆是清朝末代皇帝溥仪与日本帝国主义勾结，策划成立满州国的交易所。关东州厅则记载了日本帝国主义妄图霸占旅大的野心。还有肃亲王府、军事博物馆、罗公馆的遗迹及美观、典雅的俄式火车站和其他俄式、日式建筑群等，风格各异，既有观赏价值，又有学术考察意义。阴森、冷酷的旅顺监狱旧址位于元宝坊，占地面积仅院内就有二万六千多 m²，由沙俄 1902 年年初建，1907 年日寇扩建，能关押二千多人，是当时东北较大的一座法西斯监狱。内有各种刑具、绞架等实物，记载着日本帝国主义侵华的法西斯罪行，是国家重点文物保护单位。

近代纪念性建筑有坐落在白玉山东麓的"万忠墓"，深沉、肃穆，占地 4500m²。该建筑有殿一座，墓碑三块，陈列室一处。陈列了 1894 年中日甲午战争期间日本帝国主义残酷的侵华罪行和我国劳动人民英勇反抗及惨遭杀害的史实，是揭露帝国主义侵华罪行，进行爱国主义教育的好课堂。

(6) 现代文化建筑及园林艺术

旅顺近代历史的演变形成了园林艺术的独特性和现代文化建筑的特有风格。特别是新市区的城市布局、建筑风格都别具一格。新市区环境幽静、街道整洁、空气清新、景色迷人。市内雄伟壮丽的胜利塔，高 45m，巍然矗立在新市区东口的街心；洁白如玉的友谊塔（为国家级文物保护单位），挺立在新市区街心，其间有动物园、植物园相衬托；历史悠久的旅顺博物馆与友谊塔相毗邻，周围有关东州厅、军事博物馆、肃亲王府、罗公馆等遗址；西街口便是旅顺蛇园，还有许多俄式、日式建筑群错落其间，既各具特色，又互相协调。市区街道、建筑、绿化溶合在一起，组成一个优美丰富的环境，特别是树姿奇特的龙柏，给人以美的享受。

坐落在水师营街道三里桥村的苏军烈士墓和八一烈士陵园，使人肃然起敬，烈士的英灵激励人们建设美好生活的斗志和坚定社会主义的信念。

白玉山下的友谊公园，清静秀丽，内有 11.9 米高的解放塔，是人们游览、休息的好地方。海岸游园可以面对旅顺港，园内有象征旅顺的雄狮雕塑，可使人心胸开阔，领略港湾风光。

综上所述，旅顺风景名胜区是一个天然的大花园、天然的动物园、天然的博物馆，这里到处都有迷人的景色和丰富的历史文化遗产和遗迹，吸引着各种不同爱好的游人。来过大连的游客都异口同声地说：不到旅顺口，就等于没到大连。由此反映出旅顺的游览价值。

2. 旅游市场

1) 旅游市场分析

(1) 旅游业快速发展，使得旅游经济收入稳步提高。1995 年旅顺口区旅游总收入为 2577 万元人民币，接待国内游客达 150 万人次，海外游客达 4000人，到 1998 年旅游业创历史最好水平，全年接待中外游客达 165 万人次，旅游收入 1 亿元，比 95 年增长 25.77％，旅游收入占 GDP2.7％。

(2) 旅游设施

旅游业的发展带动了旅游设施的发展。旅顺口区现有国际旅行社等四家旅行社（国际旅行社 1 家，国内旅行社 3 家），还星级宾馆 2 家，旅店 115 家，床位数达 8000 余张，基本形成档次完善的涉外旅店群。有以三资方式建设和使用的旅游度假村十二处，这些度假村优化了旅顺口区的镇、村经济结构，使旅游体系由点向面转化。

旅游行业的管理在进一步加强。1997 年 12 月旅顺口区旅游事业管理委员会、风景名胜区管理委员会、文物管理委员会（简称三委会）实行了一个机构、三块牌，解决了旅游业多头管理的局面，为旅游的行业管理和旅游资源开发建设奠定了坚实基础。

2) 存在问题

(1) 旅游资源的主导方向有待调整。以往旅顺口推出的旅游资源是以人文景观为主，特别突出了"战争内容"和"殖民历史"，这虽然可以激励人们爱国主义热情，但国内游人无不有沉重之感。而旅顺的自然风情和海滨风光始终没有成为旅游的主导方向之一，本规划认为，应扭转这种本末倒置的现状。就是宣传人文景观，也应以中华民族悠久的文化和发展历史为主，千万不要给人一种旅顺的历史就是受侵略的殖民历史的错觉。在旅游导向上和资金投入上，都应有大的转变。

(2) 旅游资源开发不平衡

a. 旅游资源的保护、规划、开发、建设，滞后于旅游业迅猛发展的需要。旅游资源的保护未能引起各级领导高度重视，城区内出现许多与周围环境不相协调的建筑，旅游景点、景区及视线范围内乱插乱建现象众多。

b. 旅游业总体投入少、规模小，产业优势发挥不出来，缺少四季皆宜的旅游项目，得天独厚的海岛旅游资源未能充分利用。

c. 由于地处军事要塞，对外开放景点不足 40％，制约了旅游业的发展。部分用地与城市建设常出现多头管理的现象，对风景区的保护产生一定负面影响。

（3）旅游市场发育不健全

a. 对游客心理，尤其是国内游人心理调查不足，没有认识到"轻松""享受大自然"才是现代旅游的精华。

b. 对客源市场调研不够，市场促销手法单一，推销手法单调。

c. 1998 年全区旅游经济收入占全区 GDP 的 2.7％，而远远落后于全市的 7.8％。特别是旅顺南路开通以来，到旅顺游人数增多，而旅游收入的增加不大。旅顺旅游以一日游为主，客源结构以国内游客为主，停留过夜者甚少。综合效益未能充分发挥。

d. 旅游基础设施滞后。多年来，旅游业的发展受制于相关行业的问题较为突出，区三委会对各自然保护区、开发区、各镇内部的旅游景点、开发建设的调控缺乏手段。各风景区的服务设施与旅游事业的快速发展不相适应。

e. 与旅游市场体系相配套的旅游商品、信息、培训、宣传促销，景点形象传播等方面需加强和完善。

f. 除游乐以外，应考虑建设一些会议中心等项目，吸收国内国际会议在旅顺召开，形成新的客源。

3. 旅游发展规划

1）旅游发展战略思想

（1）指导思想和发展原则

根据大连市委、市政府提出把旅游业培育和发展成为大连新的支柱产业的战略决策，要依据旅顺口"以港兴区、外向牵动发展、科技兴区、旅游兴区的四大发展战略"，充分发挥旅顺口区的旅游资源优势，尤其是自然资源优势，开拓大市场，发展大旅游、形成大产业。要按照经济体制和经济增长两个根本性转变的要求，坚持经济、社会、环境相结合的原则，努力提高旅游发展的质量和水平，促进旅顺口区经济社会的协调发展和旅游业的可持续发展。要注意改变只注重宣传进行爱国主义教育的偏向，下大力量宣传旅顺的自然美，环境美，让人们的旅游活动轻松起来，还旅顺口旅游资源优势的本貌。

a. 加强旅游体制和政策法规建设，进行全行业管理明确旅游管理体制，形成相应的旅游政策法规体系，依法进行全行业管理。旅顺口区三委会是全区旅游行业的行政管理部门，应承担宏观管理的职责。

b. 以资源为依托，市场为导向，正确对旅游景区进行开发。形成以自然美和滨海风光为中心主题的旅游产业体系，提高旅游业的发展速度及水平。

c. 旅游资源开发与保护并重，必须十分注重保护旅游生态环境，保护自然风貌和人文景观，把严格保护、统一规划、科学开发、永续发展结合起来，并使之纳入法制轨道。

d. 调整旅游结构，使从业结构的合理，促进"行、住、行、购、娱、游"旅游六要素平衡发展。产品结构上要重点改造老产品，开发集文化、经济、生态因素于一体的新产品，突出特色，充分利用旅顺口的资源优势，吸引海内外游客。

e. 加强行业区域合作，加强与国内外旅游城市的合作。

(2) 发展目标

近期（到 2005 年）使旅顺旅游产业形成以自然美为中心的基本格局，中期（2010 年）旅游产业形成该区龙头产业之一。

经过十几年奋斗，到 2020 年，使旅顺口旅游业形成综合性的大旅游产业，成为国民经济的支柱产业。

要使旅游业在全市国内生产总值中的比重有较大提高，对相关产业的连带促进作用得到充分显示，具有一批现代化国际水准，建设规模大、功能多、特色突出的旅游胜地，将旅顺建成集游览、观光、度假、疗养、会议、商贸于一体的接待设施先进、服务水平一流、环境优美的旅游经济区。

实现这一目标的主要标志是：

a. 形成与城市社会、经济发展相协调的，点、线、面相结合的，科学合理、功能配套的旅游大产业布局。

以自然风光旅游为主，近代史为辅，建成游、住、食为一体的生命力强的大旅游项目及旅游精品，建设与现代旅游相适应的配套设施和完善的旅游基础设施。

b. 发展目标

✚ 接待海外游客人数：2005 年达到 2.09 万人次，年增长达到 20%，随着旅顺口区开放程度的扩大，2010 年达到 7.76 万人次，年增长 30%。

✚ 接待国内外旅游人数：2005 年达到 4.07 万人次，年增长 13%，至

2010 年达到 1000 万人次，年均增长 20%，旅游经济增长速度为 23%。

2）旅游发展总体布局

（1）布局原则

a. 大连城市的旅游发展布局已将旅顺口区规划为大连城市的重点旅游区，是大连旅游的"龙头"，其旅游定位为大连市的"后花园"，近代战争遗址——军港风光旅游区。因此旅顺口区的旅游发展规划必须以大连的旅游发展战略为依据。

b. 旅游发展规划在城区整体发展战略的指导下，紧紧围绕发展旅游生产力，充分考虑区域旅游特色、旅游功能差异和旅游资源互补，形成结构合理、特色突出、功能齐备、配套完善、互为补充的多层次组团式旅游产业布局。

c. 根据旅顺口区地理特点及旅游资源构成状况，突出旅顺口区自然景观和滨海风情，使游人有亲近自然、接近自然的机会。

（2）总体布局及旅游区结构

旅顺口旅游总体布局规划为东、西、中不同特色的三大旅游区，二个旅游基地，从而形成一个完整的旅游体系。在开发策略上，三个旅游区各有侧重。西部、中部旅游景区规划为国家级旅游景区；东部旅游景区规划为省、市级旅游景区。在建设时序上，首先发展完善西、中两大旅游区，有限开发东部旅游区。随着新老街区的整理改造，将新老街区规划为中心商务旅游区。远期随着新城区的开发建设，在西区建设区域性的旅游服务基地。

a. 中部旅游区

——定位

中部旅游区以新市街区和旧市街区为主体，以现存的后石山景区、鸡冠山景区、太阳沟景区、白玉山景区、老虎尾景区、黄金山景区六个景区，52 景点组成，是旅顺口区旅游精华所在，是旅顺口未来旅游发展的重点区域。

该区域浓缩了近、现代战争的历史，集聚了所有这一历史时期的遗迹，通常人们所知的"著名军港""兵家必争之地"等均可在此区得以展现。但是，切不可让游人沉默在殖民历史和战争的沉重气氛中，要改变宣传方式，突出对旅顺自然景观及其价值的宣传和引导。因此，中部旅游区的定位为：以欣赏旅顺自然美为主，兼顾军事题材和旅顺口历史遗迹，形成自然景点和人文景观兼顾的风光旅游和历史旅游。

——总体设想

中部旅游区与城区现有的主城区交融在一起。目前该区域是旅顺口区的政治、文化、经济的中心，居住着 8.72 万人口。该区域有着良好的旅游配套设施，但是，由于历史和经济的原因，许多的人为设施对历史遗迹及自然景观造成了一定的破坏和影响，因此该区域的旅游规划主要是建立在自然风貌及历史文化景观的保护以及现代商业、文化、建筑景观的开发基础上，要进行软环境的规划设计，如形象宣传、市场开发、旅游节庆活动设计、旅游服务规范设计、旅游交通、旅游饭店经营等。该区域的旅游开发是城市土地的二次开发，新市街区规划为历史风貌保护区，旧市街区规划为旅游商务区。

因中部旅游区旅游景点以旅顺口城区为基础，开发较早，自然景点建设宣传不足，而人文景点建设较为完善，旅游配套设施较为齐备。因此，规划要继续完善后石山景区、鸡冠山景区、太阳沟景区、白玉山景区、黄金山景区、老虎尾景区六大景区 52 景点的建设，主要是自然风情的建设。对现有的建成区进行环境整治，倡导人们到森林中去，到自然中去，从山上鸟瞰旅顺区自然整体美，规范服务，完善交通吸引客流。中部旅游区的开发还要注意保护历史，保护原有的城市形象，严格控制开发强度。建筑应以低层低密度为主，强调与周围的环境协调，城市建筑设计风格可以保留欧式和俄式建筑，主要是用绿化突出通透的生态城市风格和良好的视线走廊。

b. 西部旅游区

西部旅游区由老铁山国家自然保护区、小龙山景区组成。旅游区现状有 11 个景点，是旅顺口自然景观最美的地区。西部旅游区的定位为建成以自然景观为主的休闲度假、海岛娱乐的生态旅游区。旅游区应依托海岛风光、国家自然保护区、历史文物、蛇岛、海岛等旅游资源，开发旅游健身，海岛游乐等休闲度假、观光游乐、观海岛、观日出等旅游项目。

西部旅游区临近旅顺口开发区的羊头洼港。1999 年年底"铁路轮渡"项目的启动使西部旅游区将成为 21 世纪旅顺口发展的重点之一。该区域的开发应在完善提高羊头洼、杨家套、牧羊城、郭家村遗址、灯塔、候鸟站、黄海分界线、海猫岛、猪岛、牛岛、湖平岛等景区、景点建设的基础上，完善旅游度假型的度假村，陈家村度假村的建设。增加开发游乐型的老铁山游乐区、小龙山景区海岛旅游、近海水域海上游玩、渔家乐等娱乐型旅游项目。旅游接待设施安排在"夕阳红"度假区、陈家村度假区及双岛镇城区内，布置配套设施可集中于新城区开发建设，形成区域性的旅游服务基地。

西部旅游区的开发应以保护生态环境、保护沿海岸线、海岛和海域为重要目标，严格控制开发强度。

　　c. 东部旅游区

　　东部旅游区要依托旅大南路这一旅游专用线，由佛门寺休闲度假区、塔河湾旅游度假区、南海头旅游度假区、大石洞国家森林公园、龙王塘水库等景点区组成。旅顺南路沿线海滨地区有八个天然浴场，有丰富的滨海旅游资源。同时该区域又属于农业经济区，因此该区域的旅游定位为海滨休闲、生态农业，形成旅顺南路的旅游经济带。

　　东部旅游区分为滨海休闲度假区，林果山地生态农业旅游区，大石洞国家森林公园生态旅游等三大部分。该区域的开发应以生态保护为前提，其旅游配套设施可依托各度假村，不得单独建设配套服务基地。

　　d. 两个旅游基地

　　—在旧市区建设旅游商业基地

　　在旧市区内规划建设小型的旅游商业、宾馆酒店、餐饮娱乐等设施齐全的旅游配套项目，主要服务于中、东部旅游区。旧市街既是中、东部旅游区的核心，也是旅游服务基地。旧市街区除其旅游景点外，其他的产业也均应向旅游服务业转化，成为商业旅游服务区。要严格控制旧市街区的建设内容，区内的工业企业应逐步限产和转产；区内的部队建构筑物建设应严格控制在城市的统一管理及统一规划中，在景区景点的建筑及在景区景点的视线走廊内的部队建构筑物建设应加强管理。

　　—在新市区建设旅游服务中心，集中各类旅游社团，开辟旅游专业交通，旅游专用停车场，创造良好的通讯、信息、广告宣传等旅游服务环境，使之成为旅顺口区的旅游服务基地。

　　(3) 主要景区规划

　　✚ 西部旅游区

　　a. 老铁山——蛇岛国家自然保护区

　　老铁山宏伟险峻，平均海拔 200 米以上，最高峰大崖顶海拔 466 米，山上有险峻的岩壁，如茵的草甸，苍翠的林木。每年春秋两季，这里是候鸟南北迁移的重要停歇地，成为鸟类的王国。老铁山灯塔建于 1893 年，是国家级文物，灯塔下方是黄、渤海分界线。老铁山景区规划面积 35.6 km²，由大崖顶、老铁山灯塔、陈家村鸟栈、郭家村遗址、牧羊城遗址、杨家套浴场、海岸崖壁景观等七个景点组成。规划要以山、海、林、鸟自然景观、古文化遗址、渔村农舍、生态度假为主体，在近期继续完善七个旅游景点的改造建设，增设蹦极跳、崖壁攀援、季节性的观两海、观百鸟、观蝮蛇、观日出等集锻炼、健身、娱乐为一体的旅游项目；规划精品果园，展示国内精品水果、花卉等；建成具有都市农业特色，集生产、科研、科普、旅游为一体的生产示范基地；规划文化林场，充分发挥老铁山知名度高的优势，将大众植树活动，赋以文化内涵，策划为旅游项目，如生日林、结婚林、旅游纪念林等；充分利用陈家村渔村，将民居变成渔村宾馆，与渔民同乐，同出海打鱼，同参与民俗游乐活动，使之成为不同类型的度假活动区域。

老铁山的人文建设和开发建设活动只能在自然保护区的试验区内进行，因此，要完善自然保护区功能区划分，按分区进行保护和建设。

b. 小龙山景区

小龙山景区由猪岛、蛇岛、海猫岛、湖平岛等大小八个岛礁组成。

——蛇岛

蛇岛面积为 0.82 km²，距双岛镇西湖嘴仅七里。岛上栖息着一万三千余条黑眉腹蛇，堪称世界一绝。岛上沟缝和洞穴内生长着 65 科，206 种植物。蝮蛇春、夏、秋季的早晚，以各种姿态蜿蜒栖息在树枝、草丛、裸岩上和洞穴中，犹如一个天然的大蛇园。

——海猫岛

海猫岛以数以万计的海鸥在岛上生活、产卵、繁衍后代而著名。海鸥展翅如白云遮日，落下如白雪盖地，时而在空中翱翔，时而掠过海面，这里是海鸥的自由王国。

——猪岛

猪岛面积为 1.12km²，海岸线长 5km，距陆地最近距离为九里。因其形状俯瞰像猪状而得名。岛南有一长近 0.5km，纵深 0.3km 的海湾，是天然的海水浴场。岛上鱼、蟹、贝类等海产品资源丰富，可供人们垂钓、拾贝、抓蟹，其乐无穷。

在猪岛规划游泳、赶海、拾贝、垂钓等活动。可利用猪岛平缓自然条件，规划岛上游乐场，在近海可开发海上飞翔、海底潜水、水上摩托等水上游乐活动。

✚ 中部旅游区

中部旅游区由后石山景区、鸡冠山景区、太阳沟景区、白玉山景区、老虎尾景区、黄金山景区等六个风景区 52 个景点组成。

——鸡冠山景区

鸡冠山景区以东鸡冠山为主峰，山峦起伏，地热险要，视野开阔。清代炮台、帝俄建造堡垒，星罗棋布在各处制高点上。日俄战争期间，两军鏖战的遗迹保存完整，形成鸡冠山景区的主要特色，是一个露天战争遗址陈列馆。规划面积 9.31km²，要以自然景观的恢复和建设为主，进行自然景观特色规划建设，同时兼顾中日甲午战争、日俄战争遗址修复，划分为东鸡冠山自然景观和广场，堡垒、炮台群、旅顺监狱旧址、劳工广场、家园广场、龙引泉自然景观和水师营会见所七个景点。具体见表 6-4-1。

表 6-4-1 鸡冠山景区点规划一览表

	规划情况	面 积	备 注
东鸡冠山自然景观和广场	修建	—	入口广场
堡垒、炮台群	整理修建	—	在每景点前修建花岗岩卧式石碑
旅顺监狱旧址	搬迁住宅整理环境	—	—
劳工广场	规划	6000m²	—
家园广场	规划	—	—
龙引泉	已建	30.67m	—
水师营会见所	已建		

——白玉山景区

白玉山景区规划面积 1.14km²。

位于旅顺市区中部，由白玉山为中心，包括海岸游园、友谊公园、旅顺火车站建筑和万忠墓等与待建的风景旅游接待中心等景点组成。

登上白玉山和白玉山塔可俯瞰旅顺港城风光全景。举世闻名的旅顺港口如同咽喉，黄金山、西鸡冠山分列两侧，隐现于港口东侧的老虎尾沙坝是天然防浪堤。

万忠墓当年是日本帝国主义者屠杀我二万同胞的陵园，占地面积 5400 m²。可以肃穆的植被修饰环境，让人们先获得休憩和亲近自然的机会，兼顾接受爱国主义的历史教育。

＊ 白玉山：白玉山上尚有白玉山塔（市级文物保护单位）、旅顺海军兵器馆及当年清军使用的 21 厘米加农炮等景物。

＊ 海岸游园：是旅顺港口北岸的带状绿地，为平视旅顺军港雄姿的最佳视点。园内屹立着一尊铜塑——《醒狮》，在蓝天、白云、碧海和军港的映衬

下，越发显得威严壮观，是古老的狮子口的象征。

＊友谊公园是老城区唯一欧洲风格的小公园。规划控制园林建筑建设，加强绿化建设和养护，随着旧城的改造，逐渐扩大其规模。

＊旅游火车站建筑：该站为沙俄修建的东清铁路南满支线中的一个区段终点站。车站建筑为木结构，具有19世纪俄罗斯风格，是市级文物保护单位。在今后维修时应力求保持原有形式和色泽。考虑到现铁路线客运量的逐渐萎缩，规划远期将该建筑段变成中东铁路博物馆，作为东三省铁路发展的展览场所。

＊万忠墓：在万忠墓规划建设甲午战争陈列馆，真实反映甲午战争的历史状况，使万忠墓成为了解历史的大课堂。

白玉山景区建设要在维护原有自然景区特点的基础上进行，要对周围不协调的环境进行整治改造。

——太阳沟景区

位于旅顺新市街，是以花园式街道为基调，陈列展览、文化娱乐为主要内容的综合景区。进入景区，雄伟壮丽的胜利塔和洁白如玉的友谊塔展现眼前。历史悠久的旅顺博物馆，展现了"绚丽多彩的我国古代艺术遗产"。拥有各类珍禽异兽的动物园和展出旅顺蛇岛黑眉蝮蛇为主的蛇岛自然博物馆，生长着省内外稀有树木的植物园坐落其间。绿树成荫的街道和街心花园，成片苍翠古雅、四季常青的龙柏及关东州厅旧址、肃清王府、大和旅馆、罗（振玉）公馆等建筑遗址，以及各种俄式、日式建筑群融合在一起，形成独特的城市风格和情调。

景区存在主要问题是对历史性建筑保护不善，维修不及时。肃清王府原为砖石结构的俄式二层建筑，后经修缮原貌已改变。大和旅馆、罗公馆等建筑经接层和在院内插建新建筑，已非昔日面貌。在新市街插建的盒式造型，彩色瓷砖或色彩鲜艳涂料饰面的多层楼房，与周边原有建筑风格不协调，破坏了新市街的特色和情调。太阳沟景区内原先开阔、敞亮的旅顺军港海岸已被住宅、航海学校等建筑遮挡。军港内填海筑港，破坏了景观视线和生态平衡。

太阳沟景区规划面积3.56km²，是以花园式城市为基调，陈列展览、历史瞻仰、文娱体育为主要内容的综合景区。其规划思路为：该区域为历史风貌保护区。重点突出欧洲小城风貌，建筑风格以俄式、日式建筑为主，造型美观、低层建筑为主。

规划内容为：

＊规划将关东州厅旧址改造为日俄战争陈列馆、展出日俄占领时期人民

饱受痛苦和英勇反抗的事迹。

　　＊ 在纪念塔、友谊塔视线走廊范围内严格控制建设一切构筑物。

　　＊ 规划拟在景区南部旅顺港海滨，以体育公园形式设置体育场、体育馆、田径馆、游泳馆和室外网球场、篮球场、排球场以及趣味性高尔夫球场、门球场体育休闲性项目等，形成旅顺体育中心。

　　＊ 将大和旅馆、肃清王府、罗公馆辟为特种旅游宾馆，建筑外形全部恢复原状。

　　＊ 严格控制在太阳沟景区内插建建筑物，对历史性建筑的维修，在外形上应保持原状。旅顺口湾填海筑港应严格按城市规划批准的规模进行，不得任意扩大和变更。从白玉山景区海岸游园通往太阳沟景区道路的沿旅顺口海湾一侧，拆除破旧建筑，修建绿带，以打通被阻挡的海湾景观视线通廊。

　　——后石山景区

　　景区内山峦重叠，地势险要，风光绮丽，是旅顺又一自然风情代表地，区内中日甲午战争、日俄战争陆地战场遗迹散落在山丘制高点上，各式炮台和堡垒占据着每个山头，充分体现了旅顺口这一渤海门户的天然战略地形，是以欣赏山景、海景和参观战争遗址为主要内容的景区。

　　后石山山体奇特，林森繁茂。

　　后石山景区由椅子山炮台、鞍子山炮台、203 高地、允和园、苏军烈士陵园、八一陵园六个景点组成。

　　后石山景区规划面积 15.7km²，是以亲近自然、亲近大海兼顾参观中日甲午战争、日俄战争遗址、瞻仰革命烈士为主题的景区。规划内容为：

　　＊ 进行山林景观规划和修复，加固整修椅子山炮台及案子山炮台。

　　＊ 对允和园、苏军烈士陵园、八一烈士陵园景点进行环境整治规划，严格控制其视线范围内一切构筑物。

　　＊ 在 203 景点规划 203 军事乐园，在保护生态环境前提下，依托 203 高地战争遗址和国家森林公园建设以军事科普和军体运动为主的主题公园。

　　＊ 规划扩建景区内所有的游览线路。

　　——老虎尾景区

　　由旅顺港南岸西侧的老虎尾半岛组成，是以狮子口、老虎尾景观为主的河口港湾景区。

　　景区内可以观赏到罕见的河口地貌景观，还有清代修筑的城头山炮台、蛮子营炮台、练兵场和沙俄强占时修建的土垒城头炮台、蛮子营炮台等军事遗迹及南天门、拉脖子浴场等 8 个景点。

　　＊狮子口：老虎尾半岛与黄金山分别列于旅顺港港口两侧形成对峙之势，中间为宽约 200 余米的海口，航道宽 80m，水深 10 余米，形成天然良港的出入口，古称"狮子口"。狮子口形势险要，从海岸游园平视，通过黄金山与老虎尾半岛多方形成夹景，远眺口外的黄海风光，舰船不时出入，风光绝妙。

　　＊老虎尾：老虎尾半岛是老铁山东脉，主峰西鸡冠山海拔 171m，形似一只卧伏着的老虎，半岛尾端有一条弯曲的沙嘴，是一条天然防波堤，其形犹如虎尾，甩入港内碧海中，虎视眈眈，守卫着旅顺口，甚为逼真。

　　＊南天门：位于老虎尾半岛湾口，灯塔后山与秃头山相连接之间，是清代建筑的山门，门高 4m，宽 3m，上面搭成"天桥"，踏过两山之间，南北相通由此门而过。

　　＊拉脖子浴场：位于老虎尾半岛北侧旅顺口港内，环境清雅，沙滩整洁，水波不高，清透见底，是一处良好的海水浴场。

　　＊城头山炮台：位于西鸡冠山东南城头山。清代修筑的城头山炮台遗址，土围轮尚在，但炮位已不复存在。俄国新建的海防炮台，炮位和隐蔽部混凝土工事构造物长 83m，宽 20m，仍完整无损。当时在炮台配置 5 门 15cm 半加农炮，防守西部海岸。

　　＊蛮子营炮台：位于西鸡冠山东南，清代在此建过炮台，如今炮台残址系俄军所筑，长 83m，宽 16.5m，当年配备 5 门 25cm 重炮，防守西部，工事构筑物至今保持完整。

　　＊练兵场：系清代所建供军队操练、演阅用的练兵场，阅兵台等建筑物基本保持完整。

　　＊西鸡冠山炮台：位于西鸡冠山顶部，是沙俄强占旅大时修筑的炮台，其中 1 号炮台工事全长 146m，宽 14.5m，配备 8 门加农炮；2 号炮台工事全长 78m，宽 12.5m，配备 4 门加农炮。日俄战争时配合海上作战和掩护俄舰突围时曾发挥过作用，炮台工事构筑物至今保持完整。

　　老虎尾景区规划面积为 4km²，现为军事保护区。近期严格保护自然景物和遗址、遗迹等人文景物，远期开发为一个景区。

　　——黄金山景区

　　位于旅顺港口东侧，与老虎尾景区遥遥相对，主峰黄金山海拔 117m，山势险峻，成为旅顺港东侧的天然屏障，山峦起伏延伸到黄海之中。

　　景区内的黄金山林丰叶茂，自然景观十分美丽。黄金山浴场原为大连四大浴场之一。南子弹库是清代修筑的半地下弹药贮存仓库。大坞是清代修建，为我国北方最早的海军船坞。尚有鸿胪井古遗迹、黄金台炮台、电岩炮台、白银山堡垒、白银山北堡垒等近代军事构筑物遗址。

黄金山景区由鸿胪井、黄金山浴场、南子弹库大坞、黄金山炮台、电岩炮台、白银山堡垒、白银山北堡垒等八个景点组成。黄金山景区规划面积 5.82km²，襟山带海，能登高俯瞰旅顺港和港口外缘广阔海域，是纵览旅顺沿海近代战争场最为适宜之地。黄金山景区规划应以自然美重建、文物保护、环境治理为主，对其景点视线走廊范围内建筑严加控制。

✚ 东部旅游区

—休闲度假区

＊ 佛门寺休闲度假区：规划依托佛门"净地"山水怡人，植被奇特等特色，侧重开发狩猎、垂钓、度假、疗养等现代化旅游区。

＊ 南海头综合旅游度假区：该区域北靠黄泥川水库、南临南海头海水浴场，现有已建 8318m² 的半岛酒店和 3 万 m² 的少年足球训练基地，规划利用 8hm² 虾池建设一活鱼养殖基地以供人们垂钓游玩，开发为海上观光娱乐、餐饮为一体的多功能旅游区。

＊ 龙王塘综合度假区：依托水库樱花园，新建的大龙塘桥和海珠花园，23000m² 的夏宫，建成吃、住、行、游、娱为一体的观光型度假区。

＊ 塔河湾海滨旅游区：依托塔河湾浴场、靶场、小孤山水库、山水楼度假村、小孤山观赏葡萄园等景点，规划开发以大众性滨海娱乐为主的旅游区。

＊ 盐厂新村商业娱乐旅游区：依托 7513m² 的海鲜一条街和 A 级卡丁赛车场，规划集观海、吃海、购海一体的综合性商业娱乐旅游区。

——林果山湖泊生态农业旅游区

在黄泥川水库、大石洞、龙王塘水库及小孤山一带，规划以林果种植、采摘、游山玩水、森林探险等为主要内容。农、果、蔬、牧生产要与国际有机食品生产接轨建成生态型农业旅游区；在黄泥川远离公路的七条山沟及大石洞国家森林公园建立野生动物放养园，创造人与自然和谐统一的环境氛围。

——大石洞国家森林公园生态旅游区

大石洞国家森林公园位于旅顺口区龙王塘街道，规划用地约 150 km²。规划开发一些森林浴、狩猎、越野等旅游项目。严格控制其开发强度，不得破坏其自然景观。

3）旅游线路规划

根据旅游资源的分布和旅游项目的开发类型，规划开发四条旅游线路。陆上规划三条旅游线路即海滨景观游览线路、近代史遗迹游览线路、老铁山自然保护区游览线路，三条线路既相互独立，又在局部有所交叉，交叉点即为换乘站，海上规划一条游览线路。

（1）海滨景观游览线路

a. 旅游资源：海滨浴场、军港风光。

b. 旅游项目：各种水上活动项目。

c. 线路：蔡大岭—龙王塘公园—塔河湾浴场—白银山洞—芹菜沟浴场—模珠礁疗养区—黄金山浴场—海滨游园—太阳桥—杨家套浴场（换乘）—新城区中心—太阳沟（换乘）。

（2）自然风情和近代史遗迹游览线路

a. 旅游资源：自然风情和近代战争遗址。

b. 旅游项目：观赏自然风光、模拟战争游戏、国防知识讲座、军事夏令营等。

c. 线路：白玉山（换乘）—万忠墓—三里桥—大狱—二龙山—水师营—203高地—太阳沟（换乘）—五一路—火车站（换乘）。

（3）老铁山自然保护区游览线路

a. 旅游资源：老铁山自然风光、候鸟迁移景观、老铁山灯塔、古文化遗迹。

b. 旅游项目：生态度假旅馆、登山攀岩项目、高山滑翔。

c. 线路：杨家套（换乘）—刁家村—老铁山灯塔—单家村—杨岚子—老虎尾—对庄沟村—柏岚子里沟。

（4）海上旅游线

a. 黄金山浴场—老铁山灯塔—羊头洼港—双岛湾港的海上游览线路。

b. 在塔河湾、老铁山、羊头洼、双岛湾规划建设旅游专用码头。

4. 旅游市场开发

国际、国内旅游市场的开拓，是旅游业发展的重点。因此应以近距离客源国和我国各地区为主要目标，加大促销力度；进一步开发国内客源市场，使之有突破性的发展。

1）旅游市场开拓

一是国际客源市场：将日本、独联体等国作为旅顺主要客源市场，加大自主外联的力度，努力占有更大的市场份额。争取在 2010 年接待日本、独联体游客人数占来华旅游者总量的 10％，积极开拓港、澳、台及东南亚市场。

二是国内客源市场：经济条件的提高促使国内旅游量的大幅度增加，特别是随着"烟大火车轮渡"工程的建设，选择旅顺口为大连地区旅游起点的人会逐年增多，势必会带来旅顺旅游业的发展。规划一方面要加强管理和疏导，提高有组织国内旅游比例；另一方面尽可能完善各种旅游设施，提高其标准，求得在交通条件、住宿条件及景观容量许可的情况下稳步发展。将国内经济发达地区作为开发重点，主要吸引观光游览、度假疗养、交通中转及节假日中短途旅游者。

2）宣传促销措施

一是加强整体宣传促销，根据国际国内旅游市场变化，确定各个不同时期的旅游招商主题。

二是改变以往在家等客源，仅仅是"一日游"的被动局面，积极走出去招徕客源市场，依托大连在国内外旅游办事机构设立自己的联络点，负责宣传推销和联络工作。

三是增加旅游宣传品的针对性，提高旅顺口区的旅游知名度。

5. 管理型旅游

第一，要切实加强对旅游部门和旅游区的环境管理，严格执行和遵守我国的《环境保护法》《森林法》《文物保护法》《野生动植物保护法》、自然保护区条例等与旅游密切相关的环境保护法律法规，并针对旅游业对环境的影响存在潜在性、持续性和累积性的特点，增加补充规定势在必行。例如，增加对旅游业的环境保护税收，用来修复被损环境的管理等。另外，加强执法和监督，赋予旅游主管部门适当的行政执法权力，该罚的一定要罚。

第二，重视并研究旅游区的环境容量问题。在旅游区环境容量尚未确定之前，必须严格控制该区旅游业的发展速度，旅游资源利用强度一旦超出环境容量，发生生态退化，就很难再恢复。

第三，对已开发的旅游区要重新进行环境影响评价，并且在环境影响评价中重点考虑游人累积影响和远期危害，根据旅游资源的承载力大小规定旅游人次和频率，达不到要求的，必须依法予以关闭和拆迁。规划开发的旅游区，要坚持环境影响评价制度，保证环境保护设施和措施与旅游开发主题工程同时设计、同时施工、同时运行。

第四，制定收费标准时，要充分考虑生态补偿费，保证旅游收入中不低于10％的资金反馈到生态环境保护和管理上。

第五，建立旅顺口区旅游管理委员会，以解决多行业、多部门参与旅游业管理和发展而造成的条块分割、多头管理问题。

第六，严格限制在景区内建设过多的旅游设施，已建有的多余设施要进行严格整治，以保证景区视觉景观的和谐程度。

6. 规划结论

1）旅顺口位于辽东半岛，其类型多样的海岸带、连绵起伏的丘陵、保存良好的植被、几千年沉淀的文物古迹和近代历史，给旅顺口提供了丰富的自然景观和人文景观，旅游不能只定位在爱国主义教育一项内容上，要拓宽旅游思路，发掘旅游产品，让游人在接受爱国主义教育的同时，享受半岛丰富的自然景观，充分让游人放松，得到多方面的知识和享受自然的机会。

2）旅顺口区旅游资源开发的重点是自然生态环境的修复和保护。要对全区旅游资源进行整体优化规划，目前的殖民历史遗迹不宜再加大投入，投入的重点应转向自然景观，包括岛屿、海岸的沙滩、岩岸，丘陵上的森林植被，古老的中华历史遗迹和特色旅游农业等，让游人在旅顺口亲近自然，享受自然。

3）要实施管理型旅游，根据旅游资源的特点（敏感性和弹性），确定适当的旅游方式和强度，在旅游资源实现生态可持续的基础上，使旅游产业步上可持续发展道路。

6.4.2 案例（二）概况

1. 概况

绍兴旅游业虽然起步较晚，但发展较快。1999年旅游业收入达到高峰，为70.75亿元，占全市GDP的10.5％左右。2001年，绍兴市共接待游客846.76万人次，其中海外游客5.96万人次，比上年增长24.16％；国内游客840.8万人次，比上年增长15.37％。旅游总收入65.21亿元，比上年增长15.72％，其中，国内旅游收入63.26亿元，旅游外汇收入2360.4万美元，在浙江省大中城市中名列第三。

生态旅游开发存在的问题以下几点。

1）生态旅游资源丰富，但没有形成规范的有特色的生态旅游产品

目前绍兴旅游以人文景观为主要看点，如名士故里、古代桥梁、明清古镇建筑等。但是，一方面这些古镇与现代社区交错，古河道、街道、文物古迹多埋没于现代化的高楼之中，没有体现江南水乡古镇的风貌；另一方面，这些历史古迹的文化内涵挖掘工作也做得不够，游客对这些景区慕名而来，但只能走马观花，不能体会深刻的文化遗产的价值。另外，现有的森林公园、风景名胜区的开发多以传统旅游项目为主，在生态旅游项目设计上，在激励社区参与和提高游客对生态环境的认识和感受方面没有特别关注，因此尚未形成规范的生态旅游产品。

2）生态旅游服务项目不尽全面

生态旅游的游客通常采取自助游的形式，随意性很大，需要提供的服务内容也比较多样化，需要旅游服务行业开设多种服务项目，包括租赁业务（交通工具、帐篷等）、向导、安全救援、食宿等。这些服务可以鼓励当地居民来实现，既有利于提高居民生态文明素质、实现社区参与，也有利于游客了解地方文化、感受民风民俗。另外，在景区的介绍说明、指南手册、导游等宣传方面，需要增加对景区生态或人文特色方面的内容，并规范游客的行为，以提高旅游的文化内涵，加强游客保护生态环境和文化资源的意识。

3）旅游设施"绿色化"程度有待提高

为了建设"旅游大市"，近年来，绍兴在交通、通讯以及宾馆饭店餐饮设施建设方面已经取得了很大进步，但这些服务设施的"绿色化"刚刚起步，服务质量，服务水平和管理意识都需要与国际最新的"绿色化"标准接轨。酒店饭店除了提高星级档次、满足顾客卫生、安全和舒适度要求以外，有必要在实施环境管理、对资源再利用、节水、节能、减少污染物排放、保护环境等方面提高认识，形成兴建绿色饭店的良好氛围。在自然风景区应禁止使用对水体、空气以及声环境造成污染的交通工具，如汽艇、摩托车等；鼓励使用电动车、船以及自行车、人力车，并多设步行小径，提倡健身徒步旅行等旅游方式。

2. 旅游业发展潜力

1）区位优势

绍兴所处的地理位置十分优越，有利于旅游客源市场的开拓。绍兴紧邻长江三角洲经济发展中心，是沟通沪杭与浙东南、闽东南方向的重要旅游通道，

并与南京、扬州、镇江、常熟、苏州、上海、杭州、宁波等 9 个城市形成一个"Z 型黄金旅游带"。

绍兴交通体系基础良好，复建完善后，通过水、陆、空三种运输途径均可到达。①水运：绍兴自古就是通航的重要港口，水网密布，通过减少污染较重的货运柴油船，增设客船，可以使游客能在旅途中领略宁静优美、如诗如画的水乡风景。②陆运：绍兴公路运输网已经颇具规模，104 国道经过市区，萧甬铁路途经绍兴，规划增设车站、增修公路，陆运将会十分便利，成为最主要的运输方式；③空运：绍兴距萧山机场车程为 40 分钟，萧山机场可供国内和国际航班起降，为国外游客提供舒适快捷的交通方式。

2）资源优势

绍兴自然资源丰富，开发生态旅游的潜力很大。首先，绍兴地貌以丘陵和盆地为主，山地植被物种丰富，盆地河网密布、湖泊众多，具有典型的江南水乡特色。目前已有自然保护区 29 个，总面积 41598hm²，其中，国家级 1 个，省级 15 个，市级 1 个，县级 12 个。有 3 个较大的森林公园——兰亭、五泄和汤浦水库森林公园，可以开展休闲健身和青少年科普活动等。东南部山地还可以开展攀岩、探险、野营等自然野趣活动。其次，绍兴有独特的地质形态和丰富的动植物物种，具有科学考察价值，包括穿岩十九峰的丹霞地貌、王家坪的木化石等。动植物物种有脊椎动物 400 多种，国家一二级保护动物 67 种、木本植物 540 种，国家一二级保护树种 18 种。另外，绍兴地处亚热带，四季分明，气候温和，全年适合旅游的时间较长。

历史文化和民族特色是绍兴的魅力所在。绍兴是全国著名的"水乡、桥乡、酒乡、书法之乡、名士之乡"，还是越剧的发源地，道教和佛教圣地。突出的特点是文物古迹多、杰出人才多、典故传说多，可谓人杰地灵。绍兴保留的文物古迹星罗棋布，遍布在整个市区，像一座没有围墙的博物馆，对以文化、文物、风情考察为目的的生态旅游具有强大的吸引力。

3）产业发展潜力

旅游业的发展一方面可以有效地扩大内需，拉动经济增长，提高人民生活质量；另一方面对调整产业结构起着重要作用。它不仅能够直接带动餐饮、娱乐、商贸流通、交通运输、信息、金融、咨询等第三产业的发展，而且还可以通过开发旅游商品和提供交通运输工具间接地影响轻工、纺织、电子以及汽车、造船、机械等工业的发展，通过开发观赏农业园和科教农业园可以影响农业和林业的发展。

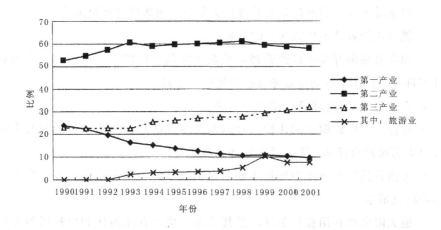

图 6-4-2　绍兴市历年国内生产总值构成

资料来源：1. 绍兴统计年鉴，2000—2002。

2.2000—2002 年绍兴市国民经济和社会发展统计公报。

　　1990 年至 2001 年的统计数据表明，旅游业在国内生产总值中所占的比重逐年增加，从 1993 年至 1997 年，每年的增长比重约为 0.2%～0.7%，1998 年以后有了快速增长，由于旅游年系列活动的举办，旅游收入在 1999 年达到一个高峰，旅游业在国内生产总值中所占的比例达到 10.5%。按照"十五"规划，在今后的十年里，旅游业的收入将保持 15%～16% 的增长速度，到 2007 年旅游业总收入可达到 154 亿元，2012 年可达到 323 亿元，在国民生产总值中所占的比重将分别达到 10% 和 12%。

3. 生态旅游的基本要求与原则

1）生态旅游的基本要求

* 有助于生物多样性的保护。

* 保持当地的淳朴民风。

* 相关生态知识的学习以及丰富生活体验。

* 采取更加负责任的态度开发旅游资源。

* 促进小规模运输公司的发展。

* 要求尽量少的使用不可再生资源。

* 为当地政府和居民创造更多就业机会。

2）生态旅游的基本做法

＊将旅游开发对当地的生态系统和文化的负面影响降低至最小。

＊教育旅游者认识生态保护的重要性。

＊加强对旅游开发项目的管理，采取更加负责任的态度与当地政府和居民开展良好的合作，从而更好地保护当地的生态环境。

＊直接投资对自然保护区进行保护和管理。

＊加强地方性旅游区的建设，对地方性旅游区和自然旅游资源的开发同样要以生态保护为目标，实行游客管理和旅游开发设计。

＊加强自然生态及社会环境本底数据的收集，开展长期的监控，将不利的影响减到最小。

＊最大限度地利用有利条件，尤其是那些居住在旅游区和保护区附近的居民，发展当地的商业以获取最大的效益。

＊通过对当地居民的研究，确保旅游开发不会触犯当地的社会禁忌或是突破一定的阈值而影响到当地的生态环境。

＊更多地采用那些对环境基本不造成影响的基础设施，尽量少用化石燃料，对当地野生动植物进行保护，将当地的自然和人文风光更完善的结合在一起。

3）生态旅游的责任分担

"生态旅游"是一种"负责任"的旅游行为，不仅旅游者的行为要受到约束，而且旅游景区的经营、管理和服务人员的素质也必须提高。四个方面的人员责任分担基本如下。

（1）旅游者的责任

尊重地方文化；不收集或购买受保护和濒危的动植物和它们的标本；不乱丢废弃物，并保持自己的生活方式更利于自然保护等。

（2）旅行社和导游的责任

选择可以开展生态旅游的景点；尽量安排熟悉当地自然和文化的当地导游；尽量选择由当地人经营的旅馆，并建议旅游者购买对环境有益的纪念品；尽量鼓励旅游者与当地人进行交流等。

（3）旅馆、旅店的责任

选择对环境产生最小影响的地方为旅游者提供食宿；建筑物的设计应尽量减少对当地自然和文化的影响；时刻注意能源利用和排水等对周围环境的影响；不要给旅游者提供不必要的"舒适和服务"；尽量向旅游者介绍当地的自

然和文化；尽量利用当地产品提供食品和纪念品等。

（4）保护区管理者的责任

研究保护区的适宜游客量，以便控制和阻止过度利用旅游资源；限制对自然有负面影响的活动并推荐对自然影响最小的活动；建立环境教育设施；监督协调在保护区内及周边地区的旅游经营活动等。

4. 绍兴发展生态旅游的必要性分析

1）生态旅游是绍兴发展旅游大市的必然要求

生态旅游是实现旅游可持续发展的必由之路，是建立健康持久的旅游增长模式的前提。生态旅游的开发设计以保护自然环境为前提，不但不会产生传统旅游开发造成资源浪费和破坏的现象，而且可以促进旅游资源的保护，实现资源的永续利用。

生态旅游是与当地的社会经济发展交融最紧密的旅游发展方式，既能够促进绍兴与全国各地、甚至是世界各地的交流，又尽量避免旅游带来的外来文化冲击，有利于地方特色文化的保护。

发展生态旅游可以有效地提高全民生态文明素质，进而促进生态市建设。通过生态旅游的倡导和宣传，可以帮助全社会包括当地居民和游客了解生态保护的重要性，增强生态保护意识，从而自觉地养成绿色消费、绿色生活的良好习惯，促进生态产业的发展，促进生态社区的建设。

生态旅游是绍兴现代旅游建设的新形象，对提高绍兴旅游品位，提高绍兴的国际知名度大有裨益。传统的旅游活动，多以参观为主，由于绍兴地貌与周边城镇类似，名气又不如苏杭，因此对游客的吸引力不大。随着旅游业的发展，游客经验的丰富，单纯地随团参观著名景点的传统旅游已经不能满足游客的需要，开发富有特色的生态旅游，加入互动性、参与性的旅游活动，提高游览的自主性和随意性，增加游客的感受，让游客在游览过程中增加科普知识，则可以吸引周边甚至更远的游客，尤其是青少年。

2）发展生态旅游是绍兴第三产业健康发展的必要保障

发展旅游业对经济结构调整贡献巨大。服务业的兴旺发达是现代经济的重要特征，大力发展服务业是促进产业结构优化升级的一项重要内容。旅游涉及吃、住、行、游、购、娱等多个方面，几乎覆盖了从传统服务业到现代服务的所有行业和门类，是一个综合性很强的产业。目前绍兴的第三产业在国民生产中所占的比重比较低，加快发展旅游业，不仅可以大大提高服务业的比重，而且可以进一步推动改造、提升传统服务业，使其向标准化、规范化方向发展，尤其是可以刺激金融、信息等现代服务业加快创新步伐，拓宽服务领域和范围。因此，要优化产业结构，必须加快旅游业的发展。

发展生态旅游可以带动生态饭店、生态旅馆、绿色交通的发展，是对餐饮服务、交通运输业等行业向可持续方向发展的必要保障。发展生态旅游，需要全社会的参与和努力，在生态旅游开发和建设过程中，潜移默化地提高游客、居民以及服务行业的生态意识，反过来督促服务行业加快绿色化进程，形成社会发展良性循环。

旅游的发展需要生态环境的改善和配套服务设施的增加，这对吸引商业投资会产生正面影响。同时，大量游客的涌入对绍兴的商贸、金融、保险业、信息等行业的发展也会起到促进作用。

发展旅游业可以缓解就业压力，有效地解决地区剩余劳动力就业问题。经济结构调整和国有企业改革的过程中，还会有相当数量的职工需要转岗，再加上每年新增劳动力，就业形势十分严峻。旅游业是以劳动密集型为基础的产业，吸纳劳动力数量大，除了直接为游客提供服务的服务人员、导游、管理人员，还需要大量建筑工人、农副产品供应者、环卫人员、手工艺工人等，并且需要一大批间接为旅游业服务的劳动者。

3）生态旅游是绍兴发展第三产业新的经济增长点

旅游业作为国民经济新的增长点的地位得到确立。随着重点景区的开发步伐加快，旅游宣传逐步扩大，旅游服务功能和接待能力也进一步增强。2001年绍兴市旅游纯收入 63.26 亿元，外汇收入 2360 万美元；新增旅行社 7 家，新批星级饭店 17 家。

生态旅游是 21 世纪发展潜力最大的旅游产品，是现代旅游中发展较快的一项新兴的旅游开发形式，是现代旅游发展的重要潮流之一。随着人民生活水平的提高，用于旅游消费的比例也在增加。游客对旅游产品的要求也趋于多样化和个性化。生态旅游作为一种新的旅游产品，可以满足游客追求更丰富的旅游体验、追求在旅游过程中增长知识的要求。

生态旅游对文化旅游、商贸旅游有促进作用。有特色的生态旅游能够有效地提高地区的知名度，帮助游客认识、了解和体验地方特色和民族风情，引起游客探索地方发展的经验和规律的兴趣。因此可以与其他旅游形式相辅相成、相互促进，包括修学游、访古游、经济考察游等。

旅游业的开发可以改善区域交通环境和投资环境，吸引更多外来资金。生态旅游开发注重生态保护、旅游资源的可持续利用，对于改善环境起着积极的作用。同时，旅游业的发展必然带动交通、通讯、电力、房地产、餐饮、娱乐各方面的基础设施建设，并加快金融、保险、投资、咨询等服务行业整体水平的提高，促进服务质量的改善，缩小绍兴市与国际大都市的差距，形成良好的投资环境，吸引更多的国内外资金投入到经济建设当中。

5. 生态旅游发展策略与目标

1) 绍兴生态旅游的客源市场定位

绍兴旅游的客源市场基本上可以分为三个层次：

一级市场是基础市场，游客来自绍兴本地和邻近县市的居民，如上海、杭州、宁波等，目前来自上海的游客占有较大比例，旅游市场还有很大潜力可挖。

二级市场为目标市场，立足江浙市场，开拓国内其他地区的市场。包括开辟京津地区、长江中游省份和珠江三角洲地区的旅游专线；随着西部大开发战略的实施，到江浙地区考察学习的西部旅客也将成为潜在的游客市场。

三级是机会市场，主要指海外客源市场，以日韩和东南亚为主，吸引他们的主要是佛教、道教圣地。2010 年在上海举办世界博览会，届时将会大大提升江南文化的知名度，对绍兴旅游也会产生辐射带动作用，绍兴的古越瓷窑、越王陵、石桥等中国古代文化艺术的结晶，以及具有悠久历史的传统手工艺，包括黄酒、刺绣都可以构成绍兴的特色形象，吸引包括澳洲和欧美一些地方的喜爱中国文化的游客，成为未来潜在的市场。

2) 发展策略

资源普查、详细规划。对绍兴的生态旅游资源进行普查，对这些资源开发的可行性和经济效益做详细的研究，并对有开发潜力的自然资源的开发的周期和对生态环境的影响编制详细规划。

精心设计、滚动式开发。为了保障投资重点和建设质量，必须注意开发的时序。以几个著名景点为核心，首先将核心景点设计建设好，然后逐渐延长旅游线路。对没有把握维护的地区暂缓开发。做到开发一处、成功一处、保护一处。

景区轮流开放，建立环境影响监测预警反馈机制。对已经开发的景区实行阶段式或季节性轮流开放，并对景区环境影响、生物状况变化等进行实时监测或阶段调查，并建立安全信息反馈机制，既保证了自然保护区的休养生息，也增加游客再访的新鲜感。

依托区域优势，树立整体形象。利用绍兴优越的地理区位，依托浙江、上海的大区域的整体优势，利用长江三角洲经济发达区的辐射作用，实现大旅游战略目标。将绍兴旅游的线路与宁波、杭州、台州等周边地区的旅游线路结合起来，推出具有绍兴特色的旅游。将绍兴各县旅游建设统筹规划，有机地结合，避免雷同建设，共同树立绍兴旅游的名牌形象。

结合已有的旅游线路、丰富旅游内容。结合文化修学、古迹瞻仰、民俗风情线路发展自然生态特色游，包括森林浴、观赏植物园、候鸟观察站、生态农业、观光工业等项目，增加攀岩、滑翔等极限挑战运动，满足游客多层次的需求。

3）发展目标

绍兴旅游业发展的目标是：把绍兴建成景观和谐诱人、文化丰富深厚、环境清洁优美、服务优质高效，具有浓郁江南山水和越地人文特色，具有强大辐射能力的国内外闻名的旅游大市。

生态旅游具体发展目标是：

到 2007 年，重点完成古镇和历史街区的保护和综合整治工程、完成上虞生态农业园、诸暨生态公园和会稽山植物园等一些景区的建设；在城区四星级以上和重点景区 3 星级以上的宾馆中开展绿色饭店创建活动，创建 10 家绿色饭店；旅游总收入达到 150 亿元，外汇收入达到 5750 万美元。

到 2012 年全部完成 4 条生态旅游线路的景点和交通设施建设；城区三星级以上和旅游区两星级以上的宾馆全部开展创绿工作。旅游总收入达到 300 亿元，外汇收入达到 1.2 亿美元。

6. 生态旅游发展的产品保证

与传统旅游不同，生态旅游的开发必须注重以下 4 个方面：①有助于人们回归自然、认识自然、了解自然，同时能够深入地考察当地人民的真实生活，感受未经过矫饰的自然的民族风情；②强调开发、经营、管理不破坏生态环境、不干扰当地居民的生活、不打破当地传统的民风民俗；③通过旅游提高人们的环境保护意识和对民族传统的尊重；④通过生态旅游的开发对周边社区的发展起到推动作用，帮助当地居民致富。

以上这四个方面的目的可以通过建立健全相应的法制法规、合理规划、严格管理、以及对各方面人员进行教育、扩大宣传等手段来实现。

1）生态旅游产品总体布局

绍兴地处浙西丘陵、浙东山地和浙北平原三大地貌单元的交界地带。境内地势南高北低，由北部绍虞平原向南逐渐过渡为丘陵山地，山地丘陵构成"山"字形的骨架。全市地貌可概括为"四山、三盆、两江、一平原"，四山分别为四明山、天台山、会稽山、龙门山；三盆为新嵊盆地、章镇盆地、诸暨盆地；两江是曹娥江和浦阳江；一平原指绍虞平原。

根据绍兴地理位置和旅游资源分布特点，绍兴生态旅游区可分为四片，三种类型。类型一为山地丘陵，分布在中部和东南部，其中新昌县的地貌可概括为"八山半水一分半田"；类型二为盆地，以西南部的诸暨县为代表；类型三是平原河网地带，典型的是北部的绍虞平原，自古就是"鱼米之乡"，是越文化的发源地，文物古迹众多，以明清古镇为特色旅游资源。

绍兴市生态旅游项目可以形成北部、中部、西南部和东南部四条环线。北部西起夏履镇、东至盖北。途经柯岩、鉴湖、吼山、安昌、东浦6个古镇，以领略江南田园风光和探究明清古镇建筑艺术为主要游览内容；中部以会稽山度假村和兰亭森林公园为核心，建设生态度假村，开展植被考察、鸟类观察等项目，开创青少年科考基地；西南以诸暨的五泄、汤江岩、斗岩三个风景区组成，可以开展休闲健身游；东南天台山区海拔较高，景点包括穿岩十九峰、大佛寺、沃州湖、小将林场等，可以开展探险项目和极限运动项目，适合身强体健的旅游者。

2）旅游景区建设和生态旅游项目建议

绍兴目前规划的旅游开发区主要有8块，包括：越都城、会稽山、兰亭、鉴湖、五泄、曹娥江、南山湖、大佛寺。在目前的景区建设中应该按照生态旅游的要求逐步改善，包括建设绿色饭店、使用绿色交通工具、开展生态旅游活动、增加景点文化科学含量、加强生态管护、引导社区参与等方面。具体建议如下：

越都城聚集了绍兴大部分知名度最高的文物古迹，参观游览的游客也最多。景区建设的重点是文物古迹保护、名人故居、历史街区房屋修复和周围环境的综合整治、游客的疏导和管理。不断深入挖掘文化内涵和提高文化品位是越都城对游客保持永久吸引力的有效途径。

会稽山位于绍兴市区的东南方，应该加强植物园、百鸟园的建设，适宜发展生态度假村和青少年夏令营科普考察站。与绍兴中小学建立联系，配合自然小组等课外兴趣小组的活动，对各种鸟类进行有组织的定期观察和饲养活动。在鸟类特殊发育阶段可以向自然小组发布通告，组织学生实地观察。既提高青少年的自然科学知识，又可以增加公园的知名度和游客数量。

鉴湖旅游区块是一个以江南水乡景观为特色、以柯岩为中心的山水风光旅游区。临近的柯桥镇还可以开展纺织经济考察游。

兰亭森林公园，位于绍兴县西南部的兰渚山一带，有国家森林公园和书法圣地兰亭，可以建成一个以书法文化和山野自然风光相映衬的文化旅游区。将兰亭书法节办成国际性的盛会，不仅吸引国内的书法爱好者、书法协会参与盛会，并且开拓国际市场，吸引日本、韩国以及海外侨胞等一些对中国书法艺术有兴趣的海外游客。

在五泄生态公园的基础上，继续加强景区生态旅游建设，包括使用绿色交通工具，杜绝汽油和柴油发动机交通工具，如汽艇等的使用。增加对园内丰富的植物和动物物种的图文介绍。在特色植物上可以挂铭牌，在某些野生动物出没的地方可以竖提示牌，提醒游客避免惊扰和注意观察。

上虞曹娥江旅游区块，可将旅游线延长至盖北，增加葡萄生态农业园区、杨梅园和生态茶场等游览内容。在景区建设时不宜建造过多的人造景观和娱乐场所，保留一侧自然山林开展徒步健身旅游。注意保护曹娥江水体，布置交通运输干线不宜紧邻江岸。

南山湖旅游区块，是以风景优美的南山湖为主体，宜发展成为观光疗养胜地，增设自行车、帐篷租借点等，开展体育健身和自助游活动等。

位于新昌县的大佛寺旅游区块生态旅游资源比较丰富，可以开展的生态旅游项目包括：在天姥山、十里潜溪开展青少年登山、野营、攀岩、探险等体育健身项目；在穿岩十九峰开展丹霞地貌、在王家坪开展木化石科普考察项目；在小将森林公园、沃州湖等景区开展休闲旅游等。在山地还可以利用热气球、空中索道等空中运输工具，鸟瞰山地全景，增加娱乐性。在山区旅游建设中，鼓励当地居民参与，培养当地人做向导和服务管护人员，提供食宿，以当地特产作为旅游纪念品，食用当地生产的食品。

另外，在绿心建设白鹭等候鸟栖息地，并封闭核心区，避免人类活动的干扰。在缓冲区内建设候鸟观察站，引导游客进行观察活动，但必须严格限制游客数量。在景区内使用迷彩环保型交通车，并限制时速。绿心的构筑物、道路和车辆等避免使用鲜艳、刺激性的颜色，以避免惊扰野生动物。

3）旅游沿线建设的生态要求与调控

建造生态饭店、生态旅馆。在景区周围或旅游沿线建造清洁卫生的饭店、旅馆，规模宜小，风格与景区协调。

发展绿色交通。减少私人交通工具，景区内使用轻污染、低噪音、体积小的机动车，鼓励使用自行车和非机动船，在景色优美或有野生动物出没的地方建造人行小径。

旅游沿线的自然景观展示和生态保护。在不破坏野生动物栖境和阻断生态过程的前提下，尽量改善旅游景区之间公路两边视觉廊道的自然景观。

4）绿色饭店的建设

规划目标：到 2007 年，创建 10 家绿色饭店，到 2012 年，城区三星级以上和旅游区两星级以上的宾馆均开展创绿工作。

建设绿色饭店的基本标准可以参考国家经贸委发布的绿色饭店评定标准（见表 6-4-2），将绿色饭店分为五个等级，根据企业在提供绿色服务，保护环境等方面做出不同程度的努力，分为 A 级、AA 级、AAA 级、AAAA 级、AAAAA 级共五个等级。AAAAA 级为最高级。

表 6-4-2　绿色饭店行业标准（国家经贸委 2003 年发布）

项目	基 本 要 求
1 前 提 条 件	1.1 严格遵守国家有关环保、节能、卫生、防疫、食品、消防、规划等法律法规和标准，各项证照齐全合格。
	1.2 绿色饭店必须有最高管理者发布的专人（绿色代表）负责该企业创建绿色饭店的任务书；有创建绿色工作计划；有明确环境目标和行动措施；有健全的公共安全、食品安全、节能降耗、环保的规章制度，并且不断更新和发展；有饭店管理者定期检查目标、实现情况及规章制度执行情况的记录。
	1.3 饭店有关于公共安全、食品安全、环境保护的培训计划。不断提高员工安全和环保意识。分管创建绿色饭店工作的负责人必须参加有关安全、环境问题的培训和教育。
	1.4 客人活动区域以告示、宣传牌等形式鼓励并引导顾客进行绿色消费，使顾客关心绿色行动。饭店被授予"绿色饭店"后，必须把牌匾置于醒目处。
	1.5 有建立绿色饭店的相关文件档案。
2 节 约 用 水	2.1 积极引入新型节水设备，采取多种节水措施，加强水资源的回收利用。
	2.2 饭店用水总量每月至少登记一次，公共卫生间水厢每次冲水量、客房洗浴间水龙头每分钟的水流量、厨房洗碗机的用水量等有明确的标准规定并执行。
	2.3 饭店的水消耗各主要部门要有用水的定额标准和责任制。建立水计量系统，并对用水状况进行记录、分析。
	2.4 杜绝水龙头滴漏、跑冒现象。

项目	基 本 要 求
3 能 源 管 理	3.1 饭店要有能源管理体系报告，每年至少做一次电平衡监测，各主要部门有电、煤（油）能耗定额和责任制。
	3.2 通风、制冷和供暖设备应强化日常维护及清洁管理，并配有监控系统，对冷柜、窗户的密封情况每年都要检查，并写出检查报告。
	3.3 健全饭店的能源使用计量系统。
	3.4 积极采用节能新技术，有条件的企业应使用清洁能源（太阳能、地热等）系统。
4 环 境 保 护	4.1 饭店污水排放、锅炉烟尘排放、废热气排放、厨房大气污染物排放、噪音控制达到有关规定标准。
	4.2 使用无磷洗浴用品和洗涤用品，对于环境的影响降到最低。
	4.3 冰箱、空调、冷水机组等积极采用环保型设备用品。
	4.4 室内绿化与环境相协调，无装饰装修污染，空气质量符合有关标准。
	4.5 室外可绿化地的绿化覆盖率达到100%。
5 垃 圾 管 理	5.1 饭店要通过垃圾分类、回收利用和减少垃圾数量等方式进行控制和管理。
	5.2 饭店建立垃圾分类收集设备以便回收利用，员工能将垃圾按照细化的标准分类。
	5.3 对顾客做好分类处理垃圾的宣传。
	5.4 对废电池等危险废弃物有专用存放点。
6 绿 色 客 房	6.1 有无烟客房楼层（无烟小楼）。
	6.2 房间的牙刷、梳子、小香皂、拖鞋等一次性客用品和毛巾、枕套、床单、浴衣等客用棉织品，按顾客意愿更换，减少洗涤次数。
	6.3 改变（使用可降解的材料）、简化或取消客房内生活、卫浴用品的包装。
	6.4 放置对人体有益的绿色植物。
	6.5 供应洁净的饮用水。
	6.6 客房采光充足，有良好的新风系统，封闭状态下室内无异味、无噪音，各项污染物及有害气体检测均符合国家标准。
7 绿 色 餐 饮	7.1 餐厅有无烟区，设有无烟标志。
	7.2 餐厅内有良好的通风系统，无油烟味。
	7.3 保证出售检疫合格的肉食品，严格蔬菜、果品等原材料的进货渠道，确保食品安全。在大厅显著位置设置外购原料告示牌，标明主要原料的品名、供应商、电话、质检状态、进货时间、保质期、原产地等内容。
	7.4 积极采用绿色食品、有机食品和无公害蔬菜。
	7.5 不出售国家禁止销售的野生保护动物。

续　表

项目	基　本　要　求
	7.6 制订绿色服务规范，倡导绿色消费，提供剩余食品打包等服务。
	7.7 不使用一次性发泡塑料餐具、一次性木制筷子，积极减少使用一次性毛巾。
	7.8 餐厅内有男女分用卫生间，洁净无异味，卫生间面积及厕位与餐厅面积成恰当比例，卫生间各项用品齐全并符合环保要求。
8 绿色管理	8.1 饭店应建立有效的环境管理体系。
	8.2 饭店应建立积极有效的公共安全和食品安全的预防、管理体系。
	8.3 饭店应建立采购人员和供应商监控体系，选用绿色食品和环保产品。
	8.4 饭店积极采用绿色设计。
	8.5 饭店的绿色行动受到社会的积极赞同，顾客对饭店的综合满意率达到80%以上。

　　A级：表示饭店符合国家环保、卫生、安全等方面法律法规，并已开始实施一些改进环境的措施，在关键的环境原则方面已做了时间上的承诺。

　　AA级：表示饭店在为消费者提供绿色服务，减少企业运营对环境的影响方面已做出了一定的努力，并取得了初步的成效。

　　AAA级：表示饭店通过持续不断地实践，在生态效益成果方面取得了卓有成效的进步，在本地区饭店行业处于领先地位。

　　AAAA级：表示饭店的服务与设施在提高生态效益的实践中，获得了社会的高度认可，并不断提出新的创举，处于国内饭店行业领先地位。

　　AAAAA级：表示饭店的生态效益在世界饭店业处于领先地位，其不断改进的各项举措，为国内外酒店采纳和效仿。

　　绿色饭店建设布局。2007之前，在城镇五星级和四星级酒店和重点旅游区三星级宾馆中开展"创绿"工作，建设10家绿色饭店；2012年之前，在上述绿色饭店建设的基础上，在城区三星级以上和旅游区两星级以上的宾馆全部开展创绿工作，而且第一批饭店通过ISO14000认证。

7. 生态旅游发展的行为保证

1）生态旅游管理

　　建立多元化投资体系，拓宽绍兴旅游开发项目的资金来源。除地方财政每年要安排一定数量的资金用于重点项目以外，可以利用民间和外商资金。必须制定激励机制，坚持"谁投资谁受益"，并给予土地批租优惠政策，吸引更多的客商投资兴办生态旅游。

搞好旅游生态环境的立法保护，试行经营权和所有权两权分离的管理体制。

严格禁止游客进入自然保护区核心区，控制游客在缓冲区的活动。执行"山上游、山下住""区内游、区外住"的原则，避免过多的游客对自然保护区生态环境造成无法复原或需要花很大代价才能恢复的影响。

增加景区的外语标示和介绍，旅游服务增加外语导游、科普导游等，提高绍兴文明程度和国际化程度。同时，必须设置明确的中英文路牌、路标以有效地控制游客的游览路径并增设救援措施。由于生态旅游者喜欢人烟稀少的地方，所以有必要控制游客不进入自然保护的核心区，干扰野生动物栖境，也保证游客不会迷失方向。还必须增加提示牌和警告牌，提示游客不涉险，并且设置相应的急救站和紧急救援人员、公布安全救援电话等。

另外，还应在生态旅游景区适当增设自行车、帐篷租借等业务，使游客有更多的时间接近大自然，增强旅游的自主性。娱乐项目可增加热气球、攀岩等。

完善垃圾收集和管理系统，加强固体废弃物的管理。禁止游客在景区内乱丢废弃物，提倡不带零食、并在景区指定的地点用餐、喝水，以减少沿途的包装废物。要求游客将所携物品，尤其是食品的包装全部带出景区，可进行包装物登记、包裹寄存等方式限制，也可以通过减免门票、注册荣誉会员等制度鼓励游客的环境友好的行为。既可以减轻景区维护的费用，又可以有效地保护生态旅游资源。

提倡兴建绿色饭店、使用绿色交通工具，通讯、电力、卫生、救援等基础设施一步到位、尽量达到国际生态旅游的标准。

建立完善旅游咨询服务中心、散客接待中心、导游员管理中心、旅游指挥调度中心和旅游安全保障体系；全面推行旅行社、导游服务星级评定标准，保障旅游者的合法权益、搞好规范化管理，全面提高旅游服务水平。

提倡与社区共建生态旅游景区。景区内的环境保护、卫生维护、导游、翻译、救援、餐饮住宿接待等各项服务工作，尽量让当地居民参与完成。既解决当地剩余劳动力的就业问题，也可以提高居民保护景区自然资源的意识。

控制游客数量，丰富旅游参观、考察内容，提高游客旅游体验质量。

建立景区生态环境影响监测和预警系统。

专栏 1　黄山案例——抓好技术管理　搞好风景资源保护

近十几年来，黄山共开展了 20 多项基础科学研究，并相应采取了一套行之有效的技术管理措施。

1. 基础调研：包括动植物资源、风景名胜资源、人文胜迹资源等方面的调查，以及对生态环境保护的研究，制订防火、绿化、供水、排污等专业规划和实施方案。

2. 环境监测研究：建立资源数据库，不断输入调研数据；定期分类进行资源保护抽查，研究消长变化同时进行气象监测、环境监测，结合各种数据，进行生态环境的专题研究。

3. 管理措施：

（1）景观保护管理：严禁在景区内自行开石、掏砂、取土，建筑开挖出的砂石土方要堆放在指定地点，确保山体地貌、河谷溪流、森林植被不受破坏。

（2）森林防火管理：依据黄山森林防火规划，设立多处瞭望亭，瞭望覆盖面可达到景区面积的 90％。防火指挥部配有 50 名专业人员，实行火种管理，进入景区，室外禁止抽烟。分区制订有"扑火方案"并设有公安森林派出所，实行周边联防，已 14 年无森林火灾，是全国森林防火先进单位。

（3）卫生管理：环境卫生已纳入保护、管理、开发建设的整体计划，有一套制度、设备和专门人员，是市文明单位，省无鼠害先进风景区，被建设部授予"全国风景名胜环境卫生达标先进单位"称号。

（4）调整燃料结构：高山景区禁止烧柴、烧煤，从烧柴油向燃气、电炊具过渡；低山景区也逐步实施这一举措，目前已限制烧煤。这样，不仅解决了烧煤对黄山松生长的影响，防止了大气污染，而且每年减少几千吨煤渣垃圾，对自然生态保护产生了深远影响，景区内森林覆盖率已由 20 世纪 50 年代的 7％，迅速上升到 85％，生态环境稳步改善。

（5）野生动物保护：黄山为禁猎区，不准猎取、兜售国家保护的野生动物。对自然生息繁衍的 300 种野生动物和 170 种鸟类严加保护，同时对国家二级保护动物短尾猴进行驯化，供游人观赏。

（6）古树名木管理：分株建立技术档案，记录生态环境、消长情况和落实植保、扶壮措施等。对国宝迎客松，实行专人看护、冬防支架等保护措施。

（7）景区管理：热线景点单独出售游览证，控制客流量；疲劳景点实行封闭轮休，让其休养生息，恢复小环境自然生态。对建筑过多的景区，实行细则管理，撤除违章建筑。在景区外建居民新村，迁出景区内的全部居民，恢复景区自然风貌。

2）生态旅游营销

生态旅游的市场主要为散客和学生。包括探险者、摄影爱好者、绿色组织、自助游爱好者、青少年科技小组等。生态旅游者素质较高，停留时间较长，并且经常在不同季节游览同一个地方，通俗地说就是"回头客"较多。因此：

首先对生态旅游资源进行滚动式开发，景区实行轮流开放。在植株选择和景观设计的时候考虑季节变化的搭配，增加游客反复游览的兴趣。

其次，在经营中必须不断地提高旅游品位和科技含量，使游客在旅游过程中能够增长自然知识和生存能力。

第三，加大宣传促销力度，广泛开拓国际国内多元化旅游客源市场。与国内外旅游机构建立"人脉网络"和信息交流，提高知名度。如，与国外尤其是东南亚国家青少年组织联合举行夏令营、冬令营活动等。

另外，组织绍兴各县旅游开发公司、旅行社等联合赴上海、安徽、江苏等地进行统一旅游宣传，树立鲜明的整体形象；邀请海内外客商和新闻记者来绍兴观光、采访，通过举办大型会展等提高知名度。

3）生态旅游教育

生态旅游的健康发展，需要一支高素质的从业人员队伍包括旅游业管理者、旅游经营队伍（如旅行社、导游、旅游服务业人员）和景区内的居民以及参加生态旅游者的积极配合和参与。他们意识的提高和服务水平的提高根本来源于教育，因此，旅游教育体系的建立和完善是生态旅游发展重要的支持体系之一。

作为生态旅游规划的特色之一，就是要体现出如何对教育的各个对象进行生态环境保护教育活动以及教育的内容。作为生态旅游的目的和功能之一，就是要让旅游者在旅游过程中，接受环境保护教育和生态道德教育，因此在生态旅游规划中，以旅游教育规划为基础，将生态环境教育融化于旅游活动中。

（1）对旅游者的教育

加强生态景区内游客的教育，包括在游览车（船）票、景点门票上增加环境警示语句、在景点内的宣传栏、路牌以及广播中有意引导游客的行为、导游员在导游过程中反复强调景区的生态维护。

在景区外围建立生态博物馆、教育展览馆，集中介绍景区内生态环境特征，包括气候、地质、植被等，展出景区动植物标本、照片、有关的摄影作品和文章。

制作景区主页，并与引擎网站建立链接，使游客在出发前就对景区有所了解。在介绍景区的旅游资源的同时，提供生态旅游的资料，包括如何选择露营地、如何应付天气变化、需要准备哪些食物和工具等。

组织旅游者参加保护生态的公益活动，包括植草种树、举报危害生态环境的行为等，增加旅游活动的参与性和互动性。

提供旅游者与当地居民的接触和交流的机会，如利用当地居民的房屋作为旅馆、农家院，购买或消费当地出产的食品和纪念品。

（2）对旅游服务人员的教育

所有服务人员，包括环卫、司机、销售、向导、宾馆餐饮娱乐服务、救援医护人员等都必须经过生态环境保护知识的培训，经过相应的考核并合格后，持证上岗。

在导游培训考核和导游解说中除了增加民俗民风的介绍，更重要的是增加生态科学知识的内容，包括自然植被、野生动物、地质演化史等。

（3）对经营管理者的教育

聘请生态学、生物学、地理学、地学、园林学等方面的专家担任技术顾问，在景区的开发和管理上严格把关，维护旅游资源的可持续利用。

在旅游院校、科研机构和重点生态旅游区建立生态旅游研究和培训中心，建立符合绍兴特色生态旅游管理模式和规范；还可以通过加强国内外同行业之间的交流和合作，完善生态景区的建设。

强化对景区和饭店开发、经营者的法制法规教育，包括自然保护法规、旅游区环境保护法规、污染防治法规等。

对景区管理者的培训中增加实用管理技术的内容，如景区生态环境预警预测系统的使用、景区游客容量的控制和有效地疏散游客，有效地引导和管理游客的行为等。

（4）对当地居民的教育

以法律法规及生态环境知识的教育为重点，引导当地居民积极参加和维护生态环境的保护。

专栏2　黄山案例——与社区共建旅游，带动农民致富

黄山风景区在开发、管理过程中把保护黄山，发展旅游与周边农民的切身利益联系起来，让他们得到实惠，以增强农民的保护意识和自觉性。在142km²的外围保护带，与当地政府联防，与周边23个自然村签订护林防火公约，免费为他们配备通信器材和消防设备。几年来，管理委员会还投入近百万元资助周边村镇调整产业结构，兴办乡镇企业，种植中华猕猴桃，与农民合作驯养野生短尾猴等；同时，还投入近百万元为周边农民建水库、修路、架桥、改善医疗和办学条件等。昔日的山村汤口，已发展成为拥有6000余张各种接待床位和经贸市场繁荣的旅游镇。现在已有80%的农民走上了富裕的道路。

"保护好黄山"这一意识已深入风景区及其周围居民的心目之中。如问途中遇到的抬石料的民工：整座黄山都是上好的花岗岩，何必费劲到山下去取？回答是：黄山是被保护的，山上的一草一木都动不得。

耐心宣讲国家和地方有关旅游区环境保护的政策法令，提高其对重要性的认识和对内容的理解；耐心宣讲保护环境和资源的意义和作用，逐步引导改变一些传统的有害于环境的生产生活方式，并提供必要的生产生活条件。

4）生态旅游宣传

（1）宣传方式

通过广播、电视、报刊、互联网四大媒体，以及旅游手册、地图、旅游推广会等方式积极地进行绍兴生态旅游线路的宣传。

（2）宣传内容

生态旅游形象宣传和景点可达性宣传。包括介绍绍兴的旅游资源情况，风土人情、文化历史典故、建筑风格及自然景观特色等；和对游客的旅程指导：民俗文化节的举办时间、与省内、市内其他著名景点之间互达车次和推荐线路、游览行程和食宿供应情况、气候情况、旅游装备采购指南等。

（3）宣传地点

除了媒体，还可以在飞机、火车、游船及候车（机）室、饭店客房等地方免费发放宣传册、路线图、风光图片和播放宣传片等。

（4）宣传对象

包括国内和国际的游客、当地政府，尤其是旅游相关行业部门的职员、出租车司机、宾馆和车站咨询员等旅游服务人员以及当地居民，宣传贯彻生态旅游的理念，使他们成为旅游活动的环保宣传者、生态保护的参与者，最终成为生态旅游的受益者。

专栏 3　瓦屋山森林公园案例——让市场了解你

四川瓦屋山森林公园 1993 年批准建立后，就把宣传作为重要经营手段来抓。1994 年植树节，他们在中国美术馆召开新闻发布会并举办画展，在全国范围产生影响。此后，他们利用电视、广播、报纸、大型广告牌、小型画册、明信片、时装表演队等各种形式广泛宣传。于是，一个社会上无人知晓的国有林场 3 年中就发展成为与峨眉山、乐山大佛相鼎立的川西南金三角旅游区，并与多家旅行社联合经营，把森林公园这一特色产品推向市场，并获得了满意的市场效果。

第 7 章 生态农业与有机农牧
产品基地建设规划

7.1 目的要求与基本特征

7.1.1 目的要求

中国入世，受冲击最大的是农业，也标志着农业从此步入了市场经济的不归路，预示着农业的竞争将更加激烈。就宏观而言，入世对中国农业的冲击，主要体现在：一方面中国粮、棉、油等资本密集农产品，与发达国家相比，因生产成本较高，科技含量较低，在国际市场上缺乏优势将面临空前挑战；另一方面，中国传统的劳动密集型产品，像水果、蔬菜等园艺产品和畜产品等，在国际农产品市场本具有较强的竞争优势，但发达国家通过技术贸易壁垒（TBT），提高了中国优势农产品进入的市场门槛。专家指出，TBT 将是 21 世纪相当长时期内我国农产品出口的巨大障碍。在全球关税壁垒逐步取消的同时，与环境保护相关的绿色标志（也就是农牧产品质量问题）已成为一种新型的非关税贸易壁垒。在这样一种大趋势下，生态农业和有机农业产业化的政策导向将对今后我国农产品在国际市场的竞争力带来长远影响。此外，它对于当前调整农业结构、解决农产品卖难问题也具有十分重要的意义。无公害农产品将成为 21 世纪的主导食品。

20 世纪 30 年代有机农业问世以来国际有机农业运动方兴未艾。国外有机农业的实践已经向人们证明，有机农业耕种系统比其他农业系统更具竞争力。至 2000 年，全球有机农业基地达 1.5 亿多亩，产值超过 300 亿美元，比 1997年增长 2 倍多，有机农业成为全球范围内少有的几个增长速度最快的产业之一。我国有机农业历史悠久，但系统开发较晚，近年来发展较快。可以肯定，随着人类对可持续发展的日趋关注和食品消费理念的不断转变，有机农业必将成为 21 世纪世界农业的一大潮流，有机食品也必将成为全球农产品市场的一大主角。

在此背景下，确立生态农业和有机农产品基地的发展战略，不仅是改善生态环境，实现经济社会可持续发展的客观需要；而且是顺应时代发展潮流，抢占市场竞争制高点的必然选择。随着经济的快速发展和城市化进程的加快，中国的农牧产品市场将由数量为主的特征（吃饱），向质量型（吃好）转变。今后，依赖化肥与农药的农产品和质量不高的畜牧产品将被挤出市场，而有机农牧产品将成为市场的主角。

7.1.2　基本特征

生态农业的基本特点是：

1. 强调以提高第一性生产力作为活化整个农业生态系统的前提，为此，不但不排斥，而且积极应用新技术和合理投入。

2. 强调发挥农业生态系统的整体功能。

3. 部分实现稀缺资源及能源的替代和弥补。

4. 通过改善各种结构（包括产业结构、种群结构、投入结构），在不增加其他投入的情况下，提高农业综合效益。

5. 通过物质循环、能量多层次综合利用和深加工，实现经济增值，提高农业效益，降低成本，节约物质，减少污染。

6. 改善农村生态环境，提高林草覆盖率，减少水土流失。

7. 通过实施过程与系统控制及废弃物资源化，实现清洁生产。

有机食品的四个基本条件是：

1. 原料必须来自已经建立或正在建立的有机农业生产体系，或采用有机方式采集的野生天然产品。

2. 产品在整个生产过程中必须严格遵循有机食品的加工、包装、贮藏、运输等要求。

3. 生产者在有机食品的生产和流通过程中，有完善的跟踪审查体系及完整的生产和销售的档案记录。

4. 必须通过独立的有机食品认证机构的认证审查。

7.2 基本原理与内容规范

7.2.1 基本原理

1. 运用生态学物质循环和能量多层次利用的原理，合理配置农业资源。

2. 运用生态经济学原理在合理开发资源的同时，促进资源开发增值链。

3. 运用生态学食物链原理开发宏观与微观生产的物质良性循环、能量多级利用的可再生资源高效利用技术，减缓对环境的污染。

7.2.2 内容规范

生态农业与有机农牧产品基地建设规划的主要内容包括以下几点。

第一，区域农业生态系统基本情况调查。

第二，主要问题和主要发展目标论证。

第三，主要对策和重点工程。

第四，规划编制。

7.3 规划框架与方法

7.3.1 规划框架（略）

7.3.2 技术方法

所谓有机农业，是一种完全不用或基本不用人工合成的化肥、农药、生长调节剂和牲畜饲料添加剂的生产制度。有机农业生产标准主要有以下几点。

第一，生产基地的环境条件（气、水、土等环境要素）。

第二，生产资料的应用条件（肥料、农药、种子、化学激素等要素）。

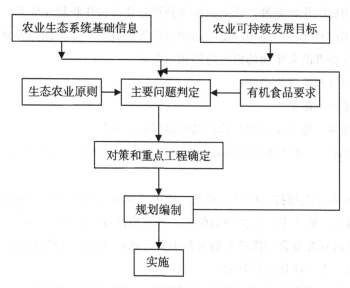

图 7-3-1　生态农业与有机农牧产品基地建设规划框图

第三，栽培养殖的技术条件（种养方式等要素）。

第四，产后加工开发条件（贮藏、加工方式及环境要素）等内部质量控制标准和检查、认证、授权等外部质量标准，每项要素都有严格的指标。

有机农业的主要产物是有机食品，它与我国 AA 级绿色食品属同一质量档次的食品。有机食品必须具备的条件有三。

第一，原产地前三年基本没有使用任何化学物质，无任何污染。

第二，生产过程中不使用任何化学合成物质。

第三，加工过程中不使用任何化学合成的食品防腐剂、人工色素、添加剂等，不得用有机溶剂提取。

有机生产体系在使不利影响达到最小的同时，可以向社会提供优质健康的农产品。建立有机农牧产品基地而发展起来的生态农业是一种环境要求最为严格的持续农业系统，发展了生态系统和环境之间持续动态的相互作用的原则，主要依靠当地可利用的资源，提高自然中的生物循环。当然，也可以由直接从外部投入的农业生产体系向有机农业生产体系转换。有机农业生产中仍然可以使用有限的矿物物质，但不允许使用化学肥料，通过自然的方法而不是通过化学物质控制杂草和病虫害，遵循自然规律和生物学原理，协调种植业和养殖业的平衡，采用一系列可持续发展的农业技术，维持持续稳定的农业生产过程。这些技术包括：

① 选用抗性作物品种，建立包括多种植物在内的作物轮作体系；

② 利用秸秆还田、施用绿肥和动物粪便等措施培肥土壤保持养分循环；

③ 采取物理的和生物的措施防治病虫草害；

④ 采用合理的耕种措施；

⑤ 防止水土流失；

⑥ 保持生产体系及周围环境的基因多样性，等等。

为加速有机农业产业化进程，还应加强以下有机农业关键技术、设备的研制与开发：

① 有机农业关键技术的联合攻关。改进有机农业生产资料（农药、肥料、饲料、饵料等）的人工化学物质的配方，开发出高效、低残留、无污染的生物制品，培育出具有复合功能的生物农药工程菌种，使之兼备优良的生物学特点及工艺性状，为产业化打好基础；

② 微生物和植物性生物农药的资源开发和菌种选育，开展发酵、后处理、制剂等工艺研究，提高生物农药产品的品质、稳定性、货架寿命，降低成本；

③ 开发安全、高效、价廉的兽药系列产品；采用生物技术手段研制多功能生物肥料工程菌株，开发新型微生物肥料生产工艺，重点研究开发有机肥料、有机无机复混肥、腐殖酸类肥料、矿质肥料及其掺和肥料等；

④ 研制安全、天然、营养、多功能和通过发酵技术制取的新型食品添加剂和饲料添加剂；着重研究食品（饲料）添加剂的天然资源开发和提取技术，开展微生物发酵、提纯等工艺研究，提高天然食品（饲料）添加剂的品质、色泽及效能，降低生产成本；在包装储运方面，重点研究物理灭菌工艺、CO_2 超临界萃取技术、膜分离技术、酶工程、发酵工程、冷冻干燥、挤压膨化、低温浓缩技术，研制无菌包装技术及安全、可降解和可以重复使用的包装材料；开发食品气调储藏技术；

上述开发、研究为生产出符合人体健康或特定需要的安全谷物、果蔬、畜禽及水产品奠定物质基础，建立起具有一定规模的有机农产品基地和生产资料加工企业，从而大力推进生态农业的产业化。

有机农牧业开发产品是一项复杂而庞大的系统工程。首先是推广生态农业技术和推广有机农牧产品生产技术，促进广大农村地区进行生态农业建设，推进有机食品生产的规范化和规模化。这项工作要用宣传引路，搞好试点，以点带片，以片带面。在开发过程中，还必须着力把握规模、特色、品牌、效益四个环节，统筹规划，精心组织，创新整合，科学施策。

7.4　案例概况和规划结论

7.4.1　案例（一）概况

1. 概述

东西湖地区生态农业规划的制定，要将产前（无公害生产资料研究开发）、产中（生态系统良性循环）及产后（农副产品的无公害加工技术及产业开发）有机地结合起来，依托当地的资源优势与市场优势，进行结构调整。坚持有机农业、传统有机与现代科技、开发利用与环境保护、农民增收与财政增效五结合的原则；坚持因地制宜，分类指导，突出重点的原则。从不同社区条件、不同地理位置、不同生态环境出发，建设蔬菜、水果、水产、畜牧等四大特色的生态农业区。按照整体规划，科学设计，示范推广，分步实施的策略。第一步着力强基础、抓突破，在短、平、快项目上突破；第二步下力强素质、增效益、配套开发体系，提高开发效益，力争"十五"期末，生态农业示范基地建设初见成效。

2. 分阶段实施目标

东西湖区的无公害农牧产品生产正处于起步阶段。农业禁毒工作（禁止使用和销售高毒残留农药）今年刚刚起步，况且禁用化肥、治理工业"三废"等工作还未展开，要完全达到"双禁"还有一段艰辛之路。有机农业生产体系的建立需要有一定的有机转换过程，要想把依靠外部投入的农业生产系统，转变成有机农牧产品生产体系，需要经历一系列的转换过程。有机转换的过程是逐步减少外部投入尤其是化学物质用量的过程，包括：采用综合病虫害的管理（简称 IPM），建立综合养分管理（简称 IWM），以形成更为综合的作物系统（简称 IFS）。综合耕作系统经过进一步的转换，成为低外部投入的持续农业体系（简称 LEISA），最终成为有机农牧产品生产体系。有机农牧产品生产体系的建立要经过：生态农业规划—绿色农牧产品基地—有机食品基地这样一个逐步发展和完善的过程。

1) 对东西湖地区特别是典型农牧产品基地的农业生态环境质量进行现场调查和土壤肥力因素调查，对当地有代表性的农牧产品污染因子调查，按"绿色食品产地生态环境质量标准"和要求进行了水、气、土三要素的环境质量现状和农牧产品质量评价，摸清家底，确定由传统农业向低投入的可持续发展农业转变的方向，逐步建立有机农业耕作系统，大力发展有机农牧产品基地。在实施的开始阶段，总的原则是寻找市场，先易后难，建立基地，逐步转变。具体方法是：

（1）生产地点：应选择环境好、基本无污染的地区。如天然野生土特产品的产地，较少使用或不使用人工合成农药、化肥的地点，可按照有机食品的生产标准进行生产。基础条件好的先开发，这样费力少、见效快。选择气候比较凉爽的地区，这样病虫害少；

（2）应选择抗病性强，不用或很少用农药的作物。这些作物易栽培管理，经济效益好，有市场竞争力的品种。

（3）产品选择。应选择基础好、容易转换成有机食品和有市场潜力的产品（如蔬菜等），发展精深加工，开发系列产品（如有机奶制品等）；

（4）应以发达国家和国内大中城市为主，销售对象应面向经济收入高，比较富裕和受教育程度较高的阶层，可向宾馆、合资、独资企业、航空部门等销售。

2) 建立绿色农牧业基地。逐步减少农牧业系统的化肥、农药、生长调节剂和牲畜饲料添加剂的投入，促进农牧业生产系统的良性循环，在 3～5 年内过渡到完全不使用化学物质。其间涉及：土壤肥力监测与合理施肥，以及利用秸秆还田、施用绿肥等措施培肥土壤保持养分循环，科学栽培管理（轮作等），病虫害综合防治工程（生物防治，植保技术），畜离有机废弃物资源化工程，等等。

3) 在达到完全不使用化学物质标准后，用 3 年时间向有机食品基地过渡。按照有机食品"从土地到餐桌"全程质量控制的要求，建立有机农牧产品基地。该基地应切实加强质量标准体系、环境监测体系和科技推广体系三大体系建设。

（1）在参照国际标准的基础上，组织有关部门研究重点特色产品开发的技术标准、生产操作规程，用以指导农民开发。积极组织有机农业及有机食品的申报认证，尽早拿到我区农产品进入国际市场的"绿卡"；

（2）进一步健全完善农业环保体系，增设农业环境监测网点，在充实提高市环保检测监督体系的基础上，加强县（市）一级农业环保检测监督体系建设，增添仪器设备，强化技术手段，提高服务水平，为有机农业开发保驾护航；

（3）加强产后加工开发条件（贮藏、加工方式及环境要素）等质量控制标准的检查、认证、授权工作。每项工作都要有严格的指标控制。加工过程中不使用任何化学合成的食品防腐剂、人工色素、添加剂等，不得用有机溶剂提取。

3. 生态农业规划

"十五"期间，武汉东西湖区农业的发展方向是：围绕建立都市型生态农业框架，实现粗放型向集约型转化，由传统农业向现代化农业转化。即由传统农业向园艺农业、设施农业、旅游农业、精品农业、生态农业发展，逐步实现农业生产工厂化、农业功能多元化。按照生态农业发展要求，拓展农业功能，将一产与三产结合起来，逐步提高农业的经济、社会、生态功能，千方百计增加农民收入。到 2005 年，一产业增加值达到 8.6 亿元，年均递增 4.5%，非农产业收入要占到全区农村居民年均可支配收入的 50% 以上，推动农业现代化建设。

根据以上目标，在东西湖广大农村地区选择宜农、宜蔬、宜果、宜牧、宜渔生产的试点地区，做好规划。东西湖区生态农业总体规划如下：

1）根据东西湖现有基础条件和农业发展方向，"十五"期间大力调整和优化农业经济结构，按照市场导向、效益优先、突出特色、因地制宜的原则，大力实施退田还湖、退耕还林、退种还牧。农区要结合"三退"，重点发展鲜食旱杂粮、水生菜等高效作物。蔬菜生产要围绕无公害化目标，着力调整产品结构，提高土地产出率；水产业要以发展名特优为重点，结合退田还湖发展农家乐等休憩水产业。畜牧业以发展奶牛为主，建立东流港牧业园，形成 3 万头的饲养规模，使奶牛生产成为我区农业发展的新增长点。林果业紧紧抓住国家授予该区林业生态先进区的机遇，大力发展苗木、花卉产业，提升农业生态功能；要着力调整水果品种结构，引进推广优质水果品种，提高林果业经济效益。

2）建设以"二园一廊"为试点，以"十大基地一中心"的有机农牧产品基地发展格局。"二园"即武汉国际风情园和牧业园，"一廊"即惠安无公害蔬菜长廊，"十大基地"即柏泉罗氏沼虾、辛安渡优质水果、径河优质葡萄等农业科技试验、示范、生产基地，"一中心"即农业科技推广服务中心（农科所），促进我区农业由传统农业向现代农业转化、粗放经营向集约经营转化。

3）推进农业产业化，大力开发有机食品市场。要运用市场机制，加大项目兴市的力度；引资、引智、引项目，大力发展民营经济；引导农民投入到有机农业开发中来；广辟资金来源，兴办特色基地，创办龙头企业。对招商引资开发有机农业做出重大贡献的单位和个人，要给予必要的奖励；开发之初，对从事有机农业开发和有机食品加工、营销的企业和个人，可在市县权限范围内，适当减免有关税费；进一步放开农村"四荒"经营权，在稳定家庭联产承包责任制的基础上，本着民主协商、平等自愿的原则，实现土地依法有序流转。具体做法如下：

发挥城市近郊优势，依托舵落口国家级大型农贸市场，配套发展 15 个农产品产地批发市场。加强农产品加工、销售服务体系建设，带动农产品的生产和增值，推进农业产业化经营。到"十五"期末，逐步形成以光明、统一、友芝友等企业为龙头的奶制品产加销体系，力争达到 10 亿元的产业化规模；以走马岭国际风情园为主体形成花卉种苗工厂化产销体系，力争达到销售收入亿元的产业化规模；以慈惠蔬菜常年园为主体的无公害蔬菜产销体系；以区种子种苗实体为主体的种子种苗工厂化产销体系；以辛安渡、走马岭、荷包湖、径河为主体的水果产销体系；以李家墩为主体的水产名特优种苗工厂化产销体系。

4. 有机农牧产品基地规划

1）基地环境质量监测

20 世纪 90 年代中期，已对东西湖区慈惠农场、吴家山农场、径河农场、柏泉农场、海口乳品厂等典型地区农副产品基地生态环境质量进行了现场调查，并按中国绿色食品发展中心 1994 年推荐的"绿色食品产地环境质量现状评价纲要"及 1995 年推荐的"绿色食品产地生态环境质量标准"的有关方法和要求进行了水、气、土三要素的环境质量现状评价，结果表明：

（1）东西湖区水资源极为丰沛，其农灌和渔业用水主要来自客水（汉江、汉北河）。对水田、旱田、蔬菜地灌溉水评价结果是，综合污染指数在 0.23～0.60 之间，为 1 级或 2 级水质。汉江是武汉市主要饮用水源之一，作为农灌水其综合污染指数在 0.088～0.344 之间，为 1 级水。柏泉农场渔业用水综合污染指数为 0.64 属 2 级水质。

（2）东西湖区全年大气环境质量监测结果均达到 GB 3095—1996 "环境空气质量标准" 中二级标准要求，均符合 GB 9137—88 "保护农作物的大气污染物浓度限值" 中生长季节各类作物的限值要求，综合污染指数为 0.78，按大气质量综合指数法分级为 2 级。

根据不同典型区域综合污染指数来看，慈惠吴家山蔬菜基地、柏泉渔业基地、三店稻米基地、径河果园基地、海口乳品基地综合污染指数分别为 1.02、0.59、0.61、0.67、0.81。按绿色食品土壤分级标准，除慈惠吴家山蔬菜基地综合污染指数略超过二级外，其他均属一级、二级土壤。通过对东西湖区五个典型地区较有代表性的近 20 个不同品种的作物、农副产品的初步调查，结果表明：经分析测试的几个主要污染因子（铬、镉、铅、汞、砷、六六六、滴滴涕）的检测结果均符合绿色食品和食品卫生有关标准范围。

综上所述，经过对东西湖慈惠农场、吴家山农场、径河农场、柏泉农场、海口乳品等典型地区农副产品基地环境质量现场调查监测并按 "绿色食品产地环境质量现状评价" 要求进行评价研究，结果表明，上述各农场大气、农灌水、土壤的生态环境质量均符合绿色食品农产品产地环境条件要求，均可向绿色食品产地转化。

2）规划内容

（1）有机蔬菜、林果生产基地

东西湖区位于武汉城区西北部近郊，是武汉市菜篮子工程中离市中区最近、交通最为便利的大型蔬菜农副产品的生产基地。武汉是长江沿岸对外开放的中心城市，为了市民健康，为适应改革开放和出口创汇的需要，建立有机蔬菜基地已是大势所趋。基地包括慈惠、新沟、径河、荷苞湖、辛安渡共五个基地。

① 慈惠

慈惠、吴家山蔬菜基地面积约 2.8 万亩，地处东西湖区东南部 318 国道两侧，交通极为方便，不仅具有良好的灌溉水源，而且土质良好。从生态环境现状调查结果看，大气、水、土壤环境质量均基本达到绿色食品基地生态环境质量要求。从慈惠、吴家山部分蔬菜中七项污染因子的初步调查结果看，不仅能达到国家有关标准，而且大大优于相应标准限值。因此将慈惠、吴家山蔬菜基地建设成为武汉市绿色食品基地具有较好的生态环境基础。该地从 20 世纪 70 年代起逐步发展蔬菜业，经过 20 年的努力和建设，从原有品种较单一、淡旺季产量悬殊到如今已发展成不仅品种丰富，质地上乘，而且产品结构合理，淡旺季均衡，能长年供应市场，是武汉市重要的菜篮子工程基地。该基地近几年又建立了"无公害蔬菜试验示范地 2000 亩"，示范地禁止施用高毒农药、合理施用高效农药，最大限度降低蔬菜中农药残留量，有力地推动了该地区绿色食品蔬菜产业的起步和蔬菜产业由粗放型向效益型转化的里程。

"十五"期间，慈惠农业的发展将由传统农业向生态农业转化。到 2005 年，非农产业收入要占农村居民可支配收入的 50％以上。措施是：一是在生态农业园区，抓好"无公害"蔬菜的生产，实现土地用养平衡，到 2005 年，亩均产值 8000 元；二是发挥城市近郊的优势，大力推进农业产业化。在惠安大道沿线配套发展 6 个农产品产地批发市场，重点建设好投资 500 万元的胡家批发市场，加强农产品加工、销售服务体系建设，与大型超市"联姻"，成立净菜配送中心，带动农产品的生产和增值，推进农业产业化经营。

② 新沟

该基地坚持以资源优势为基础，以科技兴农战略为动力，利用城市近郊的有利条件，大力发展设施农业、工程农业、品牌农业、加工农业、创汇农业以及旅游休闲农业，推进一产业向二、三产业渗透，三大产业协调发展的新格局，实现农业经济全面增长，全面提高。

a. 以蔬菜、苗木、花卉、优质水果为主，形成农业三大支柱产业，实施"115"工程，即形成惠安大道 1 万亩棚栽设施农业工程；以惠安大道为依托的 1 万亩苗木花卉开发工程；以铁路以北苗湖为中心的 5000 亩优质油桃林果品牌工程。大力推广无公害技术，提高品质，争创品牌，站稳市场。

b. 加大农业基础建设的投入，加快基地建设步伐，形成沟、路、渠配套的网络体系，利用电厂排放的废水连接现有的高灌渠的建设工程项目，以及铁路以南的十里排灌渠的建设工程，使之形成蔬菜生产涝能排，旱能灌的网络水系，建成高标准的蔬菜基地。

发展养殖业，提高农产品深加工水平，逐步提高农产品加工产值比重，到 2005 年达到养殖、加工业产值比重占农业产值的 18％以上。

③ 径河

从 20 世纪 70 年代起该基地有计划地发展葡萄种植业，经十多年的努力，已建成以跃进、永丰、先进等大队为代表的，面积达 2400 亩的葡萄生产基地，除此还有小面积的梨园、桃园，形成了自己的特色产品。径河葡萄园灌溉水质属 1 级清洁水。径河大气环境质量很好，全年综合污染指数为 0.810，适宜发展绿色食品。径河的果园中典型产品葡萄的监测结果来看，均在自然含量范围内。因此将径河建成为东西湖水果绿色食品生产基地具有较好的生态环境基础。"十五"期间，径河立足抓好以葡萄、水产、蔬菜、畜牧为龙头的特色农业，努力实现"四个突破"，即：在葡萄生产上要大力推广和应用套袋避雨栽培技术，优化品种结构，实施注册品牌战略；在水产养殖生产上要打破常规的养殖模式，发展规划养殖和名特优产品；在蔬菜生产上要扩大棚架保温生产面积，发展无公害产品；在畜牧生产上，要依托金牛港畜牧园，扩大奶牛生产辐射面，带动径河地区奶牛生产，努力走出一条靠特色兴场，靠特色富民的新路子。

④ 荷苞湖

依据东西湖"一圈四带"的功能分区，结合本地区的实际，该基地拟按照农业发展"一园四带"，二、三产业"两点两园"的功能分区进行布局。农业发展区将按照作物不同划分为"一园四带"即农业休憩观光园，东部水产带、中部花卉、蔬菜带、西部水果带。具体分布为：以 107 国道为分界线，西部重点发展水果业和蔬菜；107 国道以东三、四、五、六大队湖区田块逐步退田还湖，发展水产及稻田养鱼、养虾；国道两侧 300 米范围内重点发展苗木花卉；107 国道以东六、七支沟之间以康园为基础重点发展农家乐观光旅游休闲业；107 国道以东二至六支沟部分地势较高地块发展优质鲜食经济作物。

⑤ 辛安渡

结合地理条件，面向产业化发展趋势，该基地高标准地规划了两大区域，五大基地。二大区域是：（1）107 国道以东的农业生产区要在"十五"期间建成向庄园式农业园的过渡区。退田还湖、退耕还林，总规划面积 6000 亩，重点发展水产、花卉，带动旅游、休憩、观光农业的发展。（2）107 国道以西的高效农业区建成向农业产业化发展区的过渡区，总规划面积 3 万亩，以惠安大道为轴线，重点发展林果、蔬菜保温栽培等，形成基地，带动农业产业化的发展。五大基地是：a. 以红旗大队为中心，重点发展设施农业；b. 以惠安大道为轴线，包括红星、林家台、红旗临国道面重点发展苗木花卉等观赏农业；c. 以沙家台为中心，辐射荷包湖、林家台、红旗临国道面重点发展苗木花卉等观光农业；d. 以退田还湖为契机，以林家台为中心，辐射红星、红旗，重点发展水产业；e. 以汉宜路为中心，重点发展冷食瓜果等经济作物，建成特色农业区。

（2）以牧业园为主体的有机奶产品基地

"九五"期间，该区成功引进了两家乳品龙头企业——武汉光明和友芝友乳品公司及销售公司，并迅速占领了湖北省乳品市场 70％ 的份额。引导奶牛饲养业的稳定健康发展，推进奶业产业化进程，提高乳品加工企业的配套能力，是"十五"工作的重心之一。该基地 2002 年已达到奶牛存栏 1 万头，提供生鲜奶 3.5 万吨。2005 年计划达到提供鲜奶 12 万吨。根据牧业园地形区域特征，该区拟建成八个奶牛基地。2002 年基本建成了可容纳 5000 头奶牛的第一牛奶基地，达到奶牛存栏 3000 头，友芝友公司也同时建成了第二奶牛基地，达到奶牛存栏 2000 头。到 2005 年仍将稳步扩大奶牛饲养规模，同时逐步发展与奶业相配套的青饲料种植地 3000 亩，向周边辐射面积 2000 亩。

基地规划要求"有机奶"的生产要从源头抓起，对于用来生产有机肉的制品、奶制品和蛋制品的动物，要求符合以下标准：

① 动物自出生第二天开始，按有机方式进行饲养；

② 饲料应为 100％ 的有机产品，但可使用符合规定的合成维生素和矿物质；

③ 饲养过程中严禁使用激素和抗生素；

④ 可使用一些防护性的管理措施，如疫苗，以保护动物的健康；

⑤ 有病和受伤的动物必须隔离处理；将患病或打针吃药的牛从健康牛群中隔离开来；

⑥ 动物饲养过程必须有场外放养条件。

东西湖区的其他办事处也在积极发展畜牧业，如慈惠将以知青大队为中心，建成颇具规格的畜牧园区，大力发展以奶牛为主的畜牧业，力争"十五"期末，养殖奶牛 3000 头以上。

（3）柏泉、李家墩为主体罗氏沼虾有机水产品基地

柏泉由于得天独厚的水面资源，渔业较发达，特别是近几年来，除继续发展四大家鱼青、草、鳙、鲢外，还多方面推进了特殊品种的试验和生产。如罗氏沼虾，原为马来西亚的一种亚热带水产品，习性为海水孵化淡水养殖，过去在湖北省内还没有成功养殖过。柏泉农场从 1993 年起，引入高科技，开辟养虾试验池，从南宁引进虾苗，从海边运回海水，摸索在湖北的气候、地理条件下的养殖条件技术。获得初步成功后，从 1994 年起又开展种苗繁殖试验，提高孵化率，并同时发展饲料加工，使虾业逐步形成产业化。如今柏泉已成为中南 6 省最大的罗氏沼虾虾场。与此同时，柏泉还开展了鳜鱼、螃蟹、牛蛙等特优水产的养殖试验。随着市场经济发展，柏泉的养殖业从粗放型逐步走上效率型，并不断增大科技含量，凸现出自身的优势和特色。柏泉养殖用水水质全部

能达到 GB 11607—89 渔业水质标准中相应的指标值，评价结果综合污染指数 0.6373，属 2 级，尚清洁，能满足绿色食品渔业基地水质要求。大气质量属 2 级尚清洁水平，能满足绿色食品渔业基地大气质量要求。从柏泉部分水产品中七个污染因子监测结果来看，均在自然背景值范围内。因此，将柏泉建设成为东西湖渔业绿色食品基地具有较好的生态环境基础。

"十五"期间，柏泉将在渔业绿色食品基地的基础上发展有机水产品基地。有机水产品在饲料使用、生产、加工、包装、储存、运输、贸易等过程中，绝不允许使用化学合成物质或转基因工程技术产品。要特别注重养殖场的周边环境及养殖用药的管理。对于出口到国外的产品，要严格按照各国食品及药物管理机构有机食品标准要求进行原料收购和加工。要求广大养殖户树立强烈的食品安全意识，尽可能用自然方式实施养殖，对药物的使用严格按照农业部的有关规定，避免因药物及污染问题使水产品在国内外竞争中处于被动地位。

7.4.2　案例（二）概况

生态农业和有机农牧产品基地的建设必须有相应的重点工程作保证，本节以山东寿光市有机农牧产品基地建设工程为例以资参考。

1. 有机蔬菜基地建设工程

1）工程建设的必要性

第一，寿光蔬菜种植业是寿光市的支柱产业之一，面临市场十分激烈的竞争现状，传统的种植模式有可能丢掉市场。

寿光市是著名的"中国蔬菜之乡"，以其产业化水平高、面积大、产量高、品质优、品种全而闻名全国。目前寿光全市蔬菜种植总面积 3.87 万 hm²，总产量 28 亿 kg，收入达 27 亿元。其中大棚越夏菜面积为 0.63 万 hm²，总产 4 亿 kg，收入 3 亿元，仅蔬菜一项，全市农民人均收入 2000 元。

寿光市的主要产菜乡镇有 26 个，分别为孙家集、洛城、胡营、纪台、古城、东埠、寿光镇、北洛、田柳、马店、文家、建桥、旱桥、稻田、王高、留吕、田马、五台、赵庙、丰城、牛头、王望、台头、上口、广陵。蔬菜的主要品种有：黄瓜、辣椒、西红柿、西葫芦、洋香瓜、西瓜、茄子、西芹、芸豆、韭菜、白菜、萝卜、胡萝卜、菠菜、芫荽、甘蓝、豆角、丝瓜、马铃薯、苦瓜等。

寿光市蔬菜产业化水平较高，即种植区域化、生产专业化、服务社会化、产销一体化程度较高。1998 年全市共有蔬菜大棚 28 万处，1.67 万 kg，形成了以百里大棚 3 条线为代表的大棚蔬菜基地。

但是，寿光的蔬菜种植业基本上走的是一条传统的道路，是以高的化学能投入换回高的蔬菜产出。特色只在于品种多样，产出量高，有一条比较成熟的购销渠道和市场。基础虽好，但并不稳固，面对今后的买方市场，寿光还没有做好准备。

随着人们收入的增加，生活水平的提高，中国的城市居民正从温饱型向质量型过渡，人们不再满足于"一日三个饱一个倒"，人们十分注重食品中少一些化学添加物质和有害残留物质，而传统的蔬菜种植业解决不了这个问题。"高产靠化肥，除虫靠农药"的传统种植模式生产的是有残留化学物质的蔬菜和瓜果。目前，它虽然还是市场的主流，但已是强弩之末。无公害蔬菜生产正在兴起，受到了城市居民的关注和欢迎。

今后的蔬菜市场主流肯定是不施用化肥和化学农药的蔬菜产品，不重视这一点，从现在就做好准备，寿光将丢掉已培育多年的市场，蔬菜种植业将面临巨大的损失。

第二，高化学能投入蔬菜种植业的弊病。

二十世纪八十年代以来，化学农业在世界上的支配地位受到了震撼。人们发现，化肥的施用虽然给农业带来了高产，却污染了食品，破坏了生态平衡：土壤板结，农产品有害化学残留物含量高，产品质量差，口感不好，病虫害严重。

✚由于不合理的过量施用化肥，肥效日减，土壤理化性质受到破坏，土壤板结，蓄肥保水能力变差，土壤生产能力不断降低，农业依赖化肥的现象日趋严重。

✚由于氮素化肥的大量施用，硝酸盐过多，一是植物积累过多，以 NO_3^- 形式存在植物体内，二是植物一时不能吸收利用，随渗透水进入地下水，饮水和食物中过多的 NO_3^- 对人体健康造成危害。

国内外学者研究证明，婴儿中发生亚硝酸盐中毒或变性红血素症，以及成人消化道内由于形成亚硝铵而致癌的现象，都与饮用硝酸盐含量高的河水有密切关系，如河南省林县、山西省阳城县是全国有名的食道癌高发区，经研究证明，是由于地下水硝酸盐含量过高而引起的。用含氮量相当于 9 斤/亩的污水灌溉菠菜，氮素进入菠菜植株内，其中很大一部分转化成硝酸盐，人们吃了这种含有大量硝酸盐的菠菜后，就有致癌的危险。因此，世界卫生组织已经对饮用水中硝酸盐的含量提出限制，规定硝态氮低于 11.3mg/L 为安全水平，高于 22.6mg/L 为不安全水平。

（磷肥含有多种有害杂质，过量地施用磷肥，使这些有害物质在土壤中不断富集，进入"食物链"，将会严重威胁人类的健康。据美国有关资料统计，1973 年施用 500 万吨磷肥，大约有 10 万吨氟化物进入土壤，通过"食物链"在动植物体内富积。被氟污染的地区，动植物体内含氟量都比较高，如桑叶的含氟量可超过 10ppm，足以使幼蚕致死，人和动物易患氟斑牙或骨骼氟中毒。

磷肥中镉的含量通常都比较高。肥料中的镉施入土壤后，很易被植物吸收，而镉对人体健康又极为有害，在饮食中每天摄入的镉最大允许量为 70 微克，如摄入 200 微克，肾脏就要受到损害，若摄入 3000 微克，则引起急性中毒。近几年有些地方还发现了一种所谓"骨痛病"，现已查明，其病因是由于人们食用镉污染的稻米所致。

2）工程建设的可能性

第一，寿光蔬菜种植有大量施用农家肥的传统，坚持改进就可能建成有机蔬菜生产基地。

历史上，寿光蔬菜生产不是单纯依靠化学能量的投入，他们一直十分重视有机肥的施用。大量的畜禽粪便是寿光蔬菜生产的主要肥源之一。而近些年，化肥的施用量也十分惊人。1996 年全市 9039.8hm² 耕地化肥实物施用量 263543 吨，每亩平均 194.35kg（全国平均 25kg，国际上一般不超过 13.3kg）；施用农药 3938 吨，每亩 2.9kg（摘自 1997 年寿光市国民经济统计资料，该市复种指数较高）。可见，寿光蔬菜种植业质量的提高要尽力减少化肥农药的投入，但产量水平的维护又需要有化学肥料的替代品和生物农药，这将成为有机蔬菜基地建设工程的制约因素。

第二，微生态肥料技术的应用为有机蔬菜生产提供了高效、无公害的速效肥源，为产量水平的维持提供了可能性。

✚ 微生态肥料原理

微生态肥料是在微生物肥料的基础上发展起来的，但又不是微生物肥料，因为二者强调的科学内涵并不同一。微生物肥料强调利用土壤有益微生物固氮、解磷、解钾和抗病能力直接投入生产以获得好的收成；而微生态肥料的独特之处在于把土壤环境—有益微生物群系——植物作为一个生态系统复合体，从生态因子之间相辅相成和相互抑制的角度，为有益微生物的生存、繁衍和增强活性创造一个适宜的内部环境和外部条件。因此，微生态肥料克服了微生物肥料进入环境中，菌体容易死亡，增殖慢，活性弱的缺陷，最大可能地发挥有益微生物固氮、解磷、解钾和抗病的综合功能，达到增产的目的。

正是由于微生态肥料具有自己的科学内涵，才使得二十世纪四五十年代就研制成功而迟迟难以推广应用的微生物肥料有了新生的最佳时机。

✚ 微生态肥料的特点

微生态肥料是一种新型的生态肥料，是为绿色农业生产配制的无污染、无公害、速效与持效相结合的有机肥料。其主要特点如下：

——可以改善土壤的理化特性

新中国成立以来，我国农业施肥类型有了巨大变化，由有机农业逐步转变成化肥农业。化肥的施用大大提高了农作物的单产水平，解决了我国巨大人口对粮食的要求，因而，农业依赖化肥的现象日益严重。四十多年来，由于化肥施用方法简单，肥效快速明显，加上农业集约化程度不断提高，传统的农家肥施用规模日益缩小，因而，土壤的理化性质不断恶化，呈现恶性循环状态。土壤的紧实度是土壤物理性状的重要标志之一，它又是土壤孔隙性质的具体表现。而土壤的孔隙性又影响到土壤肥力因素的变化。适宜的土壤孔隙度主要由土壤的团粒结构来反映，其松、紧适宜，好气性微生物活动旺盛，有机物质矿化过程适中，利于农作物根系统对养分的吸收，而化肥连年施用，土壤团粒结构被破坏，土壤过紧，容量加大，通气性差，不透水，不仅农作物根系统的生长和伸延受到极大影响，土壤微生物的活动也受到一定的限制。大量施用化肥对土壤化学性质的改变主要体现在氮对土壤和地下水体的污染方面。由于土壤受到氮、磷等的污染，仅 1980 年就使粮食减产 2 亿斤，粮食质量下降在 10 亿斤以上。施用大量农药化肥所造成的经济损失涉及我国农产品的出口贸易。据外贸部门反映，我国近年来农产品出口因含过量的化学有害物质，屡遭退货，经济损失巨大。

而微生态肥料是以微生物为核心材料，以农家肥为营养源的有机肥料，施入土壤后不仅可以促进团粒结构的形成，同时不带有有毒有害化学物质，不会使有毒化学物质进入食物链，不会污染地下水体，因此，坚持长期施用微生态肥料可以改善土壤的理化特性，使这些土壤适宜生产无公害的绿色食品，为全人类造福。

——是营养全面的高效生物肥

微生态肥料由于配方上注意了诱导核心体——微生物群系的活性和大量增殖，因而选配的微生物群体，其功能得到充分和全面的发挥，不仅可以直接大量的为农作物提供氮、磷、钾养分，而且发挥了根际微生物的优势，分泌多种激素，促进了作物对钙、镁、硫、硼、锰、钼、铁、铜、锌等十几种微量元素的吸收和利用，因而农作物营养全面，产量高、品质好。

——对病害具有较强的抵御能力

微生态肥料中有益微生物数量在每克 10^7 个以上，而且活性好，进入土壤环境后可大量增殖，保证有能力供应农作物所需养分，此外，分泌的多种代谢物质可以促进农作物抵御多种细菌和病毒侵入，作物根深叶茂、秸秆粗壮。

——应用面广泛

微生态肥料既有广谱型，也有专一型。广谱微生态肥料是为粮、果、蔬和经济作物专门设计的，其适用性强；专一型是针对某一作物的特殊要求设计的，如烟草专用型微生态肥料具有固氮、解磷、解钾和防病的综合功能，生产出来的烟草烟值比值可以增大，色泽好、燃烧性好、厚度适中、油分足、香气好，而且苗壮产量高。我们还可以根据用户对农作物的特殊要求制定专一型配方，满足不同用户的特殊要求。

——提高作物品质、早熟性好

我国一些地区的作物由于贪青晚熟，经济损失巨大。例如无锡阳山蜜桃，扬名海内外，但晚熟，不耐存放，盛果期过于集中，一旦下树就难以外运，造成积压。如果施用微生态肥料可以使盛果期分散，成熟早晚不一，减轻了因集中下果难以贮存和外运而造成的损失。再如西瓜栽培施用微生态肥料后糖度明显提高，甜度大、口感好，提高了经济效益。

——速效性与持效性相结合

微生态肥料是以微生物为核心的肥料，除本身含有丰富的有机质和一定量的速效氮、磷、钾以外，我们还为有益微生物活性的充分发挥配置了诱导素，因而可以充分利用空气中的分子态氮转化成生物可以吸收利用的有效态氮，可以快速分解土壤母质中大量难以充分利用的磷、钾元素，供作物吸收利用，因而大大提高了肥料的速效性能，增强了肥效的持久性，因而只要比常用化肥早施入 3～5 天，肥效会很明显。

——施用方法简便，适宜在农村大面积推广

微生态肥料的用量与标准化肥 $[(NH_4)_2SO_4]$ 相同，多施无害。而精制型"肥料"用量与尿素相等，其增产性能与尿素持平或略高。而且，由于微生态肥料可以分为粉末剂型和粒型两大类。因而无论做追肥或者基肥施用都与农民习惯相同，农民施用起来十分简便。

但有一点请注意，由于微生态肥料是以微生物为核心研制成的，因而施放在根际附近效果才能得到充分发挥。如果施在土表，太阳曝晒会杀死一部分有益微生物，而且土表过于干燥，微生物活性受到抑制，加之离根际远，肥效受到限制。因而微生态肥料施用时，可以做基肥一次施入，肥效可以维持 6~12 个月，注意，做基肥施用也不宜过深，一般在 5~10cm 左右为宜。

——是有机农业生产的可靠肥料

微生态肥料的生产配制，是以微生物为核心，以农村废弃物为载体原料，加上诱导素构成，生产本身就具备保护生态环境，充分利用生物物质和能源的功能，由于配方中不掺入有毒有害物质，微生态肥料不会污染环境，不会破坏食物链，对生态环境来说是一种安全、无公害的可靠肥源，因而应用前景十分乐观。

3）工程内容

到 2005 年，蔬菜种植总面积 4 万 hm^2（60 万亩），其中，有机蔬菜 1.33 万 hm^2（20 万亩）。

到 2010 年，蔬菜种植面积 5 万 hm^2（75 万亩），其中，有机蔬菜面积 2.3 万 hm^2（35 万亩）。

根据上述任务，微生态肥料和生物农药的需求量：

2000—2001 年，（$0.67 \times 10^4 hm^2$）　需微生态肥料 2 万吨/年

需生物农药 250 吨/年

2002—2005 年，（$1.3 \times 10^4 hm^2$）　需微生态肥料 4 万吨/年；

需生物农药 500 吨/年。

2006—2010 年，（$2.3 \times 10^4 hm^2$）　需微生态肥料 7 万吨/年；

需生物农药 875 吨/年。

4）投资估算

（1）计算标准　　微生态肥料 1000 元/t（施用 5 亩地）

生物农药 2 万元/t（施用 400 亩）

表 7-1-1　投资估算表

内　　容	2000—2001 年	2002—2005 年	2006—2010 年	备　　注
微生态肥料（万元/年）	2000	4000	7000	检测、认证、上市包装等有机产品生产和管理工作
生物农药（万元/年）	500	1000	1750	
其他费用（万元/年）	500	1000	1500	
合计（万元/年）	3000	6000	10250	

（2）投资估算

5）损益分析

（1）环境效益

有机蔬菜基地的建设每年可上市有机蔬菜 10 亿公斤，这些蔬菜不含化学残留物和其他有害物质，满足北京、上海、青岛、济南、天津等大城市对无公害蔬菜产品的需求，解决了一部分因蔬菜含有化学残留物的问题。

（2）经济效益

＋ 目前寿光亩均用化肥 194.35kg，如按平均价格 1.3 元/kg 计，肥料投入 252 元/亩；微生态肥料亩投 200kg（平均两种两收），单价 1.0 元/kg，则肥料成本为 200 元/亩，低于化肥的投入成本。目前寿光农药投入平均为 2.9kg/亩，生物农药投入不会超这个数量，价格顶多持平。

＋ 从产出来看，微生态肥料的投入可以保持寿光蔬菜单产水平不降低，但由于无污染，口感好，品质好，抗病虫害，其产品价格应为一般蔬菜的 2～5 倍，其经济效益十分明显。

＋ 从改变化学蔬菜品质的角度来分析效益的话，可以用影子工程法计算消除化学残留物的投入，其效益也是明显的。

（3）社会效益

随着人们对化学能投入生产的农产品逐渐有了清醒的认识以后，人们对化学残留物十分敏感，对生活环境十分担心，这是个普遍的社会问题，有机蔬菜基地的建设和有机蔬菜产品的面世，使城市居民生活质量进一步得到了保证。

2. 有机畜禽产品工程

1）工程建设的必要性

畜牧业是周转快、经济效益高的产业，在寿光农村经济中占有重要位置。大力发展畜牧业，对于繁荣城乡市场，扩大外贸出口，满足人民生活日益提高的需求，增加农民收入，促进农业生态平衡等都起到重要的作用。寿光无论是地理位置，自然条件，还是经济基础，都对发展畜牧业非常有利。

（1）农业基础好

自 1982 年以来，粮食产量连年增加，为畜牧业提供了充足的饲料和饲草资源。近几年来，每年可以提供精饲料 30 万吨左右，饲草 25 万吨左右，用之有余。另外，寿光北部地区有天然牧场 4200hm²，年产草量达 3000 多 kg；改造人工牧场 1000hm²，主要种植苜蓿、高麦草等栽培牧草，生长良好。其中有 27hm² 苜蓿建立了围栏。

（2）畜牧业发展历史悠久

寿光的畜牧业有着悠久的发展历史，"渤海马""寿光鸡"等已成为全国著名的地方畜禽良种。二十世纪九十年代以来，畜牧业生产初步实现了规模化、商品化、集约化，成为山东省重要的畜禽产品生产基地，逐步向畜牧业现代化迈进。全市现有各类家畜存栏 53.5 万头（只），出栏 66.4 万头（只），其中牛存栏 4.53 万头，出栏 3 万头；猪存栏 36.79 万头只，出栏 8.32 万只；羊存栏 10.8 万只，出栏 8.32 万只；家禽类存栏 1805.53 万只，出栏 1230.62 万只，其中蛋鸡存栏 1498.64 万只，肉鸡出栏 996.17 万只。肉类总产量达 9 万吨，禽蛋总产量达 15 万吨。特殊动物养殖品种有鸵鸟、狐狸、鹌鹑、乌鸡、七彩山鸡、水貂、肉狗等近十多种，存养量达 600 多万只。

（3）饲料来源丰富

饲料是畜牧业发展的重要基础。羊口渔港每年提供水产下脚料和贝壳 5000 万 kg，为较好的蛋白质和矿物质饲料来源。1989 年全县主要饲料玉米总产 26954 万 kg；籽棉总产 3850 万 kg，出棉籽 2040.5 万 kg，可加工棉籽饼 959 万 kg。粗饲料资源包括作物桔秆、牧草、树叶和工副业副产品。

（4）疫病防治较全面

搞好疫病防治，是保证畜牧业健康发展的重要一环。根据早发现、快诊断、严格消毒、缩小范围的原则，采取有力措施，开展了综合防治。一是认真执行国务院颁布的《家畜家禽防疫条例》，把防检工作逐步纳入法制化轨道；二是健全防疫组织，扩大防疫队伍。现在县、乡级已配备兽医卫生监督员 10 人，检疫员 135 人。村级小村配备 1 名防疫员，大村 2～3 名，由乡镇政府统筹解决防疫员的报酬；三是增添设备，改善诊断条件，提高防治水平。如猪瘟、猪丹毒病，1988 年以前都是实行春秋两季免疫，现改为常年免疫。

（5）根据畜牧业的发展，配套建设了加工、冷藏、销售等设施，正在形成饲养、加工、储存、销售一条龙的生产经营体系。

（6）公路纵横交错，羊益铁路贯穿寿光南北，海运由羊口直通大连、上海，所有这些为畜牧业的发展奠定了基础。

寿光畜牧业近年来发展迅速，效益显著，尽管如此，仍存在一些问题需要解决，其中牲畜饲养问题最为突出。寿光草场资源有限，另外，近几年由于开发盐田、虾场，扩大农作物耕作规模等人为活动，盐碱荒地大面积减少，已由 20 世纪 80 年代初的 3 万 hm² 减少到目前的 1.5 万 hm²，其中植被较好的盐碱荒地已不足 4000hm²。因此，受草地资源的限制，寿光畜牧业的发展趋势为舍饲。然而，随着舍饲规模的增大，饲料消耗量将显著增长，因为目前常用的饲料多为混合型饲料，化学能投入较高，所以随之而来的环境污染将是寿光畜牧业急需解决的重要问题。随着生活水平的改善，人民对饮食质量的要求将不断提高，逐渐注重没有化学添加剂的无公害饮食品，因此，改善畜禽饲料组成与质量，为市场提供有机畜禽产品，对寿光畜牧业，乃至寿光社会经济的长远发展都有十分重要意义。

2）工程可行性分析

为了充分发挥寿光市自然资源优势，搞好畜牧业生产，坚持以市场为导向，依托秸秆资源优势，增加投入，提高质量，建立和完善与市场经济相适应的畜牧业运行发展机制，加速我市畜牧业的产业化进程。

全市每年能作饲料的农作物秸秆 80249.2 万 kg，而其中可用作饲草的 33062.6 万 kg，因此在粗饲料加工利用方面具有很大潜力。

秸秆饲料加工可有效利用我市秸秆资源优势，显著降低饲喂成本，增加养殖业收入的同时，其最大特点是减少环境污染，为市场提供无公害有机食品。

（1）秸秆饲料能够提高资源利用率。通过微生物改良和提高秸秆的营养，大幅度改善秸秆的消化特性，增加其吸收率和转化率。大量的实验研究表明，有效微生物可以使有机物分解转化，使高分子难溶物质，转化成低分子可溶物质，使植物蛋白转化为单细胞菌体蛋白，使饲料中有效养分含量明显提高。饲料有效营养成分的增加，有利于畜禽的吸收和利用，饲料利用率提高，料肉比、料蛋比均可明显下降。

（2）秸秆饲料促进农业生态系统物质循环，改善土壤条件。秸秆经发酵后过腹还田，不但加快了秸秆的熟化，同时牲畜粪便中的 C/N 比率比秸秆直接还田能更好地适应土壤微生物正常繁殖要求。土壤中有大量的微生物，据估计肥沃土壤中微生物的生物量可达 25000kg/hm²，是土壤中最重要的分解者和还原者。当土壤中 C/N 比率适当的时候，土壤微生物很活跃，能够及时有效地将土壤中的有机质分解为有效养分供作物吸收利用。秸秆过腹还田，C/N 比率明显降低，各类畜禽粪便混合后，与土壤中的作物残体相配合，C/N 比率正好处于土壤微生物正常繁殖所需水平，既有利于有机质的合理转化，又能及时提供作物所需要的各种养分。

（3）秸秆饲料可减少畜牧业中化学添加剂使用量，降低污染，为市场提供无公害有机畜禽产品。

3）秸秆饲料生产工艺

将秸秆粉碎，加入 10%～20% 的麸皮和米糠，3% 的豆饼，加水拌湿，搅入 2% "高效秸秆饲料发酵精"，混匀，放置堆沤 20～48 小时，此时物料出现醇香味并呈粘状。堆沤时间根据室温而定，温度高时发酵时间可短一些，室温较低发酵时间则长。以发酵好的秸秆饲料替代 25% 的精饲料喂猪，可大大降低饲喂成本，明显增加养殖业效益。

经发酵处理后的秸秆饲料可用来喂养猪、奶牛、羊、鸡和鱼。"高效秸秆饲料发酵精"产品及其原始菌种由北京绿先锋环保科技有限公司提供，"高效秸秆饲料发酵精"生产技术由中国环境科学研究院生物工程实验室提供。

秸秆饲料生产工艺流程如下：

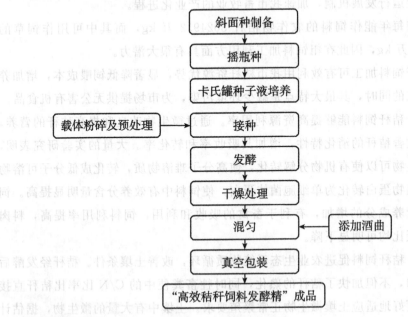

4）投资估算

（1）土建

化验及菌种培养	15 平方米
发酵房	20 平方米
干燥室	10 平方米

（2）主要设备

水浴摇床	4500 元
秸秆粉碎机（100 公斤/小时）	3000 元
卡氏罐（4 个）	200 元
真空包装机	380 元
恒温加热器（200 瓦，6 个）	120 元
浴池增氧机（4 个）	100 元
简易天平	400 元
小推车	200 元
各种玻璃器皿（三角培养瓶、试管、烧杯等）	300 元
设备总投资	9200 元

（3）主要原料

麸皮

酒曲

各种农作物秸秆

食用醋

（4）流动资金

4000～6000 元

（5）成本费

按年产 20 万袋（每袋 1 公斤）的小型工厂需工人 5 人（不包含销售人员）计算每袋饲料成本：

载体及原辅料	0.30 元
酒曲	1.30 元
能耗	0.10 元
工人工资（按每人每月 400 元计算）	0.10 元
设备折旧	0.10 元
包装	0.20 元
销售费用	0.30 元

税收　作为环保饲料项目可免税

每袋总成本   2.40 元

5）效益分析

（1）经济效益

✚ 目前寿光作物秸秆年总产 80249.2 万 kg，其中每年作为饲料得到利用的不足 2000 万 kg，剩余 6000 万 kg 秸秆则未被合理利用，而如此大量的资源若得以有效开发，可显著减少畜牧业投入，产生明显的经济效益。

✚ 秸秆若得不到合理利用就残留在土壤中很难分解掉，对农田耕作十分不利，然而秸秆过腹还田可显著改善土壤理化性质，如此一来耕地投入可明显减少。

（2）环境效益

目前，寿光作物秸秆产出量远远大于利用量，大量的秸秆被烧毁或遗弃，造成一定的环境（大气）污染，而通过秸秆饲料工程不但可以有效利用资源，该工程对改善环境质量和维持生态平衡也具有重要作用。

（3）社会效益

随着寿光社会的进步，人们不仅对高蛋白低脂肪饮食品的量有了较大的需求，对其质也有了较高的要求，这就需要发达的畜牧业。秸秆饲料工程不仅将大量的秸秆转化成饲料作为畜牧业快速发展的基础，同时能够为农民为市场提供有机畜禽产品，改善人民生活水平，进一步推动社会发展。

3. 畜禽养殖业有机废弃物处理与资源化工程

1）工程的必要性

（1）随着畜牧业规模的迅速增加，畜禽粪便和其他废弃物对生态环境的压力不断加重。据统计，寿光畜禽粪便年产 95 万吨，这些有机废弃物尚未得到高效处理和利用，长期堆放，滋生蚊蝇，污染周围空气和水域，对农业生态环境造成了极大的危害，因此有必要对这些粪便和废弃物加以合理利用。

（2）从生态平衡和物质循环的角度来讲，有必要对畜禽粪便和废弃物进行利用，使这些有机废弃物得以降解，并及时归还到农田当中。随着畜牧业的集约化，畜禽很大部分饲料来自农作物，而当畜禽有机废弃物长期堆放得不到利用时，其中的元素无法归还到农田当中，使农业生态系统的物质循环和生态平衡受到严重破坏，对寿光农业和畜牧业的持续发展十分不利。因此应该提倡种养结合，把畜牧业产生的禽畜粪便等有机废弃物利用到种植业中，以促进当地生态农业的发展。

（3）减轻农田中化学能的输入，有助于为市场提供无公害有机食品。随着人民生活水平的不断提高，人们对无公害有机食品的需求量将大大增加，今后的市场将以无公害有机食品为主导。现在人们逐渐认识到施用化肥来提高产量的严重性，因此以生物固氮、解磷、解钾、抗病虫害为主题的无公害肥料研制和生产已成为热点，日益受到各国重视，因此若不改变目前的高化学能投入的耕作方式，寿光农业将无法适应今后的发展趋势。对畜禽有机废弃物进行加工改造，使其成为高效而又持续的有机肥料，不但可以促进农业生态系统物质循环，还可以减轻环境污染，并且最重要的是减少农田化学能投入，为市场提供优质无公害食品。

2）工程的可能性

微生态肥料的诸多特征适合寿光的实际情况。其特点是以有效微生物为核心，配合了高新生态工程技术，充分显示了生态学基本原理在生产实践中的巨大应用潜力，可以明显改善土壤的理化性质，对病虫害有较强的抵御能力，可提高作物品质，速效性和持续性相结合，营养全面，应用面广泛，施用方法简单的绿色无公害肥料。

3）工艺流程

（1）原材料初选要根据生产规模和所用设备而定，若是机械化生产，要清除原材料中混入的石头、铁丝等杂物，以免设备损坏。选择原材料的主要目的是使有效微生物菌群有一个适宜繁殖和增强活性的环境条件，而不是仅仅利用原辅材料本身所具备的肥效。因此，原材料以农副产品和有机废弃物为益，如各种畜禽粪便等，经过合理配比，就可作为载体原料来应用。

（2）原材料一般含水量较高，如鸡粪含水量可达 80％左右，因此有必要通过预处理降低原材料的含水量，这样烘干灭菌不仅时间可以缩短，而且还可以节省能耗，这对降低成本十分重要。

（3）烘干灭菌是本工程流程中的关键环节之一，烘干灭菌效果的好坏对有益微生物菌群的生长繁殖以及控制杂菌干扰等都有极其重要意义。

（4）菌种剂的生产不是在本流程中完成的，需要另建菌种剂厂，通过工业发酵来完成。

4）投资估算

（1）年生产不足 5000 吨时可实施土法生产

厂房面积：300～500m²

电力：30～60kW

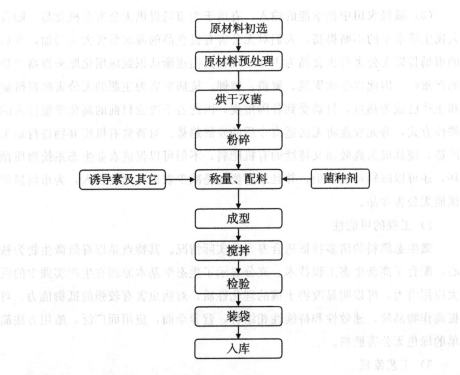

主要设备：高湿物料干燥灭菌器

　　　　　粉碎机

　　　　　搅拌机

　　　　　成型机（生产粉末型则不用）

投资规模：

　　　　1000 吨/年：固定资产 10.0～20.0 万元

　　　　　　　　　　流动资金 10.0～20.0 万元

　　　　2000～3000 吨/年：固定资产 20.0～30.0 万元

　　　　　　　　　　　　　流动资金 15.0～20.0 万元

　　　　4000～5000 吨/年：固定资产 30.0～40.0 万元

　　　　　　　　　　　　　流动资金 30.0～40.0 万元

（2）年生产超出 5000 吨时实施正规工业化生产

厂房面积：700～1000m²

电力：70～100kW

主要设备：高湿物料快速干燥灭菌机

　　　　　粉碎机

搅拌机

配料设备

提升设备

输送设备

成型设备

万吨级投资规模：固定资产 100.0 万元

流动资金 60.0 万元

5）效益分析

（1）经济效益分析

成本估算表

序号	费用名称	单位成本（元/吨）	占成本比重（%）	比重累加（%）
1	有机原料	200	36.9	36.9
2	菌种剂	120	22.0	58.9
3	诱导素	30	5.5	64.4
4	煤、电	44	8.1	72.5
5	包装费	50	9.2	81.7
6	销售、广告	8.6	1.6	83.3
7	工　资	42	7.8	91.1
8	修理费	4.0	0.7	91.8
9	企管费	12.0	2.2	94.0
10	折　旧	9	1.7	95.7
11	其　他	21	4.3	100.0
12	合　计	540.60	100	—

上表显示，原辅材料（1—3 项）占成本比重为 64.4%，变动成本部分（1—6 项）占成本比重为 83.3%，比重相当高。在实际生产经营过程中这是降低成本、挖掘成本潜力的重点，而固定成本的比重（7—11 项）仅占 16.7%，水平很低。据上表可见，销售成本率为 50.4%，销售利润率为 43.5%，因此经济效益很高，同时抗风险能力也很强。

（2）环境效益分析

微生态肥料的生产，没有废水排放，有一般的煤烟型污染物排放，可以通过安装除尘设备来解决、达标排放。主要设备有一定的噪音排放，但由于该项生产在农村进行，设备又安装在车间，因此对环境的影响将不超过国家标准。微生态肥料最大的环境效益是可以减少和消除畜牧业有机废弃物带来的环境污染，并能够有效促进农业生态系统物质循环。

（3）社会效益分析

微生态肥料具有巨大的经济效益和环境效益，还有显著的社会效益。畜禽粪便等有机废弃物通过微生态肥料得到有效利用，变成持续而又高效的无公害肥料之后，可大大减少耕地化学肥料的投入，如此一来可明显改善农业产品品质，为市场提供无公害有机农产品，提高人类健康，促进社会发展。

7.4.3 规划结论

1. 生态农业和有机农牧产品基地建设是我国传统农业向现代高科技农业转化的必由之路，它不但要解决我国农业投入高，经营分散，成本居高不下的现状，也要解决化学农业带来的弊端，使我国大量的农牧产品在国际和国内占有重要位置，是解决我国农业问题，走向市场，提高农民收入的重要规划。

2. 生态农业和有机农业的实施要立足我国农业现状，要制定合理目标，分阶段实施。

3. 生态农业和有机农牧产品基地建设规划必须有高新技术工程项目为支撑，要首先解决农药化肥污染和有机废弃物的资源化技术，使这些技术落实到工程项目中，在取得经济效益、社会效益的同时，保证环境目标的实现。

第 8 章 生态工业规划

随着社会经济的发展和地球生命支持系统对环境污染的自净和容纳能力的日趋减弱，人类社会已处于向生态文明时代转化的历史关头。传统的、粗放型的工业生产是造成环境污染和生态恶化主要的原因之一。因此，转变传统的工业生产模式，以生态工业作为经济发展新模式，得到世人的高度认同并在实践中形成迅猛发展的势头。本章即就生态工业的基本特征和要求、生态工业规划的主要内容，以及作为实现生态工业的主要载体——生态工业园区的规划和技术方法进行系统阐述。

8.1 生态工业的基本特征和实践途径

8.1.1 基本特征

生态工业是指仿照自然界生态过程中的物质循环的方式来规划工业生产系统的一种工业模式。在生态工业系统中各生产过程不是孤立的，而是通过物料流、能量流和信息流形成一个相互关联的整体，一个生产过程的废物可以作为另一种过程的原料加以利用。可见，生态工业追求的是系统内各生产过程从原料、中间产物、废物到产品的物质循环，达到资源、能源、投资的最优利用。

生态工业的萌芽出现在 20 世纪 60—70 年代，当时是作为一个概念提出，但没有更为深入的研究。90 年代初，生态工业一词首先在与美国工程科学院关系密切的一些工程技术人员中重新被提出，特别是 1989 年 Robert Frosch 和 Nicolas Gallopoulos 在《科学美国人》专刊上发表了《可持续工业发展战略》一文，两位作者提出了以下观点：即工业可以运用新的生产方式，对环境的影响将大为减少，这个概念引导他们推出了"生态工业"。

要实现传统工业系统向着成熟的生态工业体系演进，应满足以下 4 个方面的基本要求：

1. 将废料作为资源重新利用。人们应开始用全新的角度来审视那些堆积如山的废弃物，不再将其视为亟待处理的污染物，而是要将其看作可重新利用的资源。从工业生态学的视角看，垃圾场就是人造的矿脉。

2. 封闭物质循环系统和尽量减少消耗性材料的使用。理想的物质流动模式应该是一个物质无损耗、能源无污染且能自我供给的循环，废物回收和资源化是其中的重要环节。但目前的废物综合利用却有可能加速物质的流动，并且耗费大量能量，造成恶性循环，在这方面人类仍需付出艰苦的努力。减少消耗性材料使用所带来的污染，关键是预防，不仅在于产品本身，而且在于产品的使用。

3. 工业产品与经济活动的非物质化。这是生态工业对产品的重新认识。人类在使用产品时，很多时候所需的只是产品所具有的功能，而非产品本身，因此就有可能在同样多的物质消耗下，使人们享受更多的服务和产品，这样也就可以大幅度地提高资源和能源的使用效率。

4. 能源脱碳。以碳氢化合物为主的矿物资源是滋养整个工业社会最基本的物质，但它的使用也是许多环境问题的源头：温室效应、酸雨、赤潮等。要实现真正意义上物质的闭合循环，能源脱碳是较高层次上的要求。但是当今人类活动还不能全部直接依靠太阳能，实施减少能源使用、相对脱碳（即提高能源利用效率）和开发清洁能源等措施，是向能源脱碳这一目标迈进的重要步骤。目前，能源脱碳由于技术和经济等多方面的制约，短期内仍难以实现，但目前已经在向这个目标努力。

8.1.2 实践途径

创办生态工业园区是一种实现生态工业系统的有效且可行的途径。生态工业园区是依据循环经济理论和工业生态学原理而设计建立的一种新型工业组织形态。由若干个企业、自然生态和居民区共同构成，它通过模拟自然系统建立产业系统中"生产者—消费者—分解者"的循环途径，建立园区内物质流动和能量流动的"食物链"和"食物网"关系，形成互利共生网络，高效分享资源，从而实现资源和能源消耗的最小化，废物产生的最小化，努力建设可持续发展的经济、生态和社会关系。在这样的园区中，废物最小化是其最主要的特点，因为园区内一个企业产生的"废物"被作为另一个企业的原材料或能源，通过彼此之间的废物交换、循环利用、清洁生产等手段，可以实现污染物向园区外的"零排放"。

由此可见，生态工业园区寻求一种集合效应，这种集合效应比每个企业各自优化其自身效益所能达成的总和还要多得多。

生态工业园区与传统工业园区的差别主要表现在园区内存在着各种副产物和废物的交换、能量和废水的梯级利用、基础设施的共享以及完善的信息交换系统。生态工业园区有别于传统的废物交换活动（我国从 20 世纪 70 年代开始大力提倡的废物综合利用即属于传统的废物交换活动），在于它不满足于简单的一来一往的资源、能源循环，而旨在系统地使一个区域总体的资源、能源增值。由此，园区内企业之间的关系是互动的，园区与自然环境之间是协调的，这种互动与协调又使得企业获得丰厚的经济、环境和社会效益。生态工业园区内的企业不一定聚集在相邻的地理区域范围内，地理上相距很远的若干企业，只要他们是按照生态工业的思想进行组织和运转，仍可组成一个"事实上的"生态工业园区。

生态工业园区是第三代园区发展模式，与第一代、第二代的经济技术开发区、高新技术开发区比较起来，在建设背景、建设目的和方法上都是不一样的。经济技术开发区是我国在改革开放初期，在一定的区域内建立起来的劳动密集型的区域，主要侧重于经济发展"量"的扩张，以解决当时经济急需要加快发展的需要。高新技术开发区是为了提高经济发展的技术含量，在一定区域内建立起来的技术密集型开发区，主要侧重于经济发展"质"的提高，与经济技术开发区比较起来有了一定的发展和提高。生态工业园区是运用工业生态学的理论，寻求企业间的关联度，进行产业链接，建立起企业之间的生态平衡关系，实现环境与经济的协调发展。生态工业园区以企业生态链（网）的建立为基础，注重产业结构和布局的调整和升级，强调用高新技术改造传统行业，培育经济新的增长点，因此，生态工业园区的建设无论从经济效益还是环境效益都是前两代园区无法替代和比较的，若对二者进行生态工业的改造将使其更具有活力和发展前景。

根据以上对生态工业和生态工业园的阐述，我们不难看出生态工业园区具有以下几个显著的特点：

1. 企业之间的生态化关联关系：不同产业和企业之间通过物质和能量的关联和互动，构成了工业生态链或生态网，从而形成了生态工业体系。

2. 废物最小化排放：正是通过企业之间的生态链或生态网的构建，物质和能量在园区内得到最大程度的利用，向园区外的废物排放达到了最小。

3. 区域内信息实现高度共享：打破了传统的企业之间各自为政、信息不畅通的弊端。

4. 有利于园区内企业产业结构和布局的调整，促使企业朝着规模化、专业化、产业化的方向发展。

5. 空间的广泛性：生态工业园区可以不受地域限制，只要存在着生态化工业关系，这些企业无论分布在哪里，都可以成为生态工业系统中的一个环节。

8.2 生态工业的基本原理和模式

8.2.1 基本原理

1. 企业和行业间的横向共生原理

工业生态学是在模拟自然生态系统的基础上提出的，强调实现物质利用的循环，其中一个重要的方式就是建立工业系统中不同工艺流程和不同行业之间的横向共生。通过这种横向耦合及资源共享，为废弃物找到下游的"分解者"，建立工业生态系统的"食物链"和"食物网"，实现物质的再生循环和分层利用，达到变污染负效益为资源正效益的目的。

2. 从摇篮到坟墓的纵向闭合原理

生态工业区别于传统工业的一个重要方面是物质的生命周期全循环，即产业系统内综合考虑产品从"摇篮""坟墓"到"再生"的全过程，并通过这样的过程实现物质从"源"到"汇"的纵向闭合，实现资源的循环永续利用。

3. 在区域生态系统范围内组织生产原理

生态工业不仅仅关注工业系统内部，更关注的是工业系统与自然系统的相互关系，目的就是在自然系统的承载能力内，充分利用自然资源。通过对一定地域空间内不同工业企业之间，以及工业企业、居民和自然生态系统间的物质、能量的输入与输出进行优化，从而在该地域内对物质与能量进行综合平衡，形成内部资源、能源高效利用，外部废物最小化排放的可持续地域综合体。

4. 从产品导向走向服务功能导向原理

生态工业倡导"功能经济"，即鼓励消费者购买产品的服务功能而不是产品本身，鼓励企业用对社会的服务而非产品换取利润为经营目标。功能经济认为生产的目的应该是使产品的"服务功能"而不是产品的数量达到最大。而且，产品仍由生产者所拥有，生产者可以在适当的时间将产品回收进行再加工，因此实现了以产品的再利用替代物质的再循环。

5. 生产和产品的可升级性原理

在功能经济条件下，生产商生产的目的是为消费者提供某种功能，而不是某种固定的产品，这有利于企业建立灵活多样、面向功能的生产结构与体制，并且可以随时根据市场及环境的变化调整产品、产业结构及工艺流程，实现产品的升级换代，以保证在市场或环境条件变化时，很快地适应新的情况。

6. 推进产业的人性化原理

生态工业可以为社会创造许多新的就业机会，以避免只注重经济效益而忽视社会效益的传统工业经济模式。生态工业通过增加企业内部第一和第三产业的比例，特别是售后服务、循环再生、研究开发及教育培训业务的扩大，增加了对劳动力和智力的需求，既提高了物质和能量的利用率、保护了环境，又为企业创造了利润，同时也增加了就业机会。

8.2.2　基本模式——卡伦堡生态工业园

位于丹麦哥本哈根西部大约 100 公里的卡伦堡（Kalundborg）镇可以说是一个典型的高效、和谐的生态工业园区，被称为工业生态学中的经典范例。在该园区内，各种企业按照生态学中动植物的共生原理建立了一种和谐复杂的互利互惠的合作关系（如图 8-2-1 所示），各企业通过贸易方式利用对方生产过程中产生的废弃物或副产品，作为自己生产中的原料，或者替代部分原料。

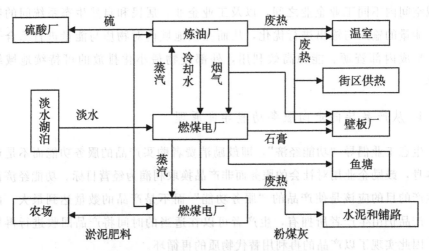

图 8-2-1　卡伦堡镇工业生态系统结构与物流图

卡伦堡是逐渐发展起来的，从 1982 年起发电厂就把多余的工业用热变成蒸汽提供给炼油厂。在同一年里发电厂又通过蒸汽管道与卡伦堡的生物技术企业集团连接起来，这些热水对生物反应器起到消毒杀菌作用，同时发电厂通过一个远距离供热网为卡伦堡镇上的家庭取暖提供热量。炼油厂从电厂所获得的蒸汽量占总需求量的 40%，制药厂则可获得 100% 的蒸汽量。通过给居民提供热量，全镇减少了 3500 座家庭锅炉的用量，因此也减少了废气的排放。发电厂的剩余热量用于养鱼，鱼池的淤泥可以作为肥料出售。针对当地淡水资源缺乏的状况，1987 年炼油厂废水经过生物净化处理，每年通过管道给电厂提供 70 万立方米的冷却水，使淡水的利用减少了 25%。炼油厂在生产过程中形成的液化气被送到发电厂和生产石膏的工厂。火力发电厂 1993 年投资 115 万美元安装了除尘脱硫设备，每年产生的 8 万多吨硫酸钙全部出售给石膏板厂，代替了该厂从西班牙进口原料的 1/2。粉煤灰出售供修路和生产水泥用。

卡伦堡工业园区的形成是一个自发的过程，是在商业基础上逐步形成的，所有企业都通过彼此利用"废物"而获得了好处。经过 10 多年的滚动发展和优化组合，目前该系统已成为一个包括发电厂、炼油厂、生物技术制品厂、塑料板厂、硫酸厂、水泥厂、种植业、养殖业和园艺业，以及卡伦堡镇的供热系统在内的复合生态系统。各个系统单元（企业）之间通过利用彼此的余热、净化后的废水、废气，以及硫、硫化钙等副产品作为原材料等，一方面实现了整个镇的废弃物产生最小化；另一方面，各个系统单元均从相互合作中降低了生产成本，获得了直接的经济效益。园区共生体系的成功是建筑在不同合作伙伴之间已有的信任关系和充分的信息交流基础上的，这种合作模式并没有通过政府渠道干预，工厂之间的交换或者贸易都是通过民间谈判和协商解决的，有些合作基于经济利益，有些则基于基础设施的共享，当然在某些情况下，环境管理制度的制约也刺激了对废弃物的再利用，最终促成了各方合作的可能性。卡伦堡镇通过"从副产品到原料"的企业间的合作，产生了显著的环境和经济效益，形成了经济发展与资源和环境的良性循环。每年可以节省 10 倍的开支，节省 45000 吨石油，1.5 万吨煤炭，60 万立方米水，减排 17.5 万吨二氧化碳和 1.02 万吨二氧化硫，还使 13 万吨炉灰、4500 吨硫、9 万吨石膏、1440 吨氮和 600 吨磷得到重新利用。据资料统计，在卡伦堡工业园区发展的 20 多年时间内，总的投资额为 6000 万美元，而由此产生的效益每年大约为 1000 万美元。

8.3　规划框架与技术方法

8.3.1　规划编制原则

以园区为载体的生态工业规划应以循环经济和产业生态学的理论为指导，以生态工业体系的构建为核心，将区域环境保护和环境污染综合整治充分融入生态体系的构建中，进一步促进产业结构调整和布局的合理化，以此带动工业污染的治理，真正实现园区内环境与经济的统一协调发展。

根据以上指导思想，规划时可灵活应用以下基本原则：

1. 循环再生原则

自然界的资源是有限的，人们模拟自然生态系统建立起来的生态工业系统最基本的原则和最突出的特点即是要实现原料、产品和废物的多重利用和循环再生，这是实现可持续发展的基本对策。为此，要求工业系统内部形成一套完整的生态工艺流程。其中，每一环节既是下一环节的"源"，同时又是上一环节的"汇"，没有"因"和"果"及"资源"与"废物"之分。工业系统内由此形成一套横向共生、纵向耦合的生态链或生态网络。

2. 以经济发展为主题，产业结构调整为主线

我们知道，环境问题是在经济发展过程中产生的，环境问题也只有在经济发展的过程中解决，关键是要选择一条将污染治理与生产方式进行"生态一体化"的经济发展道路，生态工业园区便是最好的选择。园区内的各企业因相互之间建立起一种协作的关系，产业结构和布局的调整即可融入生态化改造过程之中，企业之间形成合理的社会化分工，避免低水平的重复建设和资源的恶性竞争，培育经济新的增长点，促进地方经济以更快的速度向着更高的方向发展，提高人民群众生活水平。

3. 观念创新和高新科技应用是园区不断发展的动力

在改革不断深化的今天，解放思想，大胆创新是社会主义建设事业不断前进的先决条件。生态工业在我国才刚刚起步，对生态工业的认识和接受还需要一个相当长的时期，各级领导和企业领导只有实现观念上的根本转变并在实际工作中不断地创新，才能推动生态工业不断向前发展。

4. 管理绿色化，运作市场化

生态园区倡导绿色管理，从园区整体环境管理方式到企业的全过程控制，甚至到产品的生态化设计等不同层次、不同环节上的管理都要实施绿色化。

园区企业的运作仍遵循市场化的方式，在地方政府制定发展规划、制定各项政策、进行产业导向和综合协调、指导的作用基础之上，以市场为导向的企业化运作机制要贯穿在园区建设的全过程，以市场利益驱动企业间的联合，利用多种渠道筹集资金，以市场开拓、服务管理、技术信息交流、风险投资、股权投资、合作开发为主要业务，落实各项工程项目，保证生态工业的实现并不断发展。

8.3.2 规划编制程序

规划是开展生态工业建设的重要前提和基础。规划阶段的主要任务是解决生态工业建设的一系列战略问题，包括规划目标的确定、企业和行业间生态关系的确定、发展规模和发展方向的确定、具有重要经济意义和环境意义的项目的选择、保障措施的制定以及建设进程中可能出现的"瓶颈"问题和各种风险

的预测及其相应对策的研究等问题。

一般来说,生态工业园区的规划可分为以下几个步骤进行:

1. 组建规划队伍,制订工作计划

规划任务确定后,项目业主应建立规划队伍,包括成立领导机构和技术小组。因规划工作技术性强,项目业主应积极寻求具有相应规划资格并具有丰富生态园区规划经验的单位和人员进行合作,组建技术小组,以保证规划工作的质量。承担规划编制的单位首先要掌握项目的有关背景,了解项目业主的主要意图和要求,明确规划的范围和主要内容,在此基础上制订工作计划和实施进度。

2. 调查研究,收集资料

规划人员首先要查阅、收集与规划有关的社会、经济、自然、环境等基础资料和各类发展规划,拟订调查提纲,开展实地踏勘和调查,对收集到的资料进行整理和归纳。在确定园区建设范围的基础之上,调查研究的重点应集中在如下几个方面:

＊区域资源优势;

＊区域国民经济发展水平和总量、国民经济现有结构和调整方向及调整的主要任务、哪些是本地区的支柱产业、优势产业、特色产业,国民经济发展规划等;

＊区域主要污染源、污染物和环境污染现状,环境建设规划;

＊纳入园区建设范围内的行业和企业的生产状况、技术状况和管理水平,物流、水流和能流的方向和数量,污染物产生和处理处置状况;包括周边企业在内的可能的废物利用渠道等。

3. 确定规划目标、指标

包括社会、经济、生态环境目标和指标。

要求:在确定各项发展指标时,紧密结合当地情况,并参照相关的国民经济及社会发展计划和各单项发展规划,提出不同阶段的发展指标。指标既要先进,又要切合实际,定性定量相结合。

4. 生态工业系统设计

* 总体框架设计：根据现状分析结果，首先对园区进行功能分区和产业布局，在此基础上，确定园区工业发展的主导行业，主导行业发展规划；对园区内企业间进行物流、水流、能流、信息流的集成分析（定性和定量），从而得出生态链或生态网的总体结构。

* 重点工程项目设计：根据以上分析，确定园区内需要重点建设的工程项目（包括新建、扩建和改建）和服务项目，进行市场需求预测，初步进行技术可行性和经济可行性分析，初步确定建设地点、建设规模和采用的生产技术。

* 园区生态环境建设规划：根据规划总体目标中有关生态环境建设的要求，拟订园区这一区域范围的生态建设项目。

* 园区生态管理规划：从园区整体环境管理方式到企业的全过程控制，甚至到产品的生态化设计等不同层次、不同环节上的提出实施绿色化管理的具体要求和措施。

5. 保障措施规划

生态工业园区的建设是一个系统工程，需要有各方面的措施共同行动给予配合和保障。在此，可从组织队伍建设、政府的宏观主导、制定激励性政策、严格环境执法和监督检查、加强科技创新和人才培养、扩大筹资渠道保证资金来源、宣传教育等方面提出相应的保障措施。

6. 投资与效益分析

园区建设的投资主要表现为规划中的重点工程项目和服务项目建设所需要的投资。效益表现有经济效益、生态效益和社会效益。经济效益主要是指工程项目建成投产后所带来的产值、销售收入、利税、人均收入的提高等；生态效益主要是指资源能源消耗数量的减少和利用效率的提高、污染物排放数量的减少和环境质量的提高以及工业生产系统防御自然灾害能力的提高等三方面；社会效益主要是指是否有利于人民物质文化生活的提高和人员素质的提高，生态环境保护意识是否加强，是否有利于是否具有在周边地区或全国范围内的示范和推广意义等方面。

7. 编制规划报告

在对规划项目进行细致设计和投资效益分析之后即可编制规划报告，为项目决策提供科学依据。规划报告的结构可参阅下文。

根据以上工作步骤，编制规划的技术路线可概括成如图 8-3-1 所示：

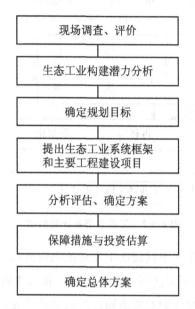

图 8-3-1　生态工业园规划编制技术路线

8.3.3　规划关键技术

生态工业规划的核心内容是工业生态系统的构建，它是生态工业的灵魂所在，是体现工业系统朝着生态化的方向转型所在。

1. 工业生态系统框架设计

工业生态系统的构成主要包括行业（企业）构成和分类、系统集成、生态链（网）的设计以及非物质化的设计等四个方面，规划时可按其先后顺序进行（如图 8-3-2 所示）。

其中行业（企业）构成和分类是工业生态系统的表现形式，是构成生态链（网）的物质基础。系统集成是集成层次、集成途径和集成技术等三个方面的

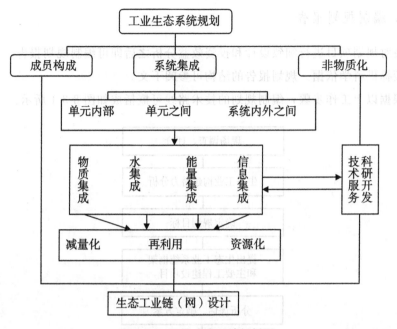

图 8-3-2　工业生态系统规划图

综合。所谓集成层次是指在不同层次上完成的集成活动，包括工业系统内各单元内部（企业内部）、各单元之间（企业之间）和系统内外单元之间等三个不同层次；集成途径是指集成的对象类别，包括物质集成、能量集成、水集成以及信息集成等四条途径（四种类别）；集成技术是指为实现集成所采用的具体技术，它是集成完成的根本保证，是工业生产力高低的重要体现，正是通过在不同的集成层次上、对不同的集成途径采用不同的集成技术，才得以实现工业系统内物质和能量的最大利用和废物的最小排放，才使得工业系统向着生态工业和循环经济的方向发展。系统集成是工业生态系统构建的重中之重，生态链（网）的设计是系统集成之后的必然结果，将工业系统内的企业沿着集成的路线串联起来，从而形成若干条生态链和一个生态网，各企业在整个网络系统中的地位和作用也就一目了然了。

2. 行业（企业）组成设计

工业生态系统设计的第一步就是要依照一定的方法寻找并设计出组成整个生态工业系统的行业（企业）成员。这些成员在构成上有一定的先后顺序，首先是要确定出一个或几个核心行业（企业，类似于自然生态系统中的"优势种群"），围绕核心行业（企业）派生出一系列以物质交换或能量交换为纽带的企业。这些企业利用核心企业或者上一级企业产生的副产品、废弃物（包括水、气、固废、废热能等）作为生产原料组织生产，由此这些企业逐级递演产生出来，彼此之间形成一种协作补充关系而不是竞争对立关系，其中的核心企业对整个工业群体的运行起到一种控制和导向作用。

对以热电联产为核心的工业园区来说，热电厂就是整个园区的核心或优势企业。热电厂所需的原料物质数量相当庞大，生产中产生大量的粉煤灰等固体废弃物，同时以热的形式损失的能量也很多，因而可以利用粉煤灰生产水泥产品，排出的热量可以以蒸汽的形式输出，在共生的经营范围内供其他企业使用，另外还可利用富余热力制冷，用于分区供冷，或者甚至可以将制冷用于食品加工或化工生产中，这样就形成了以热电厂为核心的，热、电、冷及建材联产的工业生态群体。

类似于自然生态系统的生物可分类成"生产者""消费者""分解者"三大类群一样，这些企业个体在整个工业生态群体中也扮演着不同的角色，如"资源生产者""加工生产者""还原生产者"等。资源生产企业相当于自然生态系统的初级生产者，为后续工业生产提供初级原料和能源；加工生产企业类似于"消费者"，是将资源生产企业提供的初级资源加工成一定的工业产品；还原生产者则类似于"分解者"，是将各种废物和能源再资源化，或进行无害化处理处置，或加工转化成新的工业产品。

一个成功的生态园区规划，首先就是要充分调查和找准一个区域内的优势资源、优势产业和多类别产业的构成，要以优势资源和优势产业作为园区生态建设的核心，成为产业链构建的出发点，以此为基础将其他类别的产业与之链接，构成生态工业网络体系。各地不同的优势资源和优势产业，也就形成了生态园区的不同特色。

补充资料：贵港国家生态工业园区

贵港国家生态工业园区是以制糖行业为核心的生态园区，该园区包括现代化甘蔗田地和产业生产区，是集农业和工业于一体的工业园区。制糖是以当地的特色资源同时也是优势资源——甘蔗为原材料，生产白砂糖等系列产品，在制糖生产过程中，排出大量的废糖蜜、蔗渣和蔗髓，园区以废糖蜜为原料衍生出酒精（或酵母精）生产，酒精生产中产生的酒精废液进行有机复合肥的生产，该复合肥可重新还田，替代一般化肥促进甘蔗的生产；以蔗渣为原料衍生出蔗渣浆和选纸生产系统，蔗髓作为补充燃料送往热电联产系统，产生的蒸汽和电供园区各生产单元使用，园区内制糖过程产生的滤泥（经过堆存）和造纸制浆产生的白泥均可送往附近的园区外的企业用于水泥生产，白泥还可用于轻质碳酸钙生产，热电厂锅炉产生的煤灰可作为园区内污水处理系统的吸附剂，造纸系统产生大量的白水经处理后回用于各生产单元，大大降低了园区对水资源的消耗。由此，该生态工业园区的各组成单元中，扮演"生产者"的是甘蔗园和制糖厂，扮演"消费者"的主要是造纸厂、酒精厂、扮演"分解者"或"还原者"的是有机复合肥的生产、热电系统以及废水回用系统等，不同单元共同构成了一个相对完整的工业生态系统。

3. 系统集成

系统集成应从三个不同层次来体现生态工业的思想。在企业内部，注重清洁生产，使企业内污染物排放最小，资源利用最大；在企业之间，通过梯级（多级）使用、循环再生、资源化等技术，使得物质、能量和信息得到充分交换，构建生态链（网），使得园区向外排放的污染物最少，资源利用率最大；在园区内外，充分利用物质需求信息，构建虚拟生态园区，通过生态工业园区带动更大范围内的企业之间彼此交换物质，拓展生态工业群落空间，实现更大范围的经济与环境的协调发展。

集成技术构成：

集成技术包括三个层次：减量化、再利用、资源化。这三个层次在应用时有着先后的顺序，即首先考虑通过预防减少污染物的产生量，然后尽可能多次使用该物质，这时的使用或许需要对该物质进行简单的加工，对该物质无法继续使用时，考虑对其进行资源化加工生产，使其转变成其他的有用物质（如作为该物质生产的原辅材料）。所有这些，都可被认为是清洁生产技术的应用。

能量集成：

从目前我国工业水平发展来看，生产中所需要的能源绝大部分来自煤的燃烧，极少量来自太阳能和生物质能（如核能等）。煤的燃烧会带来严重的大气污染，我国绝大多数城市的大气污染类型属于煤烟型污染即验证了这一点，因此，能源集成就显得尤其重要。其主要目的就是要减少能源的消耗数量，合理利用能源。常见的能量集成的技术包括：

＊ 减少能源消耗：采用节能新技术、新工艺和新设备，余热回收利用，

避免能源损耗

　　＊ 能源的梯级利用：按质梯级用能

　　＊ 集中供热

　　＊ 开发使用可再生能源和清洁能源：如太阳能、生物质能等。

废水集成：

　　园区内废水集成的目的是要减少各单元内和园区整体新鲜水的消耗量和待最终处理的废水总量和污染物总量。废水集成实质上也是物质集成的一部分，但由于其独特的处理方法，所以单独提出。常见的废水集成的技术包括：

　　＊ 提高工业用水的循环利用率

　　＊ 改革生产工艺，减少工艺用水的消耗

　　＊ 逐级用水，实现一水多用

　　＊ 中水回用

　　＊ 分散式处理与集中式处理的结合

信息集成：

　　信息集成在园区生态系统建设中因其是看不见、摸不着的抽象体而容易被忽略。园区在建设和运行过程中存在大量的信息，如企业的生产信息、经营状况、市场信息、污染排放状况、环境影响、环境质量等，这些信息必须进行有序地组织、研究和管理，为园区的发展、决策、管理和维护提供支持。

　　信息集成的硬件基础是计算机网络的建设，包括内部局域网和国际互联网的建设。

4. 生态链（网）的设计

　　生态链（网）的设计即是对园区内的各企业通过系统集成后彼此关联起来，形成多条产业链条或产业网络，构建生态工业体系。产业链的设计还应充分考虑技术可行性和经济可行性，只有对技术和经济可行性进行充分分析之后确定的产业链才具有建设意义。

　　园区的生态链网通常以图形的方式表达出来，从图中可以看出各企业之间是如何进行物质的流动、能量的流动以及信息的流动，可以看出各企业在整个工业生态系统中所扮演的不同角色。

8.4 规划案例

8.4.1 案例区概况及工业系统特征

结合以往的实践研究基础，选择以传统印染工业为主导的浙江省绍兴市为案例区，探讨生态工业规划的实践模式。

绍兴市位于经济发达的长江三角洲南翼、富饶的宁绍平原西部。东邻深水大港宁波，西靠风景旅游城市杭州，北与全国的经济中心上海隔湾（杭州湾）相望，具备优越的区位条件。地理坐标为东经 $119°53'02''\sim121°13'38''$，北纬 $29°13'36''\sim30°16'17''$。总面积 8256 平方公里，全市总人口 433.27 万人，其中市区人口 59.92 万人。依托于传统印染行业的纺织业和酿酒等传统产业是绍兴的特色产业和优势产业，同时也是决定绍兴城市经济命搏的关键产业。

绍兴的工业产出结构呈现明显的"一业特强，多业发展"特征。从绍兴中心城市区 2000 年和 2001 年的工业产出的行业结构来看（见表 8-4-1），以纺织、印染、服装加工为主的行业群不仅在企业数目，而且在工业增加值上都占有优势地位。

表 8-4-1 绍兴中心城市 2000—2001 年工业行业结构

主 要 行 业	2001 年			2000 年		
	企业数	工业总产值		企业数	工业总产值	
	个	万元	%	个	万元	%
食品加工制造（酿酒）	11	75618	5.0	12	76209	5.1
纺织服装业	215	910853	60.6	194	842806	56.1
家具制造业	5	43228	2.9	4	36512	2.4
造纸及纸制品业	7	32079	2.1	7	32068	2.1
医药制造业	3	25408	1.7	3	22172	1.5
化学纤维制造业	5	113371	7.5	4	139755	9.3
黑色金属冶炼及压延加工业	2	30228	2.0	4	68466	4.6
有色金属冶炼及压延加工业	6	64676	4.3	7	61476	4.1

续　表

主　要　行　业	2001 年			2000 年		
	企业数	工业总产值		企业数	工业总产值	
	个	万元	%	个	万元	%
普通机械及电气设备制造业	17	51368	3.4	13	75425	5.0
电子及通信设备制造业	9	51847	3.4	6	50861	3.4
合　　计	280	1398676	93.1	254	1405750	93.5

资料来源：《绍兴市统计年鉴，1999—2002》。

　　表 8-4-2 是绍兴市纺织产品占浙江省和全国的比重。2001 年，绍兴市生产的化学纤维占到全省的 43%，占全国的 12.5%，印染布产量更是占有绝对优势，分别占全省的 71.3% 和全国的 32.7%，领带和袜子的生产也具有相当的产量优势。因此，从目前绍兴市的纺织工业企业数量、生产能力、生产规模以及在全省、全国纺织工业的比重来看，绍兴纺织工业已成为绍兴经济发展的重要支撑。

表 8-4-2　2001 年绍兴市主要纺织产品产量占全省、全国的比重

	化学纤维（万吨）	布（亿米）	印染布（亿米）	服装（亿件）	领带（亿条）	袜子（亿双）
绍兴市	95	28	58.33	2.45	2.5	65
浙江省	221	—	81.84	17	2.65	—
占全省	43.0%	—	71.3	14.4	95%	—
全　国	760	201.5	178.3	77.76	3.14	195
占全国	12.5%	13.9%	32.7%	3.15%	80%	33.3%

资料来源：《绍兴纺织工业发展调查报告》，绍兴市经济贸易委员会，2002.6。

　　从绍兴工业发展模式看，已经具备了从增长向发展，从非可持续向可持续发展和生态化发展的条件。积极创造条件，重点发展地区核心城市，增强城市的产业集聚效应，确定以城市为中心组织区域经济的新观念，确定生态经济和生态工业的发展方向，走新型工业化的发展道路，从而推动绍兴地区城市化、现代化和生态化，是绍兴未来经济发展的必然选择。

8.4.2　工业发展的环境行为预测

　　随着绍兴工业，尤其是传统高资源能源消耗产业的发展，对绍兴市资源环

境承载力提出了新的要求。绍兴水资源、能源供应、环境容量等自然要素能否满足工业快速发展的要求，是在进行生态工业发展规划中所必须回答的问题。

工业发展的资源环境承载力涉及诸多因素，为了体现绍兴市的资源环境特点，这里在污染物排放方面，只分析有代表性的 COD 排放和二氧化硫排放，在资源条件方面，分析耗水量和能源需求两项指标。

根据绍兴国民经济发展规划确定的不同规划目标年的工业发展速度，以 2000 年绍兴市主要污染物排放和资源消耗行业的工业产值为基础，表 8-4-3 给出了绍兴工业发展和环境影响的预测结果。

表 8-4-3　绍兴中心城市工业发展和环境影响预测

	COD 排放		SO₂ 排放		耗水量		能源需求	
	系数 (kg/万元)	排放 (万吨)	系数 (kg/万元)	排放 (万吨)	系数 (吨/万元)	需求 (亿吨)	系数 (吨/万元)	需求 (万吨标煤)
2000	6.02	3.01	6.40	3.20	88	4.40	0.64	320
2007	3.01	3.33	3.20	3.54	75	8.29	0.51	566
2012	1.51	2.68	1.60	2.85	60	10.69	0.41	729
2020	0.75	2.48	0.80	2.64	45	14.83	0.29	945

资料来源：2000 年数据来自绍兴市环境统计和排污申报数据。

8.4.3　工业发展战略目标和指标

从生态工业建设的时间来看，按照生态市建设的总体发展步伐，生态工业的建设可以分三步来实施。近期的发展到 2007 年，远期到 2012 年，长远的发展时期定为 2020 年，各发展阶段的战略和目标如下：

近期发展目标：全面提升传统产业，为第二支柱工业群的发展奠定基础，实施从产品到企业，从企业到园区的环境管理和生态管理制度。进一步加强生态工业园区建设，建设特色生态园区，为企业升级和生态工业的全面发展奠定基础。

中期发展目标：第二支柱工业群快速发展，工业结构调整基本完成，完善生态工业园区，生态工业群落基本建成。生态工业实现高效稳定的运行要求。实现从园区到企业、从企业到产品的生态工业网络体系。

远期发展目标：可持续的工业发展体系基本建成，实现生态经济的发展目标。以循环经济理念为指导的工业经济模式得以实现，生态工业走上健康、持续、稳定、高效、循环的发展轨道。

根据上述生态工业总体发展战略和目标的要求，结合绍兴生态市建设的总的指标体系要求，表 8-4-4 分阶段有针对性地给出了绍兴市生态工业发展的指标体系。

表 8-4-4　绍兴市生态工业指标体系

	单　位	2001	2007	2012	2020
工业增长速度	％	12.3	12	11	9
大型企业比例	％	4.8	10	20	35
工业科技进步贡献率	％	—	55	60	65
高新技术产业增加值占工业增加值比例	％	—	25	35	50
园区 ISO14000 认证率	％	0	70	100	100
企业 ISO14000 认证率	％	—	40	60	90
单位产值水耗	吨/万元	88	75	60	45
单位产值能耗	吨标媒/万元	0.64	0.55	0.50	0.38

8.4.4　工业结构调整方案

绍兴中心城市的单一产业依赖程度很强，2000 年中心城市纺织印染服装等行业的产出比例占到全部工业产出的 61.8％，而其他行业中超过 10％ 的只有为纺织印染提供原料的化纤制造一个行业。这些行业都是污染物高排放以及高资源和能源消耗的行业。绍兴中心城市过于单一的行业结构难以满足生态工业高效、绿色的发展要求，必须在未来的发展中进行调整。

绍兴中心城区是传统优势产业相对集中的地区，行业结构调整难度较大。但是，也应该看到中心城区是绍兴市资金投入、人才资源、技术优势最突出的地区，因此也是发展以电子电信、生物医药等高新技术产业为代表的新兴产业的最佳地区。围绕绍兴中心城区的产业优势，酿酒行业在保持特色的前提下，也应得到适当的发展。而纺织机械制造、机电一体化等机械电气设备制造业也应在中心城区得到快速的发展，并形成产业中心，向全市辐射。其他水资源、能源消耗高，污染物排放量大的行业，在中心城区应严格限制。同样，按照绍兴全市产业结构的调整思路，表 8-4-5 给出了中心城市不同规划目标年的工业结构调整方案。

在绍兴生态工业的建设期间，以医药和电子为代表的新兴行业以高于中心城市平均工业发展速度 4~5 个百分点的速度发展，而纺织印染等传统行业则以低于平均工业发展速度 1~2 个百分点的速度发展。到 2020 年，纺织印染服装等行业的产值占工业总产值的比例将比目前下降 16 个百分点，而新兴行业的比例则有明显的提高，行业结构调整可以取得阶段性的成果。

表 8-4-5　中心城区工业行业结构调整方案

	2000 年		2007 年（%）		2012 年（%）		2020 年（%）	
	工业总产值（万元）	产出比例（%）	增长速度	产出比例	增长速度	产出比例	增长速度	产出比例
食品饮料加工制造	159706	3.2	12.0	3.2	11.0	3.2	9.0	3.2
纺织服装业	3088716	61.8	11.0	58.0	9.0	53.0	7.0	45.7
家具制造业	73040	1.5	13.0	1.6	14.9	1.9	11.8	2.3
造纸及纸制品业	43052	0.9	9.0	0.7	9.0	0.6	7.0	0.6
医药制造业	54754	1.1	16.0	1.4	16.0	1.7	13.0	2.3
化学纤维制造业	524771	10.5	12.0	10.5	10.0	10.0	7.0	8.6
黑色金属冶炼	97076	1.9	13.0	2.1	14.9	2.5	11.8	3.0
有色金属冶炼	87862	1.8	13.0	1.9	14.9	2.2	11.8	2.7
普通机械及电气设备制造	67119	1.3	16.0	1.7	16.0	2.1	14.0	3.1
电子及通信设备制造业	89188	1.8	16.0	2.3	16.0	2.8	14.0	4.1
电力行业	147844	3.0	13.0	3.2	14.9	3.8	11.8	4.6
其他行业	568798	11.4	13.0	12.1	14.9	14.4	11.8	17.7
合　计	5001926	100.0	12.0	100.0	11.0	100.0	9.0	100.0

8.4.5　生态工业网络体系的技术设计

纺织印染业是绍兴市的支柱产业，包括上游（化学纤维、天然纤维的生产）、中游（纺织印染）和下游（服装）产业。因此，绍兴生态工业体系的建设要围绕化纤、纺织、印染和服装四大产业和纺织品生产、销售进行设计，同时发挥绍兴市商贸物流业发达的特点，构筑以化纤工业园区、织造工业园区，印染工业园区，服装加工园区和物流商贸园区为主的工业共生体系和工业产业链，充分体现循环经济的思想，增强绍兴传统产业优势的抗风险能力，构成绍兴生态工业的核心内容。围绕中心产业园区群建立纺织机械工业、机电一体化、信息咨询、环保产业等外围工业体系，形成绍兴市富有特色的生态工业网络体系（如图 8-4-1 所示）。

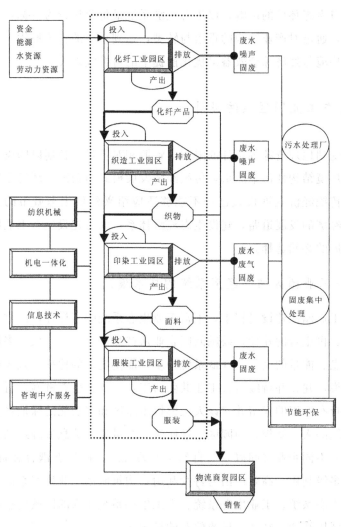

图 8-4-1 绍兴市生态工业网络建设

在这个以产业链为特点的循环经济体系中，生态工业中的能量、物质和信息的稳定与平衡是一个动态过程，能量流动和物质循环总是在不间断地进行，有了信息系统的有力保证，生态工业就可以朝着结构复杂化和功能完善化的方向发展，并逐渐达到成熟的稳定状态。

在生态工业网络建设中，应当全面贯彻循环经济所倡导的减量化、资源化、无害化和重组化的基本原则和技术方法。即以系统资源投入最小化为目标，对废弃物的产生、排放实行总量控制；以废物利用最大化为目标，实现资源产品的使用效率最大化；以污染物排放最小化为目标，尽最大可能减少污染物的排放和对生态环境的影响；以生态经济系统最优化运行为目标，针对产业链的全过程，通过对产业结构的重组与转型，达到系统的整体最优，实现生态经济系统在环境与经济综合效益最优化前提下的可持续发展。

8.4.6 生态工业园区系统设计

绍兴市受到地理资源等条件的限制，资源相对不足，长期以印染为主的产业结构造成环境结构性污染严重，传统经济发展模式与资源、环境之间的矛盾尤其突出，传统经济发展模式已经不能够适应绍兴建设生态城市的要求。因此，走循环经济的发展道路，建设生态经济体系，大力建设生态工业园区，是绍兴经济发展的必然选择。

1. 生态工业园区循环经济系统的技术模式

在生态工业园区建设过程中，丰富工业生态系统的多样性，注重工业生态系统分解者、再生者的建设，鼓励园区企业从产品、企业、区域等多层次上进行物质、信息、能量的交换，降低系统物质、能量流动的比率，减少物质、能量流动的规模，建设并持续运行工业共生与工业一体化生态链网，对自然景观生态区域进行有意识的保留并建设人工模拟生态区和多功能的绿地系统，强化园区生态系统的人工调控，为园区的物质流、能量流、信息流等运动创造必要的条件，形成不同企业之间以及与自然生态系统之间的生态耦合和资源共享，物质、能量多级利用、高效产出与持续利用，构筑园区工业生态系统框架，达到包括自然生态系统、工业生态系统、人工生态系统在内的区域生态系统整体优化，实现区域社会、经济、环境效益的最大化。

物质、能量和信息循环是生态链的关键构成要素，也是生态链赖以维持和得以存在的基础。生态工业最关键的一项措施就是效法自然，寻找工业生态系统中物质流动和资源利用的不合理环节加以改善，实现物质的循环利用。

（1）物质循环模式：

水资源是生态园区建设中重要的物质要素，水的循环使用也是生态工业园区的主要特征。根据对绍兴中心城区 136 家印染企业的统计，绍兴印染行业每百米布的新鲜水耗水量为 3.2 吨，SO_2 排放量为 0.24kg，COD 排放量为 2.0kg，水资源消耗和污染物排放是相当高的。

对于绍兴以纺织印染等高耗水行业为主构成的生态工业园区，水循环设计是确保园区生态化的基础。如图 8-4-2 是绍兴印染工业园中水的循环设计。

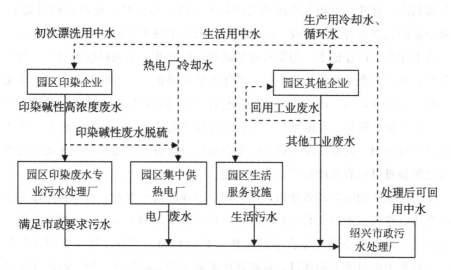

图 8-4-2　印染工业园区水的循环

在印染工业园区水的循环设计中，园区印染企业将不再建独立的污水处理设施，印染企业排放的碱性高浓度有机废水，一部分用于园区集中供热电厂的脱硫，另一部分进入园区专门为处理印染废水而建设的印染废水专业污水处理厂。设立园区印染废水专业污水处理厂，可以将各企业排放的同类型废水集中做专门处理，在达到市政污水处理要求后，经管网排放至市政污水处理厂。市政污水处理厂处理后的污水，一部分可以作中水使用，用于工业生产中对水质要求不高的工艺和冷却用水，也可用于园区生活服务。为了保证印染废水的处理要求，园区其他企业的废水在企业各自预处理达到入市政管网要求后，直接排入市政污水处理厂，与生活污水等一同处理。如此建立的印染工业园区水循环系统可以在最大程度上提高水资源的利用效率，全面提高水的重复使用率，从而缓解经济高速发展给绍兴带来的水资源短缺问题。

（2）能源利用模式：

能源利用效率的高低是决定和评判一个生态产业系统优劣的重要因素。在生态工业园中的能源集成，不仅各成员要寻求各自的能源使用实现效率最大化，而且园区要实现总能源的优化利用，成员间实现能源的梯级利用。根据能源品位逐级使用，提高能源利用效率。在园区内根据不同行业、产品、工艺的用能质量要求，规划和设计能源梯级利用流程，可使能源在产业链中得到充分利用。

园区内可根据各企业及企业内部不同生产单元对能源需求的高低构成能量的梯级利用，这样在不增加能源消耗的同时，极大地提高了能源的利用效率，如对企业的余热进行集中回收，用于低能级的洗浴热水的供应或其他供热等。

在上述生态产业链中，印染行业是高耗能的产业。绍兴目前火电厂，绝大部分是供给印染企业热能的热电厂，其能源消耗量很大。不仅如此，由于印染行业的工艺要求，每个印染企业还配备有自己的锅炉，以弥补集中供热热力不足，这种小锅炉遍地开花的结果，不仅造成能源使用效率的降低，而且带来了一系列环境问题。同时，由于目前印染企业的分散分布，能源在产业链中各个行业之间很难得到有效的共享和集中使用。

生态产业链的能源高效使用，应从印染行业的需求出发，充分利用印染企业的余热，作为纺织和服装行业的热源，提高能源的利用效率。必须有效避免目前的每个印染企业都建设自己的供热锅炉的局面，充分发挥工业园区的作用，加强集中供热能力的建设，在提高能源利用效率的同时，便于能源计量和减少污染物的排放。如图 8-4-3 是以印染为主的工业园区热能梯级利用模式。

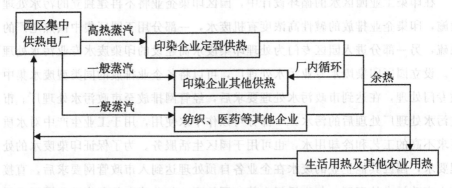

图 8-4-3　工业园区热能梯级利用模式

为了提高能源的利用效率，减少污染物排放，在印染企业入园相对集中的前提下，各企业不建设各自的供热装置，园区建立热电厂。园区热电厂的建设，可实现园区集中供热，发挥电厂的规模效益，有利于节约能源、实现环境保护和土地的有效利用。园区热电厂生产的高热蒸汽，首先供印染企业特定工艺使用，由于输送距离短，热损耗低，印染定型等工艺要求的高热蒸汽应该是有保障的，这是第一级的用热单元；印染企业的其他供热有两个来源，一是热电厂供应的一般蒸汽，二是本企业高热蒸汽的回用，纺织、医药等其他对热要求不高的企业，也可以通过印染园区的热电厂供热，这是用热的第二级单元；工业企业使用的余热，可以作为生活用热及其他农业用热等低热值要求的用户使用，构成热能使用的第三级单元。

这种热能的三级使用模式，能够有效地提高能源的利用效率，在绍兴自身能源资源短缺，而经济发展又需要大量能耗的情况下，不仅节约大量的能源消耗，促进绍兴工业的可持续发展。而且大量印染企业独立小锅炉被取代，能够有效减少这些锅炉的煤炭消耗，从而减少由于燃煤产生的污染物，改善大气环境质量。

（3）技术集成模式：

生态工业园与传统工业园的不同之处在于它营建了园区内企业的互相协同的共生关系，最大限度地充分利用资源和减少负面影响，创造工业生产与环境保护有机结合的模式，实现园区的可持续发展。其中，关键技术种类的长期进化是园区可持续发展的一个决定性因素。在园区内推行清洁生产、实现绿色管理是实现园区可持续发展的具体途径。为此，在园区的规划和建设中，从产品设计开始，按照产品生命周期的原则，依据生态设计的理念，引进和改进现有企业的生产工艺、高新技术、抗市场风险技术、园区内废物使用和交换技术、信息技术、管理技术，以满足生态工业的要求，建立最小化消耗资源、极少产生废物和污染物的高新技术系统。

（4）设施共享模式：

设施共享是生态工业园的特点之一。实现设施共享可减少能源和资源的消耗，提高设备的使用效率，避免重复的投资，对于一些资金尚不十分充足的中小型企业而言尤其重要。园区内的共享设施包括：①基础设施如污水集中处理厂、固体废物回收中心和再生中心、消防设施、绿地等；②交通工具如班车、其他交通和运输设备；③仓储设施如入园成员间闲置的仓库等；④闲置的其他维护设备、施工设备；⑤培训设施等。

（5）信息传递模式：

信息在生态工业中也是不可或缺的要素之一。首先，经济发展的根本动力在于社会有效需求，而信息可以浓缩需求时间、拓展需求空间、调整需求结构、增加需求总量，犹如自组织结构的催化环，有效地推动生态工业向前发展；其次，信息是组织和控制企业管理过程的依据和手段，企业根据科学技术信息，进行技术改造，提高劳动生产率；根据市场的需求信息和价格信息来调节产品的结构和产量；最后，建立信息反馈机制是生态工业具有自动调节功能、保持稳定的前提。生态工业中的稳定与平衡是一个动态过程，能量流动和物质循环总是在不间断地进行。有了信息系统的有力保证，生态工业则可朝着结构复杂化和功能完善化的方向发展，并逐渐达到成熟的稳定状态。

在以纺织印染为中心的生态链中，信息传递对于整个产业生态链的正常运作也起着非常重要的作用。园区内各成员之间有效的物质循环和能量集成，必须以了解彼此供求信息为前提。同时生态工业园的建设是一个逐步发展和完善的过程，其中需要大量的信息支持。这些信息包括园区有害及无害废物的组成、废物的流向和废物的去向信息，相关生态链上产业（包括其相关产业）的生产信息、市场发展信息、技术信息、法律法规信息、人才信息、相关的其他领域信息等。尤其是在中国加入 WTO 后，国际和国内纺织印染乃至服装行业的竞争将更加激烈，信息在激烈竞争中的作用就更加明显。就生态链而言，任何一个环节的信息对于整个体系而言都将是十分重要的，任何一个环节的信息都会很快传递和影响到其相关的环节，从而带动整个产业生态链的反应和发展。

为了使园区内各企业的管理者能够及时、低成本地获取信息，生态工业园必须建立完善的信息交换平台，该交换平台应包括：一个能够迅速连通信息数据库的热线；一个计算机化的交流网络，以实现信息的收集、处理、共享和发布，这种信息的收集和共享以彼此的物质和资源循环为目的，对园区的各产业和企业的信息在议定的范围内，尽可能详细地提供原料和废物信息，并对这些信息进行有效的处理。信息交换平台可依托园区现有的设施，其目的是保证信息有效地流通、传播、分析和使用，保持生态工业园旺盛的生命力。

2. 生态工业园区的产品链设计

绍兴纺织印染行业如果在技术和经济模式不进行重大改进时，工业生产的规模越大，其对环境与资源的破坏也越大。

要解决这个问题，应该从两个方面入手：①加强不同过程间的联系。一个过程的副产物可以被另一个过程作为原料加以吸收利用，将原来的线性过程向循环过程转变，使"营养物质"尽可能多地保存在工业体系中，将输入工业生产系统的物质流总量大大降低，从而促进资源的可持续利用。②大力开发废物资源化技术，构建真正的循环过程。应当认识到，废弃物是自然资源的另一种能量和运动形式，是物质与能量不完全循环的中间产物。因此，废弃物也称再生资源。再生资源的回收利用可减少对原始资源的开采，大量地节约有限的资源。

生态工业链的设计可以有效利用有限的资源，构筑物质再循环体系。如图8-4-4是针对绍兴市的产业特点设计的一系列生态链。当然，前面工业园区的

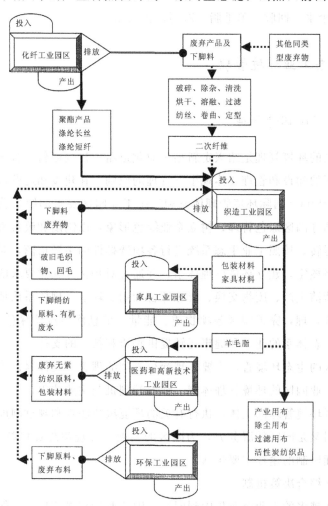

图8-4-4　绍兴市部分生态工业链设计

→ 主产品工业链
······▶ 资源综合利用链

水循环设计和热能资源的梯级利用都是生态链的不同形式。由于绍兴产业结构的特点，行业之间关联度较高，因此，生态链的建立在形式和内容上可以是多种多样的。图 8-4-4 设计的主要生态链有：

* 聚酯—涤纶纤维—化纤制品—产业用布
* 聚酯—聚酯瓶、聚酯薄膜—回收利用—地毯、非织造布
* 纺织废料—回收利用—可纺纤维—非织造布—包装材料、家具材料
* 回毛、毛纺织废料—机械加工—与好原料搭配—粗纺呢绒、毛毡
* 下脚绢纺原料、有机废水—提炼—丝素膏—化妆品
* 洗毛废水—回收—羊毛脂—医药、化妆品

8.4.7 生态工业环境管理

1. 工业园区环境管理

工业园区的环境管理是绍兴走新型工业化道路中机制创新、管理创新的重要体现，园区的建设和管理要体现生态管理的原则。在建设和运营过程中，要实施基于 ISO14000 国际环境管理体系和生态工业园区要求的绿色管理和支持服务系统，倡导园区绿色管理，树立企业绿色形象，以制度和政策来保证生态工业园区的运转。按照工业生态系统进行各项选择性的主题招商，对入园企业进行绿色资格核定，建立环境管理体系，并通过对相关方施加要求的形式，引导企业进行清洁生产、废物交换、资源综合利用、环境管理体系认证等，实施集中仓储物流处理，完善园区各项物质、能量、信息网络流动绿色基础设施，为园区工业生态体系的建立和健康运转提供物质和技术的支持。

工业园区的生态环境管理主要体现绿色管理的理念，发挥绿色管理机制的作用，完善工业园区的环境管理体制。绿色管理机制主要体现在：一方面，政府部门是园区环境管理的主体，执行有关的环境法律法规和规章制度；另一方面，政府部门又是园区的服务方，为园区的发展和环境治理提供特定的服务。建立绿色管理机制的途径主要包括：

（1）建立综合决策机制

随着越来越多的工业企业集中到园区，因此要特别强调将环境保护纳入园区的综合决策，以利于园区的可持续发展和综合效应的发挥。将环境保护纳入园区的综合决策体现在以下三个方面：

一是将环境纳入总体规划。既要将园区的选址和发展作为城市总体规划和城市生态环境规划的重要组成部分，又要在制定园区本身的发展规划时充分考虑环境影响和环境因素。在这方面，国家已经做出了明确的规定。无论是从园区的最初选址，还是从园区的区域规划开始，将环境因素考虑在内是十分必要的。同时，也有必要制定环境专题规划。在园区的环境管理中，制定相应的管理办法，如《绍兴生态工业园区环境管理办法》等，对园区的环境管理做出明确的规定。

二是将环境管理体系融入园区行政管理架构。如可以考虑将环保目标责任制、城市环境综合整治等环境管理制度有机结合，一同纳入园区 ISO14000 体系运行，而且要努力将 ISO14000 体系融入原有的区域行政管理架构，使之形成一个有机整体。这样将会使园区环境质量得到明显改善，提高园区环保工作的地位，增强园区经济的综合竞争力。

三是将环境因素融入日常办事程序中。可以编制《绍兴生态工业园区环境保护审批指南》手册，并提供给建设项目单位。这样不仅使项目单位来园区后就能及时地对国家及地方的环境保护政策及法规、环保办事程序、"三同时"制度等了解清楚，而且在办事程序方面（如建设项目立项、办理工商执照、设计审查、项目开工等）坚决要求把好环境保护审批关。

（2）注重整体管理

园区的整体管理，主要是对园区管理实行区域控制原则。该原则着眼于区域系统整体，从区域系统的整体目标出发，以区域环境容量为主要依据，综合分析区域环境、人类环境行为及两者之间的相互作用、相互影响，采取多种措施并合理组合以最经济最有效的控制手段控制环境污染。如对园区实行污染集中控制、总量控制、区域开发环境影响评价和 ISO14000 环境管理体系，即对园区整体上应采用区域环境控制战略。

（3）加强环境监督

园区环境管理机构的主要职责是进行环境监督和管理，园区其他政府管理部门在工作中也要树立牢固的环境意识。如果园区实行封闭式管理，园区将具有一定的政府行政职能，具有一定的项目审批权，因此政府管理部门的环境意识就显得尤为重要。在这种情况下，如何发挥所在地政府的监督执法作用，是值得考虑的问题。

（4）搞好环境服务

按照国家环境保护总局《关于进一步做好建设项目环境保护管理工作的几

点意见》的规定，即"开发区污染物排放要实行总量控制与集中治理。在总量控制的原则指导下，对开发区内新建项目污染物排放实行合理分配，并积极推行排污许可证制度。开发区内应尽早修建集中的污水处理厂与集中的供气、供热锅炉房，为开发区环境综合整治和污染集中控制创造条件"。政府部门的环境服务主要体现在园区基础设施的建设方面。基础设施的建设是吸引外资的一条重要条件，也是园区进行环境管理的重要方面。要求园区管理机构重视基础设施的建设，区内城市污水处理率应达到100%，全部实现集中供热，这样将为政府部门的环境管理奠定基础。

（5）引导企业环境行为

利润是企业追求的最终目标，而企业良好的环境行为和环境友好的企业形象是其追求利益最大化的重要手段。园区内企业从创立伊始就是一个在经营上享受充分自由的真正意义上的现代企业，直接面向国内外市场，而不是依靠政府，具有不断实现技术更新和采纳高新技术的内在动力和外在压力，在吸收、使用新技术方面有更大的主动性和承受力。随着园区环境管理工作的不断深入，公众环境意识大大提高，环境标准产品、清洁生产审计和ISO14000等家喻户晓，许多企业，尤其是名牌企业将从企业形象考虑，不断提高自身的环境管理水平，自觉地进行污染治理，减少污染物排放。

（6）采用多种管理方法

园区环境管理不再是以行政管理为主，而是经济、技术等多种管理方式的综合运用。如使用者收费手段在园区将得到很好的应用，公众参与也将得到有益的尝试。总之，园区将初步形成一套由管理机构为框架，法律法规为指导，管理制度为主体，多种管理手段并存的具有自身特色的综合环境管理体系，并在对园区的宏观管理上和对园区内企业的微观管理上均发挥着积极的作用。

在以纺织印染为主体的生态产业链和生态工业园区中，园区内企业所产生的副产物与废物并不都是可以直接为另外企业所用的。而作为产生和使用废物的企业由于技术或成本的原因，难以对废物进行处理加工。为实现资源的高效利用，园区将建设一体化的资源再生体系作为园区运转的支撑，又称为园区的生态基础设施，这是生态工业园区区别于其他工业园区的重要特征。

此外，园区建立生态工业孵化器，主要服务指南包括两个方面：一方面是为入园企业进行工业生态性评估、与现有的企业相容性评估；另一方面，生态工业孵化器还为园区企业的工业生态改造构筑工业生态链条，为维持工业生态系统健康运转提供技术支持，有针对性地提出园区补链企业需求，担负将企业和园区改造成为生态工业系统的任务。

　　园区生态环境管理应在图 8-4-5 框架体系的指导下，在园区的层次上，其环境管理战略和政策主要包括：园区 ISO14000 环境管理体系、绿色基础设施建设、APELL 计划等。在企业层次上，环境管理政策主要包括：企业 ISO14000 环境管理体系、清洁生产、废物最小化、资源可回收利用等。在产品层次上，将积极贯彻产品环境标志、产品生命周期管理等方针。

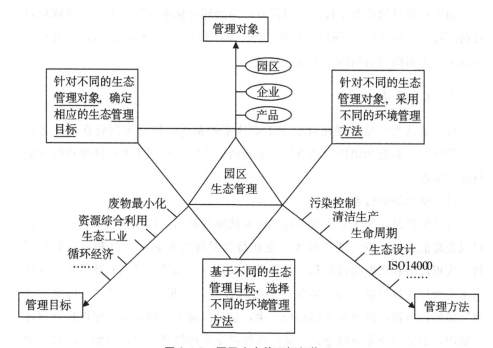

图 8-4-5　园区生态管理框架体系

　　就纺织工业而言，环境管理是从意识上、标准上、约束条件和市场准入等领域为纺织工业可持续发展提供的重要保证。从企业角度来看，环境管理主要包括：一是按照通行的 ISO14000 系列标准建立企业的环境管理体系；二是依据有关国际标准对产品实施环境标志认证。纺织工业作为我国的主要出口产业，把环境管理当作实施可持续发展战略的重点之一，对企业改善并维持生态环境质量、减少环境污染、加强企业管理、顺应国际消费潮流、应对绿色贸易壁垒、提高产品国际竞争实力、促进国际贸易发展均具有十分重要的意义。

　　环境管理是实现纺织工业绿色革命的重要手段，其根本在于加大对环境污染的控制，推动纺织工业可持续发展。对企业而言具体包括两方面的控制：一是生产控制，其不但是使环境免受破坏、生产过程中人体健康免受侵害的关键，也是保证产品无公害的关键，而实现生产控制最主要的手段便是 ISO14000 认证体系的建立，使企业用国际先进的环境管理思想、标准和工具，形成企业自身对环境行为的内在约束机制，以期实现企业的经济效益与社会效益、环境效益的有机统一。二是消费控制，从保护消费者安全健康的角度出发和顺应国际市场绿色消费的潮流，企业按照不断推广的国际有关生态纺织品的各类标准加快产品结构调整，确保消费者的绿色或生态需要即加强所谓消费控制，而要达此目的有效手段便是通过对产品的环境标准认证，尤其要争取取得目前国际上最权威的 OEKO－TEXSTANDARD100 生态标签的认证，其被普遍认为是生态纺织品的国际市场通行证。

2. 行业清洁生产

行业清洁生产是绍兴建设生态工业体系的基础，针对不同行业的工艺特点，从原料、制造和销售等环节综合实施清洁战略，确保生态经济可持续发展目标的实现。

（1）纺织印染行业

清洁生产是纺织工业实施可持续发展战略的必然选择。其意义在于：一是可以提高能效，开发更清洁技术，更新替代对环境有害的产品和原材料及辅料，实现环境和资源的保护和有效管理。二是控制环境污染的有效手段，传统的末端处理代价昂贵，而清洁生产全过程控制，从根本上改变"先污染后治理"的治污道路，既可减少污染物产生，也可以减少处理设施的建设投资和运行费用，容易为企业所接受。三是可以提高企业的管理水平，节能、降耗、减污，从而降低生产成本，提高企业经济效益；同时可以改变企业形象，提高市场竞争力水平。

节能节水是纺织工业实施可持续发展不可忽视的领域，有利于提高能源、水资源利用效率和经济效益，减少环境污染，以保障纺织工业和整个国民经济的可持续发展。

纺织、印染和化纤行业是绍兴纺织工业耗能的主要行业。表 8-4-6 是国内外纺织产品的能耗对比，从全国来看，我国天然纤维产品的能源单耗比国外低，而化学纤维产品的能源单耗比国外高。纺织工业节能，关键要靠挖掘节能潜力。节能潜力可以分为两类：一是直接节能潜力，提高能源管理水平，推广新设备、新工艺、新技术、新材料。二是间接节能潜力，主要是优化能源结构和调整行业结构、企业规模结构和产品结构。

表 8-4-6 国内外纺织产品的能耗对比

产品能耗	单 位	国外先进水平	国内平均水平
棉纱耗电	Kwh/T	3588	2248
棉布耗电	Kwh/100m	54.02	29.93
印染布耗煤	Kgce/T	49.40	51.20
粘胶短纤耗能	Kgce/T	1887	2958
粘胶长丝耗能	Kgce/T	4530	11 283
涤纶短纤维耗能	Kgce/T	919	927
涤纶长纤维耗能	Kgce/T	990	1580
锦纶耗能	Kgce/T	2640	2575
腈纶耗能	Kgce/T	1875	4888
维纶耗能	Kgce/T	2748	3461

纺织工业生产性用水主要有：麻绢类的脱胶浸渍，羊毛的洗涤，蚕茧的缫丝工艺，印染工艺的漂练、染色、印花、整理，粘胶纤维和合成纤维工艺。纺织工业的万元产值用水量在 60～300 立方米之间，各行业用水量因生产规模、产品品种、生产条件和地区差异而不同。各类纺织产品的工艺用水量见表8-4-7：

表 8-4-7 各类纺织产品工艺用水量一览表

产品名称	单 位	用水量
棉 纱	m^3/T 纱	120～220
棉 布	m^3/T100m	2.0～2.5
印染布	m^3/T100m	2.5～4.0
粘胶纤维		
长 丝	m^3/T	500～700
短 纤	m^3/T	200～250
合成纤维		
涤纶长丝	m^3/T	4～6
涤纶短纤	m^3/T	10～15
锦 纶	m^3/T	10～12

注：此表中的用水量不包括空调和生活用水。

根据绍兴市目前水资源并不十分丰富和水污染的状况，以及纺织工业用水的重复利用不甚理想的情况，纺织工业节约用水要从水的开发—利用—保护—管理等各个环节上采取措施，力争做到全面节约用水，努力提高水的有效利用，狠抓水的重复和再生利用，向节水型方向发展。

在污染物的处理方面，工业废水是纺织工业的主要污染物，其中印染废水占纺织工业废水的 80%。印染废水的特征是：碱性，pH 值在 9～10 或以上；有机性废水，BOD/COD=0.15～0.50；具有一定色度。有机性废水一般采用生物化学方法治理，经济有效且有成熟经验。

染料及助剂无毒无害化是纺织印染行业污染防治的重点之一，应采用生物降解性良好的染料和助剂，如天然动植物染料，可生物降解的精炼剂、分解剂、均染剂、交联剂、树脂整理剂、抗菌防臭剂等；采用无甲醛用于退浆、蛋白梅用于丝绸脱胶、纤维素酶用于光洁整理等。

对于绍兴市纺织印染行业而言，应针对具体的工艺制定不同的清洁生产指标，一方面便于企业参照执行，另一方面便于有关部门进行审核。纺织印染行业的清洁生产指标主要包括资源能源利用、污染物产生、生产工艺和装备要求、产品的环境友好性要求和环境管理要求等。具体要求见表 8-4-8。

表 8-4-8 纺织印染清洁生产要求

项　　目	要　　求
一、资源能源利用指标	
1. 原辅材料的选择	根据不同具体工艺选择不同的生产原料和辅助原料，原料和辅料的选择应满足环境要求； 在印染生产过程中，应使用绿色环保型染料和上染率高的染料，减少对环境的污染； 逐步淘汰和禁用对人体有害的偶氮型染料以及禁用其他一些致癌染料和过敏性染料； 推行生态纺织品，使用无害或少害原辅料，避免对人体健康造成危害。
2. 耗水量	根据具体的工艺和产品确定相应的指标。
3. 耗电量	根据具体的工艺和产品确定相应的指标。
4. 耗标煤量	根据具体的工艺和产品确定相应的指标。
二、污染物产生指标（末端处理前）	
1. 废水产生量	根据具体的工艺和产品确定相应的指标。

续 表

项 目	要 求
2. COD 产生量	根据具体的工艺和产品确定相应的指标。
三、生产工艺与装备要求	
1. 生产工艺与技术装备	生产工艺采用最佳化的清洁生产工艺；前处理设备高效、节能、低耗，短流程；染色设备高质量、小浴比，自动化程度高；印花设备快速、灵活、低耗，自动化、智能化程度高。
四、产品的环境友好性要求	
1. 生态纺织品	已经进行生态纺织品的开发和认证工作，符合可持续发展的需要。
2. 产品合格率	根据具体的工艺和产品确定相应的指标。
五、环境管理要求	
1. 生产过程环境管理	按照清洁生产要求，建立生产过程管理制度，建立清洁生产激励机制；严格制定生产工艺规程和设备维修保养制度，程序文件及作业文件齐备；主要生产车间和设备应安装计量装置，原始记录和统计数据齐全有效。
2. 相关方环境管理	要求提供的原辅材料，应对人体健康没有任何损害，并在生长和生产过程中对生态环境没有负面影响； 对生产过程中所使用的原料，要求采用易降解的原料，限制或不用难降解原料，减少对环境的污染； 要求提供绿色环保型和高上染率的染料和助剂，减少对环境的污染； 相关方应逐步淘汰对人体有害的偶氮型染料以及其他一些致癌染料和过敏性染料。 要求提供无毒、无害和易于降解或回收利用的包装材料。
3. 清洁生产审核	按照国家环保总局编制的印染行业的企业清洁生产审核指南进行了审核。
4. 环境管理制度	按照 ISO14001 建立并运行环境管理体系，环境管理手册、程序文件及作业文件齐备。

针对绍兴以化纤印染为主的特点，表 8-4-9 列举了一些该行业的清洁生产备选方案，方案类型涉及原材料替换、生产工艺改进、运行维护管理、废物处理和产品调整等。印染企业在实施清洁生产过程中，可以参照有关方案制定企业自身的清洁生产计划。

表 8-4-9　化纤印染行业清洁生产备选方案

方案类型	方案名称	方案简要原理
1. 原材料替代	1. 选用优质染料助剂	对现有同类染料助剂的不同品种进行试验分析，测定单位重量产生的 COD 量，对其性能、质量、废水量等进行比较分析，选出优质染料、助剂进行采购和用于生产。
	2. 工业用水水质提高，取水水源变更	用水质较高的水源替代现有的工业用水取水水源，提高印花质量，水洗效果，减少用水量和 COD 排放量
2. 技术改造	3. 采用先进水洗机	采用先进水洗设备，节约用水
	4. 清污分流	改造排水系统，将冷却水和雨水分流
	5. 碱减量设备优化	如用碱减量机代替碱减量槽等
3. 运行维护管理	6. 配料车间改造	改造配料车间工作环境和配料工序
	7. 水量优化控制	在各主要设备上装水表，控制各设备的用水量
4. 工艺过程优化	8. 合理减少染料助剂和印花浆料投配比	对使用的助剂、染料，特别是产生 COD 量大的原料、柔软剂进行合理的投配
	9. 印花机台板冲洗设备改造	进行设备改造，防止印花浆料渗漏，并对渗漏浆料进行有效处理
	10. 减少水洗使用水量和时间	减少用水量，控制在较高温度下水洗，提高水洗效率，缩短水洗时间
	11. 碱减量、碱量合理调配，优化使用	尽可能多次使用碱液，生产过程中优化调配使用，先用碱量大的布，再用碱量小的布，做到浓碱浓用，淡碱淡用，安装自动检测仪投配碱
5. 产品更换	12. 采用先进印花工艺	采用先进印花工业，减少水的使用量的 COD 排放量
6. 废弃物回用	13. 碱液回收	对减量碱液废水进行过滤回用，并自动测定含量

（2）酿酒业

酿酒行业也是污染物排放较大的行业，绍兴酿酒业不仅是 COD 的排放大户，而且也是水耗和能耗的大户。酿酒业的清洁生产应紧紧围绕节能降耗、节水减污等方面展开。在生产工艺方面，应采用现代生物工程技术带动绍兴酿酒行业的技术工艺改革，提高原料利用率，降低能耗、物耗，提高经济效益和环境效益，实现资源的综合利用。

在产品结构调整方面，应大力开发有利于环境的安全、卫生、环保型的产品，特别是绿色产品，不仅考虑从原料到最终产品的生产过程中不对环境造成污染，而且考虑最终产品在使用过程中和废弃以后都要无损于环境。提倡酿酒企业建立 ISO14000 环境管理体系，按照国际标准的要求，严格加强管理，在提高产品竞争力的同时，减少产品对环境的危害。绍兴酿酒行业必须提高产品的工业设计水平，这样不但可以提高产品的附加值，而且有利于合理使用资源。

利用食品工业废弃物生产饲料，是发展饲料工业，节约粮食，解决食品发酵行业环境污染的最重要的办法之一。绍兴酿酒行业应发挥城乡、工农结合的优势，建立城乡废弃物的循环、再生、利用体系。要发展生态工程，建立农—工—农的良性循环机制，同时要适当进行合理的布局调整，建设土地处理系统工程和工业污水处理工程。酿酒行业清洁生产的实施，可以参照如图 8-4-6 的技术路线和提供的备选方案进行选择。

（3）服装行业

服装行业清洁生产应积极倡导绿色制造。服装行业的绿色制造是一个从纤维—纱线—面料—成衣—回收的闭环系统，它包括绿色材料选择、绿色采购、绿色生产计划、绿色产品设计、绿色工艺规划、绿色包装、绿色仓储、绿色运输、绿色分销等。要真正达到系统化的绿色制造目标，服装企业需要在涉及服装产品生命周期的每一个阶段做好绿色规划和设计，由于受到各方面条件限制，在某些环节难免存在着或多或少的非绿色现象，尽管如此，企业仍要推进绿色制造于全过程之中，以期把产品的非绿色现象降低到最少。

生态达标不仅是对服装行业清洁生产的要求，而且是促进服装行业走绿色道路，实现质的飞跃的基础。服装企业应通过环境体系和产品标志认证，即"双绿"达标。获得体系认证的企业只能代表有好的运行机制和管理机制，不等于产品就经得住检验，因此还必须在体系认证的条件下，培养并建立环境标志保障体制，生产出真正符合国际绿色标准的产品。

（4）节能环保产业

随着可持续发展战略的深入人心，节能环保工业已成为当今世界发展势头最好的产业之一，其发展不仅有利于节约能源，保护环境，更有利于推进城市文化品位，为其他污染行业提供优良的设备和服务。

当前，重点是发展高效节能装置、节能电子产品与环保设备产品。加强研发应用除尘脱硫除灰一体化、城市垃圾焚烧和微电子环保监测等关键技术；着

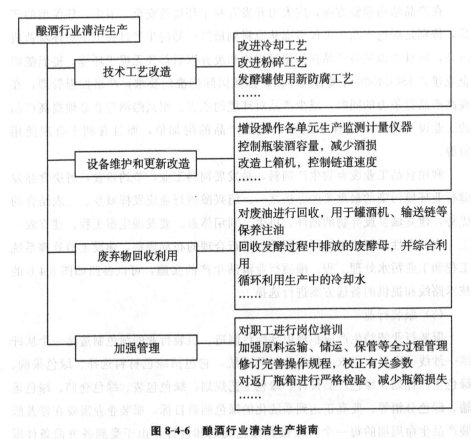

图 8-4-6 酿酒行业清洁生产指南

力推进大型水污染防治和城市生活垃圾焚烧处理后物质的综合开发与利用；进一步发展溴化锂冷机、低噪音冷却塔、节能风机为主的制冷设备和部件。绍兴作为以轻纺为特色的城市，印染企业数量较多，污水排放量大，充分利用现有污水处理工程，扩大处理能力，逐步减少对绍兴旅游、文化赖以发展的优美环境的破坏。同时，积极探索污水综合利用技术，变废为宝，为绍兴文化、旅游发展提供更为优美的环境。

8.4.8 结论

"从源头防治污染"是多年来政府、企业界一贯坚持的方针，这种观点也很吸引人。但是从某种角度看，它仍然属于"末端治理"的原理范畴，因为这个观点的注意力仍集中在污染和废料方面，而没有展开更为广阔的视野。而且，日益增加的工业化压力、日趋严峻的环境污染形势，都在迫使我们冷静地看待这样一个现实：末端治理的方法已是远远不够的，而且越来越显现出巨大的缺陷，将不足以维持人类生产活动对生物圈的干扰处于一个可以接受的水平。

当然，我们也应该看到，末端治理的方式还将长期主宰工业污染的防治，并将继续构成国家规范工业经济活动的立法基础。目前的当务之急是需要把末端治理的方式，以及其他许多预防污染的方式，加以整合，融入一个更为广阔的前景之中，生态工业即为我们提供了一个这样的前景。

可喜的是，近几年在政府和学术界的积极倡导下，许多地方政府和企业已行动起来，开始将生态工业建设纳入到产业发展战略之中，在这个过程首先需要解决的问题就是编制一个切合地方或企业实际的生态工业规划。经过这几年的实践探索，目前已初步形成了一些基本的技术模式和规划编制框架，本章即是在这样一个基础上、对现有成果的系统总结。希望通过对规划方法、技术及其理论背景的全面整理，有利于架构起将生态工业理念应用于工业生产和管理实践的桥梁。

第 9 章　矿山废弃地规划

9.1　目的要求与基本特征

9.1.1　目的要求

矿山废弃地主要分布于我国广大农村地区，它造成局部植被消失，地表坑洼不平，景观支离破碎，形成干旱、半干旱区的沙源，也是湿润、半湿润地区水土流失最严重的地区之一。矿山废弃地的生态修复不仅是景观的恢复与重建，也是解决荒漠化发展的内容之一，还关系到区域生态系统的安全和废弃矿区老百姓生活水平的改善。矿山废弃地有许多类型，如地表塌陷，地表矿坑分布，矿渣和尾矿危害等，因此，矿山废弃地修复包括物理工程和生物工程修复。废弃矿山修复的目的是消除矿山开采后带来的生态与环境问题，使区域自然生态系统恢复应有的生产能力并使该系统维持高亚稳定平衡状态。

9.1.2　基本特征

矿山废弃地由于人工干扰强烈，区域景观内生物组分恢复困难，生物对环境的修复进程较为缓慢。其根本原因在于矿山开采会使土壤再生发生困难，用养失衡。因此，在矿山开采后，该区域荒漠化一般都会严重发展，人类难以在此生存。

9.2　基本原理与内容规范

9.2.1　基本原理

矿山废弃地的修复要遵守生态恢复学原理，生态恢复是相对于生态破坏而言的。生态破坏可以理解为生态系统的结构发生变化、功能退化或丧失、关系紊乱。生态恢复就是恢复系统的合理结构、高效的功能和协调的关系。生态恢复实质上就是被破坏生态系统的有序过程，这个过程使生态系统可能恢复到原先的状态。但是，由于自然条件的复杂性以及人类社会对自然资源利用的取向影响，生态恢复并不意味着在所有场合下都能够或必须使恢复的生态系统都是原先的状态。生态恢复最本质的目的就是恢复系统的必要功能并达到系统的自维持状态。

9.2.2　内容规范

1. 矿山废弃地所在区域生态学基本特征调查研究
2. 矿山废弃地主要的生态问题和主要的保护目标
3. 矿山废弃地生态修复对策和重点工程论证
4. 矿山废弃地生态修复和建设规划编制

9.3　规划框架与方法

9.3.1　规划框架

矿山废弃地规划框架如图 9-3-1 所示。

9.3.2　方法

矿山废弃地基础信息的采集可应用地面调查的方法，并在标准地形图上填图。对矿山废弃地和周围景观组分相关性的调查可以在全球定位技术的支持下，应用遥感技术获取信息。矿山废弃地修复的目标要充分尊重地方有关部门的意见，并经专家论证确定。生态修复技术要在工程措施的支持下，通过生物技术来实施。

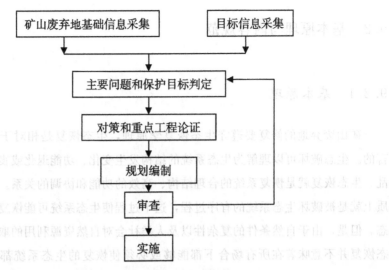

图 9-3-1 矿山废弃地规划框架

9.4 案例概况与规划结论

9.4.1 案例概况

矿床开采过程中采出大量的矿石和岩石，同时出现一定范围的采空区、塌陷区、废土石场和尾矿池，因而破坏了采矿区范围内的土地和自然景观，使景观破碎化并使这部分土地失去了原有的用途。而且由于选矿废水的排放以及其他污染源的作用，对采矿区范围外的土地利用，还会带来严重的污染危害。因此必须做到采矿生产期间实施边采矿、边回填、边恢复的方针，消除各种污染源的危害，对采矿结束的矿区，对废弃的土地进行全面的生态恢复。

1. 矿区生态环境概况

1）迁安市主要矿区的分布

迁安市铁矿资源丰富，目前已探明的铁矿储量 25 亿吨，大部分集中在滦河西侧，北起水厂南至白龙港的震旦系地层高山东侧，其余分布在市东南端的棒磨山、磨盘山一带。目前进行较大规模开采的企业主要有三家：首钢矿业公司、唐山市冶金工业公司和唐山钢铁公司。

首钢矿业公司位于迁安市境内的滦河西岸，分为南北两大矿区，南区为大石河铁矿，北区为水厂铁矿，占地面积 5048.22 公顷，开采储量 9.5 亿吨，尾矿处理能力为 1700 万吨/年，是全国大型露天铁矿之一。唐山市冶金工业公司所属的马兰庄铁矿位于滦河西岸的马兰庄镇境内，占地面积 193.37 公顷，铁矿储量约 1.2 亿吨，年处理原矿石 15 万吨，开采方式为露天开采。唐山钢铁公司所属的棒磨山铁矿，位于迁安市东南端约 10 公里处，铁矿储量约 0.877 亿吨，年处理原矿 150 万吨，该矿于 1987 年投产，露天开采，目前已进入深凹开采阶段。主要矿区分布如图 9-4-1 所示。

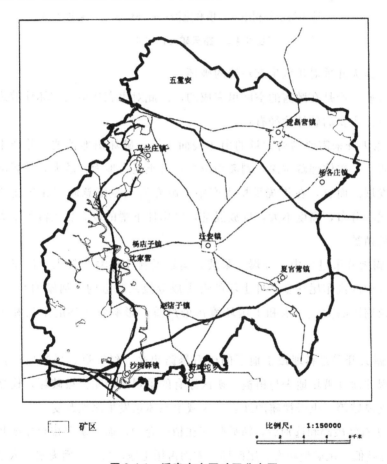

图 9-4-1　迁安市主要矿区分布图

2）矿区的主要生产方式和对矿区生态环境破坏的途径

（1）矿区的主要生产方式

位于迁安市境内的这三家大型铁矿均为露天开采。所谓露天开采就是用一定的采掘运输设备，在敞露的空间里从事开采作业。为了采出矿石，需将矿体周围的岩石及其覆盖层剥掉，通过露天沟道或地下井基把矿石和岩石运至地表。露天矿的生产过程如图 9-4-2 所示。

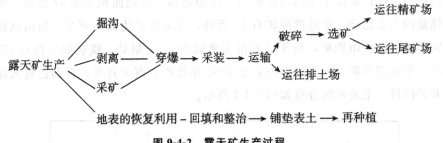

图 9-4-2　露天矿生产过程

（2）露天开采对矿区生态环境的破坏

露天矿生产是在敞露的空间里完成的，因此对生态环境的破坏性较之地下开采严重。主要的破坏途径有：

① 露天开采需要剥离大量的山体表面土层，破坏山地植被，并产生大量的废弃岩土，矿体埋藏越深，剥离物越多，排土场占地面积越大，并影响矿区农业的发展。而且，在传统采掘生产中，废弃岩土是随意倾倒在运输道路两侧，成线状分布，高度不大，堆放混乱，沿山体下滑的废弃岩土覆盖了大面积山坡上的植被。

② 露天开采过程中，穿爆、采装、运输及排土时粉尘较大，汽车运行时排入大气中的汽车尾气多，排土场的有害成分流入附近的江河湖泊和农田中，对矿区及周围的大气、水和土壤环境污染严重，影响农作物的生长和生物的繁殖。

③ 露天开采是将埋藏于地下的矿石暴露出来，经穿爆、采装后运往破碎工段，因此深度破坏地表与植被，矿区原有的景观结构完全被破坏，代之而形成的是支离破碎、土岩裸露的地表，区域生态体系发生恶性改变。

④ 矿石经破碎和选别后，精矿贮存在精矿仓中，而尾矿要排至尾矿场，矿石的品位越低，尾矿量越大。尾矿场一方面占用土地，另一方面废水渗入地下水中，水质降低，影响矿区及周围居民的生活。已废弃不用的干涸的尾矿场，如果不进行生态恢复，容易引起"沙暴"，压埋周围的农田，污染大气环境。

3）矿区自然环境概况及评价

迁安市矿产资源分布比较集中，呈脉状分布在滦河西岸的低山丘陵区。该区地质古老，属燕山沉降带，地层岩性主要由白云岩和石灰岩组成，土壤质地

差异较大。本区降雨较多，年均降水量为 732.9mm 左右，气温较高，≥10℃
积温在 3950℃ 至 4000℃ 之间，是本市积温最高的地带，地下水埋藏较深，属
地质构造水，储量小。

矿山的大规模开采活动使得矿区所在区域的景观格局发生了极大改变。按
照景观生态学原理，景观是由模地、拼块和廊道组成，模地是景观的背景地
域，是一种重要的景观元素类型，在很大程度上决定着景观的性质，对景观的
动态起主导作用。根据模地判定方法，开矿之前，矿区所在地域为低山丘陵
区，地表植被以林地、农田和灌丛草地为主，村庄分布比较稀疏，人口密度
低，经济发展比较落后，建筑物及道路比例小，整个景观生态系统中，林地、
农田和草地的密度（Rd）、频率（Rf）和景观比例（Lp）都很高，且连通性较
好，因此林地、农田和草地是该区域的模地。虽然该区域农田和草地的生物恢
复能力不高，且区域内生物组成趋向于人工化、单一化，异质化程度不高，阻
抗外界干扰能力差，但植被作为该区域的模地，可有效地控制环境质量，景观
生态体系仍处于良性平衡状态。

矿区开采后，随着矿山生产的进行，区域内露天矿场、尾矿场、排土场、
道路、工业建构筑物、居民生活小区等拼块数量逐年增加，使以往作为模地的
林地、农田和草地的面积越来越少，连通性逐年下降，其模地地位受到威胁。
植被虽仍作为模地，控制着该区域环境质量，但其控制能力在逐年减弱。不利
于人们生存的矿山废弃地、建筑物和道路等拼块破坏大量植被，并逐渐成为控
制该区域环境质量的主要因素，如果这种状况不改变，矿区的自然环境将日趋
恶劣，矿区所在区域将很难实现可持续发展，而且这种状况还会极大地制约整
个迁安市经济的发展。

2. 矿山废弃地概况

1）矿山废弃地现状分析

由于现有的有关矿山的资料很不完整，且提供的一些数据准确性差，因
此，本项规划利用遥感技术，根据 1997 年 8 月的假彩色合成标准卫片提供的
信息，解译出迁安市矿山废弃地的空间分布、数量，如图 9-4-3 所示。

应用 GIS 手段，计算出矿山废弃地总面积为 3090.53 公顷。滦河以西地区
现有矿山废弃地 2911.48 公顷，占迁安矿山废弃地总面积的 94.2％，占河西
地区总面积的 5.6％。滦河以东为 179.02 公顷，占废弃地总面积的 5.8％。需
要说明一点，从卫片上解译出的矿山废弃地是指正在开采和已经闭坑的采矿

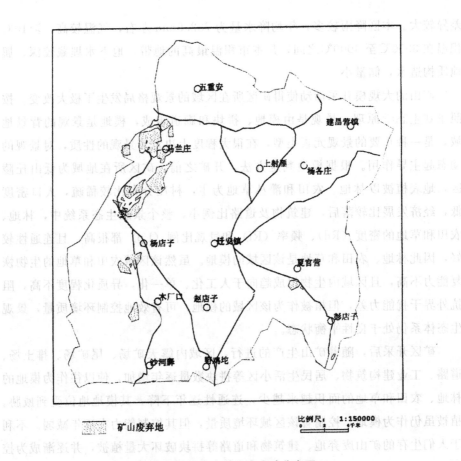

图 9-4-3　迁安市矿山废弃地分布图

场、尾矿场、排土场。

据 1996 年全国矿山开发生态环境破坏与重建调查结果显示，在国有铁矿开采破坏的土地中，排土场占土地破坏面积的 38.06%，露天采矿场和尾矿场分别占迁安矿山废弃地总面积的 32.66% 和 25.83%，塌陷区面积最小，占3.46%，调查结果见表 9-4-1。

表 9-4-1　国有铁矿土地破坏情况

	露天采矿场	排土场	尾矿场	塌陷区	总计
占地面积（公顷）	6265.1	7604.0	5161.4	690.7	19981.2
占破坏土地总面积百分比（%）	32.66	38.06	25.83	3.46	100

按表 9-4-1 中各类型矿山废弃地所占比例，可以推算出迁安市矿山废弃地中矿山"三场"（采矿场、排土场和尾矿场）的面积。由于迁安矿区属露天开采的铁矿，塌陷地较少，排土场占地较大，因此将塌陷地所占比例并入排土场，则推算结果与实际更为接近。结果见表 9-4-2。

表 9-4-2　迁安市矿山废弃地组成类型

	总计	露天采矿场	排土场	尾矿场
占破坏土地总面积百分比（%）	100	32.66	41.52	25.83
占地面积（公顷）	3090.53	1009.37	1283.19	798.28

2）矿山废弃地带来的区域景观破碎化

迁安市矿山废弃地总面积 3090.5 公顷（卫片解译结果），河西地区为2911.48 公顷。河西地区的矿山废弃地分布比较集中，大部分在大石河以北、水厂以南的区域内，呈脉状分布，该区域也是土地破坏最严重的地区。从图9-4-3 可以看出，大石河以北、水厂以南的区域内分布的大小矿山废弃地拼块数约为 19 个，总面积 2208.45 公顷，这些拼块分布比较零散，其占用的土地类型多为林地、灌草地和农田，使得原来以植被为主的比较完整的景观结构破碎化，植被的模地地位受到威胁，生物廊道被毁，原有的生态系统被破坏，整个区域呈现出一片支离破碎的景观。矿山废弃地对景观生态系统的破坏程度见表 9-4-3。

表 9-4-3　矿山废弃地对景观生态系统的破坏

矿山废弃地类型	特征及工程	土地破坏	生态环境	综合治理难度
采矿场（露天坑）	表土、母质层、裸岩、采场、工作面	+++	+++	高
	基本工程沟道	++	++	中
	截排水沟	++	+	低
排土场	松散堆积物 废石物	++	+++	高
	临时堆场或弃堆	+++	+++	高
	专用排土线、运输线	++	++	低
尾矿场	设施好的尾矿物	++	++	中
	简陋尾矿场	+++	+++	高

注："+"号多少为破坏的程度大小

3）制约矿山废弃地恢复和重建的因素

（1）自然因素

迁安矿区所在区域属低山丘陵区，风大、暴雨多、自然灾害频繁，很容易产生采矿场滑坡和水土流失，给矿山废弃地生态恢复造成一定的困难。

（2）技术因素

矿山开采一贯是重采矿、轻规划，重眼前、轻长远，重经济、轻保护，重污染、轻资源，造成矿山废弃地生态恢复欠账太多，还账困难。而且，目前矿山开采工艺不合理，采矿与生态恢复脱钩，使生态恢复的成本加大，严重地制约了废弃地生态恢复的进程。另外，生态恢复技术手段落后，也是一个比较重要的制约因素。

（3）人为因素

"资源无价"的观点仍在人们思想中占有一定的地位，使得盲目开采，盲目追求经济效益，忽视土地资源和环境资源的价值，经济发展与环境保护不协调，导致矿山废弃地数量越积越多，加之矿区周围农民环境意识不高，生态恢复工作也越来越困难。

（4）政策因素

就首钢矿业公司等非本市所属矿山而言，由于迁安市政府权力有限，对这些矿山的管理和约束受到一定限制；而国家对矿山环境保护的法律、法规不健全，使得迁安矿区的生态恢复工作缺乏整体性的监督和管理，形成了"三不管"的局面，致使面积如此巨大的矿山废弃地，到目前为止还没有形成一整套的切实可行的生态恢复规划，矿区生态环境日趋恶劣。

3. 矿山废弃地生态恢复规划

矿山废弃地生态恢复是一项综合的生态系统工程，一般来说是通过综合运用物理法（填埋、覆盖）、化学法（废弃物堆置场渗漏液的中和、无害化，尾矿表面稳定剂处理、土层表面化学改良）和生物法（植草、植树、共生微生物、基因工程），通过生态系统的功能设计，恢复原有功能或重建新的功能，取得良好的环境、社会、经济效益，实现矿区经济与环境的协调发展。

1）规划的指导思想、原则和目标

指导思想：从保护生态环境出发，合理开发、利用矿产资源，恢复矿区农业生态系统，促使资源的永续利用，实现可持续发展的目标。

原则：

（1）经济与环境协调发展的原则，在经济发展与环境保护相冲突时，优先考虑环境保护；

（2）整体性原则，即进行采矿—选矿—生态恢复的整体规划，实行全过程控制；

（3）因地制宜的原则，制订切实可行的规划目标，即近期不再欠账，过去的欠账要做出计划，落实各项保障措施，分阶段补偿和重建。

（4）统一性原则，即统一规划，统一实施，统一管理。强化管理，使规划内容得到全面实施。

目标：

根据迁安市各大矿区的经济发展现状，到 2000 年，现有尾矿场、排土场和已经闭坑的采矿场生态恢复比例应达到 30%，新采矿场生态恢复比例达到 100%，以尽快达到生态示范区要求。到 2005 年，矿山废弃地总体生态恢复达到 80%，对于临近开采结束的矿山，在结束开采之前，必须达到矿山废弃地的全面恢复。为实现这一目标，最重要的是做到边采矿边恢复，不再欠账，使采矿生产与环境保护协调发展，矿区生态环境进入良性循环。

2）规划内容及实施计划

为了加快生态示范区建设进程，矿山废弃地整治与生态恢复是迁安市要下大力量实施的一项重点工程。2000 年以前的这三年是关键时期，不但要将以往遗留下来的废弃地进行大规模的生态恢复，而且还要对新开采的矿场和正在开采的矿场进行工艺改造，改变以前的那种只顾采矿，不顾生态环境的开采方式。而要将采矿和生态恢复有机地结合起来，严格做到边开采边恢复，控制矿山废弃地的发展速度，为实现 2005 年目标打下良好的基础。

规划内容及实施计划见表 9-4-4。

表 9-4-4　规划内容及实施计划

矿山废弃地类型	面积（公顷）	1998—2000 年恢复面积（公顷）	2001—2005 年治理面积（公顷）
采矿场	1009.37	302.8	旧采矿场恢复 504.7 公顷，新采矿场实现边采边恢复
排土场	1283.19	385.0	结束使用的排土场恢复 641.6 公顷，正在使用的边排土，边整治，边恢复
尾矿场	798.28	239.5	结束使用的尾矿场恢复 399.1 公顷，正在使用的尾矿场坝体全部绿化
合计	3090.53	927.3	1545.4

3) 废弃地生态恢复技术

矿山"三场"的显著特点是岩石混杂，含石量对土壤的生物恢复能力是一个很重要的指标，当含石量大于 20%～30% 时，则直接进行生态恢复的成功率很低，若超过 60%，则必须进行全造壤工程。恢复后景观类型的选择也是一个很重要的因素，不同类型的废弃地，其恢复后的景观类型不同，要因地制宜，以恢复后土地的高效利用为最终目的，不能千篇一律。

（1）露天采矿场生态恢复技术

矿区开采后，形成大小不同的废弃矿坑，这些废弃坑经长期自然风化，表层形成一层风化土，必须进行全造壤工程，才能进行生态恢复。生态恢复的程序是回填→整平→铺次土和表土→再种植。生态恢复后土壤基础层结构设计如图 9-4-4 所示。

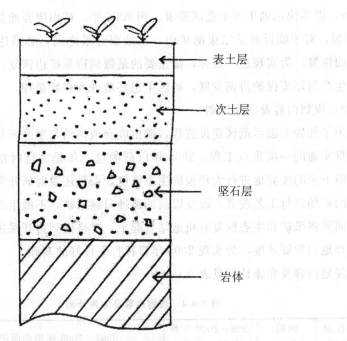

表土层

次土层

坚石层

岩体

图 9-4-4　生态恢复后的土壤基础层结构示意图

① 露天矿场底部的景观生态恢复

开采后的露天矿场底部相对来说较平坦，可直接恢复成平坦的农、牧、林地。恢复程序按图 9-4-4 进行，即在露天矿场底部回填几米或十几米厚的废石层（废石粒径越小越小）可以采用边采边回填的方式，整平后铺垫尾矿与风化土的混合物作为次土层，厚度要大于 0.5m，最上层铺表土，表土层厚度亦不小于 0.3m，最好在 0.5m 以上。将回填好的矿坑用大水浇灌，使之达饱和，待表层晾干后，再平整，耕耙，施入一定量的有机肥和化肥，增加土壤中的 N、P、K 肥效，进行树木及作物种植。

迁安市的露天矿坑底部均可按上述方法进行生态恢复。

② 露天矿场边帮的景观生态恢复

露天铁矿最常见的边帮、台阶坡面角一般在 30°～45°之间，这类地形面积窄小，不适合进行大片土地的生态恢复，而适合设计成阶式梯田结构，如图 9-4-5 所示。

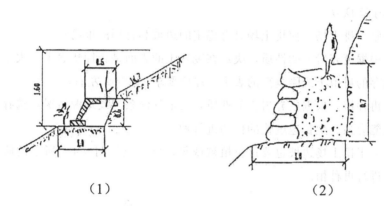

（1）　　　　　　　　　　（2）

图 9-4-5　露天矿边帮阶式梯田结构

按图 9-4-4 中的造壤方法开辟台阶，台阶坡面营造成草土埂和石硬两种（如图 9-4-5 所示），相邻台阶高差一般为 1.2～2m（露天矿边坡台阶高度一般为 12 米），视梯田台阶坡度而定，侧坡种草，梯田栽树，树下种草，可以起到封闭裸岩、保持水土和改变景观生态环境的作用。

（2）排土场生态恢复技术

在露天开采形成的废弃地中，排土场占地面积最大，占 41.52%，是生态恢复的重点区域。对于迁安矿区而言，因采矿过程与生态恢复没有形成一个有机的整体，剥离的废石没有回填，而是全部运往排土场，造成排土场占地面积达 1283.19 公顷，构成了严重破坏周围环境的污染源。

从迁安市目前排土场的现状来看，可将排土场分为两种类型，一种是规模小，分布零散的小型排土场，一种是规模大、集中在露天矿场周围的大型排土场，如水厂铁矿、大石河铁矿和棒磨山铁矿。因排土场的生态恢复工程量较大，如果大规模的铺开，在人力、物力和财力方面很难承受。因此不同类型的排土场采取不同的恢复措施，分阶段进行，最终达到全部治理的目标。

① 小型排土场的景观生态恢复

小型排土场因分布零散，面积小，应以土方工程为主，通过整治、覆土使之成为农田，与周围的农田生态系统相连通，具有比较完整的景观结构。

为了增加边坡的稳定性，边坡也应进行绿化，采用撒草籽使其自然生长的方法，为防止草籽被雨水冲刷流失，可用编织物覆盖在边坡上，使草从网眼中长出，达到固土和美化环境的目的。

② 大型排土场的景观生态恢复

——对于已经服役期满不能再继续使用的大型排土场，需要按下列程序进行大规模生态恢复。

——整治排土场，使排土场具有稳定的边坡和合理的堆高；

——根据废弃岩土的性质，决定在废岩土的表面是否铺垫表土。表土一般为预先储存的耕植土或刚剥离的表土，厚度要求在 50cm 左右；

——再种植。根据废弃岩土的性质，当地气候条件及水源情况，选择对废石场适应能力强、生长速度快的植物进行种植；

——对于排土场边坡也要进行植被恢复，可造成如图 9-4-6 所示的阶式梯田，然后进行再种植。

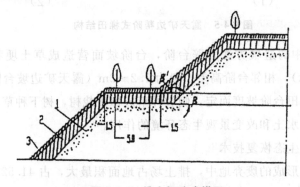

图 9-4-6　排土场阶式梯田
1—破碎硬岩　2—可能种植的岩石　3—腐植土

——对于正在使用的排土场则不宜大规模动土方工程，要因地制宜地采取措施。

——水厂铁矿目前正在使用的排土场位于山谷地带。如图 9-4-7 所示。

这种情况应做到边排土边恢复，对已经形成最终排土平台的排土场顶部（距排土场有一定安全距离）进行大规模覆土造田，可将正在剥离的表土直接铺在排土场表面，进行再种植。为了减少覆土时的工程量，在排土时，可有选

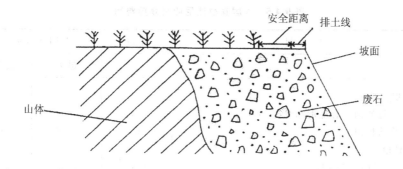

图 9-4-7　水厂铁矿排土场示意图

择性地将大块岩石排入谷底部，粒径较小的岩石铺在中部，表土或较好的耕植土置于最上层，这样可大大降低覆土造田的成本。

——棒磨山铁矿目前使用的排土场占用的是较平坦的农田，其周围是农田生态系统，因此，排土场对农田的危害性较大。这种情况需要先在排土场周围设置绿化带，起防风固沙作用，然后再对排土场本身进行覆土造田，其程序同（2）。

③ 尾矿场生态恢复技术

迁安市域铁矿尾矿的主要成分为 SiO_2、Al_2O_3、Fe_3O_3、CaO 和 MgO，不含有重金属和其他有毒物质。尾矿场的特点是：比较平坦，密实，胶结程度高，具有十分显著的风蚀与沙暴现象，尾矿中养分低，缺乏土壤结构。

尾矿场（指已经停止使用的尾矿场）生态恢复程序：

——将尾矿场表面的干涸外壳挖松、以增加透气性；

——用破碎的废石采矿剥离的废岩土覆盖，碎石粒径要求小于 6mm；

——对铺垫的废石表面进行平整，平整的程度只要满足再种植条件即可；

——铺表土，可掺入一定量的有机肥和高效化肥，以改善"土壤"结构；

——再种植，可作为农、林、牧业用地，栽植树木，或种植农作物，草类等。

对于正在使用的尾矿场，应对尾矿坝的坝体及周围进行绿化。

4）效益分析

（1）成本估算

目前迁安市没有进行生态恢复的矿山废弃地面积约为 3090.53hm²，这部分废弃地必须进行单独的生态恢复工程。按美国宾夕法尼亚州的复垦费用（见表 9-4-5）可以大致估算出迁安市矿区生态恢复成本（见表 9-4-6）。

表 9-4-5　美国宾夕法尼亚州复垦费用

项　目	单位	费用（美元）	
		最大	最小
一、回填和整平			
1. 接近矿山原有地形和轮廓	hm²	3761	2471
2. 修筑梯田	hm²	3706	1730
二、再种植			
1. 单一植树 1730 株/hm²	hm²	1235	222
2. 草类和豆类植物的和籽播种量 21kg/hm²	hm²	544	445
3. 草类、豆类和树木	hm²	1235	954

表 9-4-6　迁安矿区生态恢复成本估算（1998—2005 年）

项　目	1998—2000年生态恢复面积（hm²）	2000—2005年生态恢复面积（hm²）	单位成本（元/hm²）	1998—2000年总成本（万元）	2000—2005年总成本（万元）
采矿场	302.8	504.7	15840	479.6	799.4
修筑梯田			14000	423.9	706.6
植树			1840	55.7	92.8
排土场	385.0	641.6	13840	532.8	888.0
整治			12000	462.0	769.9
植树			1840	70.8	118.1
尾矿场	239.5	399.1	11840	283.6	472.5
整治			10000	239.5	399.1
植树			1840	44.1	73.4
合　计	927.3	1545.4	—	1296.0	2159.9

说明：生态恢复后的土地利用按植树估算。

资金来源：废弃地所属的矿山企业自筹。

（2）效益分析

① 环境效益估算

本规划实施后，一方面增加林地和农田的面积，使迁安市森覆被率显著提高，另一方面减少了水土流失，保土效益显著，在很大程度上改善了矿区的生态环境。保土效益分析见表 9-4-7。

表 9-4-7　规划实施后每年的保土效益预估

项　　目	造林面积（hm²）	水土流失削减 （万吨/年）	折保土面积 （hm²/年）
1998—2000 年	927.3	0.927	18.55
2000—2005 年	1545.4	1.545	30.91

注：1. 耕地每公顷土壤流失又不引起生产力降低的流失量（即最大允许土壤流失量＞为 2.4～12t/hm²/年；

2. 造林后土壤流失量削减＞10t/hm²·年

3. 按有效土层厚度 0.2 米计算，每公顷有效土层重量为 0.05 万吨。

② 经济效益分析

——森林资源涵养水分功能效益分析

计算方法：影子工程法

主要参数：森林涵水功能 4073m³/hm²

水库工程费用 1.0 元/m³

表 9-4-8　森林涵水功能效益

项　　目	1998—2000 年	2001—2010 年
生态工程投资（万元）	1296.0	2159.0
影子工程费用（万元）	377.7	629.4
效益（+.—）（万元）	−918.3	−1529.6

——森林生产能力效益分析

计算方法：市场价值法

主要参数：本地森林木材生产率 8m³/hm²

木材价格 100.00 元/m³

表 9-4-9　森林生产能力

项　　目	1998—2000 年	2001—2010 年
生态工程投资（万元）	—	—
森林市场价值（万元）	74.2	123.6
效益（+.—）（万元）	+74.2	+123.6

——森林固土效益分析

计算方法：影子工程法

主要参数：森林固土能力 3000t/hm²

拦沙坝工程造价 2.0 元/t

表 9-4-10　森林固土功能效益

项　　　目	1998—2000 年	2001—2010 年
生态工程投资（万元）		
影子工程费用（万元）	556.4	927.2
效益（＋．－）（万元）	＋556.4	＋927.2

——综合效益分析

表 9-4-11　综合效益

项　　　目	1998—2000 年	2000—2005 年
生态工程投资（万元）	1296.0	2159.0
森林涵水影子工程费用（万元）	377.7	629.4
森林市场价值（万元）	74.2	123.6
森林固土工程费用（万元）	556.4	927.2
效益（＋．－）（万元）	－287.7	－478.8

　　经济效益结果分析：该项规划实施后，经济效益为负效益，其主要原因是矿山废弃地生态恢复的成本太高，如果严格管理，改造矿山开采的工艺过程，变单独开采，单独恢复为边开采、边恢复，成本将降低一半，相应的经济效益将显著提高。尽管该项规划的实施获得的是负经济效益，但此项规划将有效地改善矿区及周围地区的生态环境，产生较好的环境效益和社会效益，因此该项规划是可行的。

9.4.2　规划结论

　　（1）矿山废弃地的生态修复要按照生态恢复学的原理，对受到破坏的区域自然系统的功能和自维持状态进行修复和重建。

　　（2）生态修复的方法要在物理技术、化学技术的支持下，应用生物技术进行。

　　（3）矿山废弃地规划要有可操作的工程落实规划内容。

第 10 章　自然保护区内与外保护规划

10.1　目的要求与基本特征

10.1.1　目的要求

根据我国自然保护纲要的要求，生物多样性保护是区域生态规划的重要内容之一。由于各种制约因素的存在，其中包括生态科学和自然保护理论和方法发展滞后，我国的生物多样性保护现状不容乐观，动、植物物种灭绝速度惊人。为此，我国的自然保护纲要提出了对生物多样性实施自然保护区内与外保护的要求。自然保护区的划界一般都存在面积不足的问题，在自然保护区外的自然、半自然环境中仍存在着大量国家和地方重点保护的动、植物物种。以自然保护区为依托，对自然保护区内和外的生物多样性保护提出可操作的管理对策和办法并切实实施，可以缓解人类对生物多样性的干扰，增强生物多样性保护的力度，为"人与自然共生"基本法则的落实做出有益贡献。

10.1.2　基本特征

生物多样性是人类生存所必需的环境条件之一，它包括四个方面的内容：即遗传多样性、物种多样性、生态系统多样性和景观多样性。生物多样性损失的主要原因是生境破碎化与岛屿化。由于久远的内外干扰，我国生物多样性损失严重，生物多样性良好地区在国内分布有限，这些地区多是经济欠发达地区。为了经济发展和生活水平的提高，许多这样的地区正处在使自然生境的进一步破碎化和岛屿化过程中，因此如何在发展社会经济的同时保护好人类生存的基础是我们急需解决的问题。

10.2 基本原理与内容规范

10.2.1 基本原理

1. 岛屿生物物理理论
2. 种群生存力和最小可存活种群理论
3. 玛他种群理论
4. 自然保护的其他理论

10.2.2 内容规范

1. 自然保护区内与外环境概况调查研究
2. 生物多样性资源调查
3. 国家和地方重点保护的动植物物种调查
4. 主要的问题和重点保护目标
5. 对策和重点建设工程确定
6 编制规划

10.3 规划框架与方法

10.3.1 规划框架

自然保护区内与外保护规划框架如图 10-3-1 所示。

10.3.2 方法

编制自然保护区内与外的保护规划一般要采用下述方法，一是基础数据的

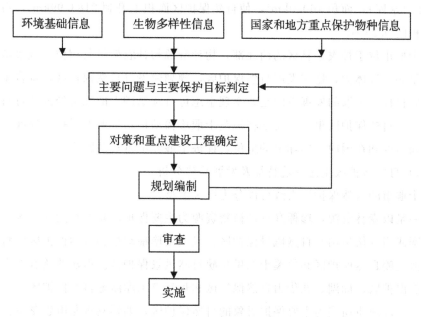

图 10-3-1　自然保护区内与外保护规划框图

获取，除大量收集地方资料、图件以外，要应用 3S 技术采集信息，以便分析判断。对策和重点工程的可行性论证要应用生态学的前沿成果，尽管有些理论还不是很成熟，但生物多样性保护的急迫需求，需要我们先按前沿学科的成果进行规划，减少因等待理论成熟造成的时机丧失。这是因为，生态学科与其他学科不同，生态学理论的验证往往需要上百年或几百年的时间周期，而生物多样性保护是等不得这个理论验证后再进行的。

10.4　案例概况与规划结论

10.4.1　案例概况

1. 自然保护区规划

十堰市现有赛武当（伏牛山）、郧县青龙山、竹溪万江河和十八里长峡四个自然保护区，面积 3360hm²，占陆域面积的0.14%。根据十堰市发展战略规划，将扩建和新建陆地自然保护区 7 个，面积 2023.99km²，湿地保护区一个

（丹江口水库），面积 160.0km²，使自然保护区面积上升到 2183.99km²，占全市面积的 9.22%。

十堰市位于神农架林区的西北部，物种资源与神农架极其相似。该市域物种数量多，群体大，稳定发展自然保护区，规划建设好自然保护区，符合十堰市发展目标。十堰的发展方向是要实现生态可持续基础上的社会经济的可持续发展，而自然保护区事业的发展将规范十堰珍稀动植物资源的保护，提高十堰市的知名度和在国内、国际上的地位，促进十堰经济事业的腾飞。

1）自然保护区生态环境特征及发展趋势分析

十堰市的自然保护区大致可以分为两种类型。

一是以森林资源，珍稀濒危动植物资源为主要保护对象的自然保护区，包括有赛武当（伏牛山）自然风景保护区、武当山珍稀动植物自然保护区、竹溪万江河大鲵自然保护区和竹溪十八里长峡自然风景保护区。拟建的还有竹山林麝自然保护区、标湖、九华山自然保护区和丹江口水库湿地自然保护区。

二是以地质遗迹为主要保护对象的自然保护区，如郧县青龙山恐龙蛋化石群地质遗迹自然保护区。还有郧西白龙洞猿人化石遗址、竹山獐落洞遗址、黄龙洞等可以考虑建立地质遗迹自然保护区。

十堰市还有第三种类型，目前还没有建设自然保护区，它们是以古文化为主要保护对象的珍贵资源，其中有闻名国内外的武当山世界文化遗产、楚长城遗址、采皇木摩崖、罗汉寨石窟、上津古城等珍稀人文资源。

十堰市将组织相关部门专家对这些资源进行全面调查和评价，使应该得到保护的陆域和水域面积不断扩大，发展十堰的自然保护区事业。

（1）十堰生境类型多样

十堰市是以山地为主的地级市，幅员辽阔，地貌类型丰富，水系成网状。由于地理条件优越和人类活动历史悠久，造就了丰富多彩的生境和古文化遗迹。

十堰的生境类型主要包括：

① 石质中山天然林为主生境类型。主要分布在秦岭南麓、武当山山脉和大巴山山脉北坡。大巴山脉北坡的植被属大巴山植物区系，有大量云贵高原、四川盆地的植物种类，如楠木、珙桐等；西北部秦岭南麓的植被属秦岭植物区系，如华山松、秦岭杉等；武当山脉的植被属华中植物区系，代表树种有马尾松等。由于山高林茂，生境类型多样，是十堰市生物资源最丰富的地区。

② 中低山天然植被与人工植被混生生境类型。主要分布在十堰市东北部

和汉江沿岸。由于植被类型分为天然林、人工林、灌木林、草地、裸地、农田和溪流水体，生境类型也相当丰富。但由于人口相对密集，人类干扰强度增大，因此，珍稀濒危动植物物种相对减少，是仅次于中山天然林为主生境类型的资源环境地域。

③ 河谷天然植被与人工植被相间分布生境类型。主要位于汉江河谷和竹山、竹溪、房山一线河谷盆地以及郧西、郧县盆地。河谷盆地两侧山地植被覆盖差异很大，竹山、竹溪、房县林地较多，生物资源相对丰富，但呈现伴人趋势。郧县、郧西荒草地、裸地和坡耕地众多，生物资源栖息条件恶劣，物种相对贫乏。

④ 聚居地为主生境类型。以十堰城区、郧县、郧西、丹江口、竹溪、竹山、房县等县市建成区以及周边人类频繁活动区域为主，由于植被多为引进拼块类型，动物物种多为亲人、伴人种，保护价值不大。

⑤ 丹江口水库湿地生境类型。由于丹江口水库丰枯的年际差异明显，人类的干扰程度也不相同，因此一些水禽和候鸟的常年分布也不尽相同。但由于湿地面积大，栖息于湿地的生物物种还是十分丰富。

（2）自然保护区的地貌类型多样

十堰市的自然保护区分布在中山地区、河谷地区和洼地中。

① 九华山自然保护区属大巴山山脉东延部分的南段，是鄂西山地的一部分。保护区所在地由九华、文家、大全山等组成，最高海拔 1311m，最低海拔 700m，相对高差 611m，地势西高东低，坡度一般在 15°～35°之间，约有 81.2% 的林地坡度在 20° 以上，坡向以北、东北为主，海拔 800～1000m 之间的林地约占 80% 以上。保护区一部分地处竹山县官渡镇断层地带，境内有偏头山、凤凰山、牛心寨等，山峦叠嶂、起伏绵亘、沟壑交错、断层多显现。该区最高海拔 1780m，最低海拔 320m，相对高差 1460m，地势南高北低，坡度多在 30°～40° 之间，26° 以上坡地约占 99.2%，坡向以西北向为主，北、东北向次之，海拔 800～1200m 的坡地占 69.71%。

② 赛武当原名伏牛山，位于十堰市小川乡境内，因其山高（1730m）险峻，景致赛过武当山（1613m）而得名。茅塔河源于此山北麓，山的东北坡陡峭，不易攀登；西南面坡度小，可以勉强攀越。

③ 十八里长峡自然保护区是自然分化、演替形成的山、川、洞地貌自然组合体，因其独特的地形、险峻的地势，自古处于凡人难入、与世隔绝的状态，民间称之"妖怪峡""天神峡"和"龙女峡"。1979 年兴建向（坝）—双

（桥）县级公路，于其境内凿岩建路 18 里，也开辟了人们探索其神秘之路，至此，更名"十八里长峡"。该峡位于竹溪县南部山区，与长江三峡共依一山，境内山脉属大巴山东段余脉，山体切割剧烈，绝壁群立，沟谷幽深，最高海拔 2740m，最低海拔 860m，相对高差 1880m。

④ 武当山自然保护区位于丹江口市西南部，境内地势南高北低，南部峭峻陡急，向北逐渐平缓，海拔范围是 400～1612m。

⑤ 竹山林麝自然保护区位于竹山县南部柳林官渡两区，该区地形复杂，山峦起伏，最高海拔 2740m，最低海拔 300m，相对高差 2440m。

⑥ 万江河大鲵自然保护区位于竹溪县的 6 条 100km² 以上较大河流中，河段总长 589km。该区河流纵横，山大谷深，河床处于山涧峡谷地段，且有倾倒巨石堆积形成的种种大小不一的间隙，洞穴等，水中常年有腐烂碎叶、大量水生生物及野杂鱼类，天然饵料丰富，为大鲵最适宜的觅食、生长、繁衍场所。

⑦ 青龙山恐龙蛋化石群位于郧县柳陂镇青龙山、红寨子一带的低缓丘陵区，该区位于郧县盆地西缘、海拔约 220m，相对高差 50m。

⑧ 丹江口水库库区境内河叉纵横，水域辽阔，两岸森林植被繁茂，构成了陆地生态系统与人工淡水湖相连的湿地生态系统。

（3）土壤条件优越

十堰市地处我国中部湿润地区北亚热带季风气候区，气候条件优越，配之以类型多样的土壤类型，使植被的正向演替得以顺利进行。

① 九华山自然保护区为沉积岩区域，区内土壤约有 98.5％ 发育于板岩、泥质页岩和片麻岩，属山地黄棕壤土类、黄棕壤和黄棕壤性土亚类。海拔 1200m 以下以黄棕壤性土为主，海拔 1200m 以上主要为黄棕壤，土层厚度 50cm 左右，含砾石量 20％～30％，有利于水分的渗入和滞留，也有利于林木根系的伸展。这些岩石易风化成土，理化性质好，养分含量也高，有机质含量均在 1％ 以上，含氮量大于 0.05％，pH5.6～6.4。

② 赛武当土壤条件与九华山相似，区内主要分布黄棕壤土，土层厚度大都在 60cm 以下，土体中多夹有砾石和风化的岩石屑，土壤 pH 值在 5.0～6.0 之间。因山高气候寒冷，湿度大，土壤中有机质分解释放慢，加之山高林密，土壤有机质含量较高。

③ 竹山林麝自然保护区、十八里长峡自然保护区和武当山自然保护区的土壤是由山地黄褐土及黄棕壤组成。褐土分布在海拔 1000m 以下的山地，黄棕壤性土分布在 800～1000m 的山地，1200m 以上为黄棕壤，肥力较高，物理

性状优越，适合林木生长。

（4）环境资源拼块是景观系统中的控制性组分

环境资源拼块（Environmental resource patch）在区内分布广泛。这种拼块类型抗干扰能力强，稳定性好。尽管拼块主要由天然次生林构成，但由于群体大、树龄长、种类多，植被资源极其丰富。

① 九华山自然保护区地貌类型复杂、相对高差较大，故南北植物兼而有之，约有高等植物 64 科 104 属 151 种。按照自然植被的分布规律可划分三个不同的生物气候带。海拔 800m 以下河谷地多分布华中区系植物和西南—大巴山脉区系植物，主要代表树种有松科的马尾松、杉科的杉木、樟科的黄樟、刨花楠、石楠、山胡椒，八角科的八角、壳斗科的栓皮栎以及杜仲科的杜仲等。海拔 800～1200m 的植被多属暖温带植物类，由于山地小气候的影响植被更为复杂，既有北亚热带植物，又有暖温带植物，因湿度较大，杉木在此带生长最好；海拔 1200m 以上为温带植被，属西北-秦岭山脉区系，主要代表树种是松科的华山松、冷杉、铁尖杉，桦木科的桦木等。

② 十八里长峡环境资源拼块里内森林资源更加丰富，森林覆盖率达到 95％以上，具有原始次生林约 670hm²。该区分布有珙桐、红豆杉、篦子三尖杉、秦岭冷杉、大叶榉、连香、香果、水青等国家Ⅰ、Ⅱ级保护珍稀植物 15 种，省级珍稀保护植物树种 25 种。

③ 赛武当环境资源拼块内植物种类十分丰富。据调查，仅木本植物就有 79 种 206 属 423 种，列入国家及湖北省保护的植物 25 种，其中有国家一级保护植物红豆杉，国家二级保护植物 12 种：水青树、香果树、杜仲、金钱松、红豆树、大别山五针松、凹叶厚朴、闽楠、巴山榧树、樟树、黄连、榉树等；湖北省地方重点保护植物 11 种：鹅掌楸、紫茎、银杏、领春木、华榛、金钱槭、天目木姜子、黄山楠、青檀、天目木兰等。区内分布着大面积巴山松、阔叶原始次生林。

④ 武当山环境资源拼块内的植物主要树种是落叶栎类，还有黄连木、红桦、化香、山合欢等，也有较大面积的以马尾松为建群树种的亚热带常绿针叶林。在丰富的植物资源中，木本植物有 92 科 232 属 514 种，其中国家保护的珍稀树种达 33 种，仅计百年以上的珍稀古树就有 24 科 33 属 146 种 435 株，比较罕见的珍贵树种有古国槐、黑壳楠、丝棉木、石楠、红皮等 20 个科 81 株；五百年以上的树木有银杏、铁坚杉、高山栎、圆柏等 7 科 15 株。区内受国家保护的还有香果树、银杏、杜仲、青钱柳、紫茎等。除了以上稀有珍贵的

树木以外，还有种类繁多的林下植物，主要的灌木、草本、苔藓和菌类等达数百种。武当山还有天然药库之称，有曼陀罗、九仙子、朱砂根、隔山消、天麻、田七等名贵药材，尤其玉龙芝、猴结更为罕见，仅《本草纲目》中记载的中草药就有 400 多种。

（5）自然保护区内生态环境特点

① 地域上的相对封闭性、独立性与完整性

十堰市的 8 个自然保护区，无论是位于中山地区、低山地区、河流小溪和水库中，都有相对的封闭性、独立性和完整性。例如竹溪十八里长峡，如果不是修路，那里人烟稀少，人为活动被限制在一定的范围之内。再如赛武当自然保护区，虽然距十堰城区不远，但由于山高陡峭，人们无法离开道路进入林区，虽然十堰历史开发久远，但自然保护区内林木郁郁葱葱，次生林和密灌丛遍布山冈和沟谷。只有郧县青龙山恐龙蛋化石群地质遗迹由于是在农民聚居的村庄里发掘的，受到垦耕影响对遗迹破坏很大，因而失去了相对的封闭特性。

② 自然性、代表性和典型性

十堰市 8 个自然保护区中除恐龙蛋化石群遗迹自然保护区和丹江口水库外，由于受人类干扰比较少，具有较好的自然性、代表性和典型性。九华山自然保护区位于九华山林场境内，在山高坡陡的地区内保存有大量天然次生林，分布了华中区系和大巴山脉区系的大多科、属、种，而且垂直分布明显。武当山珍稀动植物保护区区内有国家珍稀树种达 33 种，境内还有鸟兽 179 种，其中兽类 49 种。此外，村间潭溪还有珍贵的两栖动物娃娃鱼及爬行动物乌龟、蛇类等。竹山林麝自然保护区内植被茂盛，野生动物众多。据初步调查，保护区内有金钱豹、林麝、黑熊、白冠长尾雉、红腹锦鸡、大鲵等珍稀动物 20 余种。赛武当山自然保护区是以森林生态系统为主要保护对象，区内森林覆盖率达 85%，野生动植物资源丰富，保护区内有木本植物 779 种，此外，名贵观赏植物多，主要有林鹃花、栀子花、金线桃、桃、木芙蓉、石榴、山梅花、合欢、天目琼花、金钟花等四十余种，每年春季一到就山花烂漫，风景宜人，形成一个五彩缤纷的花的世界。

③ 维系着十堰市自然景观的和谐和美观

上述自然保护区散布于十堰市域的各个角落，保护区内富集的生物多样性，茂盛的植被是十堰亚热带风情的集中体现。保护区物种向周边的延伸，勾画出了十堰艳丽的自然美景，这也是一种十分珍贵的资源。在经济日益发达的将来，将为十堰人民提供致富的广阔空间。

④ 是十堰市物种多样性聚集地和物种永久生存的源地

十堰与神农架自然保护区为邻，神农架特别丰富的物种资源与十堰市 8 个自然保护区一脉相承，是神农架自然保护区核心区的扩延部分，因此，物种多样性也十分丰富，并相对集中地分布在这些保护区内。保护区内人类干扰较少，珍稀物种的保护相对安全，此外，人们喜爱的可以伴人的一些鸟类也可以在这种保护区内，永久生存，并可以顺畅地向人类聚居的城镇迁移，使工余饭后的人们享受大自然的乐趣。

2）自然保护区存在的主要问题

（1）已建自然保护区面积小，级别低，亟待规范

十堰市经正规手续批准建成的自然保护区只有赛武当、郧县青龙山、竹溪万江河和十八里长峡 4 个均为县市一级，面积 3360hm²，占拟建自然保护区总面积的 1.5%，是国土面积的0.14%。

已建成的 4 个自然保护区目前的规划和管理工作还不能适应自然保护的要求，多数没有标桩划界，进行功能区域划分和分区保护工作。

（2）陡坡垦耕和捕杀野生动物

在自然保护区范围内村落居民稀少，他们的生产方式十分落后，经常可以看到村民在大于 25o 以上坡地上垦耕，垦耕几年后，由于表土被冲刷，弃耕现象十分普遍。

在自然保护区内，捕杀野生动物的情况也时有发生，在公路交叉处，偶可见山区居民用水桶装着捕捉到的幼龄大鲵售买，也有一些野物被捕杀后在山内小饭店内出售，这种现象是野生动物数量锐减的原因之一。

捕杀野生动物还发生在保护区外。由于十堰山高林密，交通不便，一方面为野生动物的生存提供了基本条件，另一方面，也为对居民进行生物多样性保护的宣传和普及带来困难。很多的山区居民按照落后的生产方式和简易的生活内容重复着代代相传的生存形式，还不知道人与自然共生的道理，因而，破坏生物多样性的事件还会发生。

3）自然保护区规划

（1）规划目标

自然保护包括对自然环境和自然资源的保护。自然环境和自然资源是人类赖以生存和发展的最基本条件，保护自然是发展生产力的基础；最有效和最合理的利用自然资源，是使可更新资源达到永续利用的有效方式。

《中国自然保护纲要》提出我国 2000 年自然保护的总目标是：我国自然资

源，尤其是可更新资源得到合理利用与保护，自然环境与农村环境恶化的趋势得到控制，生态环境开始与人口、社会和经济发展相协调，良性循环逐步形成。

十堰市自然保护的总体目标是：到 2005 年，十堰市初步完善市域自然保护体系，使各个自然保护区工作全部走上正轨，有专职保护机构，功能区划分科学，分区管理职责明确，标桩划界清楚并可以满足保护目标要求；到 2010 年，使十堰市各种自然资源得到恢复和发展，野生生物种类多样性更加丰富，种群数量上升，珍稀濒危物种得到有效的保护，生态环境与社会经济协调发展，自然保护区占十堰市面积达到 9.22%，基本达到我国的平均水平。

（2）规划范围：十堰市已建和待建的 8 个自然保护区

包括：

竹溪十八里长峡自然保护区（1775hm²）

竹溪万江河大鲵自然保护区（840hm²）

赛武当自然保护区（已建 550hm²，待建 13300hm²）

郧县青龙山恐龙蛋化石群地质遗迹自然保护区（200hm²）

竹山林麝自然保护区（待建 92815hm²）

丹江口库区湿地自然保护区（待建 16000hm²）

武当山珍稀动植物自然保护区（已建 90609hm²）

标湖、九华山自然保护区（待建 2860hm²）

（3）规划期限

近期 2000 至 2005 年

中期 2006 至 2010 年

（4）规划内容

① 青龙山恐龙蛋化石群自然保护区

✚ 名称：湖北省青龙山恐龙蛋化石群自然保护区

自然保护区类型：地质遗迹

地点：湖北十堰市郧县柳陂镇

地理坐标：E110°42′50″～110°44′10″

　　　　　N32°47′40″～32°49′40″

总面积：205.25hm²，其中核心区面积 5.25hm²，缓冲区面积 50hm²，实验区面积 150hm²。

自然保护区级别：省级地质遗迹保护区，1997 年 1 月 13 日，湖北省人民政府，鄂政函［1997］10 号文批准。

管理机构：郧县青龙山恐龙蛋化石群自然保护区管理站，隶属郧县地矿局，人员编制 6 人，其中科技人员 2 人，行政管理人员 2 人，工人 2 人，固定经费每年 7 万元。

✦ 保护目标：恐龙蛋化石群

✦ 保护现状：青龙山恐龙蛋化石群产地分布于郧县柳陂镇青龙山、红寨子一带，位于十堰市区和郧县县城之间，汉江南岸的低缓丘陵区。恐龙蛋主产地为红寨子北坡、青龙山南坡和北坡、土庙岭、贺家沟村一组附近、磨石沟、郑家沟、庄当沟以及卧龙山等地，分布面积约 4km²。

该区位于郧县盆地西缘，海拔约 220m，相对高差 50m，区内出露地层主要为中元古武当群白垩系上统第四系。其中白垩系上统角砾岩、含角栎的粉砂岩和细砂岩为恐龙蛋化石产蛋地层，可分为上、中、下三个组。

下岩组，自下而上主要为角砾岩、含角砾粉砂岩、该层厚度为 2～15m，在含角砾的粉砂岩和细砂岩中，产丰富的恐龙蛋化石和蛋壳化石碎片。

中岩组，主要为砾岩、砂质砾岩、泥质砾岩、含砾砂岩、含砾粉砂岩及含砾泥岩，且在垂向上呈频繁交互出现，该层厚度可达 74m。

上岩组，底部为一巨厚层灰质砾岩，其上为中细粒石英砂岩、粉砂岩。

1995 年年初在青龙山一带发现大面积恐龙蛋化石群后，于当年 8 月，郧县人民政府发出《县人民政府关于在柳陂镇青龙山红寨子恐龙蛋化石产出地设立地质遗迹保护区的通知》（郧政发［1995］7 号），批准"在柳陂镇青龙山、红寨子恐龙蛋化石产出地设立县级地质遗迹保护区"。1996 年 8 月十堰市人民政府以十政函［1996］16 号文，将郧县柳陂镇青龙山恐龙蛋化石群产地列为市级地质遗迹保护区。1996 年 7 月 22 日湖北省地矿厅向省政府做了《省地矿厅关于在郧县青龙山恐龙蛋化石群产地建立省级地质遗迹保护区的请示》（鄂地厅［1996］83 号），湖北省人民政府于 1997 年 1 月 13 日下发了《省人民政府关于在郧县恐龙蛋化石群产地建立省级地质遗迹保护区问题的批复》（鄂政函［1997］10 号），同意在郧县恐龙蛋化石群产地建立省级地质遗迹保护区，归口省地矿厅管理。省、市、县先后拨经费 40 多万元，用于保护区的建设。目前，对恐龙蛋化石群产地核心保护区已划定并修筑封闭围墙，使恐龙蛋化石群得到有效的保护。

✦ 规划内容

——自然保护区区划

保护区分核心区、缓冲区和实验区三个层次。

核心区：主要为恐龙蛋化石分布集中的贺家沟村一组土庙岭附近的一面山坡，面积约 0.0525km^2，砌墙实行封闭式一级保护。

缓冲区：包括青龙山南坡和西北坡、红寨子、磨石沟等恐龙蛋化石产地，面积约 0.50km^2，缓冲区实行二级保护。

实验区：位于似喝沟以西，贺家沟以东，包括贺家沟、郑家沟、庄当沟、卧龙山等恐龙蛋化石产地，圈定面积约 1.5km^2，实验区实行三级保护。

——自然保护区规划

近期规划：

a. 法制建设规划。依据有关法律、法规、政策，制定具体的青龙山恐龙蛋化石群地质遗迹类自然保护区管理规定，依法开展保护。

b. 组织建设规划。进一步完善保护机构，成立青龙山恐龙蛋化石群自然遗迹保护管理处，下设资源管理、法规宣传机构；增加专业技术工作人员，配置必要的交通、通讯工具。

c. 宣传教育规划。加强宣传、正确引导、教育群众，使群众自发地保护地质遗迹自然资源；组织有关管理人员进行恐龙知识和自然保护区管理等有关业务技术培训。

d. 科学研究规划。组织开展核心区 1：500 地质填图研究，为修建白垩纪恐龙蛋化石地质剖面长廊提供地质依据；加强科学研究，召开各种规模，形式的现场考察和学术讨论会。

e. 基础建设规划

在已修筑封闭围墙的核心区内恐龙蛋化石最为集中处建立"白垩纪恐龙蛋化石群产地地质剖面长廊"，以防止暴露在地表的恐龙蛋化石日晒夜露快速风化；并组织适当的和有计划地剥露部分恐龙化石蛋，在原地采取防风化的措施，为科学考察研究提供白垩纪恐龙蛋化石及其沉积环境地质剖面。

在距保护区 4km 的 209 国道上修建大型跨街标志牌，在青龙山修建国家级自然保护区建立纪念碑。

利用现有的办公室，建办恐龙科普小型展览，进行白垩纪地质、恐龙等科普知识宣传。

f 建立国家级地质遗迹保护区后，进一步深化保护区建设，力争能列入世界自然遗产。

中长期规划：

a. 将该地质遗迹保护区建设成地质科学考察研究中心、地学科普教育基地以及国内外游客回归大自然的旅游观光的"白垩纪公园"。

　　b. 将核心区大门西侧的公路改线，使原横跨第 6 产蛋层的公路改线绕道。公路改线后，将核心区西围墙向西扩建，将未圈入的第三产蛋层，圈入核心区封闭围墙内。

　　c. 有条件时，将核心保护区内的居民逐步外迁。

　　d. 在保护区外，临近保护区处修建白垩纪地质博物馆，展览郧县梅铺镇采集的恐龙化石骨架实物及模型 2～3 具。展出各种不同外形、不同蛋壳结构的蛋化石实物以及对应的大幅蛋壳切片显微镜照片等。举办公恐龙和史前绝迹动物及其生活习性科普展览。

　　e. 建立仿真恐龙模型馆。

　　f. 修建 360 度环幕电影院，放映恐龙生活的科普环幕电影。

　　g. 在保护区外的临近保护区处修建停车场、游客休息等场所，初步建成"白垩纪公园"。

　　h. 引进国外科研机构的资金，共同建立有关科研基地。

　　② 竹溪十八里长峡

　　✚ 名称：十八峡自然风景保护区

　　自然保护区类型：自然风景

　　地理坐标：E109o05′，N 31o37′

　　总面积：1775hm²

　　保护区级别：县级，1988 年由竹溪县政府行文，并溪政发 [1998] 53 号文批准。

　　管理机构：国营双坪采育场，配备林警 3 名，双桥乡政府和向坝乡政府配合管理。

　　✚ 保护目标：十八里长峡以其独特的自然景观、历史悠久的人文资源及数量众多的珍稀动物而构成，包括峰崖景观 13 处，河潭景观 2 处，瀑布景观 8 处，洞穴景观 2 处，山石景观 2 处，历史传说 2 处，建筑古迹 1 处，无梯索道 2 处。有原始森林 667hm²，分布有珙桐、红豆杉、篦子杉、秦岭冷杉、大叶榉、连香、香果、水青等国家 I、II 级保护植物 15 种，省级保护植物 25 种；有华南虎、金钱豹、金丝猴、熊、小灵猫、红腹锦鸡、大鲵等 18 种国家重点保护野生动物。

　　✚ 保护现状：由于远离大中城市，交通不便，目前处于非规范保护的现状。十堰市和竹溪县的一些部门急待将其开发成旅游点，但由于资源的基础上工作还没有做，保护与开发如何进展缺少科学指导。

+ 规划内容

——自然保护区区划

十八里长峡是集自然风情，人文资源和珍稀濒危动植物资源于一体的自然风景保护区。自然风情资源集中分布于十八里长峡道路和渔坪河两侧，而动植物资源则分布于深山密林之中。自然保护区的保护对象应确定为国家和地方重点保护动植物，这些地域划分为核心区和缓冲区。而将自然风景资源和人文风景资源纳于开发实验区中，可以开展适度的旅游活动。

核心区和缓冲区的面积由保护对象的栖息面积来确定，要由专业科技人员调查珍稀濒危动植物现状，撰写权威性的调查报告，查清种群数和群体数量，并从中确定最敏感的关键种，要以最关键的敏感种的保护目标来计算最小可存活种群数量，计算这个种群的最小栖息面积，从而确定核心区的面积。核心区外围，可以划出缓冲区和实验区。

核心区、缓冲区和实验区要严格执行《中华人民共和国自然保护区条例》，不得变更各功能区的功能。

——自然保护区规划

要以自然保护的功能区划为基础，分区编制近中期和远期保护规划。

首先，要规范管理机构，建立有独立办公条件和经费的自然保护区管理站。

其次，要由自然保护区管理站编制自然保护区监测、管理和科研计划。

再次，自然保护区三区边界确定后，要拨专门经费标桩划界，进行有效的监督管理。

十八里长峡的自然风景资源与人文资源是可以开发的，但要以不妨碍保护区的保护对象为原则，安排在实验区（含）以外地区进行。

③ 竹溪万江河大鲵自然保护区

+ 名称：万江河大鲵自然保护区

自然保护区类型：珍稀濒危野生动物

地点：十堰市竹溪县万江河流域

地理坐标：E109°28′，N110°08′

总面积：大鲵产区河段总长580km，面积840hm²

自然保护区级别：省级，1994年8月由省政府办公厅以鄂政办〔1994〕82号文批准。

管理机构：万江河大鲵自然保护区管理站，事业编制 5 人，建设投资概算 70 万元，行政上受地方领导，业务上接受省水产局指导。

✦ 保护目标：大鲵（娃娃鱼），国家二级保护动物

✦ 保护现状：竹溪是大鲵的产地，具有得天独厚的大鲵生长条件，气候温和，湿润凉爽，降雨丰富，水量充足，水质清新，饵料丰富。该区河流纵横，山大谷深，河床处于山涧峡谷地段，且有倾倒巨石堆积而形成的种种大小不一的间隙、洞穴等，水中常有腐烂碎叶，大量水生昆虫及野杂鱼类，为大鲵最适宜的摄食、生长、繁衍场所。

目前由于万江河大鲵保护区存在机构不健全、资金困难等因素，致使保护区内生态环境遭到不同程度的破坏。

对大鲵保护区的建设，要坚持自然保护，人工繁养和人工增殖相结合的措施。

竹溪县大鲵研究所是县政府批准成立的研究机构，负责大鲵资源的监测工作，保护野生大鲵资源，负责大鲵的人工养殖、繁殖、增殖研究和市场开发工作。

✦ 规划内容

在万江河大鲵自然保护区 580km 河段中，建议在野生条件好的区域划分出核心区，禁止一切人类活动，包括科研和教育活动。该区域应该划在万江河 49km 河段，江溪河 35km 河段，原河 23km 河段和大河 39km 河段上，核心区要严格建为野生大鲵保护区，不搞人工繁养，以防遗传杂合子损失过大。

为保护这些核心河段，对于河段上游水体和流域的使用和建设要进行严格规定，不准改变上游流域和河流的使用性质，以防引起水的物理化学性质改变，进而影响到大鲵的野生栖息条件。

大鲵的人工繁殖和野外放养是可以进行的，但一般不应干扰核心河段，可以在核心区以外的缓冲区河段和实验河段内进行，也可以在实验区河段以外河段人工开发大鲵产业，但进入市场的人工养殖大鲵只可做引种和观赏用，不准食用。

大鲵自然保护区功能区划分可参照前述项自然保护区内容进行，自然保护区规划也参照上述内容进行。

④ 赛武当自然保护区

✦ 名称：十堰市赛武当自然风景保护区

自然保护区类型：森林和野生动、植物类型自然保护区

地理坐标：E110°45′25″ N32°26′10″

总面积：13300hm²，其中已建550hm²

自然保护区级别：市级，1987年1月经十堰市政府批准

管理机构：赛武当风景保护区管委会，同赛武当林场合并办公，配备人员20名，其中专业人员6人，管委会下设保护区管理站。

✚ 保护目标：保护区内动植物资源，有价值的岩层、岩石、岩柱、岩墩、岩洞、古庙群遗址。

✚ 保护现状：

保护区内有林地12983.3hm²，其中原始森林面积6000hm²。保护区内植物区系成分属泛北极植物区中国—日本森林植物亚区，植物种类非常丰富。仅木本植物就有79科206属423种，列入国家和湖北省保护植物有25种。其中一级保护植物有红豆杉；二级保护植物12种，有水青树、香果树、杜仲、金钱松、红豆树、大别山五针松、凹叶厚朴、闽楠、巴山榧树、樟树、黄连、椤树等；湖北省地方重点保护野生植物9种，银杏、领春木、华榛、金钱槭、天目木姜子、黄山楠、青檀、天目木兰等。保护区内有野生鸟类26种，兽类23种。其中国家保护动物10种，金钱豹、猕猴、小灵猫、红腹锦鸡、白冠长尾雉、大鲵、香獐、黑熊、鹰等，列入省级保护的有17种，黄莺、喜鹊、啄木鸟、大杜鹃、画眉鸟、刺猬、黄鼠狼、羚羊、华南兔、豪猪、花面狸、猪獾、水獭、油獾、狗獾、黄腹鼬等。

保护区内自然景点多而集中，有门板岩、十八盘、林径、观景台、普陀顶、身贴崖、椅子松、青龙背、百丈崖、赛武当金顶、地母宫、三宝树、白龙洞、青岩石、蜡烛山、神松、盘头寨、柯家寨瀑布、猴串沟、凳子沟、老翁拜佛、笔架山等。

保护区边界清楚，1987年以来经过湖北大学地质考察队、市农业区化办、省林校及1999年的森林资源二类调查和湖北省野生动植物调查，已系统掌握了资源、环境的基本情况。

✚ 规划内容

——自然保护区功能区划分

保护区面积133km²，包括佛泉山—羊子岩—构树垭以东，路风垭—梅子垭—青龙背以南—龙台山—红花岩以西—赛武当—蜡烛山—三尖山以北。

核心区面积60km²

缓冲区面积40km²

实验区面积 33km²

应依据专项调查成果核实功能区划的科学性和可操作性。其中，要首先核查保护区内最关键的敏感种，其种群大小以及栖息要求的最小面积，按照种群生存力分析（PVA）和最小可存活种群理论（MVA），确定功能区划分的准确性，并据此对保护区进行功能区划分调整。

——自然保护区规划

按照功能分区，分别就核心区、缓冲区和实验区进行规划设计。

包括：

a. 基础设施规划

保护站站址选择、界碑界桩指示牌确定、道路规划、供电与通讯规划和生活设施规划。

b. 保护区管理规划

包括野生动植物保护、防火和病虫害防治规划。

c. 生态旅游规划

要在严格遵守《中华人民共和国自然保护区条例》分区管理原则的基础上，在实验区内开展以观赏自然风景和人文资源为核心的旅游。

d. 保护区内土著居民生产生活规划

对于土著居民，要将他们作为保护区的组成部分之一，安排适宜的生产活动，以不危及核心区动植物保护为原则，实行多种经营。

⑤ 竹山林麝自然保护区

✚ 名称：竹山林麝自然保护区

地点：竹山县官渡、柳林区

地理坐标：（缺）

总面积：92815hm²

自然保护区级别：县级，竹山县人民政府竹政字［1987］26 号文批准成立竹山县香獐保护区领导小组。

管理机构：竹山县香獐保护区领导小组，（详况缺）。

✚ 保护目标：林麝（香獐）

✚ 保护现状

保护区内植被茂盛，野生动物众多，据初步调查，有金钱豹、林麝，属国家二级保护动物。林麝，被毛粗硬、细而脆、易脱落；体毛色深，呈橄榄褐色，并染以橘红色泽；下颌、喉部、颈下以至前胸间，为界线分明的白色或橘黄色区；臀部毛色近黑色，成体不见斑点，雄兽具麝香腺。

林麝多生活在针叶林、针阔混交林中，性胆怯，居住不固定，独居；行动轻快敏捷，能攀登 40o 左右的倾斜树；随气候和食料的变化，有垂直迁徙的习性；发情交配多集中在 11 月至 12 月份，在这期间，雌雄合群，雄兽间争偶要发生殴斗；产仔多在 4 至 7 月间，每胎 1 至 2 仔；食物以栖息地灌木嫩叶为主。

竹山县境内曾有大量林麝，但由于过渡捕猎，林麝日益减少；现保护区内约存在 1000 余头，主要生活在海拔 1200m 以上的山地。

✚ 规划内容

按照前面章节的内容，进行保护区功能区划分和分区保护规划，并落实专职机构、办公人员、经费以及严格遵守国家关于野生动物保护的各项法规、条例和政策。

⑥ 丹江口库区湿地自然保护区

✚ 名称：丹江口库区湿地生物多样性保护

自然保护区类型：湿地生态系统和水禽类

地点：丹江口市

地理坐标：E110°35′～111°48′

N32°14′～32°55′

总面积：16000hm²

自然保护区级别：建议省级

管理机构：建议成立自然保护区管理处，下设 3 个管理站和 1 个公安派出所。

✚ 保护目标：野生动物，其中包括国家重点保护的水禽类、水生动物和珍稀植物。

✚ 保护现状

库区湿地已被列入中国重要湿地名录，库区内河汊纵横，水域辽阔，水质清澈，两岸森林繁茂，构成了陆地生态系统与人工淡水湖相连的湿地生态系统。该库区人烟稀少，水质好，水生生物、湿地水禽和陆生动植物资源十分丰富。据调查，库区范围内分布有野生动植物物种 600 余种。其中列为国家重点保护的水禽类动物有斑嘴鹈鹕、鸳鸯、大天鹅、小天鹅、白琵鹭、中华秋沙鸭、灰鹤、丹顶鹤等；列为国家重点保护的水生动物有水獭、佛耳丽蚌、鳗鲡等；列为国家重点保护的植物有水杉、杜仲、胡桃、鹅掌楸、银杏、金钱松、湿地松、火炬松、青檀、厚朴、凹叶厚朴、棣棠、蜡梅等。

✚ 规划内容

按照前面章节内容要求进行自然保护区功能区划分和分区保护规划,要落实专职管理机构,办公地点和人员编制,重点内容如下所示。

a. 重点保护核心区,在核心区建立了望台,建立候鸟集中觅食和繁殖基地;地点选在中河青山岗。

b. 组织人员培训,提高工作人员素质。

c. 实施库区四周封山育林和植树造林工程;以封山育林为主,促进天然植被恢复,减少人工引进物种,防止物种单一化和人工化倾向。

d. 严格执行国家关于野生动植物保护的法规条例,打击一切乱捕滥猎、毒杀水禽及其他野生动物的违法行为。

e. 大力开展生物多样性保护宣传。

⑦ 武当山珍稀动植物自然保护区

✚ 名称:武当山珍稀动植物自然保护区

自然保护区类型:野生动植物

地点:丹江口市西南部

地理坐标:E110°57′~110°03′　N32°23′~32°28′

总面积:90609.5hm²

自然保护区级别:县市级,经丹江口市政府 1990 年批准。

管理机构:保护区管理站,定编 8 人,实际到位 4 人,其中干部 2 人,工人 2 人。

✚ 保护目标:珍稀濒危野生动植物

✚ 保护现状

武当山地处北亚热带中部,地处我国秦巴山地丘陵东部。有丰富的植物资源,木本植物有 92 科 232 属 514 种,其中国家重点保护的珍稀树种达 33 种。保护区内高峰枇毗、谷涧纵横、林深树茂、物种繁多。据普查,境内鸟兽有179 种,其中兽类 49 种,鸟类 130 种。兽类中有国家重点保护动物 10 种,包括金钱豹、金猫、大灵猫、小灵猫、猕猴等;鸟类有红腹锦鸡、凤头鹰、勺鸡等。

武当山是我国道教名山,近年来旅游人口逐年上升,乱捕、滥猎、乱挖现象也十分严重。自然保护区管理站 1990 年 8 月成立以来,认真贯彻国家关于野生动植物保护的法规和条例,以保护野生动植物资源为中心,正确处理野生动植物资源保护、繁育、利用的关系。保护区已对 24 个科、33 个属、46 种珍稀古树和 179 种珍稀动植物建立了资料档案。1992 年 6 月，丹江口市政府颁发了《丹江口市关于加强保护野生动植物资源的通告》，将武当山保护区明确为一级保护目标。

✚ 规划内容

按照前述章节内容对自然保护区进行功能划分和分区规划编制。

武当山珍稀野生动植物自然保护区应该妥善处理武当山人文景观与自然保护的关系，分区进行开发建设和保护。

⑧ 九华山自然保护区

✚ 名称：竹山九华山自然保护区

自然保护区类型：**野生动植物**

地点：**竹山县城以南**

地理坐标：**E110°8′~110°12′ N32°1′~32°6′**

总面积 2860hm²

自然保护区级别：**建议县级**

管理机构：**自然保护区管理站**

✚ 保护目标：野生动植物

✚ 保护区现状

保护区位于九华山林场内，由于地貌类型复杂，相对高差大，故南北植物兼而有之，且种类繁多，生长茂盛。约有高等植物 64 科 104 属 151 种，主要树有：马尾松、杉木、黄樟、刨花楠、大叶楠、石楠、山胡椒、八角、栓皮栎、杜仲等。

目前还没有正式批文建立自然保护区。

✚ 规划内容

该区基础资料比较完备，急需正式办理报批手续，并按照前述章节内容开展各项工作。

另外，标湖林场情况与九华山类似，也需尽早办理报批手续。

2. 自然保护区外的生物多样性保护

随着生物多样性保护最新理论即种群生存力分析和最小可存活种群理论的发展，人们在重新审查已划定的自然保护区中发现，现有的自然保护区面积多难以达到近期（50 世代）的保护目标。而要真正实现生物多样性保护，必须制定中远期的保护目标，必须重视自然保护区外的生物多样性保护。

1）十堰市域生物多样性资源概况

（1）野生动物资源状况

十堰市域在动物地理区划中属东洋界华中区西北高山地高原亚区，动物的分布具有南北兼有的特征，野生动物种类资源较为丰富。但由于人口数量不断增加和经济活动频繁，该区域内毁林开荒、过度采伐以及环境污染，乱捕滥猎严重，尤其是一些顶级动物和名贵中药材原料动物接近濒危状态，如豹、麝、熊、猛禽等动物。据史书记载，二十世纪六七十年代部分地区还有一定数量的华南虎、金钱豹、狼、丹顶鹤、白鹇、林麝、黑熊、棕熊等珍贵动物分布，二十世纪八十年代初野生动物资源开始大幅度下降，到九十年代初期，非法猎捕和贩卖野生动物对资源破坏严重；九十年代中期公安部门大量收缴非法枪支，对控制捕杀起到了重要作用。近年来，林业部门对野生动物保护加大了执法力度，随着野生动物保护法律法规不断完善，野生动物资源得到了有力保护。

根据调查的结果显示，十堰市分布有国家和省重点保护陆生野生动物以及具有重要经济价值或科研价值的陆生野生动物 4 纲，28 目，69 科，207 种，其中列入国家重点保护名录的物种有中华秋沙鸭、金雕、豹、金钱豹、丹顶鹤、猕猴、穿山甲、黑熊、棕熊、大灵猫、林麝、鬣羚以及珍贵猛禽和湿地鸟类，还有雉科的鸟类等计 50 余种，有益的和有重要经济价值或科研价值的有150 多种，其空间分布如图 10-4-1 和表 10-4-1。

表 10-4-1　十堰市国家重点保护野生动物名录

序号	中文名	学名	保护类别	栖息生境
1	大鲵	Andrias davidianus	II	溪流
2	白冠长尾雉	Syrmaticu reevesii	II	中山松柏林
3	红腹锦鸡	Chrysolophus pictus	II	中山灌丛、密林
4	灰鹤	Grus grus	II	水源附近
5	猕猴	rhesus monkey	II	树枝、石上、裸岩
6	穿山甲	Manis pentadactyla	II	丘陵、低山、森林、灌草丛
7	水獭	Lutra lutra	II	低山溪流岸边草丛

表 10-4-1 中十堰市代表性物种或特点物种有：

• 猕猴在十堰市分布于汉江以南的林区和保护区中，为常见种，总量在

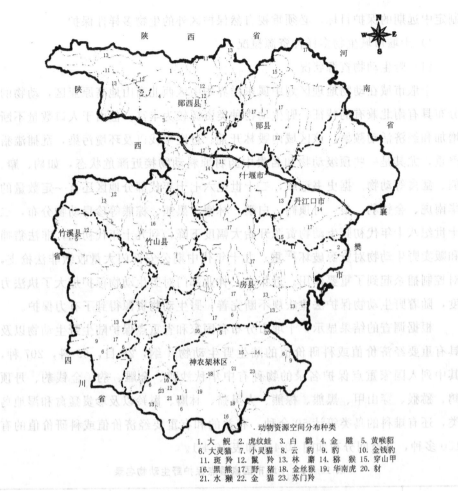

动物资源空间分布种类

1. 大 鲵 2. 虎纹蛙 3. 白 鹳 4. 金 雕 5. 黄喉貂
6. 大灵猫 7. 小灵猫 8. 云 豹 9. 豹 10. 金钱豹
11. 斑 羚 12. 鬣 羚 13. 林 麝 14. 猕 猴 15. 穿山甲
16. 黑 熊 17. 野 猪 18. 金丝猴 19. 华南虎 20. 豺
21. 水 獭 22. 金 猫 23. 苏门羚

比例尺 1 : 1200000

图 10-4-1 鄂西北山区十堰市野生动物资源分布图

2000 只左右，主要分布区域有竹溪县岱王沟水库周围、桃源乡八里峡和十八里长峡一带，以及竹山县的官渡、洪坪、柳林等南山堵河流域，在丹江口市主要分布区为武当山风景区以及盐池、官山一带，在十堰城区赛武当的小川境内也有分布。

• 金钱豹、豹等猛兽类由于受生存环境制约比历史上的种群已经明显减少，甚至近于濒危，群众反映还有少数物种存在。据丹江口市调查资料，二十世纪七十年代末、八十年代初，在金文寨一带发现过金钱豹 2～3 只，主要活动于盐池河金文寨—大岭坡—朱坡垭—武当山一带；1999 年 6 月份，野保站在官山乡查案时，有村民反映在当年四月本村发现有金钱豹活动。

据郧西县金钱豹专项调查，本县现存金钱豹至少在 4 只以上。

近一年多来有关人员反映在十堰城区的赛武当小川境内有金钱豹活动，这说明十堰市的中低山地区仍保存有金钱豹。

• 在二十世纪六七十年代棕熊、林麝、穿山甲等动物。还是较为常见的动物，由于经济发展，人们的生活水平提高，市场需求量不断增加，野生资源的威胁未得到缓解，这些动物的种群数量呈剧烈下降趋势。

近年来，在竹溪县的桃源、丹江口市的官山曾查获了非法猎捕黑熊的案件。调查显示黑熊在十堰市各县市均有分布，总量在 600 只以上。

林麝由于经济价值高，加之较熊类容易猎捕，现存不到二十世纪七十年代分布量的 20%，现存总量仅 2200 只左右。

• 金雕、雕鸮、灰林鸮、褐林鸮、隼以及鹰类等猛禽类种群较为稳定，日常能够见到，且在平时执法中经常遇到这类动物。但其中最受威胁的是雕鸮，由于体形具有观赏价值以及骨骼具有药用价值，是野生动物非法猎捕案件中发生频率最高的动物之一，应加强保护。

• 陆地鸟类以雉科消长变化因素较多，由于十堰的山地特征非常适应雉科类动物发展，常常危害当地农作物，特别是小麦。所以在乡村被捕杀的现象较为普遍；同时雉类的观赏价值和食用价值都很高，也是一些不法分子牟利的对象，因此保护工作还十分艰巨。但雉科动物适应人工驯养繁殖，可作为优先种类开展人工繁殖工作。

• 十堰市虽为秦巴山区，但大小河流纵横交错，汉江在十堰市自西向东穿境而过，堵河、马兰河环绕南山，亚洲最大的人工湖泊丹江口水库坐落其中，湿地水禽水兽分布也较为普遍，其中鹭科动物、鹳科动物均可在此栖息。

• 两栖爬行类动物以蛙类和蛇类为十堰市的主要种群，少有蜥类。蛇类又以王锦蛇、黑眉锦蛇、滑鼠蛇、乌梢蛇占最大比例。据调查四种蛇类的蕴藏量在 35 万条左右，每年非法流出的十堰市蛇类至少 3 万公斤。

• 十堰市有害野生动物以鼠类为主，主要有黑钱姬鼠、黄胸鼠、褐家鼠、小家鼠、中华鼢鼠。它们不仅是钩端螺旋体病、流行性出血热等人体疾病的传染源，而且还对林业、农业造成危害。

（2）野生植物资源

十堰市域内国家和地方重点保护的野生植物见表 10-4-2。

表 10-4-2　十堰市国家重点保护植物名录

序号	中文名	拉丁名	现状	保护级别	分布
1	银杏	Ginkgo bilo	特有、珍稀	II	郧县、丹江口市、十堰市
2	金钱松	Pseudolarix amabilis	特殊、珍稀	II	郧西
3	胡桃	Juglans regia	珍稀渐危	II	郧西、十堰市
4	华榛	Corylus chinensis Franch	特有、珍稀渐危	III	郧西、丹江口市
5	青檀	Pteroceltis tatarinowii Maxim	特有、珍稀	III	丹江口市、郧县、十堰市
6	水青树	Tetracentron sinense Oliv.	特殊、珍稀	II	十堰市
7	领春木	Euptelea pleiosperma	珍稀	III	丹江口市、十堰市
8	黄连	Coptis chinensis Franch	特有、珍稀渐危	III	丹江口市、郧县
9	凹叶厚朴	Magnolia officinalis Magnolia officinalis	特有、珍稀	III	丹江口市、郧西
10	山白树	Sinowilsonia henryi Hemsl.	特殊、珍稀	II	丹江口市、十堰市
11	杜仲	Eucommia ulmoides Oliver	特有、珍稀	II	丹江口市、郧阳、十堰市
12	红豆树	Ormosia hosiei Hemsl. et Wils	特有、珍稀渐危	III	十堰市、丹江口市
13	野大豆	Glycine soja	珍稀渐危	III	丹江口市
14	金钱槭	Dipteronia sinensis Oliv	特有、珍稀	III	丹江口市、十堰市
15	紫茎	Stewartia sinensis Rehd. et Wils	特有、珍稀渐危	III	郧县、郧西、丹江口市

续 表

序号	中文名	拉 丁 名	现 状	保护级别	分 布
16	光叶珙桐	Davidia involucrata Baill	特有、珍稀	Ⅱ	郧西
17	香果树	Emmenopterys henryi Oliv	特有、珍稀	Ⅱ	?
18	猬实	Kolkwitzia amabilis Graebn	特有、珍稀	Ⅲ	郧西、丹江口市、十堰市
19	天麻	Gastrodia elata Bl.	特有、珍稀渐危	Ⅲ	十堰市
20	独蒜兰	Changnienia amoena Chien（2）	特有、珍稀	Ⅱ	十堰市

表 10-4-3 湖北省级保护植物名录

中文名	拉 丁 名	分 布
白皮松	Pinus bungeana Zucc. ex Endl.	郧西、郧县、十堰市
铁坚油杉	Keteleeria davidiana（Bertr.）Beissn.	丹江口市、十堰市
亮叶桦	Betula luminifera H. Winkl.	丹江口市
马蹄香	Saruma henryi Oliv.	丹江口市、郧西
武当木兰	Magnolia sprengeri Pamp.	丹江口市、郧西、十堰市
蜡梅	Chimonanthus praecox（L.）Link	郧县、郧西、十堰市
檫木	Sassafras tzumu（Hemsl.）Hemsl.	郧阳地区各县市
天师栗	Aesculus wilsonii Rehd.	郧县、郧西、丹江口市、十堰市
岩杉树	Wikstroemia stenophylla Prita. Var. ziyangensis C. Y. Yu	郧西
异花珍珠菜	Lysimachia crispidens（Hance）Hemsl.	郧县
双盾木	Dipelta floripunda Maxim.	丹江口市
刺萼参	Echinocodon lobophyllus Hong	郧西
狭叶佩兰	Eupatorium fortunei var. angustilobum	十堰市

• 国家一级保护植物 8 种（含亚种和变种）：

◎ 珙桐、光叶珙桐　属蓝果树科，它是第三纪古热带的孑遗树种，为我国特产，在全市 94911 株。主要分布在竹山县洪坪乡高峰村枪刀山、铜钱湾、顺水坪天井桥，龙石坪村高家湾、簸箕凹，长村坝村东湾、车湾，火田湾村老扒湾，还分布在柳林乡的屏峰村大西沟、中沟、洞子沟，三河村三岔口，梁家乡三棵树村夹槽，官渡镇阳坡村驴头山。分布地带海拔 1400m 以上中山棕壤上。

◎ 红豆杉、南方红豆杉　据统计全市有 2265hm²，25532 株。分布地区主要在竹山县的洪坪乡龙石坪村下龙石坪，柳林乡屏峰村大西沟和夹槽分布，多在海拔 900~1550m 之间的坡地上。竹溪县多分布在双坪采育场、望府座岱坡、云雾溪药场、八卦山林场万江河分场、高峰分场、双桥乡及丰溪的凉桥、水桶梁村。郧西县分布于槐树乡境内。赛武当地区分布于海拔 1500m 的桃园后山及洞子沟的东北坡。红豆杉树种还需进一步鉴定。

◎ 伯乐树　又名钟萼木，伯乐树科，第三纪孑遗树种，我国特产。全市分布面积 32hm²，482 株。分布区域主要在竹山县洪坪乡顺水坪村木桶扒至天井桥一线海拔 1700~1800m 的西北坡上。

◎ 水杉　主要是引种栽培种，无野生种分布。

◎ 银杏　多为房前屋后和路旁栽培，但有一部分古树属天然生长。

· 国家二级保护树种 29 种：

◎ 篦子三尖杉　三尖杉科，我国特有的古老孑遗植物。全市分布面积 105hm²，187628 株。分布区域有竹山县的洪坪、柳林、官渡、深河、三台、梁家以及九华山林场羚羊村庙沟海拔 600~1400m 的山坡上。

◎ 大果青扦　松科植物，全市分布有 5 株。分布区域有竹山的洪坪枪刀山、竹溪县的双坪采育场海拔 1900~2200m 的东北坡和北坡地带。

◎ 巴山榧树　红豆杉科植物，全市分布面积 1765hm²，36110 株。分布在竹山县的洪坪乡顺水溪、白岩墟、干溪坪、民主村、龙石坪村，柳林的龙王垭、梁家的夹槽、九华山林场的羚羊村庙沟、竹溪的双坪采育场、丹江口武当山黄龙洞、南岩、茅箭区赛武当陆箭沟、郧西县在东北、西北面均有分布。分布地区海拔 1000~1800m 之间。

◎ 榧树　红豆杉科榧属树种，在十堰市分布数量极少，且呈零星散生状态。本次调查仅在竹溪县的源茂林场海拔 1300m 处发现 2 株。另在房县西蒿漆林场保存了 1100 余株。

◎ 连香树　连香树科植物，为孑遗植物之一。全市分布面积 361hm²，19865 株，分布区域有竹山县的南部山区、竹溪县的双坪采育场、八卦山林场、丰溪水桶沟。分布海拔高度为 1000～1800m。

◎ 杜仲　杜仲科，第三纪孑遗植物，我国特产，在武当山大弯村大阳坡和竹溪县部分乡镇分布有野生种 28 万余株，十堰市汕子沟东北坡及五条岭海拔 1300m 的东坡分布面积约 110m³。其他县市区均栽培，尚未发现野生种群。

◎ 闽楠　樟科植物，全市分布面积 45hm²，1877 株。分布区域有竹山县黑池村、柳林大西沟、梁家、瓦桑河、官渡驴头峡、九华山鲁班峡、峪口大沟、深河安沟。竹溪县岱王沟林场、十堰赛武当桃园后山。分布海拔 300～1000m 之间，坡度 20°～30°。

◎ 红豆树　蝶形花科植物，全市分布面积 50hm²，4534 株。分布区域有竹山县官渡溪，峪口葡萄沟、红庙、大前沟、田家九里潭、黄土凸、龙王潭、花栎、腰店、梅溪、深河龚家、花寨、秦家、九里、文峰鹞子崖、长坪、大树，潘口龙王簸、桥儿沟、三台、调湾、双坪、双台塘湾、江西、寨沟、楼台泰山、沧浪对峙河、金坪、溢水下腰店、秦古独山、大溪、大庙天堂、竹溪县标湖瓦房河、洛河独楸峙、龙滩孔雀树、丹江武当山太山庙、乌鸦岭、房县红塔、通省、郧西县槐树乡、上津镇郭家渡树、十郧学堂垭及郧县部分乡镇。最大胸径 74cm，高 16m，单株材积 3.14m³，分布海拔 350～750m。

◎ 厚朴　木兰科植物，本次调查尚未发现野生片林群落，但仍有零星的天然分布，全市总株数为 2343 株。分布区域：竹山县的洪坪乡水坪村、高峰村、龙石坪村、长村坝村、柳林乡的屏峰村、梁家乡的三棵树村、楼房村、沧浪乡的沧浪村、竹溪县标湖林场、双坪采育场、望府座岱坡、八卦山花园分场、十堰茅箭区的陆箭沟、房县的五台山林场和万裕河乡。多分布在海拔 1000m 至 1500m 的山谷或山坡。

◎ 凹叶厚朴　木兰科植物，仅在竹山九华山林场发现 1 株，树高 12m，胸径 16.4cm。生于海拔 1070m 的北坡林缘，上坡，伴生树种有光皮桦、檫木等。

◎ 水青树　在《中国树林志》中水青树列为水青树科。全市现有分布面积 153hm²，15427 株。分布区域主要在竹山县洪坪乡的天井桥、铜钱湾、高家湾、东湾、老扒湾、柳林乡的屏峰村大西沟、三岔河村三岔河口、梁家乡大溪村大溪沟、竹溪县分布于标湖林场、双坪采育场、望府座岱坡和八卦山的花园、郧西县分布于黄龙山的白岩沟等地。分布区域的海拔 950～1800m 之间，伴生树种有珙桐、七叶树、金钱槭、红豆杉等树种。

◎ 黄连　毛茛科，森林草本药用植物，全市分布面积 1 万余 hm²，200 亿株。主要分布于竹山县的南山和竹溪县南部大部分山区。分布区海拔 1700m 左右，以高山谷底郁闭度 0.9 左右的林冠下为主要生长环境，在郧西县的东北部山林中也有天然分布。

◎ 榉树　榆科植物，广布树种，材质优良，由于近年来装饰用材和工艺用材的过度采伐，资源锐减，物种受到威胁。榉树曾是市优势树种之一，而现存分布面积为 3051hm²，102975 株。各县市区均有分布，但大多已呈零星散生，片林群落仅在两竹和郧西县的东北地区和丹江口市武当山分布。分布海拔较为宽阔，500～1300m 均能生长。

◎ 大叶榉　榆科树种，在十堰城区的赛武当地区桃园沟谷的海拔 1500m 山林中分布有 20hm²，散生型。

◎ 红椿　楝科植物，木材颜色红褐角，十分优良，有"中国桃花心木"之美誉。市各县均有发现，但多呈零星散生状态，以中小径才占多。全市大约有 267hm²，28200 株。江南的野生种见于竹山县洪坪高峰村、柳林屏峰、龙潭、深河麻线村、竹溪县双坪九江洞、望府座老场部、源茂林场的菜籽坝、横梁子、云雾溪大河瓦场、龙滩炬光村。江北各县市以栽培种为多。

◎ 毛红椿　楝科植物，珍贵木材树种。市仅在竹山和竹溪两县的南部山区有极少分布，发现仅为 100 多株，呈散生零星分布，海拔 1400m 以下均可生长，是市濒危树种之一。

◎ 川黄檗　又名黄皮树，芸香科植物，药用树种，药用部位为树皮，中药名叫黄柏。在十堰市多呈零星散生分布，现有分布面积 1000 余 hm²。主要分布于竹溪县双坪的黄世皮、望府座林场、泉溪镇、双桥乡以及云雾溪药材场等地，竹山县的南部山区乡镇也有分布；郧西县主要分布在东北部中山地区。分布区海拔均在 1200～1800m 之间。由于采集严重，这个树种已无大树。但近来，作为药材树种开展了一定的人工栽培活动。

◎ 鹅掌楸　木兰科植物，古老的孑遗树种，由于叶形似马褂，又称马褂木。这次调查的野生树种仅在竹山县的洪坪乡高峰村铜钱湾的枪刀山上有零星分布，总株数约 150 多株。最大胸径 64cm，树高 21m，单株材积 3.04m³。另外在十堰城区的赛武当地区的陆箭沟分布有 130 多株，分布海拔高度 1200～1700m。其他各县市区均有人工栽培。

◎ 樟树　樟科植物，又名香樟。该树种在十堰市分布已很稀少，多呈零星散生分布，野生种仅在竹溪县的标湖瓦房河、龙滩乡的杨家坪、炬光、光明、望府座岱坡、天宝镇的平丰、白鸡村、县河黄家坪村和向家坝的连河村等处发现有些大树，总株数 20 余株，分布于海拔 800m 以下的山林中。十堰城区的赛武当地区的坪沟龚家包山下，单株型散生分布面积 5hm²，株数有 75 株。其他县市区多以绿化树种开展了一些栽培活动。

◎ 闽楠　樟科楠属植物。木材结构和颜色优秀，珍贵用材树种。由于过度采伐，这一珍贵的木材树种已所剩无几，而且剩下仅为散生木，生长在杂灌林中，在竹溪县岱王沟林场发现有野生 20 余株，在十堰赛武当地区的桃园后海拔 1000m 的山坡谷地散生闽楠的面积 10hm²。目前已有少数单位作为绿化树种在进行引种栽培。

◎ 楠木　樟科楠属植物，优良建筑用材和家具用材树种。仅在竹溪的望府座岱坡 2 区、八卦山万江河分场、天宝建丰村和日光村有发现，分布面积 30hm²，总株数 2250 多株，多以散生幼林分布，但在建丰村和日光村分别有 2 株大树，单株蓄积 4.3m³ 和 4.2m³。

◎ 花榈木　豆科植物，又名花梨木。本次调查在竹溪到的源茂林场横梁子工区海拔 1500m 的山林发现幼 4 株。

◎ 秤锤树　《中国高等植物图鉴》和《中国树木志》均把秤锤树划为野茉莉科，而国家林业局农业部 1999 年 4 号令列为安息香科植物，又名捷克木。这次调查在竹山县官渡镇的百里村套沟、羚羊村花栎沟口的山谷两岸海拔 700～800m 的西南坡发现秤锤树群落面积 2hm²，160 多株。由于砍伐严重仅存幼树。

◎ 香果树　茜草科植物，大乔木，用材树种，树皮纤维可制蜡纸和人造棉。集中分布区域在竹溪县的岱王沟林场、双坪采育场和泉溪镇一带，分布面积约 1150hm²，13150 株，多为幼树，蓄积不多。本次调查郧西县境内仅在黄龙山发现胸径 7.6cm 的一株。武当山的紫宵宫背后和飞身崖水库下 2km 处的河谷中分别各见 1 株，胸径 20cm 和 24cm，高约 26m。分布海拔均在 500～1300m 之间。

◎ 秦岭冷杉　松科树种。仅在竹溪县双坪采育场海拔 2500～2750m 的山地上分布，面积有 20hm²，460 株，多为幼树。

◎ 喜树　蓝果树科植物。60 年代引进栽培种，目前仅见于郧西县土门镇红庙村九组 1 株。

◎ 黄杉　松科树种，优良用材，产中亚热带温暖山区。十堰市仅在竹溪县双坪采育场海拔 2150m 的山地发现有零星散生木 8 株，均为幼树，蓄积很少。

◎ 金钱松　松科树种，我国特产，单属种。既是优良用材又是庭园观赏树种，十堰市均属引种栽培，由于管理不善，大部分已经死亡和损失，仅在竹溪标湖林场引种区现存 70 余株。

◎ 华南五针松　又名广东松，松科松亚科树种。二十世纪六七十年代引种栽培，目前在郧西县三大国有林场引种区保存有 2300 多株。

• 地方重点保护植物 6 种：

◎ 七叶树　七叶树科植物，既是行道树种又是用材树种。种子入药，有理气宽中之效；种子油制肥皂。这次调查在房县桥上乡发现 40 余株，散生型，幼树；十堰赛武当地区岩屋分水岭发现散生型 10 多株幼树。

◎ 刺五加　五加科五加属树种，灌木，根皮为名贵补药，种子油为工业原料。竹山县境内分布面积为 23hm²，43291 株。分布地点为洪坪乡龙石坪村筲箕凹、柳林乡白河口村、梁家乡大溪村、官渡镇蒲溪村、峪口乡峪口村、九华山碾坪村等溪沟边海拔 600~1000m 之间，采集较少，保存较好。

◎ 蜡梅　蜡梅科植物，我国特产，珍贵观赏树种。十堰市各县市区均有分布，其中还有半常绿型的柳叶蜡梅。全市分布面积 9 万 hm² 左右，总株数 7000 万株以上，是具有开发潜力的资源。

◎ 麦吊云杉（松科）

◎ 巴东木莲（木兰科）

◎ 紫茎（山茶科）均在竹山、竹溪县和郧西县有所分布。野生植物资源空间分布如图 10-4-2 所示。

2）保护规划

（1）野生动物保护与管理

野生动物多样性的保护不能仅依靠有限的自然保护区。十堰市野生动物资源的普查结果证明，生物多样性资源分布于十堰市多种生境类型中，以自然保护区外分布面更广，分布的比较普遍。因此自然保护区外的生物多样性保护规划更显得重要。

本规划认为，自然保护区外的生物多样性保护规划首先要划分出资源区、一般区和强度开发建设区，从而针对不同分区采取不同策略予以管理。

生物多样性是指一定范围内多种多样活的有机体（动物、植物、微生物）有规律地结合在一起的总称。21 世纪初发展的生物保护技术，基本上是基于“面积”的保留面积技术，但随着人口的增加和经济的发展，建立保护区可利用的土地越来越少，因此，自然保护区不仅面积较小，而且生境趋向单一。人

十堰市野生植物分布种类

1. 红豆杉 2. 巴山榧 3. 篦子三尖杉 4. 大果青 5. 黄杉杆
6. 椴树 6. 麦吊云杉 7. 秦岭冷杉 8. 水杉 9. 珙桐
11. 光叶珙桐 12. 伯乐树 13. 连香树 14. 杜仲 15. 闽楠
16. 红豆树 17. 厚朴 18. 凹叶厚朴 19. 樟树 20. 桢楠
21. 水青树 22. 红椿 23. 香果树 24. 榉树 25. 黄柏
26. 鹅掌楸 27. 毛红椿 28. 天竺桂 29. 秤锤树 30. 刺五加
31. 化楸木 32. 巴东木莲 33. 蜡梅

比例尺 1：1200000

图 10-4-2　鄂西北山区十堰市野生植物空间分布图

们陷入了这样一个误区，以为只要有树林，哪怕是人工纯林，也可以供动物栖息，岂知，就是一种动物，往往也需要多种生境，以满足它们对繁殖、育幼、觅食、活动、交配、饮水等不同的生存需求。

生物保护技术发展到 20 世纪末，人们在研究系统生存力的最小面积（岛屿生物地理学为此做出了重要贡献）的基础上，进入了研究目标种的最小种群大小或密度。现在发现，系统关键种的生存力研究是定义系统生存力的最适用途径。研究认为，群落或生态系统一般都有最脆弱的物种，最脆弱的物种最先绝灭。如果群落或生态系统中最脆弱的物种都能在保护区中长期存活，则群落或生态系统中的其他物种也能长期存活。这样，群落或生态系统就不会丢失物种，因而就保持了比较完整的结构，也就确保了长期生存力。

最脆弱的物种通常是群落或生态系统中最大的捕食者和最稀有的物种。因此，十堰市野生动物保护和管理的区域划分要以最脆弱的物种的保护为根据。本规划建议以黑熊（十堰市野生动物分布图中的 165 号）、猕猴（163 号）、林麝（160 号）、金雕（64 号）、大鲵（1 号）、金钱豹（153 号）作为区域划分的最脆弱物种，划分出资源区，一般区和开发建设区。

① 资源区

十堰市最脆弱的 6 个物种主要分布区域为：

黑熊主要分布于竹溪的瓦沧乡和竹山县上龛乡的关山垭一带，另外竹溪县的桃源、丹江口市的官山曾查获了非法猎捕黑熊的事件。资料说明黑熊主要分布在十堰市西南部和东北角；猕猴主要分布在竹山县叶滩乡和平渡河中上游以及官渡、洪坪、柳林及堵河流域的悬崖陡壁上，也分布在竹溪县岱王沟水库、桃源乡八里峡和风景自然保护区十八里长峡一带，丹江口市主要分布在武当山风景区以及盐池、官山一带；林麝主要分布在郧西县的关防乡、景阳乡，竹山县的官渡镇、门古寺镇的仙家坪、房县的安阳坪乡的林草相间区域；金雕分布在竹溪县的大庙乡；大鲵主要分布在郧西县关防乡的仙河，观音镇峪河等溪流中；金钱豹已多年不见踪迹，但武当山一带，如盐池、官山曾有人说发现过金钱豹的踪迹。

据此，十堰市最脆弱的物种的空间分布主要在十堰市沿边界一带人烟稀少，山高林密的林区和河流两侧山地上，最集中分布的是堵河上游，其次是房山区的安平乡，丹江口市武当山一带和郧西县的兰河和金钱河流域。鉴于此，将资源区的界线划定在西北部低中山林区和南部高山林区。

A. 基本情况

a. 位置范围和基本情况

西北部林区包括郧西县的湖北口乡、关防乡、景阳乡、店子乡、槐树乡、上津乡、六郎乡、六斗乡、两岔河乡、香口乡、茅坪乡、三官洞乡、安家乡和县农科所、茶场等，郧西县的柳乡、南化镇、白浪乡、刘洞镇、梅铺镇、黄柿乡、白桑镇、谭山乡、高庙乡及林场等，丹江口市的六沟乡，合计 436 个村，土地总面积 3603km²，占全区总土地面积的 16.03%，农业人口密度为每 km²116.6 人。

南部林区包括房县的安阳乡、桥上乡、迥龙乡、门古寺镇、中坝乡、上龛乡、九道乡、五台山林场等，竹山的峪口乡、官渡镇、梁家乡、柳林乡、洪坪乡等，竹溪的泉溪镇、龙滩乡、天宝镇、丰溪镇、瓦沧乡、桃园乡、向坝乡、双桥乡、林场茶场等，共 412 个村，总土地面积 4618km²，占全地区总土地面积的 20.55%。农业人口密度为每 km²53.3 人。

b. 地貌类型

西北部林区低山为主，面积 36 万 hm²，中山次之，丘陵第三，高山为四。最高海拔 1798.9m，最低海拔 176m，相对高差 1622.9m。按海拔高度分 500m 以下的丘陵有 6.72 万 hm²，占本区土地总面积的 18.65%；500～800m 的低山面积 14.89 万 hm²，占 41.33%；800～1200m 的中山面积 12.08 万 hm²，占 33.53%；1200m 以上的高山面积 2.34 万 hm²，占 6.49%。

南部林区以高山为主，中山为次，兼有低山和丘陵，最高海拔 2740.2m，最低海拔 280m，相对高差 2460.2m，面积 46.17 万 hm²。按土地所处的海拔高度分，500m 以下的丘陵有 1.93 万 hm²，占本区土地面积的 4.18%；500～800m 的低山面积 5.62 万 hm²，占 12.17%；800～1200m 的中山面积 17.23 万 hm²，占 37.31%；1200m 以上的高山面积为 21.4 万 hm²，占 46.34%。

c. 土地现状

西北部林区土地面积 36.03 万 hm²，其中耕地 3.63 万 hm²，园地 0.04 万 hm²，林地 18.11 万 hm²，草地 12.55 万 hm²，居民、工矿、交通用地 0.59 万 hm²。

南部林区土地面积 46.18 万 hm²，其中耕地 1.82 万 hm²，林地 25.54 万 hm²，草地 4.41 万 hm²，居民、工矿、交通用地 0.46 万 hm²。

d. 气候资源

西北部林区气候温和，年平均气温 12℃～14℃，≥10℃ 积温 4724℃～5500℃，≥10℃ 80% 的保证率 3500℃～4500℃，年降水量 800～900mm，干燥度 0.8～1.0，无霜期 210～230 天，天气灾害有干旱、暴雨和冰雹。

南部林区气候温凉潮湿，年平均气温 8℃～12℃，≥10℃，积温 3200℃～4500℃，≥10℃ 的 80% 保证率 2200℃～3480℃，年降水量 1200～1500mm，日照百分率 35% 左右，干燥度 0.42～0.85，无霜期 150～220 天。

B. 存在的主要问题

a. 生境趋向单一化和人工化

尽管资源区位于十堰市偏僻的西北部山地林区和南部林区，但由于没有划定自然保护区，因此在久远的历史上，人类一直索取这里的资源，主要以砍伐森林和捕杀野生动物为主。其次，耕垦活动也不断侵入深山之中。因此，原生林已极少。由于这里人类活动强度相对较弱，因此天然次生林得以恢复，但几经反复砍伐，林种趋向单一的现象十分明显，这不利于物种对生存条件的要求。

b. 生境破碎化和岛屿化加剧

由于筑路、架设电线和不同方式的开发建设，生境被多次切割，呈严重破碎化和岛屿化趋势。生境破碎化和岛屿化是物种灭绝的主要原因之一，因为物种会失去完整的栖息空间，增加越过阻断的次数和难度，使觅食、交配、遗传基因的保存发生困难。

c. 滥捕乱猎现象仍有发生

实行枪械管理和禁捕禁猎以来，野生动物保护现状有明显改善，但九十年代以前的捕猎已造成了物种多样性的巨大损失，目前恢复的十分缓慢，有些濒危种难以恢复。

d. 自然保护区面积过小，自然保护区外又缺乏专项管理措施

历史上对自然保护区面积划定的随意性很强，因此，除了资源密集的栖息地（往往以林地丰厚为准）以外，人们往往在不妨碍开发建设的条件下去划定自然保护区，因此，保护区面积过小，无法完成生物多样性保护的重任。尽管十堰市做了许多工作，但生物多样性受损的总趋势没有改变。

根据最小可存活种群和种群生存力分析，如果以黑熊定为关键种，黑熊的最小可存活种群按下式计算：

以种群中遗传杂合子的丧失减少了种群生存力为条件时，一般认为，如果种群中杂合子丧失 40%～50%，即达到一个物种能否生存的极限。从保护的观点出发，选择 40% 作为计算标准是比较合适的，而每年杂合子的丧失率一般不大于 1%。

种群中杂合子的丧失还取决于其他一些因素，如种群生存的年代数和每代的长度。随着种群生存的年代数增加，种群中杂合子丧失量逐渐积累。经历的代数越多，种群中的杂合子丧失得越多。若以生存 50 代来计算，杂合子累积的丧失率为：

$$1-\left(1-\frac{1}{2}Ne\right)^{50}$$

一般种群可以忍受 40% 的丧失率，把 0.4 代入一即：

$$1-\left(1-\frac{1}{2}Ne\right)^{50}=0.4$$

$$\left(1-\frac{1}{2}Ne\right)^{50}=0.6$$

$$Ne=49.19$$

结果表明有效种群数量接近于 50，这只是以保存 50 代来计算，这是近期

保护。人类对生物多样性和保护目标应该是中期和长期保护，因此 500 只以上的数量是长期保护的最小可存活种群。

十堰市有关部门近期调查，黑熊总量在 600 只，还可以满足最小可存活种群的要求，也就是说，黑熊有希望在十堰长期保存下去。由于黑熊是最关键的脆弱种，因此，其他物种的保护会由于关键种得到有效保护而长期生存下来。

那么，600 只黑熊的最小栖息面积要多大呢？又需要什么样的生境呢？

黑熊栖息在森林，特别是针阔混交林或柞林内，有迁移现象，夏季多登高山处，冬季下到低山处，入冬后进入冬眠期。杂食性，以草、嫩叶、果实、昆虫、鼠、鸟、鱼为食，喜家族（小群体）居住，平均栖息范围为 10Km²（参考数）。因此，十堰市黑熊的栖息范围应以 6000 Km² 为宜，几乎占到了全市面积 1/4。可见，维护目前十堰的土地利用格局，不轻易占用自然用地，尤其是山林、草地、天然溪流和水体十分重要。

C. 保护目标

以黑熊为最关键的脆弱种，来保护十堰市陆生野生动物以及具有重要经济价值或科研价值的陆生野生动物 4 纲、28 目、69 科、207 种。

D. 保护措施

a. 以西北部林区和南部林区为基地，在总面积 82 万 hm² 中划定 60 万 hm² 为资源区域，资源区内维持现有的人类活动强度和方式，任何增加的经济开发建设活动一般不得在资源区内进行，必须进行的要经过严格论证。

b. 编制资源区生物多样性保护地方法规和管理措施，主要内容为：禁止采伐原生林，禁止占用原生灌草，禁止开发山间溪流水体；区域内维持现有人口规模和生产生活方式，资源区域内的山民要作为资源区组分之一，与物种多样性维持相辅相成的共生关系；禁止砍伐树林，禁止捕猎野生动物；禁止建筑和坟墓大量占用山林和灌丛草地，严格深山土地的使用管理；资源区严禁户外烧山和明火，防止火灾；严格禁止在资源区使用化学农药和有毒有害化学品。

c. 宣传教育。要通过电视、电台、报纸等媒体宣传生物多样性保护与人类社会可持续发展的相关性和重要性。

d. 建立健全野生动物监测网络和科技档案，加强信息情报工作，及时掌握野生动物变化情况。

e. 加强人工驯养繁殖经济型野生动物的工作，在保证野生种群数量的前提下，可以面向市场，繁养国家允许进入市场的动物。

对珍稀濒危物种的繁养救助要目标明确，不准进入商品市场，如不能建设野生动物乐园等，从种群生存力分析，这种乐园都是以营利为目的，以增加遗传杂合子损失为代价的，是极不可取的，十堰市决不允许发濒危动物的财。

② 一般区

一般区是资源区外围的缓冲区域，在十堰市位于中部的中低山区。

A. 基本情况

a. 位置范围和基本情况

本区地处全地区的中部，包括竹山县的大庙乡、得胜镇、牌楼乡塔镇、双台乡、楼台乡、沧浪乡、茶场等；郧西县的鲍峡镇、东河乡大乡、叶滩乡；房县的板桥乡、姚坪乡、大木厂镇、土城镇、通省中堰乡、万峪乡沙河乡、林场等；丹江口市的官山乡、盐池乡、白杨坪、林场等，共 22 个乡镇，479 个村，土地总面积 4229km²，占全区总土地面积的 8.81％，农业人口密度为每km²46.3 人。

b. 地貌类型

该区以中山为主，低山为次，兼有丘陵和高山。最高海拔 1729m，最低海拔 180m，相对高差 1549m。按土地所处的海拔高度分，500m 以下的丘陵有 5.98 万 hm²，占本区土地面积的 14.15％；500～800m 的低山面积 15 万 hm²，占 35.47％；800～1200m 的中山面积 16.79 万 hm²，占 39.7％；1200m 以上的高山面积 4.52 万 hm²，占 10.68％。山地中，低山占山地面积36.31万 hm² 的 41.31％，中山占 46.24％，高山占 12.45％。

c. 土地类型

总土地面积 42.29 万 hm²，其中耕地 2.96 万 hm²，林地 19 万 hm²，草地 7.93 万 hm²，居民、工矿、交通用地 4600hm²，水面 8400hm²，难利用地 3.74 万 hm²，其他 4.18 万 hm²。

d. 气候资源

该区气候温和，年平均气温 14℃～15.6℃，≥10℃积温 3913℃～4959℃，≥10℃的 80％保证率 3500℃～4800℃，年降水量 750～950mm，干燥度 0.8～1.1，无霜期 213～240 天。主要气候灾害有干旱和冰雹等。冰雹时段在 4—11 月间，少者一年一次，多者达四次。

B. 存在的主要问题

从生物多样性保护的角度看，该区由于人类开发强度比较大，人类活动频繁，因此，大型哺乳类野生动物栖息条件已很差，数量也较少，但鸟类和猕猴等动物仍可以在人类开发区域的间隙中生存。

C. 主要保护目标

以保护野生鸟类和小型野生哺乳动物为主，保护生物多样性。

D. 主要措施

a. 法律法规和管理条例

要编制地方性法律法规和管理条例，约束人类的活动方式和强度。主要内容有：禁止砍伐天然林、天然灌木；禁止随意占用自然植被用地从事开发建设活动；禁止捕猎野生动物；人工林替代天然林和天然灌草要经过科学论证和严格审批；要保护各种类型的天然生境，如山体、丘陵、林地、灌草和地表水，不准随意更改利用内容。

b. 宣传教育

要通过各种媒体强化居民对生物多样性保护的认识。

c. 经济发展

可以适当开展具有生态内涵的自然资源观光旅游活动。

③ 开发建设区域

开发建设区是十堰市开发建设强度最大的区域，已不适宜主要保护野生动物的生存。

A. 基本情况

a. 位置范围和基本情况

东北部汉江沿岸区，包括丹江口市的罗店镇、凉水河镇、三官殿镇、牛河乡、土关垭乡、浪河镇、丁家营镇、武当山镇、六里坪镇、肖川乡、习家店镇、蒿坪乡、土台乡、均川路办事处、大坝路办事处、丹赵路办事处、地区农科所、林科所、市农科所、农林场等，郧西县的安阳镇、青山乡、茶店镇、杨溪镇、城关镇、桂花乡、柳坡镇、辽瓦乡、大堰乡、青曲镇、胡家营镇、五峰乡、安城乡、城关镇、土门镇、马安乡、五顶乡、观音镇、涧池乡、羊尾镇、黑虎乡、夹河镇、泥沟乡、农林场等，共 852 个村，土地面积 5529km²，占全区总土地面积的 24.6%，农业人口密度为每 km²157.1 人。

中南部低山丘陵区，包括房县的榔口乡、青峰镇、白窝乡、城关镇、红塔乡、军店镇、化龙堰镇、窑淮乡、秦口镇、县农科所、农场、园林场等，竹山的文峰乡、深河乡、田家镇、城关镇、三台乡、潘口乡、溢水镇、麻家渡镇、保丰镇、黄栗乡、擂鼓镇、秦古镇、竹坪乡、县农科所、农场、茶场等，竹溪县的新洲乡、马家河乡、兵营乡、丰坝镇、汇湾乡、水坪镇、城关镇、龙坝乡、中峰镇、蒋家堰镇、鄂坪乡、洛河乡、县农科所、农林场等，共 812 个村，土地总面积 4498km²，占全地区土地总面积的 20.01%，农业人口密度为每 km² 165.1 人。

b. 地貌类型

东北汉江沿岸以丘陵主为，低山主次，兼有中山、高山。最高海拔 1612.3m，最低海拔 87m，相对高度 1525.3m。按土地所处的海拔高分度，500m 以下的丘陵有 37.39 万 hm²，占本区土地面积的 67.62%；500～800m 的低山面积 14.75 万 hm²，占 26.68%；800～1200m 的中山面积 2.93 万 hm²，占 5.3%；1200m 以上的高山面积 0.22 万 hm²，占 0.4%。山地中，低山占山地面积 17.9 万 hm² 的 82.4%，中山占 16.37%，高山占 1.23%。

南部低山丘陵区，兼有丘陵、中山、高山。最高海拔 1807m，最低海拔 200m，相对高度 1607m。按土地所处的海拔高分度，500m 以下的丘陵有 8.43 万 hm²，占本区土地面积的 18.74%；500～800m 的低山面积 18.74 万 hm²，占 41.06%；800～1200m 的中山面积 14.93 万 hm²，占 33.2%；1200m 以上的高山面积 3.15 万 hm²，占 7%。山地中，低山占山地面积 36.55 万 hm² 的 50.53%，中山占 40.85%，高山占 8.62%。

c. 土地现状

东北部沿江区土地总面积 55.29 万 hm²，其中耕地 5.53 万 hm²，占土地总面积的 10%；园地 1.15 万 hm²，占 2.08%；林地 26.38 万 hm²，占 48.62%；草地 11.62 万 hm²，占 21.02%；水面 6.07 万 hm²，占 11%；居民、工矿、交通用地 1.43 万 hm²，占 2.58%。

南部低山区总土地面积 44.98 万 hm²，其中耕地 5.79 万 hm²，林地 0.84 万 hm²，草地 7.27 万 hm²，居民、工矿、交通用地 1 万 hm²，水面 1.28 万 hm²。

d. 气候资源

本区气候温暖，年平均气温 15℃～16℃，≥10℃积温 4900℃～5859℃，≥10℃80%保证率 4500℃～5200℃，年降水量 800～900mm，干燥度 0.8～1.2，无霜期 225～254 天

B. 存在的主要问题

该区域人类活动强度大，范围广，生物多样性资源有限，但一些亲人和伴人的野生动物仍栖息于此。

C. 主要目标

一般性生物多样保护

D. 主要措施

教育人们遵守国家和地方关于野生动物保护的各种法规，提倡人与自然共生这一主题，树立生物多样性保护的良好形象。

（2）野生植物的保护

① 重点保护野生植物开发利用状况分析

A. 人工栽培情况

从二十世纪六七十年代开始，十堰市各地先后引种和栽培重点保护的森林植物有水杉、金钱松、台湾杉、樟树、黄连、川黄檗（黄皮树）、杜仲、鹅掌楸、厚朴等多种树种。由于市场等原因，大部分树种人工栽培效果不太明显，其发展较为迅速的主要有绿化树种和药用植物，如樟树、水杉、鹅掌楸等街道树种在十堰市广为栽培；其次有黄连、黄皮树、厚朴、杜仲等发展较为迅速。

B. 利用和贸易情况

杜仲利用　杜仲在十堰市已形成基地化和产业化规模。全市现有杜仲基地 30 万亩，战略目标为到 2010 年总规模达到 100 万亩。产品利用从以前单纯取皮，发展为树皮、种子和树叶综合利用；经营形式由过去的原料生产不断向加工产品系列开发发展；郧西县已建成杜仲酒类生产厂商两家，县林业局兴办的劲牛杜仲开发公司先后开发出系列杜仲酒和杜仲饮品，1999 年双双获"湖北省农业博览会优质产品"和"保健功能饮料"称号，该厂每年产值达到 130 多万元。

银杏的利用和贸易　银杏主要是果实利用，据调查统计，全市近三年来收购量分别为 1997 年 5500 公斤，1998 年 6000 公斤，1999 年 6000 公斤，年出产品属稳中有升。银杏叶的收购量为 1997 年 2500 公斤，1998 年 17500 公斤，1999 年 13000 公斤，表现出波动不定。银杏产品的流通途径较为复杂，但总体分析大致有三条：一是外贸，但在本市还是以内贸形式流出；二是药用贸易。三是食品利用。

厚朴经营贸易情况　厚朴也是十堰市传统中药材产品之一，但由于种种原因，厚朴在十堰市的发展并不理想，1997 年收购量为 450 公斤，1998 年为 410 公斤，1999 年为 378 公斤，从总量看几乎降到可以忽略不计程度。

黄柏的种植和利用情况　中药黄柏的树种原料即川黄檗，十堰市曾有原地产品，由于曾经一度过度采集，种源几近枯竭，后从外地引种栽培，并已形成规模，但因市场和经营等原因发展缓慢。1997 年收购量为 5 万公斤，1998 年 46000 公斤，1999 年 42000 公斤，种植量也逐年减少。

黄连 森林草本植物，虽然每年产品呈上升趋势，但多为人工栽培，是以牺牲树木资源为代价获取的。应加强该种资源开发研究，创造自然环境，把培育黄连与改善森林生态有机地结合起来，做到良性循环。

榉树资源的开发利用情况 榉树曾是十堰市森林资源的优势树种之一，十年前在十堰市直径达 80～100cm 的大树古树较为常见，但由于榉树材质适于家具和家庭装饰用材，近年来，采伐量不断增加，几年的工夫，该种树种锐减到几乎绝迹的程度。目前，《中华人民共和国野生植物保护条例》已经颁布实施，并且已把榉树列入重点保护名录，该树种将依法得到保护，恢复资源也大有希望。

蜡梅 在十堰市的灌木林中占有一定的优势，是具有开发前景的树种之一。1997 年蜡梅花收购量 45000 公斤，1998 年 37500 公斤，1999 年 75000 公斤，上升势头强劲。

C. 资源开发利用中的问题

多年来，珍贵稀有树木资源的保护和利用方面立法滞后，导致资源利用混乱，表现出三大特征：

一是资源开发利用带有掠夺性，只采集，不保护，只利用，不发展，致使资源破坏严重，恢复难。

二是资源开发利用的粗放性，在树种栽培上仍然存在只种不管，在产品利用上多为原料生产，产品加工增值缓慢，效益低下，制约了资源的利用和发展。

三是资源开发利用片面性。开发利用资源应具有综合性，它包括野生资源的保护，人工栽培与发展，产品开发利用等内容，而我们没有综合性管理，木材值钱砍木材，种子值钱采种子，树皮值钱剥树皮，树叶值钱采树叶，树根值钱刨树根，只注意一时经济效益，不注重综合开发，以致难以形成产业气候。

② 野生植物资源保护管理的现状及对策和措施

近年来，随着《野生植物保护条例》颁布实施，野生植物保护管理工作也有法可依，必将会促进野生植物的保护工作。但是，目前管理机构很不健全，专业人员缺乏，有些地区的政府领导没有对野生植物保护管理引起足够重视，因此，我们建议：

A. 加强机构队伍建设，建立野生植物保护体系，要求市、县、乡层层建立常设机构，要有专人从事这项工作，实行专业化管理体制。

B. 加强规划，制定目标，强化措施，重点处理好保护与合理开发利用的关系。保护是基础，利用是目的，离开了基础，其他都是空话，一定要把保护放在第一位。在方法措施上一是要摸清家底，制定保护和发展规划，明确目标，强化管理措施，二是要走集中经营的道路，要把珍贵的资源保护好、培植好、经营利用好。

10.4.2　规划结论

（1）自然保护区内与外的生物多样性保护规划是目前弥补自然保护区面积过小，生境类型多样性不能满足生物多样性保护的一种好办法。

（2）生物多样性保护对策要应用生态学和自然保护理论的前沿成果。

（3）自然保护区内与外的生物多样性保护必须有法治的支持，人们应该把这项事业当作人类可持续发展的基础来抓才能立竿见影。

第11章　湖泊的生态修复与生态规划

11.1　目的要求与基本特征

11.1.1　目的要求

湖泊是湿地的类型之一，也是世界上最重要的生态系统之一，具有广泛而深远的经济、社会和生态价值。以往人们将湖泊作为可开发利用的闲置资源，因此围湖造田是人们对湖泊资源最大的干扰方式，因而湖泊纳洪排涝的功能日益减弱。近年来退田还湖的声势日益高涨，但有些地方的退田效果并不好，甚至将天然湖泊的负面影响，例如钉螺滋生又带回来了。湖泊在当前的新形势下应该具备什么功能呢？本规划的目的是，在全面系统地分析湖泊的历史演化的基础上，充分利用退田还湖的大好形势，为湖泊的主导生态功能和辅助生态功能科学定位，编制生态修复规划，坚持走"以人为本"和可持续发展道路。

11.1.2　基本特征

作为湿地的一种主要类型，湖泊由于其形成与演化过程复杂，生境类型多样，是人类栖息和繁衍的最佳生境类型之一，也是生物多样性最丰富的地区之一。湖泊与周围陆生生境和河流有着密切的生态关系，湖泊景观生态系统的组成既有河流生态系统、陆生植被生态系统、人工引进的种植生态系统和聚居地生态系统；也有沼泽草甸生态系统和水生生态系统。这些异质性的生态系统有规律的排列组合，组成了有特定生态功能和过程的湖泊景观生态系统。研究景观组分之间的相互支持和相互制约关系，研究景观的功能与过程，研究湖泊合理的科学的利用途径、方式和强度，才能编制好湖泊的生态修复和生态规划。

11.2　基本原理与内容规范

11.2.1　基本原理

1. 景观生态学结构与功能匹配原理
2. 在不同的空间和时间尺度上，生态学过程或重要性将发生变化。

11.2.2　内容规范

1. 湖泊及周边景观的演化历史
2. 湖泊及周边景观组分基本的生态学特征和规律
3. 主要问题和保护目标判定
4. 对策及重点工程论证
5. 湖泊生态修复和生态规划编制

11.3　规划框架与方法

11.3.1　规划框架

湖泊生态修复与生态规划框架如图 11-3-1 所示。

11.3.2　方法

湖泊历史演化信息可以通过收集当地历史资料获得，也可以应用卫星遥感技术获得近 30 年的变化信息。该项规划要在生态制图方法的支持下，应用现代生态学的前沿成果进行整体性分析判断，对水生生态系统的调查和评价按照常规学科方法进行。

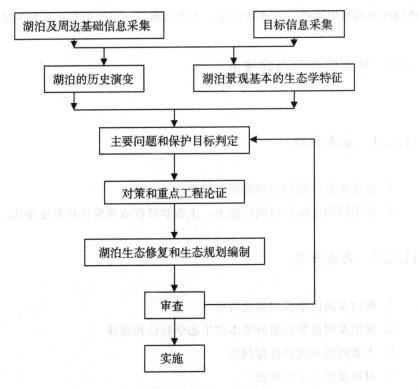

图 11-3-1 湖泊生态修复与生态规划框图

11.4 案例概况与规划结论

11.4.1 案例概况

1. 东西湖区的湖泊群及其历史演变

东西湖是因为境内有东湖和西湖而得名，历史上它原为蓄水湖泊，位于汉江、府河和环河的下游。这里以东湖、西湖面积最大，湖泊星罗棋布，水道沟渠纵横，吞吐府河、环河下泻山洪和长江、汉水顶托倒灌之水。在每年洪水泛滥之时，除吴家山、柏泉山、睡虎山等少数丘陵、岗地，以及原汉宜公路（含汉丹铁路）以南与汉江干堤、原府河堤之间 52.8km 的狭长地区外，其余是一片汪洋泽国。

境内马投潭、张家墩等 11 处古文化遗址发掘的数量可观的文物标本证明，迄今五千年前就有人类在此聚居，从事渔猎和耕耘，因历史山洪与江水夹来泥沙，不断沉积，湖心也逐渐淤平。

1）围垦前的东西湖区

由于本区的湖泊成因于承蓄洪水，因此，东西湖区的主要功能曾是调蓄洪水。随着外部环境条件的改变和内部湖泊生态系统诸多因素的影响，湖泊的功能也在不断变化，但直至 1957 年围垦前，主要功能未变，增加了养鱼和农灌为次要功能。

如图 11-4-1 是综合一些材料编绘的围垦前东西湖区地表水体和湖泊示意图，图示可见东湖（即现在的金银湖）和西湖。

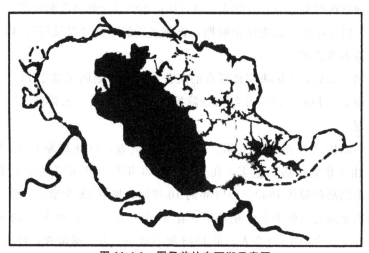

图 11-4-1　围垦前的东西湖示意图

图中中部低洼地原为西湖，湖底最低高程为 19.5m，一般为 20m；东南部低洼地为东湖，湖底最低高程为 18m，一般为 19m。两湖之间有径河相通，长 6km，河面宽 300～400m，河底高程为 13.2～16.4m。

如果按渍水位 21.50m 算为湖泊面积，则围垦前东西湖各种地形面积见表 11-4-1。

表 11-4-1　东西湖垦殖区各种地形面积表　　　时间：1954 年

地形类别	高程（m）	面积（km²）	占总面积（%）	备　注
湖　泊	21.5	160	42.3	1. 根据实测 1：2500 地形图量计
平　原	21.5～26	198.8	52.5	2. 按不做围堤时十年一遇降雨渍水位为 21.50m
丘　陵	26.0 以上	19.3	5.2	—
合　计	—	378.1	100	—

围垦前，该区已有耕垦和渔猎活动，农田约占湖区总面积的 17% 左右，旱地多分布在北泾嘴对岸和沦河与汉宜公路一带；水稻则集中在茅庙集、巨龙岗、三店等地，地面高程在 24～22.5m。荒湖面积约 247km²，湖草丛生。据 1955 年调查，西湖年产干草 424800 担，东湖年产干草 37800 担，西湖是东湖的 11 倍多，可推算西湖面积大于东湖十倍以上。

湖区每年 6、7 月开始捕鱼，年产量西湖约 580 万斤，东湖约 40 万斤（也可证明西湖面积是东湖的 10 倍以上），主要集中于姑嫂树和舵落口，销售市区。

围垦前该区约有人口 51000 人。该区居民饱尝了十年九涝和血吸虫病所带来的痛苦，以至于在国民党统治时期，曾两度发起兴修"汉城垸"，均因得不到群众支持而告失败。

新中国成立后，为解决当地群众的疾苦，同时计划围湖造田 173km²，开发利用湖面 93.3km²。1957 年经国务院批准，东西湖围垦工程列入国家第二个五年计划。

围垦的动因之一是血吸虫病。据 1949 年调查，巨龙岗原有 72 个湾子 3850 人，由于血吸虫病的危害，在 19 世纪 20 年代死亡和迁走的就有 1222 人。柏泉东湖葫芦畈从 1939—1949 年的 10 年间，原有 48 个墩子，就死绝 32 个。从金银潭到禁口数十 km² 的地带，有 80 个村湾，至 1948 年只剩下 9 个。金银潭曾有 140 余户 1300 余人，至 1948 年不满 300 人。据调查，1925—1949 年 8 个重疫区，共 289 个村湾，灭绝 1567 户，死亡 8601 人。逃荒 566 户，卖儿卖女 227 户，不育人数 471 人，湖区患血吸虫病者已达 80% 以上，死亡率 10%。1955 年据长江水利委员会勘查设计院调查，舵落口至涢口，汉江平堤以北至捷泾河边，这一地区有 12693 户，49659 人，与 1919 年《夏口县志》所载该地区人口比较，1955 年农户是 1919 年的 42.1%，人口是 1919 年的 23.4%，洪水和血吸虫病是造成人户锐减的主要原因。

2）围垦后的东西湖区

为准确把握东西湖区围垦前后的变化，从而看出其变化的必然性和湖泊功能的转变，我们选用了美国地球资源卫星提供的数据资料卫星影像图（略），时间是 1987 年 9 月 26 日，1995 年 8 月 31 日和 2002 年 7 月 9 日。由于季相基本一致，均反映了雨洪季节水面最大时的特征，因而湖面水位的可比性提高了。

对比围垦前的湖泊情况，出现了如下显著变化（如图 11-4-2～图 11-4-5，东西湖的湖泊变化）。

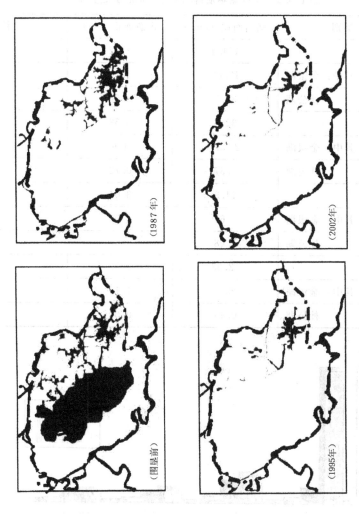

（1987年）

（2002年）

（围垦前）

（1995年）

图11-4-2～11-4-5　东西湖区湖泊群历年变化卫星解译图

（1）直观变化

土地利用的空间结构发生了巨大变化，湖泊面积急剧缩小，湖泊总面积与典型湖泊变化情况见表 11-4-2。

表 11-4-2　东西湖湖泊群和典型湖泊的历史变化

地形类别		湖泊面积（km²）	占总面积（%）	备　注
围垦前		154.4	31.2	—
	其中：金银湖	13.63	2.74	—
	杜公湖	3.27	0.66	—
1987 年		32.6	6.58	—
	其中：金银湖	22.84	4.6	—
	杜公湖	3.57	0.72	—
1995 年		14.9	3.01	—
	其中：金银湖	9.66	1.95	—
	杜公湖	1.48	0.3	—
2002 年		12.83	2.59	—
	其中：金银湖	5.9	1.19	—
	杜公湖	0.49	0.09	—

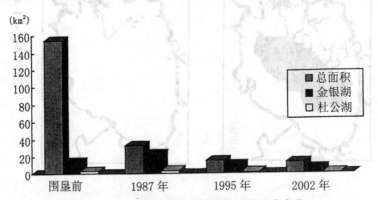

图 11-4-6　东西湖湖泊和典型湖泊的历史变化

（2）间接变化

① 由于渍水排出，湖泊水位下降，该区域基本脱离了洪涝灾害，血吸虫的主要传播者虹螺的生存环境消失了，血吸虫病得到了有效控制，区域人口急剧增加（如图 11-4-7 所示）。

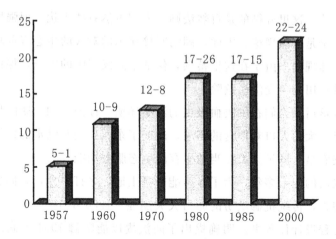

图 11-4-7　东西湖区人口变化趋势图

②由于陆域增多，农耕活动从此兴起，1957 年当年开荒 600hm²，到 1970 年总计开荒 2.1 万 hm²，其中有 4666.7hm² 水田高程在 19.5m 以下，地势低洼，雨季渍水，不宜种植，但在防治血吸虫病上是完全必要的，因为凡经过翻耕的土地都彻底消灭了虹螺。

致此，在 495.5km² 范围内，耕地面积为 283.3km²，占 57.2%。到 1982 年后，调整产业结构，退田还湖养鱼植藕 16km²，到 1985 年实有耕地面积 225.3km²，占总面积的 45.5%（见表 11-4-3，1985 年土地利用情况）。2000 年实有耕地面积 237.8km²，占总面积的 48%。

表 11-4-3　1985 年的土地利用情况

土地类型	面积（km²）	占总面积（%）
耕地	225.3	45.5
其中：水田	136.7	—
旱地	64.7	—
养殖	36.7	7.4
造林	16.7	3.4
果园茶山	10.0	2.0
其他	206.8	41.7

3）围垦前后东西湖区的湖泊功能

（1）围垦前：东西湖区虽然已有农耕与渔猎的历史，但由于人类活动地区仅限于区内较高的丘陵岗地，因此湖泊的主要功能不是服务于当地人类的生存和繁衍，而是调蓄洪水。一般是一年一涝，多在 4—10 月，每到雨洪季节，这里是汪洋一片。这里遵循的是自然法则，人们虽然有些干扰，但强度不大，湖泊的涨落完全是自然规律，因此，湖泊间接显示的对人的生态服务功能也是在调蓄洪水中体现的。由于在这里蓄洪，保证了武汉三镇的安全，保住了江汉平原下游大片良田的免受洪涝危险。

（2）围垦后，人们在解决血吸虫的滋生环境，保证人们健康的目标实现以后，为满足巨大的人口对粮食的需求，改变了东西湖调蓄洪水的传统功能，而代之以发展农垦、满足人类在当地生存的生态服务功能。

围垦以后的四十多年，为了尽可能开垦土地，多打粮食，人们加强了东西湖的围堤建设，传统抗御洪涝的能力大大加强。1956年10月《东西湖垦殖区防洪排渍工程设计任务书》明确提出了防洪堤以能防御1954年武汉关最高水位29.73m的相应水位的标准进行设计，防洪堤由三金潭经大李家墩、辛安渡至新沟，长约58.59km。后水利部指示按长江十年一遇的洪水最高水位标准筑堤，最后确定堤高29.85～30.98m，堤顶宽一律7m。而排渍工程涉及的排水区域包括东西湖蓄洪垦殖区总计453km²，在大李家墩之南原有两出水口之间新开一段长1.9km的渠道，新干渠上建水闸一座，区内渍水全由该闸排入捷泾河。闭闸期间湖区最高渍水位为21.98m，地面高程在22m以上的降雨径流均可自流汇集入湖中。

围垦以后至今，东西湖区已彻底告别了洪水灾害，涝可排渍，旱可灌溉，东西湖原有的蓄调洪水的生态服务功能彻底让给了服务于日益增加的人口垦殖的需求（57年的人口5.1万人，2000年增加到22.24万人，人口增长了4倍多）。

改革开放以后，由于我国连年丰收，人们又由"吃饱"奔向了"小康"，东西湖由种粮转向了城郊型经济，东西湖的生态服务功能面临又一次大的跨越。湖泊的主导功能是，服务于武汉城市化对城郊的调剂要求，既为人口密集的武汉市建设一庞大的人口疏散地，又为武汉人回归自然担当落脚点，让武汉人享受自然的柔情。这个主导功能是人对自然干扰的结果，是东西湖区域生态系统适应人的干扰后功能的转变。

2. 规划总则

1）规划期限与范围

（1）限期

近期：2002—2005年，以湖泊为中心进行生态修复；

中期：2006—2010年，湖泊提供初步的旅游休憩生态服务；

远期：2011—2015 年，湖泊提供休憩为主体的生态服务。

（2）范围

东西湖区内所有湖泊，重点是金银湖和杜公湖。

2）规划目标

（1）面积恢复

目前湖泊面积 12.82km²，占东西湖区土地总面积 2.6%，建议将湖泊总面积恢复到土地总面积的 8%～10%，即 39.6～49.6km²。

（2）功能恢复

保持局部地区蓄洪和灌溉功能，湖泊群的主导功能要逐渐转变为景观服务功能和对人口密集区的生态调节和生态支撑功能。

3）指导思想和规划原则

（1）指导思想

尊重湖泊功能改变的事实，以人为本，充分利用湖泊作为"自然要素"之一的潜在生态价值，在人口密集的大城市郊区，使其在景观美学、景观协调方面发挥功能作用，并对武汉城市发挥生态调节和生态支撑功能。

（2）规划原则

①"以人为本"的原则。东西湖区湖泊的生态功能发生了很大的变化，这个变化与人的干扰有关。然而，人作为自然的组分之一，人的干扰无论是正向的还是逆向的，都属于自然的内外干扰中的一种，这在漫长的历史长河中是司空见惯的。而任何组分对自然的内外干扰，必须有"适者生存"或"改变功能"的反应。因此，不能要求所有自然组分全部恢复原来的状态，而要挖掘其潜在的生态服务功能，并利用好这个功能，这才是可持续发展的现实问题。东西湖的湖泊原有的调蓄洪水功能已经被削弱了，恢复原有的生态服务功能也是不可能的，因此，我们必须面对这个被"改变的功能"的现实，挖掘东西湖湖泊潜在的生态服务功能，应用生态学原理使这一服务功能发挥作用。

② 人与自然控制共生的原则。东西湖湖泊原有的调蓄供水的功能已退居次位，而其潜在的调节生态环境质量，提供休憩旅游所需的景观美学和景观协调功能，正在逐渐为人们所重视。这个功能对于将东西湖建设成生态型的郊区十分重要。要清醒地认识到，湖泊作为自然组分之一，它的存在与人的生存质量关系密切。因此保护现有湖泊，修复它的生态服务功能，使这一功能服务于人类社会的可持续发展是我们必须遵守的原则之一。

③ 因地制宜和多尺度等级优化的原则。

　　湖泊的生态修复是针对其生态服务功能，因此，要考虑湖泊在东西湖的地位及人对湖泊的要求，要因地制宜。同时，不能只关注一两个大型湖泊，要将东西湖的大小湖泊和水体作为一个统一的生态组分来优化规则，从多尺度对不同等级湖泊进行规则，发挥其有益于人类生存的最大潜能。

3. 规划内容

1）东西湖湖泊群整体优化规划要点

（1）急需修复湖泊群参与调节生态环境质量的功能

　　东西湖区现有的自然组分主要包括：湖泊、河流、林地、草地和耕作植被，前四者属于景观生态学定义的"环境资源"拼块，是天然的组分（即原生的或次生的），而耕作植被是人工引进的生物拼块，这些组分或由于有生物成分存在，具有受损环境的修复能力；或者虽然是物理的成分，但其形成的"流"仍然能吸纳污染，降解部分污染物质，这五种成分的集合是东西湖区生态环境质量调控系统建立的基础。因此湖泊的建设和开发，要在调查了解湖泊基本的生态学特征基础上，要遵从湖泊生态系统基本的生态学规律。

　　湖泊群生态功能的修复要从维护湖泊生态系统自身的组成成分，空间分布规律和进行正常的物质交换入手，因此在湖泊的建设中要注意以下要点：

　　——东西湖的任何湖泊，无论大小，不能是孤立的，区内要由河流串连，对外要能排能灌，与府河、汉水等形成开放式链接，便于内外物质的交流与输送，便于湖泊中生命物质的交流与繁衍。

　　——东西湖的所有湖泊可以具有相异的服务目标，体现有差异的生态服务功能，在空间分布上应尽可能地均匀分布。

　　——东西湖的所有湖泊应维持 III 类以上地表水体质量，不得任意向湖区排污和倾倒垃圾，未经批准，不得从事营业性养殖（被有关部门批准的营业性水产养殖要经过科学论证，包括不会降低水质等级和影响湖泊群的整体景观效果），和非观赏性建设。

　　——要爱护在湖泊群中自然栖息、繁衍和停留的生物，包括无脊椎动物和脊椎动物，其中污染型浮游动物、浮游植物和底栖动物要低于 III 类水体规定的种类和数量（生物量）标准；要爱护天然鱼类，必要时可放养一定数量的观赏鱼类（以地方种为主，引入外地种要慎重），要研究水生生态系统的金字塔结构，并维护其处于良性生态平衡状态，要爱护在湖面上栖息的留鸟和候鸟，给它们大批光临和停留创造适宜的环境条件。

（2）急需修复湖泊群与周边的物质交换功能

湖泊生态系统是一个开放性系统，每时每刻都需要与环境进行物质和能量交换，最典型的是水这一生态因子的四维运动过程，其中包括透过湖边坡与周边水体的横向交换，维持着水的输入和输出过程。在这个过程中，如若湖泊干枯，则四周可向湖泊补水，而如若周边干旱，则湖泊可向四周补水，维持着四周陆生生态系统与湖泊水生生态系统正常的生态过程与功能。而如果这一过程被切断或阻隔，对湖泊和周边陆生生态系统都会带来不利的影响，因此，在处理湖泊与周边的生态关系上要注意：

① 切忌边坡衬砌，边坡需要硬化，可选择透水的生态材料，保证基本的水的横向运动过程，以维护湖泊水生生态系统和陆生生态系统正常的生态过程。

② 边坡的修复要尊重历史和现状，尽量减少裁弯取直这样的人为干扰，以增强水的横向交换能力。

③ 边坡的修复可采用生物措施，修整成阶梯式，分别种植深水植物，挺水植物，草甸植物和喜水乔木，最好选择一些有观赏价值的人工湿地物种，但外来物种的引入要十分慎重，要经过试验，不能造成新的生态隐患。

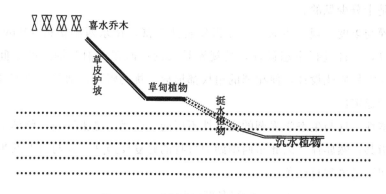

图 11-4-8　湖泊边坡生物修复示意图

（3）湖泊视觉景观的修复

湖泊是东西湖区十分珍贵的自然资源，除了具有一定的生态质量调节能力以外，其景观效果也是一种资源，这种资源的深化和高品位将是东西湖珍贵的财富之一。

参照国家标准《旅游区（点）质量等级的划分与评定》（GB/T 1775—1999）细则二，湖泊在生态修复的基础上，要进行视觉景观的重新构建。

```
                          ┌ 观赏游憩价值 (25)
                          ├ 历史文化科学价值 (15)
  • 资源要素价值 (65) ─────┼ 珍稀奇特程度 (10)
                          ├ 规模与丰度 (10)
                          └ 完整性 (5)
```

观赏休憩价值的修复要与东西湖区的发展远景相结合，要按照城市组团及其功能上的差异而进行修复。从人们审美的角度看，东西湖以保持天然湖泊美为修复的主要目标，滨湖建筑物要高大，挺拔，但不能密集，做到天人合一，自然美与人工建筑美和谐与统一，使人在观赏中可以见到纯洁的天然湖泊，也可以看到现代科学的气势。

历史文化价值　东西湖现有湖群缺少深厚的文化沉淀，但文化品位是可以塑造的。文化品位不能搞五彩缤纷，而要加入科技和文化知识。从科学的角度看，湖泊的生态设计保证了系统功能的正常和过程的完整；从审美的观点上看要天人合一；从文化品位上看要体现楚文化的博大精深。

珍稀奇特程度　原本是指生物多样性或景观异常奇特，这在东西湖现状中并不具备，但对湖泊群的整体修复和生态设计，提升其生态服务功能，这在国内外还是十分少见的。

规模与丰度　规模指大，丰度指异质性丰富，在东西湖塑造 40km² 左右的湖泊群，而且进行生态设计，其规模是大的；而在湖泊与周边的空间结构上，要注意异质化设计，使相邻的组块都形成干扰的阻断，增强东西湖区域生态体系的稳定性。

完整性　这与生态学强调的完整性不属同一内涵，是指湖泊群整体上的完整性，指其自然属性。因此东西湖湖泊自身的修复要遵守"人与自然共生"的法则，切不可失却自然美。

```
                          ┌ 知名度 (10)
                          ├ 美誉度 (10)
  • 景观市场价值 (35) ─────┼ 市场影响力 (10)
                          └ 适游期 (5)
```

知名度　对东西湖区来讲要有远景构想和几十年的奋斗才可能具备知名度。东西湖的生态规划，应是东西湖可持续发展的概念规划或框架规划，这种规划不能是急功近利的。我们在本规划中提出寻找适合地点建设如"博鳌水城"一般的休憩中心，应该由决策者们三思，并在几任领导手中实施。在我们国家，大做湖泊文章还是稀少的，而且要使其成为今后产业的牵引点，更是凤毛麟角。但不敢想、不敢做就只能跟在他人后面。

美誉度　美誉度的高低在于视觉和心理上的舒适。无论是湖泊群整体或是单体，其修复和建设都应是科学的。人们在这休憩和旅游，不仅享受自然风情，好的环境质量，而且应受到生态文化的熏陶。具备了这种品位美誉度将得到提升。

市场影响力　关键在于其科学内涵、文化品位与外形美是否经得住各方面人士的比较和推敲，"好酒不怕巷子深"，如果我们做得好，东西湖区的发展将大有希望。

适游期　东西湖的旅游主体适合休憩型，同时在都市郊区建设多样的农村乐和文物古迹展览也可供人游览，因此，其适游期是长的。

2）金银湖的生态修复与开发利用概念

（1）金银湖基本的生态学特征

金银湖系围垦前的东湖，现有水面 5.89km²，是东西湖区现状第一大湖，湖面广阔，水质清澈。

金银湖和周边现状规划用地 3347hm²，由于正处于大规模开发之中，其用地组成见表 11-4-4。

表 11-4-4　规划用地平衡表

用地项目	用地面积（hm²）	占总用地（%）
居住用地	468.4	14
工业用地	93.1	2.8
行政办公	7.72	0.2
商业服务	73.2	2.2
教育科研	68.1	2
文化、娱乐	66.4	1.98
体育设施	91.7	2.7
旅游度假	157.8	4.7
生态旅游预留用地	525.2	15.7
游憩绿地	692.74	20.7
防护绿地	17.34	0.5

续 表

用地项目	用地面积（hm²）	占总用地（%）
市政公用设施	54.48	1.6
道路广场	468.66	14
水　面	562.76	16.72
合　计	3347.6	100

表显示：

第一，公共绿地占 21.2%，居住用地绿地率不低于 40%，其中别墅不低于 45%，无污染工业用地绿地率不低于 35%，旅游及文化娱乐休闲用地中绿地率不低于 45%，从绿化的角度看已相当不错了，但是，绿地系统还不是生态质量调控系统。相对面积够大了，但连通不好，分布不均匀，也无法调控环境质量，再加上绿地中没有将高生物量的乔灌木作为主体进行规划，因此，目前的规划模式缺乏应有的生态内涵和深度。

第二，金银湖规划了要容纳 20 万人口，人口平均密度约 6000 人/km²，如果按居民用地安排，则人均占地 23m²/人，其中人均绿地 9.2m²。

第三，金银湖功能复杂，居住用地是第一功能，但仅占区域土地的 14%，无法突出高档商住和旅游度假的优势。

金银湖区现状生态学的基本特征和发展趋势是一个以引进拼块为主的，没有明确功能和特色的传统型的新城区，其环境质量和景观效果都是在现有城市基础上的延续，其科学内涵和文化品位均没有得到提升。

（2）规划目标

要突出金银湖高档商住和休憩旅游的功能，保留商业服务，教育科研、体育设施和文化娱乐项目以便强化主要功能，实现金银湖湖泊和周边整体优化规划和具有一流的生态环境。

（3）规划概念要点

——金银湖规划要以湖泊和绿地（以乔灌为主）为背景地域，形成组团式布局，无论居住区、商务中心和教育科研设施均以珍珠状镶嵌在自然背景中，人工引进的建筑物。水泥嵌块不能成片连接和对自然组分形成整体切割和阻断。

——居住用地可考虑适当压缩，人均住房面积不要缩小，因此，要以高层建筑为主体，容纳大的人口压力，但绿地率相应扩展，减少草地，以乔灌木为主体。

——金银湖小区内的道路要用渗水的沥青材料，压缩行车路面宽度，有条件的地段只设单行和循环路，区内不设主干线，居住用地要充分考虑集中式停车场。

——金银湖区各个组团内部不设车行道，只允许骑自行车或步行，从每个组团中心步行到边缘绿地应在 5～10 分钟内。

——在城市总体规划中，金银湖区被列为一重要的种群源，种群源的主要功能是物种持久生存的源地，要实现这一功能，就要有集中连片和连通良好的林地。因此，林地的布设要进行生态设计，这个设计不仅要考虑空间结构上的均匀和连通，还要考虑垂直结构和物种配置上有利于物种隐蔽和移动。

——居住组团和商务组团内部结构要进行回归自然的设计，除了与周边的自然组分有机衔接外，组团内部的生物组分和自然组分，无论大小，都要考虑其生态服务功能。人口密集的商务组团，紧张的商务活动需要异质化的生物组分来松弛人们紧张的心情，只有在浓郁的自然环境中人们才会感到舒适和轻松。居住组团由于人口密度大，又是高层建筑，人们从单一面对水泥构筑物转向质朴纯洁的树木和灌草，心理得到有益调节，同时也享受了自然的环境质量，加之建材选择的节能、安全和健康，这样的居住环境才是科学的和高品位的。

3）杜公湖的生态修复和柏泉休憩中心的概念规划

（1）柏泉基本的生态学特征

柏泉全境地形北部为柏泉低山丘陵，分布有狮子山、睡虎山、玉屏山、瓠子山等，大部分为垄岗平原，地面平缓，波状起伏，一般高差不太明显。残丘、岗地、河湖相间分布；而南半部分为湖区，后被围垦。现今自东至西有北赛湖、南赛湖、杜公湖、小罗赛湖、昌家河，南有东流港。全境东西两端长约 11km，南北两端宽约 7km，总面积 86km²，人口约 1.5 万人，人口密度 174.4/km²。

据考证，柏泉的低山丘陵历史悠久，文物古迹众多，均是武汉市东西湖区的文物保护单位。其中古井木鱼的传说、景德寺和龙山文化遗址、北宋古墓和系马桩等，都蕴存着深厚的楚文化。以徒山为代表的山峦植被群落尽显自然风情，连绵起伏，错落有致，山水相间，山中有水，水中有山，盎然成趣；规模化的竹园、花卉园、茶园、梨园、桃园、橘园……让人着实感到春天的花、夏天的荫、秋天的果、冬天的翠，纯朴幽静、亮丽洁净、田园韵味，这诗一般的盛景，实在是东西湖区一大资源瑰宝。

20 世纪 50 年代末期，柏泉山南部湖泊沼泽连片，植被茂盛，钉螺盛行。60 年代初，这里大兴围湖造田，洪水是挡住了，湖泊为主的湿地生境也变成了目前的农田生境。

柏泉现状生态学的基本特征是：人工引进的种植拼块与天然残留的环境资源拼块相间分布，山中有水，水中有山，城市化进程较慢，是尚待发掘的一块资源宝地。

（2）规划目标

以柏泉山为核心，周边尽可能地扩大和恢复湖面，西北部现状易涝地区和现状杜公湖及周边地区均可以恢复水面，要以"有山有水，山中有水，水中有山"来设计规划柏泉区域，这种山水相间的资源最可能赢得人们的倾心相向，是开展高档次休憩旅游的佳境。如果宣传力度够大，再寻找到最佳时机，则中国以湖泊群为特色的又一山水城可以在柏泉诞生。

（3）规划要点

——柏泉镇的开发要分近、中、远三期来进行。

近期，可围绕金泉公路、绕城公路、五环路做拉动经济的文章，但切忌低水平开发山水资源。要重点突出"一镇"建设，即在以场部为轴心规划出的 $2.4km^2$ 范围内搞短、平、快项目，加快城市化进程，将区内 1.5 万人口中的绝大部分吸引到柏泉镇来，减轻最珍贵的资源中的人口压力。湖泊山水中现有农果茶活动仍可进行，但不宜再扩大规模，要严禁在湖泊区和山水间兴建高层建筑，大体量建筑物。有条件时，可以开始恢复湖区，进行湖区的生态修复。

中期，如有适当机遇和相当的实力时，可以规划设计柏泉休憩旅游中心，其档次、规模、品位和科技含量均应是全国一流。柏泉除场部所在地以外，要谢绝低水平、低档次开发，禁止污染型工业入住本区。

远期，建成档次不低于海南博鳌水城的，我国第一个以湖泊群和山水相间为特色的国际休憩中心，使资源优势变成经济优势，实现社会经济的全面腾飞。

——柏泉城镇的发展要向商贸、科技和办公功能发展；文化品位和科技档次要逐年提升；$2.4km^2$ 的范围要陆续建成居住、办公和商贸新区；提倡高层建筑，留下背景是以乔灌为主的绿地。

——不准许在柏泉山地丘陵采石取土，要视山丘为柏泉的生命，这是展示优势的基础之一。山上不搞低档次的旅游开发，没有相当的经济实力和科学的设计，不准上山；山丘最终的景观是绿色与建筑物相间交汇，以绿取胜；因此山丘的建设项目要少而精，以防破坏山景而无法吸引高档商住和高档会议中心在这里建设。

——以杜公湖为主的湖泊群的扩大和生态修复要遵守本章前述的各个要点进行，要增加水面，但不能杂乱；可以搞水面养殖，但要以耐污型水生生物不超过 III 类水体标准为约束条件；湖边不能进行如金银湖那样的大规模房地产开发活动，但可以搞有特色的，在湖畔稀疏分布的，被绿地映盖（从柏泉山向下看还应是绿色基调）的高档别墅和休憩娱乐设施。

4）巨龙湖径河、昌家河、东流港的重塑和开发建设

巨龙湖等水体的重塑正在被有关部门提出，建议参考金银湖的开发予以定位。

11.4.2　规划结论

（1）经过历史的变迁和人类的干扰，退耕还湖和现有湖泊的主导功能可能会发生改变，要对湖泊的历史演变，尤其是主导功能的变化进行科学分析，不宜一律恢复原来的功能。由于功能改变，应按照现有功能进行生态修复和规划。

（2）由于人类邻水而栖，湖泊在履行历史赋予的功能的基础上，要充分利用其为人类的生态服务功能。

（3）湖泊生态修复的主要目的，是实现湖泊景观生态可持续基础上的人类可持续发展。生态修复工程的开发利用方案要满足湖泊及周边生态学过程和系统的自维持，因此规划和建设工程要具有生态学内涵。

第 12 章　海岸带生态规划

12.1　目的要求与基本特征

12.1.1　目的要求

海岸带是陆地生态系统和海洋生态系统的接触带，由于海岸带独特的景观生态条件，强烈的边缘效应，多种营养物质的汇聚，不但为大量生物种群的生存、繁衍提供了必需的物质和能量，也为人类的栖息创造了最佳境地。然而，近年来人们对海岸带的开发愈演愈烈，不但破坏了海岸带的生物资源，切断了海岸带景观各组分固有的物质交换途径和自维持状态，也破坏了海岸带的自然风情。海岸带生态规划就是要在分析海岸带生态系统功能与结构的基础上，按照"人与自然共生"的基本法则，对受到破坏的生态组分进行修复，恢复海岸带自然风光，为人类的可持续发展服务。

12.1.2　基本特征

海岸带包括陆地沿海地带，也包括潮间带。海岸带是地球上景观组成最复杂的地区之一。一般来说，沿海陆地包括岩岸、沙滩、泥滩、泻湖和河口、潮间带，由于海水的进退又出现生物海岸和近海海域。海岸带主要的物质流可以是由陆地向海上运移，也可以随着涨潮、落潮和沿岸流使物质运移。由于营养物质来源不同，加之景观组分差异明显，因此组成了不同的生态系统，其生态过程和自维持机理也各不相同。这样的景观最适宜生物，包括人类的繁衍。

12.2　基本原理与内容规范

12.2.1　基本原理

由于海岸带景观复杂多样，为人类生存提供了多种生境，当人类盲目开发利用海岸带景观生态系统时，会造成资源的浪费和破坏。因此海岸带生态规划应遵循如下基本原理：

1. 人与自然控制共生原理　人类要利用海岸带资源就必须遵守自然法则，保护海岸带。

2. 结构与功能相匹配的原理　要研究海岸带景观生态系统的功能与过程，按照功能与结构相匹配的原理，从调整结构入手，进行生态修复。

3. 生物多样性保护的各项原理。

12.2.2　内容规范

1. 海岸带景观生态系统生态学基本特征的调查研究

2. 存在的主要问题判定

3. 主要保护目标的确定

4. 对策论证

5. 生态规划编制

12.3　规划框架与方法

12.3.1　规划框架

海岸带生态规划框架如图 12-3-1 所示。

12.3.2　方法

海岸带生态规划除了需要收集大量地方资料和图件外，要在全球定位技术

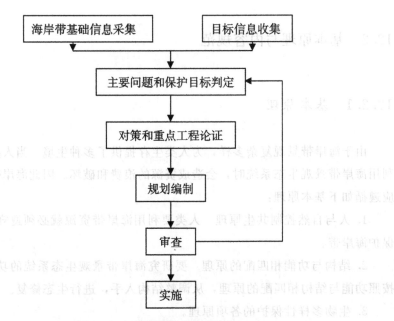

图 12-3-1 海岸带生态规划框架

的支持下，应用遥感技术获取信息。海岸带生物资源的调查、评价和规划要按照学科要求进行，例如珊瑚的调查要按照海洋生物的调查方法进行。

12.4 案例概况与规划结论

12.4.1 案例概况

三亚市正处于海南岛南部的海岸带上，这里背靠陆地，面向南海，资源丰富，交通便利，物流、能流和信息流交换频繁、流量大，因此，现在国家和海南省已决定对三亚市的海岸带旅游资源进行全面保护和开发，要把三亚市建成国际旅游度假胜地。三亚市将建设成经济繁荣、文化发达、环境优美、世界一流的现代化滨海旅游城。同时海岸带地质活动表现明显、台风等多种自然灾害频繁、生态环境脆弱，随着三亚市旅游活动的开展也会使海岸带生态系统承受巨大的压力，给人类的生存带来潜在的危害。为保护环境资源，提高环境效益，应对三亚市海岸带生态环境的保护和建设进行规划。

1. 三亚市海岸带基本情况

1) 三亚市海岸带的范围

关于海岸带的范围，目前尚无统一的认识。我国科学家认为，海岸带范围的外界应为海水波浪和潮流对海底有明显影响，以及人类的生产活动频繁出入的区域。其内界应包括特大潮汛涉及的区域，河口海岸则为海水入侵的上界。据此，我国科学家在开展全国规模的海岸带资源调查中，把海岸带的外界规定为向海洋延伸－10～15m 等深线，内界规定为向陆地延伸 10km 左右。三亚市海岸带范围的划分，应根据三亚市海岸带的地形、地貌的实际情况和本次三亚市整体环境规划的要求来划分。如对海岸带的外界只按－10～15m 等深线来划分，对于三亚市的基岩岸来说，其岸边海水深度大多超过了－15m，为了保护三亚海滨的珊瑚礁，保护近岸水域生态系统，可把范围适当扩大。因此本次规划中把三亚市海岸带外界在定为向海洋延伸至 1000～2000m，内界重点在向陆地延伸 100～200m 左右。综上所述，三亚市海岸带规划范围是自东部的藤桥至西部的峰岭179.25km长的海岸线并向陆地延伸 100～200m，向海洋延伸 1000～2000m 的狭长地理区域，总面积约为 394.35km²。

2) 三亚市海岸带类型

(1) 基岩海岸

三亚市的基岩海岸断续分布在潮间带的海岸带上，多见于岬角和海峡部分岛屿，基岩岸一般为硬基的岩岸组成，自东向西著名的基岩海岸有后海岭、牙龙半岛，西瑁岛等，基岩岸海岸线全长约为 60 多 km，在这些基岩海岸的一些地带存在着不同类型的海蚀地貌，如马岭、东瑁岛、西瑁岛的海蚀柱高达 1.6～2.5m，形态呈柱状或剧状；在后海岭的海蚀洞穴形态多似蜂窝状又为海岸一景；在鹿回头、马岭等地还可见高达 20～30m 的海蚀崖，陡壁插入海中，甚为壮观。基岩岸是大型生物栖息密度最高的场所，也是动植物种类最繁多的地方，它与沙岸在外形上形成了鲜明的对比，基岩岸的存在即保持了生物多样性，又是海岸带上的一大景观。

在基岩岸的海潮上带，真正陆地植物区划属热带季雨林，主要植物种类有海南椴、厚皮树等。近年来由于人为干扰，原生植被已荡然无存，取而代之的是次生林和人工林，动物资源主要有猕猴、蟒、蛇、穿山甲等。

在基岩的潮间带上还可以看到生物明显的分带现象，高潮带是潮间带的最高层，大潮最高水位能达到该带的部分地区，这里主要分布着滨螺；潮间带的中部为中潮带，普遍存在优势生物是藤壶；潮间带最下部为潮下带，这是一个生物组成极其丰富的区域，此带内大型藻类相当丰富；在三亚基岩岸浅水域分布着珊瑚礁。

（2）沙岸

在三亚海岸带上自东向西主要的沙岸有海棠湾沙岸，沙岸长约 19km，面积约有 92.7hm²，海棠湾沙岸在三亚为最长的沙质海岸带；竹湾沙岸较短，长约 2km，面积约 40hm²；牙龙湾沙岸为仅次于海棠湾的第二长沙岸，全长 18km，面积约 365.44hm²，其中沙滩长 7km，宽 70Km，沙质为细沙；榆林湾（包括大东海小东海）全长 25km，面积约为 246.5hm²，其中大东海沙滩长 3km，宽 60m，为细沙；从鹿回头到南岭的海岸大部分为沙岸，呈断续分布，沙岸总长约为 36.2km，面积约为 1160hm²，其中鹿回头沙滩长 2km，宽 30m，沙质为碎沙，三亚湾沙滩沙质为细沙，长 12km，宽 50m；在南岭以西大落肚湾、白水塘湾、红石湾等三个沙岸湾合计长度为 13km，面积为 208.5hm²。在三亚海岸带上共有大小沙岸 16 处，总长约为 114.9km，总面积约为 2174.8hm²。三亚市海岸线全长 179.25km，沙岸占全长的64.1％。沙岸在三亚海岸带中占重要地位，因为沙岸可以被选作各种娱乐活动的场所，所以沙岸也必将成为三亚国际旅游城市的重要的资源。

与基岩岸相比，沙滩的轮廓往往相当平缓，没有基岩岸地形那么复杂多样，没有朝向不同的坡，也没有悬崖。但沙岸也有其本身的地貌特征，在三亚沙岸上分布着与海岸平行展布的沙堤，如马岭—三亚、后海—藤桥的海湾都有沙堤。后海北部军田村有 5 条，新村西南有 2 条，以灰白色砂为主。三亚的沙滩坡度一般为 5 度，大者可达 8 度～10 度，沙滩物质从细砂到粗砂均可见到，在湾内沙堤前沿的沙滩刚好与上述相反，组成物质以细、中砂为主。在沙岸上还存在着泻湖，泻湖一般都保存在海湾的段落里，如后海的泻湖形成不规则蛇曲状或成近圆形。

在沙滩上见不到大型植物，但是在沙粒上却能见到小型底栖硅藻。第二个引人注意是岩岸上占优势的固着动物，如藤壶和贻贝类，在沙滩上也不见踪影，这是因为沙滩上没有可供它们固着的地方。沙滩上占优势的无脊椎动物有三类：多毛类、双壳类软体动物和甲壳类动物。沙滩生物也是分带的，不过这种区带不像岩岸那样明显。沙滩岸也分为三个带，潮上带为沙蟹占优势，中潮带有浪漂水虱科的等足类甲壳动物，低潮带有各种多毛类、甲壳类动物和大型食肉的腹足类软体动物。

（3）河口

河口是部分封闭，淡水和海水交汇并混合的沿岸海湾，河口一般均分布在河流的入海口处。三亚大小河流约有十几条，重要的河口有：藤桥河口，长度约为 3km，面积为 183hm^2；龙江河口，长度约为 12km，面积为 933.1 hm^2（包括铁卢港）；大茅河口长约 13km，面积约为 584.5 hm^2；三亚河口，长约 7km，面积 203.2 hm^2，宁远河口，长约 7km，面积约为 495.2 hm^2；青梅河口，长约 3km，面积约为 40hm^2。河口主要环境特征是由于淡水和潮水的变化，使河口盐度发生变动，河口的某些时候存在着盐度梯度。又由于淡水与海水相混合时，各种离子作用，使泥质颗粒絮凝，因而许多泥岸都是在河口地带生成的。河口地带温度变化大，水中氧含量降低。由于河水中有大量悬浮颗粒，所以河口水的混浊度是很高的。在河口地带接纳了河流上游及河口周围污染物质，如氮磷等有机物及其他有毒物质。河口承受了以上这些变化，形成一个使生物受压迫的环境，也正是这种压力，使栖息在河口的生物种类比栖息在附近海水或淡水生境中的种类数量要少得多，生物种类多样性很低，因此，河口生态系统是很脆弱的。但是在河口地带由于河口的卷携以及水的平流作用，使得河口水中营养物质浓度增高，因而浮游植物生产力和生物量增高，海水赤潮容易发生在河口及其附近的水面上。

河口浮游生物种类极少，在浮游植物中占优势的是硅藻、甲藻；浮游动物有桡足类和真宽水蚤、纺锤水蚤、伪镖水蚤和胸刺水蚤、糠虾类的某些端足类等；分布在河口潮间带泥滩大型植物一般有石莼、浒苔、硬毛藻等；在三亚河口分布的有花植物为红树林。河口动物区系有三种成分：海洋动物、淡水动物和半咸水或河口动物。真正的河口动物能生活在盐度为 5‰～30‰ 之间的河口中部，但不能生活在全淡水或全海水中，这类动物包括多毛类环节动物，各种牡蛎和蛤类，还有一些小型腹足类软体动物和虾类。

（4）珊瑚礁

珊瑚湖礁是热带海洋中又一景观，死亡的礁石珊瑚骨骼与少量的贝壳和石灰质藻类胶结成岩，形成大块具孔隙的钙质岩体，称为珊瑚礁。在三亚海岸，珊瑚礁的类型复杂多样，珊瑚礁海岸更是一种特殊类型的海岸，多分布于基岩岸部分。三亚珊瑚礁海岸的空间分布，反映出断断续续的特点。在三亚海岸东起蜈支洲西到西瑁洲有珊瑚礁分布的海岸约为近 50km 长，三亚珊瑚地貌类型一般多为岸礁即裙礁。蜈支洲周围礁岸长约 3.7km，后海角 2.5km，牙龙半岛 6km，东洲西洲 6.5km，野猪岛 3km，东排西排 3.1km，鹿回头 10km，东西

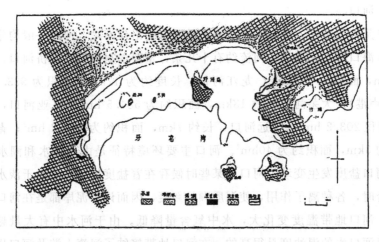

图 12-4-1　牙龙湾珊瑚礁

瑁洲共有 13km。据有关专家考证，三亚海岸珊瑚分布较多，尤其是鹿回头、牙龙湾和东、西瑁洲分布最多。共有 13 科，它们是沙珊瑚科、杯形珊瑚科、鹿角珊瑚科、滨珊瑚科、石芝珊瑚科、珊瑚科、蜂巢珊瑚科，枇杷珊瑚科、褶叶珊瑚科、裸肋珊瑚科、梳状珊瑚科、丁香珊瑚、木珊瑚科等，其种类达 100 多种。在三亚有着优越的环境条件更适宜珊瑚生长，三亚比海南岛各地都有纬度优势，它比北岸更偏南，气温平均 $19.6℃\sim20.8℃$，水温 2 月 $25.6℃$，8 月 $27.8℃\sim30℃$，适宜珊瑚生长。三亚多岬角、小岛基质多为硬质基岩，没有较大河流入海，保证海水水质清晰，有适宜珊瑚生长的盐度，$30‰\sim33‰$，透明度在 $10\sim19m$。本区珊瑚多分布在 $-8m$ 以内。海水内不论表层还是底层溶解氧都较高，一般情况下珊瑚不致缺氧。中国科学院南海海洋研究所调查的三亚珊瑚礁分布如图 12-4-1～图 12-4-4。

（5）红树林

红树林海岸是热带海岸特有的地貌类型之一，它的分布可以扩展到亚热带南部，我国广东、广西、福建、台湾及海南岛的低平隐蔽地段或河口、港湾内，其中以海南岛发育最好，种类最多，面积也最广。三亚市红树林主要分布于三亚河口和青梅河口地带，在河口地带由于土壤通气不良，盐渍生境以及风浪作用，使红树林有许多适应性的生理形态特征，如具有支柱根、呼吸根以及繁殖的胎生幼苗现象等，红树林生长在阳光辐射强烈的地区，因此，红树林处于高生产力的优势地位，年生产有机物估计值在 $350\sim500$ 克/m^2。红树林发育的根系着地牢固，成为绿色屏障，防风护岸，使陆地不断扩展。因此，红树

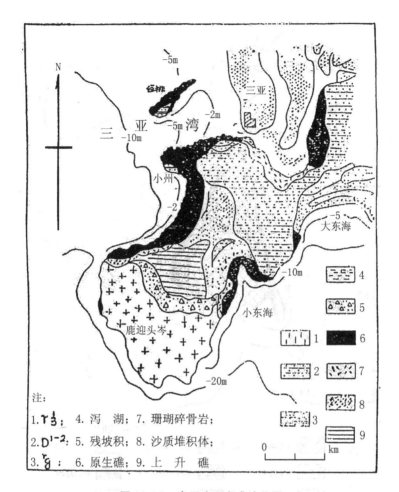

图 12-4-2　鹿回头珊瑚礁地貌图

直接参与了海岸的形成。

　　红树林的作用还不止在于此,更重要的作用还在于红树林为大量的虾、蟹、软体动物和其他无脊椎动物以及鸟类、蝙蝠等提供了栖息场所。红树林保护了珊瑚礁一类敏感的生物群落。红树林在许多国家占有重要地位,它维系着许多人的生计。三亚市红树林共有 14 科 22 种,占海南岛红树种类的 82％左右,占全国种类的 60％左右。这些种类是:

红树科:木榄、海莲、尖瓣海莲、角果木、红树、红海榄

大戟科:海漆

马鞭草科:白骨壤

紫金牛科:桐花树

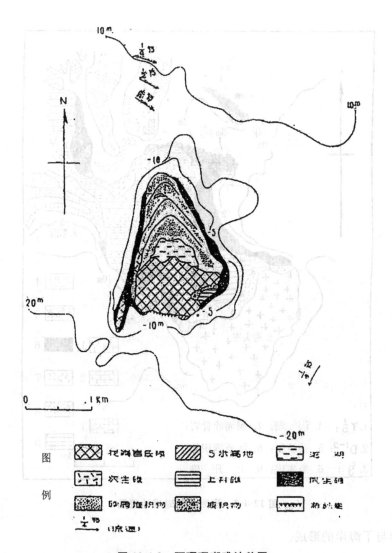

图 12-4-3 西瑁珊瑚礁地貌图

爵床科：老鼠勒、小花老鼠勒

使君子科：榄李、红榄李

棕榈科：木榔

海桑科：杯萼海桑

楝科：木果楝

梧桐科：银叶树

卤蕨科：卤蕨

玉蕊科：玉蕊

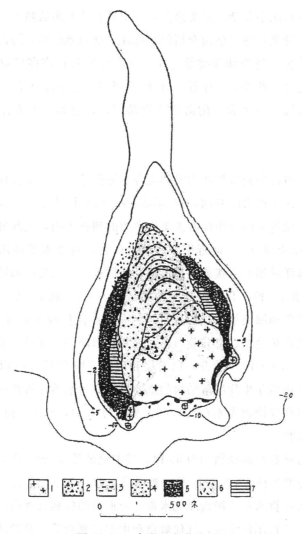

图 12-4-4　东瑁珊瑚礁地貌图

夹竹桃科：海芒果

锦葵科：杨叶肖槿、黄槿

目前，这两处红树林将拟建立保护区加以保护。

3）近岸海域生态系统状况

三亚市近岸海域地处热带海洋性季风气候，一年四季阳光充沛，季节性变化不明显，常年水温在 25℃～30℃之间，海水含盐量一般在 32‰～35‰之间，海洋生物区系属于印度西太平洋区的印度—马来亚区，是典型的热带海区。但海南岛西北部又属于印度西太平洋区的中国—日本亚区，是亚热带性质的。因此，三亚海洋生物区系复杂，种类繁多，除了具有绝大多数热带种类外，还分布着不少亚热带种类，除了前面介绍的红树林、珊瑚礁以外，海洋生物还有浮游植物、浮游动物、贝类和鱼类等。在三亚海域分布有许多名贵的食用水产品，药用动植物等。此外，三亚近岸海域中还分布着我国仅有的一些种类，因此，三亚近岸海域是一个天然的海洋生物基因库，也是热带海洋生物的科研基地。

（1）藻类

海洋藻类是海洋中初级生产力的创造者，海洋藻类能营光合作用、制造有机物，藻类是海洋生产力的基础，Westlake（1963）评述了全球范围的植物生产力，他指出：通过对海洋中浮游藻类生产力的调查表明，大部分海洋每年固定的碳量不到 50 克碳/m²，而近岸海域的生产力比这个水平高出 5 倍，这些藻类可以作为海洋动物的直接或间接饵料。据调查，三亚近岸海域中浮游藻类共有五大类 41 属 94 种，其中以硅藻种类最大，有 33 属 82 种，占总种数的 87%，蓝藻、黄藻和绿藻最少，均各有一属一种。优势种主要有垂缘角毛藻，远距角毛藻，假弯角毛藻、奇异菱形藻，尖刺菱形藻等。浮游藻类个体数量一般在 $4.8 \times 10^6 \sim 1.8 \times 10^6$ 个/升，以表层和中层，即水下 12m 以上的数量较多。种类多样性指数是生物群落结构的重要属性，是水质评价指标，三亚近海浮游植物种类多样性指数为 4.66～5.03，平均为 4.84，水质为清洁水。

（2）浮游动物

三亚近岸海域有浮游动物约为 59 种，其中桡足类 33 种，介形虫 3 种，枝角类 1 种，莹虾类 2 种，毛颚类 7 种，被囊类 8 种，主要优势种是桡足类的微刺哲水蚤、驼背隆哲水蚤、缘齿厚壳水蚤，介形类的针刺真浮萤、毛颚类的百陶箭虫，被囊类的长尾住囊虫，红住囊虫和中型住囊虫等。浮游动物总个体数平均值为 33645 个/100m³。在各类中，被囊类平均 13426 个/100m³，占浮游动物总数的 39.9%，居第一位；桡足类平均为 9500 个/100m³，占总数的 28.24，居第二位；介形类平均为 4826 个/100％m³，占总数的 13.34%，居第三位；其他各类所占比例较少。浮游动物多样性指数在 3.33～3.50 之间，平均为 3.39，均匀度在 0.61～0.74 之间，平均为 0.66，差值较小，该水域是清洁的，环境差异不大。

从以上浮游动、植物的种群及多样性指数分析表明，三亚近岸水域水质清洁，但由于人类活动的干扰，橡胶工业和糖厂污水 COD 偏高，生活污水总量达 900 万吨，污水排人三亚河和三亚湾，三亚河水质已属二类。三亚港和榆林港的油污染也相当严重，1989 年和 1993 年在三亚河及三亚港区水域曾发生类"赤潮"的水质异常现象。

（3）贝类

三亚市位于海南岛南端，气候条件优越，环境适宜，贝类资源相当丰富，据中国科学院南海海洋研究所谢王坎教授等在鹿回头及其附近的调查表明，共发现软体动物 178 种，分属双神经纲一科一种，腹足纲 30 科 122 种，瓣鳃纲 20 科 53 种，头足纲 2 科 2 种，除毛蚶、单齿螺嫁蛴等 4 种是在我国热带、亚热带和温带海区都有分布外，耳鲍、中华鲟蛴等 90 种是热带、亚热带海区共有的种类。此外，大马蹄螺、多种宝贝等 80 多种都是仅分布热带海区的种类。鹿回头团聚牡蛎是其优势种，在最密集处，团聚牡蛎的生物量高达 22.09 公斤/平方米。

在三亚近岸海域分布着约 100 多种贝类中，已知大多数是可以供食用或其他用途的。如鲍和扇贝都是珍贵的养殖食用贝类，鲍类还可以供药用，大珠母贝、合浦珠母贝、企鹅珍珠贝等，都是养殖珍珠的优良母贝。

（4）鱼类

三亚近岸海域中，鱼类种类也十分丰富，是我国海洋鱼类资源库。根据中科院南海海洋所 1986 年提供资料，海南岛海洋鱼类共有 569 种，其中三亚海区采到鱼类有 193 种，占总数的 50%。海南岛鱼类中有虎盗科、狗母鱼科、大眼鲷科、乳香鱼科、乌鲳科、蝠科、石鲈科、刺科、鳎科等，其中 90% 的种类都在三亚海区分布。这些鱼类中，很多都具有经济价值。如兰园参、鲐、沙丁、青鳞、公鱼、金花鱼、马鲛、鲳红鱼、石斑、红线鱼、金线鱼、蛇鳎鱼、鳗、咸、鲨鱼等，都是捕捞对象，据三亚渔场 1986 年统计，年产园参鱼、金色小沙丁鱼、骊鲛鱼和鲳鱼等共约 5000 吨。

综上所述，三亚近岸海域的生物资源十分丰富，生物种类繁多，经济价值高，是我国热带、亚热带海洋生物资源库，目前此海域虽然受到一定污染，但从整体来看，尚未受到明显的污染，目前仍属一级海水水域，从而保证了三亚近岸海域生态系统的良性循环和生态平衡。

2. 主要生态环境问题

三亚海岸带具有典型的热带特征，海岸带生态系统类型多样，是我国珍贵的自然景观集聚地带，也是海洋生物的天然基因库。自从三亚撤县建市以来，随着经济建设的发展，三亚市对海岸带资源利用的范围和强度都在不断加大，由于缺乏合理的规划，对资源的特性不很了解，因而带来了一系列生态环境问题，主要是：

1）珊瑚礁海岸受到严重破坏

珊瑚礁海岸在三亚的形成，是受地质发育、古气候的影响，其发展也与现代气候和海水条件相关，近年来更受到人为的影响。

如果能阻止人为的破坏，三亚的珊瑚礁是处于缓慢的增长过程中，而不似国外有些学者认为："……是处于强烈的破坏过程，现存的礁坪只是过去的残存部分"。对此，中国科学院南海海洋研究所黄金森等人（1966 年）曾做了大量的调查研究工作，他们认为：

首先，从造礁石珊瑚种属看，虽然本区已发现有一百多种造礁石珊瑚，但构成珊瑚礁的主要是滨珊瑚，部分地区见到蜂巢珊瑚、牡丹珊瑚和石芝，因此，从造礁石珊瑚种属上，看不出有"消退"的迹象。

其次，礁坪表面或水下的珊瑚碎屑堆积物，绝大部分是枝状珊瑚的碎屑，即，这些碎屑主要来源于珊瑚丛生带或礁坪低洼部分和沟槽中的活珊瑚，而不是从珊瑚礁中"提取"，因此，本区珊瑚礁并不是处于强烈的破坏过程中。

再次，从已有的海洋水文气象资料看，三亚珊瑚礁岸段，适宜造礁石珊瑚繁殖的因素基本符合。

就本区来讲，处于消退过程中的珊瑚礁，只限于东瑁岛和西瑁岛的南端。

但是，人为的干扰破坏日益加重，特别是浅水部分的珊瑚礁被破坏殆尽，1960 年到 1980 年期间，沿海地区有的乡镇企业还组织专业打石队伍，利用雷管、炸药乱采滥毁。前些年，每天有几十条船炸礁挖礁，就是在今年，我们在短时间的踏察中，每天都有几十起炸鱼毁礁事件发生。因此，在浅水部分人们很难看到珊瑚林，只有西瑁岛和东瑁岛还可以看到。在三亚河口对面的白排岛，由于礁采破坏和三亚河污水浓度不断增加，白排岛也只能看到珊瑚碎屑分布了。

2）红树林正在退化，有些地段已经消失

三亚市的红树林，几乎全部受到不同程度的人为影响。例如三亚河感潮河段的红树林、金鸡岭以下河段多被填埋，上面修建了房屋和道路，大茅河的红树林也呈断续点片状生存。就是现存的天然红树林，林龄也较小，有些地方可以见到被砍伐后遗留的树桩，有的直径达 1m 多。现有的红树林植物被利用来提取单宁的较少，人们常砍伐枝干作柴薪，或采摘鲜叶作绿肥，少数较大的枝干有用以作小农具，亦有利用幼嫩叶子作饲料。上述各种人为干扰，都影响到红树林的天然生长和更新。

　　3）海岸沙滩缺乏规划与管理

　　三亚的沙岸资源丰富，是区域海岸带中最具旅游价值的资源。区域海岸带沙滩长，质量高，具有开辟成海滨浴场的巨大潜力。然而，目前一些单位和乡镇盲目挖沙取土，向沙滩排放堆积污水、污物。例如三亚湾，各单位排污渠道盲目向沙滩排放污水，堆放垃圾污物，挖沙取土，使洁净晶莹的滨海沙滩一片狼藉，使人目不忍睹。

　　沙堤是三亚沙滩特有的地貌，是海滨沙滩的天然防护屏障，但是，目前对沙堤破坏较为严重，主要表现是挖沙，砍伐沙堤植物和在沙堤上建造房屋。海岸防护林对于保护海水和沙滩有着重要的作用，沙滩背后的砂生植被也是重要的沙滩资源之一，然而，防护林被轻易毁掉建房修路，沙生植被也被砍伐做薪材用？破坏了景观和沙滩的保护屏障。

　　4）城市污水排放对海域生态系统的影响

　　（1）污水排放对珊瑚的影响

　　珊瑚是热带海洋环境的标志，海南岛特别是三亚市近岸海域为造礁珊瑚的生长提供了良好的环境。集合在珊瑚礁海域的动、植物组成一个高度独立的生态群落，称为珊瑚群落，它是海洋生态系统中最复杂的群落之一，在生物多样性和复杂性上，它和热带雨林颇为相似，就其颜色、形态和漂亮程度而论，世界上或许没有任何一个自然区域可以与珊瑚礁相提并论。对于珊瑚礁这样一个自然的、复杂的综合体，它的存在和发展受到海底地形、海水动力学、海水物理化学和生物种群等多因素的控制。一个活的珊瑚礁总是处在不断变化状态之中，在正常情况下，它日新月异，不断战胜死亡，恢复青春活力，保持建设力量和破坏力量的平衡，在异常条件下，它的发展受到抑制，破坏力量逐渐超过建设力量，从而失去自身的平衡，遭到不断的侵蚀，最终导致毁灭。海南岛及三亚近岸海域为造礁珊瑚的生长提供了良好的环境条件，海水温度，二月份为 25.6℃，八月为 27.8℃～30℃，年温差 2℃～4.4℃，海水透明度良好，水深适宜，海水盐度为 33‰～34‰，海水溶解氧约为 4.5～5.0mg/l。基岩岸段分布广泛，为珊瑚的发育提供了合适的基底，如石英岸、花岗岩岸、玄武岩岸等都适宜珊瑚的生长成礁，而且在本区还发现部分珊瑚（石芝珊瑚、平脑珊瑚）生长在沙泥质的浅滩上，某些环境条件对环境珊瑚的生长也会造成不利的影响，造礁珊瑚是真正的海洋生物，不能生活在离正常海水盐度（32‰～35‰）范围太远的水中，由于暴雨使一些江河溪流汇入大海，冲淡海水，使珊瑚的生长受到破坏，水中沉积物不仅能使珊瑚窒息，而且还会堵塞珊瑚的摄食器官，还由于沉积物颗粒的存在，减弱水中的光强度，不利于虫黄藻的光合作用。因此，沉积物作用的海区珊瑚发展减缓，有时甚至停止。近年来，使珊瑚枯萎的又一个危险是石油矿物，农业废料和工业废水对海水的污染。污染区光照强度降低，磷酸盐抑制了钙化作用，增加了底泥负荷，废水排放使周围水域透明度降低，藻类覆盖度增加，而珊瑚物种多样性减少。这对珊瑚的生长是不利的，目前三亚河河口地区水质已达二类水质，并有继续恶化趋势，三亚河口外就是白排和鹿回头珊瑚保护区，这将对珊瑚保护区是一个最大的污染源，从目前所测海水透明度来看，也是很不理想的，河口外即三亚港口透明度只有 1.65m 了，因而可以说，白排的珊瑚礁由于河口污水不断排入，污染程度增加，已处于很难更新和正常生长的处境，而白排珊瑚礁未被划入自然保护区的核心区，也是值得研究和商榷的。

（2）污水对红树林的影响

红树林和珊瑚礁一样也是热带海滨独特的景观，红树主要生长在潮间带区域的高、中潮带，由于受到潮汐的影响，在高潮线附近的红树林常具有水、陆两栖现象，红树林是具有很高初级生产力的区域，红树林和珊瑚礁一样具有较大的生物种类的多样性，红树林海域海水中有鱼类、虾、蟹、软体动物、藻类等多种动、植物生存繁衍，许多珍贵鸟类、爬行类、哺乳类也常在红树林中栖息，而且有一些种类是红树林中特有的种类，如果红树林被毁，毫无疑问，它们也会随着红树林的消失而灭绝。红树林对生活条件有其独特性，由于其特殊的生理功能，对于恶劣的环境条件有很强的抵抗能力。红树林的土壤一般含有丰富的腐殖质，pH 值为 3.5～7.5，土壤特征还表现为含有高水分、高盐分、大量硫化氢、石灰物质和缺乏氧气。红树林的土壤由于氧气不足，水里的硫化氢还原土壤中铁化合物，形成各种水合硫化亚铁，因而使红树林的土壤中具有特殊的蓝黑色并有臭味。这样红树的根系处于缺氧环境，因而有些红树具有呼吸根来适应这种环境。红树的"胎生"现象也是抗盐的一种适应。总之，红树植物适应生长于海滩环境，从生理学、形态学上都有相应的表现，因此，对于河口、港湾红树林的保护不仅是植被景观，更重要的作用是利用其特有功能参与净化污水，并使之资源化，这是一举两得的好事。

对于从河流中，下游处排放生活污水，一般来说，对红树林是没有大影响的。污水中 N、P 物质正好增加红树的营养，因生活污水中没有有毒重金属的存在，即使存在，其数量也是微量的，而且通过实验表明，红树植物对某些重金属如锌、铅等有排他机制，可对重金属起到解毒作用。红树林的生存也保护了珊瑚礁一类敏感的生物群落。对红树林真正起到重大破坏，甚至是毁灭性"灾害"的是人们的连续不断的砍伐和近年来海洋中的油溢污染，虽然红树林对石油污染有一定的抗性，但终究逃不脱死亡命运。因此，只要按标准排放，注意对水质的监测，那么污水排放是不会对红树起到破坏作用的，而保护红树林最重要的是制止人们的乱砍滥伐和减少溢油事故的发生。

（3）污水对海洋贝类的影响

目前在三亚市近岸海域生存着大量贝类，三亚市近岸海域有着丰富的贝类资源，污水排放是否会对贝类产生巨大影响呢，现以珍珠贝和鲍为例说明。

大珠母贝是一种最大型的珍珠贝类和重要的海产经济动物，我国已经把大珠母贝定为海南开发利用的十大项自然资源之一，大珠母贝只栖息在热带、亚热带海区，自然的分布范围受海洋环境的限制，对某些生活条件的要求相当严格，如对海水温度要求有一定的范围，经鹿回头热带海洋生物实验站研究，大珠母贝整体适温范围为 20℃～35℃，15℃的低温和 40℃的高温是大珠母贝濒临死亡或致死的温度，目前三亚海滨海水温度完全能满足大珠母贝的要求，而且污水排放也不会对水温有大的影响。大珠母贝生活的海水比重为 1.0227～1.0232，盐度约为 32‰（电导率为 49.7～51.9），向海水加了混淡水进行的实验观察中发现，当海水与淡水比例为 5∶1 时，比重下降到 1.0188～1.0191，电导率下降到 42.8～44.5，盐度 S＝28‰～30‰时，贝壳动作减少，但保持开壳交换水流状态，也就是说，当淡水混加到海水中的量达到 1/5 时，大珠母贝才对海水的变化开始有所反应，由于海水不断变化，不断进行稀释扩散作用，整个三亚市污水排放期间，远未到达 1/5 的程度，当然排污口附近的 0.5km² 可能会受到一定的影响。海水中的溶解氧是大珠母贝进行气体代谢所必需的，它不但不断地消耗溶解氧，还要求海水中有起码的含存量，幼贝代谢机能旺盛，比成体高 2～3 倍多，所以按重量计，幼贝要求溶解氧的量比成体多 3 倍左右。实验还表明，大珠母贝幼贝或成体在海水溶解氧含量为 3.0ppm 以上才适合大珠母贝正常生活，并且，低到 1.0ppm 以下时便会很快因缺氧而死亡。又据郑建禄等人对"珍珠贝的育苗池，潮水养殖池与养殖海区的营养盐的初步研究"指出，1988 年夏季和秋季连续三天分别测定每天潮沙，高潮与低潮时潮水养殖池以及养殖海区的表层海水中营养盐含量，发现各营养盐含量在潮涨潮落时的变化范围是：

夏季：$PO_4^{3-} - P$ 0.0186－0.069mg/L

秋季：0－0.036mg/L

夏季：NH_4^+－N 0.001－0.016mg/L

秋季：0－0.045mg/L

夏季：NO_2－N 0.002－0.010mg/L

秋季：0.003－0.016mg/L

夏季：NO_3－N

秋季：0.064－0.595mg/L

硝酸盐和亚硝酸盐含量夏季值比秋季值稍低，硅酸盐和铵盐含量夏季值比秋季值低1～2倍，这主要是海水中夏季浮游生物繁殖季节而消耗大量营养盐的结果，并认为这种海水能调剂其营养盐含量的平衡，适应大珠母贝的繁殖和生长。

在三亚近岸海域还生长一种很名贵的贝类就是鲍鱼，鲍鱼实际上不是鱼，而是一种贝类，是很珍贵的海产品，自古以来就被列为八珍之首。纯的贝壳称"石决明"是名贵的中药材，全世界有100余种，我国已发现有7种左右。鲍鱼匍匐生活，栖息于潮流畅通，水质清晰，海藻丛生和岩礁狭缝或岛屿峡角处，在其周围往往有藤壶、牡蛎、石灰虫、苔藓虫等。在河口附近因有大量淡水注入，透明度低和软泥质底质，不利于鲍鱼的栖息，在三亚的鲍鱼一般是杂色鲍为主，它要求繁殖的水温25℃左右，要求水流畅通，流速不小于30cm/s，海水盐度30‰～32‰，pH值7.9～8.1，溶解氧不低于5mg/L，三氮适中。

珍珠贝的养殖区主要位于鹿回头半岛的西侧与珊瑚礁保护区是紧密相连的，而珍珠贝要求的环境条件不会高于珊瑚所需要的海水水质条件，因此，珍珠贝与珊瑚共存，共发展，只要确保鹿回头珊瑚的海水水质要求，珍珠贝也能得到满足，如果海水水质恶化，危及珊瑚的生长，那么，珍珠贝的命运也很难预测。

鲍鱼保护区是在南山岭附近，根据鲍所要求的生态条件，目前此区还能满足，但根据三亚规划，此区将建油码头，油污染不可避免，由此可使海水溶解氧降低，这是对鲍生存的最大威胁。

3. 海岸带生态环境保护规划

1) 基岩海岸环境保护规划

三亚市的硬质基岩岸多分布于半岛，岬角以及岩石岸组成的岛屿周围。基岩岸的存在使得三亚市海岸带上的景观更具异质性和多样性，因此，基岩海岸的保护规划是三亚市海岸带整体规划的重要组成部分。按三亚市总体规划要求，三亚市将建成国际旅游城市，作为国际旅游城市的基岩岸保护的程度，会直接影响三亚市整体景观。对三亚市的基岩岸带实行生态保护规划，基岩岸的陆域部分（潮上带）搞好绿化，潮间带及潮下带的水域部分根据不同情况，保持不同的水质，达到保护基岩岸水域生态系统的目的。依据基岩岸的位置、形态和生态特征，把三亚市的基岩海岸分为三类保护。

（1）一类基岩岸带位置、范围和功能区划

一类基岩岸保护带主要有牙龙湾的野猪岛、东排、西排、鹿回头至榆林角、东瑁洲、西瑁洲等。一类基岩岸线全长合计约为 19.7km，在一类基岩岸的水域部分正是珊瑚礁分布的地方。在一类基岩岸的陆地部分即潮上带 200m 的范围内的生态系统应划为珊瑚区的缓冲带加以保护。在陆地上首先保护现有植被，并逐步采取人工植树的办法增加植被覆盖度，使植被覆盖度达到 100%。在绿化中草、灌、乔适当配置，立体绿化，发挥其生态功能和景观作用，在此范围内不准许放牧和耕种，原有耕地应退耕还林，不准填海造地。保护了陆地生态系统，也就保护了基岩岸，从而减轻了由于自然因素的破坏，减少了陆地的地表径流对海水的污染，这对于保护一类基岩岸水域尤其对珊瑚等海域生态系统极为有利。在一类基岩岸的潮间带，分布有许多不同类型的海蚀地貌，这些海蚀地貌的存在不仅是海岸景观，也是重要的旅游资源，在此地带为不准炸岸，不准挖沙取石，不准搞人工建筑。

（2）二类基岩岸位置、范围和功能区划

二类基岩岸保护带主要有蜈支洲、后海岭牙龙半岛、东洲和西洲等，岸线全长约为 16.5km。在二类基岩岸周围也有一定的珊瑚礁存在，但不如一类基岩岸周围的珊瑚礁长得好，因而也未划定为珊瑚礁保护区。但从二类基岩岸的形态位置上看仍是重要的岸线，二类基岩岸主要保护的是近岸海岸景观，是开展海滨旅游的重要场所，也是近岸海域生态系统的组成部分。对二类基岩岸的陆地部分，潮上带 100m 范围内的生态系统加以保护，恢复植被，并使植被覆盖度达到 100%，保护陆地生态、减少地面径流对海岸带的冲刷和对海水的污染，在不损害基岩岸和不污染海水的情况下可以适当开展旅游等开发活动。对于基岩岸本身所特有的地貌景观如后海岭的海蚀地貌应重点加以保护，而且在本区范围内不准开山取石，人工建筑要与景观协调规划。

（3）三类基岩岸带的位置、和功能区划

三类基岩岸带主要有牙龙岭、虎岭、虎头岭、南山岭等，岸线长约为

24.5km，三类基岩岸带为一般的保护带，在一般保护带主要保护该地区的生物多样性及海岸景观的完整性，保护带范围即潮上带要有 50m 宽的保护带，在该带内要尽可能恢复植被，使植被覆盖度达 80% 以上。

2）珊瑚礁生态环境保护规划

为保护我国近岸海域珍贵的海洋生态系统——珊瑚礁，国务院已于 1990 年 9 月正式批准建立了国家级三亚珊瑚礁自然保护区。

（1）三亚珊瑚礁保护区的位置、范围和分区

位置与范围：保护区位于三亚市沿海，东经 $109°20'50''\sim109°40'30''$，北纬 $18°15'30''$ 的范围之内，海域面积为 55.68km²，整个保护区分三个部分。

· 鹿回头半岛——榆林角（如图 12-4-5 所示）：

东经 $109°29'25''$ 北纬 $18°13'50''$

东经 $109°28'46''$ 北纬 $18°13'55''$

东经 $109°27'20''$ 北纬 $18°12'20''$

东经 $109°29'00''$ 北纬 $18°10'30''$

东经 $109°30'40''$ 北纬 $18°12'10''$

东经 $109°31'30''$ 北纬 $18°12'10''$

东经 $109°32'40''$ 北纬 $18°12'00''$

东经 $109°32'21''$ 北纬 $18°13'00''$

这一区海域面积 18.92km²，陆域划界为沿岸最高潮位线向陆 30m，沿岸划出一快 60×50m 的陆域作为保护站用地，其中核心区面积 9.65km²，缓冲区面积 127km²。

· 东西瑁洲区（如图 12-4-6 所示）

东经 $109°21'30''$ 北纬 $18°15'30''$

东经 $109°20'50''$ 北纬 $18°13'00''$

东经 $109°25'20''$ 北纬 $18°12'25''$

东经 $109°25'50''$ 北纬 $18°13'00''$

这一区海域面积 28.64km²，陆域划界为沿东瑁洲四周沿岸最高潮位线向陆地 30m，另从陆域划出 100×50m 作为保护站用地，核心区面积 5.85km²，缓冲区面积 22.79km²。

——牙龙湾区（如图 12-4-7 所示）

东经 $109°37'20''$ 北纬 $18°13'00''$

东经 $109°37'20''$ 北纬 $18°12'30''$

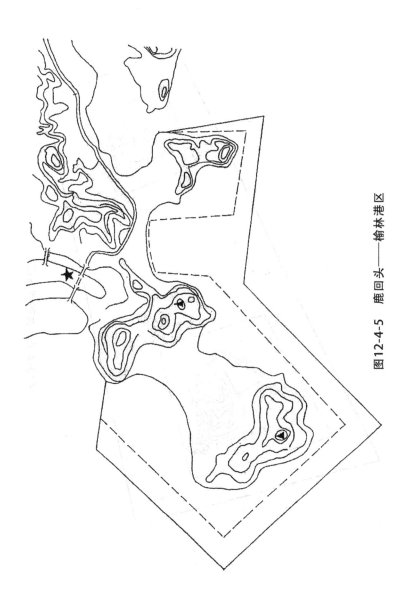

图12-4-5 鹿回头——榆林港区

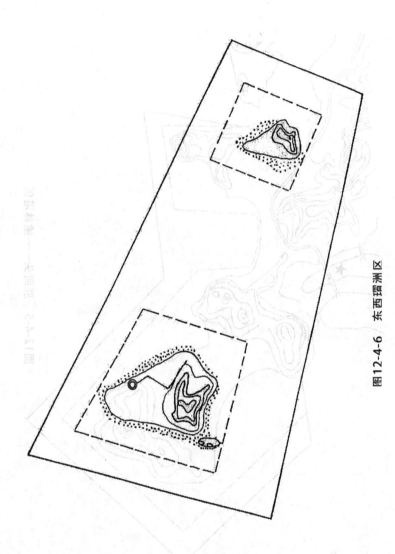

图12-4-6　东西琯洲区

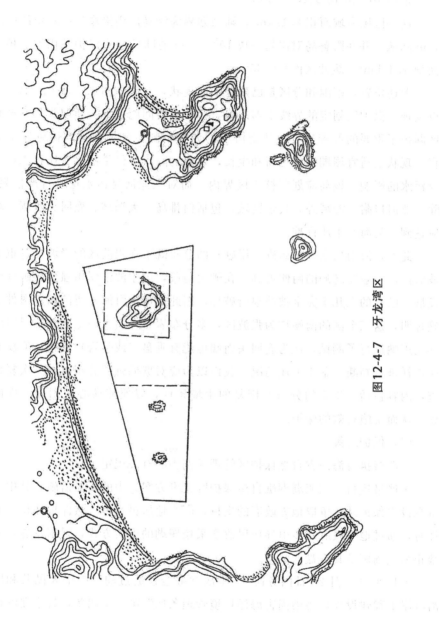

图 12-4-7　牙龙湾区

东经 109°40′30″北纬 18°12′30″

东经 109°40′10″北纬 18°13′50″

这一区域海域面积 8.12km²，陆域划界为沿岛四周沿岸最高潮位线向陆地 10m 陆域，并在野薯岛对岸划一块 100×40m 的陆域作为保护站用地，核心区面积 1.47km²，缓冲区面积 6.65km²。

上述位置，范围和分区是已建保护区现状，对照如图 12-4-1～图 12-4-4 可以发现，保护区划定的界线不够准确，存在主要问题如下：鹿回头——榆林角区漏掉了重要的珊瑚礁群。从南海所的调查资料可知，白排岛棚礁曾十分发育，现状也适宜珊瑚礁的更新和生长，主要的障碍条件是乱采滥炸和三亚河排放污水的影响。该岛应划归核心区界内。而对三亚河排污水量进行严格限制，除三亚河口附近海域外，其余区域，包括白排岛、大洲岛、鹿回头西侧区域均应达到一类海水水质标准。

此外，海南岛南岸的裙礁（岸礁）的分布既不在强波区的岸坡上，也不在波影区，一般在岛屿的两侧见到。在岬角地段，由于波浪作用强烈，礁坪难以发展，已有的也几乎完全被波浪所破坏，因此，从南海海洋所的调查图件已明确标明，这三个区的南端均为强波区，多分布岩石，而无原生礁分布。同济大学用声呐进行了测试，认为鹿回头南端可能有礁盘（或基岩）分布，但没有对照取样进行判断。鉴于上述情况，我们以为应对珊瑚礁的分布再做一次复核调查，内容包括原生礁的分布及恢复的生境条件，以便使核心区划分的准确无误，从而实施有效的保护。

（2）保护对策

· 严格执行海南省自然保护区管理条例中的有关规定

· 严格执行《三亚珊瑚礁自然保护区建设方案》中的主要措施，其中特别重视设立保护站，争取地方政府的支持，向当地居民宣传自然保护知识，有条件时，通过地方政府逐步引导居民改变采挖珊瑚的生活方式，限制及逐步完全禁止采挖珊瑚及其礁盘的活动。

· 1990 年 5 月 25 日国务院第 61 次常务会议通过的"中华人民共和国防治海岸工程建设项目污染损害海洋环境管理条例"第二十四条，禁止在红树林和珊瑚礁生长地区建设毁坏红树林和珊瑚生态系统的海岸工程建设项目。第十条也明确说明，在其界区外，建设海岸工程建设项目，不得损害上述区域环境质量。因此，在三亚市海岸带的各项工程建设应当严格遵循此项法令，保护珊瑚的正常生长发育。因此，对三亚市近岸珊瑚首先是做好保护工作，与此同时可适当开展珊瑚资源等科研活动，所开展的科研工作其目的也是为了更有效地保护珊瑚。

· 为保证珊瑚礁海域的水质符合一类标准，三亚河、大茅水应少排污或不排污，三亚河和大茅水都是流经城市中心的河流，排污有损于城市的景观。如近期还须排放污水，应保证白排岛和大洲岛以及榆林角附近海域水质达到一类海水标准，以此为阈值，反推计算三亚河和榆林港允许的纳污量，只有这样才能保证国家级自然保护区的真正存在。

· 珊瑚礁保护区的核心区要严禁一切无关人员进入，必需的游览区可限定游览路线、游览方式和游客数量，禁止一切经营性活动；缓冲区可以进行游览、教学、科研和一些对核心区没有冲击和没有潜在冲击效应的活动。

3）沙岸生态环境保护规划

三亚市沙岸可占三亚市整个海岸带的 60％ 以上，三亚市的海滨沙滩由几百米到数千米不等，其宽度可达 30～80m，细沙坡缓，水清浪平，具有建立海滨浴场和避寒度假胜地的天然优越条件。目前，大部分海岸带沙滩之上有不完整的天然的和人工防风固沙林，海滨防护林保护沙滩海岸完整至关重要的作用，没有防护林就没有洁白、干净、整齐的沙滩。因为没有防护林，必然加大地面径流，冲刷泥土会使沙滩泥化。已有的天然或人工防护林体系也很不完全，林木物种单一，主要以木麻黄为主。沙岸带保护规划的目的是保护沙岸景观的形态，维护沙滩的优美，保护沙岸带生态系统及其生物多样性，为使沙岸永续为人类造福，把沙岸也分为三类进行保护规划。

（1）一类沙岸保护规划

一类沙岸主要分布在牙龙湾、大东海、小东海、天崖湾等。一类沙岸要求海水高质量，海水水质为一类水质，在一类沙岸带不准任意排放污水和堆放固体废弃物，不准人为破坏沙岸景观形态，在沙滩后 200m 范围内不搞永久性建筑，保护海滨自然景观特征及完整性。

搞好海滨沙岸的防护林体系，选择以椰树为主的热带树种，尽可能使树种多样化，花卉和草坪兼而有之，保护海滨沙岸带的生态系统，建造热带滨海景观。搞好沙滩背后的沙堤绿化和保护，选择种植适宜树种如木麻黄等防风固沙并成为沙滩的良好背景。

（2）二类沙岸保护规划

二类沙岸主要分布在三亚湾、海棠海等地，二类沙岸要求海水水质相应较低，为 1～2 类水质，在沙滩后 100～200m 范围内不搞永久性建筑，同一类沙岸一样要求进行绿化带建设，同样也要搞好沙堤的保护和绿化。

（3）三类沙岸保护规划

三类沙岸主要分布在崖州湾、红塘湾、塔岭湾等地，沙滩后 50~80m 内不搞永久性建筑，相应海水水质可降为 2 类水质，同时也要注意沙堤的保护和绿化。

4）河口保护规划

三亚市大小河流有十几条，重要的河流有 6 条，这些河流全部流入海洋。河流与海洋交界处形成沙洲河口、泻湖等，河口地带成为接纳河流上游及河口周围污染物的场所，因而河口也是近海的排放出口。河口排出的水质好坏直接影响近岸海域海水的质量及河口、近岸海域生态系统状况。河流对近岸海域环境污染的主要贡献是河流搬运固体物质，它是近海区沉积物的主要来源之一，其危害是使港口回淤。不合理的城建和水工设施也引起河段泥沙淤塞，并且降低了海水透明度。河流还为海洋输送大量的溶解物质，这些溶解物质一方面为海洋浮游生物提供它们生活所需的营养盐类，另一方面，由于营养盐类过剩，以及工业污水引起河口水质和底质污染，对河口生态统造成极严重的威胁，甚至出现"赤潮"，也使旅游资源大为逊色。因此，必须重视开发利用的前期工作，以河口区为整体进行综合性的环境规划。

（1）河口环境规划目标

根据目前三亚河流水质污染状况已经达到地面水二类水平。随着三亚旅游业的发展，人口增加，如不重视河口的环境保护，污染还会加重。又根据三亚市整体规划要求，河口水质指标定为二类水质。

（2）河口区环境规划措施

·点源污染控制

生活污水及工业废水施行总量控制排放，以保证河口区水质不低于二类水质，临时建筑废水实行集中沉淀，减少水中悬浮物，达标后排放。

·面源污染控制

在河口的水力侵蚀范围内，实行全面规划，综合治理，建立水土流失综合防治体系，河口两侧（河水所达最高点为起点）50~100m 范围内，减少农业耕作，已有的农田逐步退耕，植树种草，恢复植被。河口两侧 100m 范围以外的农田，根据不同情况，采取整治排水系统，修建梯田，蓄水保土等耕作措施，减少 N、P 等污染物向河口区排放。

5）红树林的保护规划

红树林这一特殊的生态群落，因其用途甚广，在世界各地都不同程度地遭到破坏，人们一般都利用其直接效应，如红树林可做燃料，而红树林又生长在人口稠密、燃料紧张的海滨，因而红树林经常受到当地居民的砍伐。有些红树种类可以做建筑材料，有些还可以用做香料，或提炼药物，有的可以食用，有的可制作纸浆，提取烤胶。我国台风盛行的沿海地区红树林的防护作用相当明显，如果毁林则堤崩滩面缩小，危害良田。由于红树林的存在，使红树林生态系统保存了更多的生物多样性，三亚红树林只分布在三亚河东、西两河沿岸和青梅港等地，从近年来红树林群落的情况来看，群落是由复杂向简单，从乔木向灌木方向演替，对于防护塌岸、增加水产资源等，效能逐渐下降，三亚市红树林目前的状况与未来三亚市将成为国际旅游城市所不符。目前三亚市已把青梅港和三亚河的红树林划为市级保护区。

（1）红树林保护区位置和范围

青梅港红树林自然保护区，位于田独至牙龙湾的青梅港，东经 109°36′36″北纬 118°13′43″，面积为 155.67hm²，1989 年 1 月划为市级红树林保护区。

三亚河红树林自然保护区，位于三亚河两岸，面积为475.8hm²，三亚市政府于 1990 年划为市级红树林自然保护区，从目前状况看，红树林保护工作不是很好。

（2）保护对策

·逐渐完善红树林自然保护区

目前红树林虽然已正式划为市级红树林自然保护区，但是保护区的机构、人员、经费都没有落实，保护红树林处于不利形势，红树的乱砍滥伐仍时有发生，应尽快落实人员编制，首先是保护起来，然后再开展其他工作。

·红树林的保护应与城市绿化带建设结合

根据三亚城市总体规划中城市绿地系统要建成三条绿带，以三亚河为轴线，开辟三亚公园、儿童公园、水上公园、体育公园、金鸡岭公园以及小游园，沿河绿带等形成有多种类型的三亚河绿带。因此，在三亚河两岸大力营造适宜的红树树种是一举多得的举措，沿三亚河所建各类娱乐场所都以城市绿化带和红树林为背景，红树林本身也将成为三亚市这一国际旅游城市的一大景观，此外，红树林还能起到防风、防潮、防浪、护滩、护岸、保护生物多样性等作用。三亚河两岸红树林带宽度均在 30m 以上。

·红树林自然保护区的建设与科研相结合

这一工作要争取科研单位参加，可以设立国家科研专题，国家级科研单位与地方结合，如在物种优选方面，植被恢复方面，红树物种与污水净化，改变环境方面，可有许多课题要深入研究，逐渐增加红树林覆盖率，扩大保护区。

·红树林自然保护区的建设与资源开发相结合

在将来红树林生态系统得到恢复后，在不破坏红树林生态系统平衡的条件下，开展红树林旅游，还可以在红树林区修建海滨公园，疗养场所，开发红树产品，使红树林自然保护区走向良性循环轨道。

6) 近海鱼类资源保护规划

三亚近岸海域有优越的自然条件，水温高水质好，陆上河源源不断送来丰足的饵料，海洋鱼类资源十分丰富。主要经济鱼类、虾类等三四十种，为使近岸海域不断地向人们提供渔产品，必须做好近岸海域的环境保护规划。

(1) 保护近岸海域水质不受污染

除河口地带排污管的排放口周围可以允许海水水质为二类外，要保证三亚近岸海域水质为一类或接近一类，只有这样才能使三亚市近岸海域的生态系统保持良好状态，重要的鱼类以及其他水产品有一个产卵、繁殖、生息的良性生态环境。

(2) 控制近岸水域的渔业捕捞强度和捕捞量

发展远洋及外海渔业，防止近岸水域水产品类的资源枯竭。

(3) 发展近海水产养殖业

发展近海水产养殖业，特别是发展名、特、优海产品的养殖，在各养殖场的生产中注意维护海水水质，处理好近岸各类网箱养殖中的人工投饵问题，过量的残饵会造成水质恶化，不仅会使网箱海产品死亡，也会使整个水生态系统因水体污染而被破坏。

7) 建立鲍鱼自然保护区

为保护这一珍贵的贝类资源，早在1983年6月，当时的崖县政府在红塘到南山角一带建立鲍鱼保护区，自建立鲍鱼保护区以来，鲍鱼的保护一直不够得力，为拯救这一珍贵资源，应对鲍鱼保护区加强管理。

·位置和范围：东起红塘湾的西部东经109°15′，西部南岭南山角东经109°13′，北起自沿岸边，向南深入到海域为5km即北纬18°16′，面积约为67hm²。

·保护目标：保护以鲍鱼为主的珍贵贝类资源。

·保护措施：完善保护区的机构，落实人员编制和经费来源，发展以鲍鱼为主的水产养殖业，利用保护区这一地区的优越条件、良好的水质，开展鲍鱼养殖业，并与国内有关科研单位合作，近期完成鲍鱼资源、量和生态环境的调查，预测鲍鱼的发展前景，制定鲍鱼增殖计划。远期可以考虑与旅游相结合，开展水下景观旅游，通过鲍鱼的养殖和水下旅游活动，使保护区经费逐步达到自给是完全可能的，使自然保护与经济效益结合起来。

8）珍珠贝的保护规划

鹿回头半岛已划为国家级保护珊瑚的自然保护区。在这个保护区内的鹿回头的北部，坐落着中国科学院南海热带海洋生物实验站，在实验站的近岸海滨，海洋生物种类繁多，约有一千多种，并且含有不少经济价值很高的海产动物、植物，世界上四种最重要的珍珠贝类——大珠母贝、合浦珠母贝、球母贝、企鹅珍珠贝在鹿回头都有自然分布，并经人工繁殖，用以养殖生产高质量的海洋珍珠。在此还成立了广东珍珠研究开发基地和海南珍珠开发研究中心，自 1987 年冬季开始销售珍珠系列产品，至今接待游客共约 30 多万人次，累计销售额共达近千万元，据目前观测，珍珠贝的养殖不会造成对珊瑚及其他海洋生物的威胁，反而为保护珊瑚等海洋生态系统做出了贡献。因此，可以继续存在和发展，并纳入三亚市近岸海域的环境规划之列，继续发展、扩大，并以此带动其他各业的发展。应贯彻的原则是：

•自然保护的原则

按照持续发展的生态学最新要求，把鹿回头自然保护区和市场建设科学地结合起来，对海岸加以必要的改变，进行积极的保护，建设一条保护带。把岸边绿化带、护堤沟、防护堤和珠宝商场结合在一起，以市场管理、保养保护带、保证其持续发展。

•与旅游结合施行开放原则

建成一条独特的旅游商业街，把全部珠宝商场建在岸边并掩映在绿化带之中，每座珠宝商场拥有一个单元的保护带，并认真管理，在保护带建护堤沟并吊养珍珠供游人参观。

•与生产结合的原则

现在鹿回头湾每年都有海洋养殖珍珠生产，能生产质量最好的大珠母贝，大型养殖珍珠和合浦珠母贝珍珠以及象形珍珠。随着市场的发展，可以在三亚湾大量扩大养殖面积和生产规模，用最新科技成果大力发展养殖珍珠生产，同时，用珠宝加工不造成污染的特点，不断发展珍珠系列产品。

•与科技结合的原则

依照科技改革要求，落实科技改革政策，把鹿回头国际珠宝市场纳入科技市场体制，使珍珠贝的生产、育种、产珠在科学指导下进行。

12.4.2 规划结论

（1）海岸带由于生境类型复杂，生态环境脆弱，人类开发强度大，破坏严重，是进行生态规划的重要区域之一。

（2）海岸带的生态规划必须在对各种组分的生态学基本特征，和相互关系进行充分调查研究的基础上进行，要严格遵守人与自然共生的基本法则。

（3）海岸带规划要重视对景观组分生态功能的修复，也要重视其美学景观的再现，为人类合理利用海岸带资源打好生态可持续这一基础。

第13章 生态文化规划

13.1 目的要求与基本特征

13.1.1 目的要求

生态文化是人与环境和谐共处、持久生存、稳定发展的文化，是物质文明和精神文明在自然与社会关系上的具体表现，是一个地区生态建设作用力的源泉。生态文化的研究和传播是一项有益当代、惠及子孙的事业。生态文化建设的主要目的是建立完善的法规体系和健全的管理体制，普及生态科学知识和生态教育，培育和引导生态导向的生产方式和消费行为，形成提倡节约和保护环境的社会价值观念，塑造一类新型的企业文化、消费文化、决策文化、社区文化、媒体文化和科技文化。

在生态文化建设过程中，要将其融入社会主义精神文明建设中，这样不仅可扩大生态文化的外延，而且可使全社会树立起建设生态城市的共同理想和坚持可持续发展的共同信念，实现公众、企业、决策管理者生态文化程度的显著提高，在全社会树立起"破坏生态环境就是破坏生产力，保护生态环境就是保护生产力，改善生态环境就是发展生产力"的生态观。

13.1.2 基本特征

生态文化属于生态科学，主要研究人与自然的关系，体现的是生态精神，是一种新型的管理理论，它包括生态环境、生态伦理和生态道德，是人类解决自身与自然关系的思想观点和心理的总和。"生态文化"不仅是自然性的，也包含大量社会性的人文内容，它反映了人与环境间的物质代谢、能量转换和信息反馈关系中的生、克、拓、适、乘、补、滞、竭等关系，也是人类社会发展的必然结果。

生态文化是环境友好、资源高效、系统和谐、社会融洽的社会文化，其核心是人与环境共谐共处、持续生存、稳定发展。生态文化不同于传统文化之处在于其综合性、整体性、适应性、俭朴性和历史延续性，它旨在处理好局部与整体、眼前与长远、竞争与共存、开发与补偿间的关系。

13.2 基本原理与内容规范

13.2.1 基本原理

目前，人们已经认识到了各种环境危机，并积极采取制定环保政策、推行环保措施等手段来解决。的确这些做法标志着人们环境意识的觉醒，但是，对于建立人与自然的和谐关系这样一个终极目标，人类还只是走出了第一步，要从根本上解决人与自然的各种矛盾，人们必须首先解决思维深处的观念问题，否则人类面临的环境危机将不会消失。而生态文化恰是使人们从思维深处改变环保观念的有力工具。因为生态文化作为人类适应环境的一种对策，可使人们的意识形态、思维方式、宗教信仰、人文关怀诸方面都会相应地产生许多根本性的变化，这些变化又会反映到人类社会的生产方式、消费方式、休闲方式、人类社会的制度构架等诸领域。这个过程将是一个艰难而曲折的转变过程，也许还是一些人并不情愿去转换的过程，但为了人类社会的可持续发展，我们必须冲破一切艰难险阻，加强生态文化建设。

我们在人类生存危机面前做出生态文化建设的选择，首先就是在接受一种生态伦理，一种和旧的工业社会伦理学具有根本区别的新型伦理。作为生态文化核心的生存伦理，在理论上要确立自然界的价值和自然界的权利，而不是像工业社会的伦理那样，把自然作为任人类宰割和奴役的对象。这种伦理在实践上要求人类保护地球上所有的生命形式，保护文化的多样性和自然的多样性，保护人类的权利和其他生命形式和自然界存在的权利，而不是以人为尺度来处置自然，不是固守工业社会的人类中心主义。

生态文化建设对于城市的可持续发展尤为重要。目前，各地城市建设的目标已从一维的社会经济繁荣走向三维（财富、健康、文明）的复合生态繁荣。在这"三维"中，一是财富，包括经济资产和生态资产的持续增长与正向积累；二是健康，包括人的生理和心理健康及生态系统服务功能与代谢过程的健康；三是文明，包括物质文明、精神文明和生态文明。这三者中，财富是形，健康是神，文明则是本。城市生态建设必须从本抓起，促进形与神的有机统一。城市不仅是一个物质环境的实体，还是一个社会文化环境的实体，社会文化环境相对自然环境而言是一种更深层次，更复杂的环境体系，良好的社会文化环境是一种更高层次的追求。生态文化是社会文化环境体系的重要组成部分，一座城市要提升其文化氛围和文明程度，必须大力发展"生态文化"。

13.2.2　内容规范

1. 调查规划地区文化背景；
2. 判定主要问题和具体目标；
3. 确定生态文化建设指标体系；
4. 编制规划。

13.3　规划框架与方法

13.3.1　规划框架

生态文化规划框架如图 13-3-1 所示。

13.3.2　方法

首先对规划地区的历史文化背景、社会习俗、生产方式、消费习惯、人口素质、法律法规、教育体系等进行必要的调查了解，然后从中找出当地生态文化领域存在的不足和优势，并结合当今的时代潮流，制定相应的规划目标和实施措施。

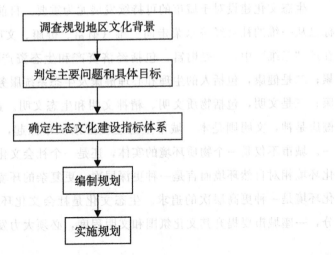

图 13-3-1　生态文化规划框架

13.4　案例概况与规划结论

13.4.1　案例概况部分

本部分以蚌埠市蚌埠新城综合开发区的生态文化建设为例，说明生态文化规划的方法与步骤。

1. 蚌埠新城综合开发区概况

蚌埠新城综合开发区位于蚌埠市东部，是蚌埠市新近批准的开发区，目前正处于建设之中。该区地处黄淮海平原与江淮丘陵的过渡地带，处于江淮分水岭的末梢。境内以龙子湖为中心，周边以平原为主，南部散落丘陵。该区总面积 46.9km²，人口近 3 万，目前区内工业企业较少，门类不全，随着该区功能定位明确，大部分农业和小型企业也将转型或转产。

2. 形式和方法

1) 生态文化的建设要从宣传教育入手

从不充分的工业化过渡到"生态文化"要从宣传教育入手，主要是通过普遍实施"生态教育"。因为人与自然和谐观是人类面向未来的一种生态文化的价值导向，不可能自发相生，需强化教育才行。

生态教育的核心是树立正确的生态价值导向和行为方式。教育内容包括生态系统、生态健康、生态安全、生态价值、生态哲学、生态伦理、生态工艺、生态标识、生态美学、生态文明等；使人们的价值取向从金钱、功利主义转向社会的富足、文明与健康；生产方式由资源掠夺转向自然生产力与社会生产力的和谐统一；消费行为从眼前利益转为在空间上共享和时间上的合理分配；教育方式包括学校教育、社会教育、职业教育等，可采取灵活多样的教育方式，如：课堂教育、实验、启发、媒体宣传、野外考察、生态旅游、案例示范、生态知识大赛等普及生态知识，用"影视广播、报刊杂志、博物展览、学术活动、科学普及、街头板报、戏剧小品"等大众喜闻乐见方式，营造浓厚生态文化氛围，促进社会大众心灵深处滋生珍爱万物生灵的生态责任感。主要教育形式如下：

（1）学校教育要广泛开展生态基础教育，优化教育结构，倡导建立绿色学校。把生态知识纳入素质教育和义务教育的必修知识，使下一代从小就具较强的生态意识，进行"幼儿园—小学—中学—大学—研究生"系列课堂规范教育；高等教育要加快大众化进程，生态哲学、生态伦理和生态文明也要作为高等学校的普修课程，逐步增强广大受教育者生态文化建设的参与能力。

（2）社会和家庭教育要注意普及生态知识。各级各类党校、干校、职工学校、市民学校等在加强社会公德、职业道德、家庭美德教育的同时要普及生态知识，把生态文化建设与"现代市民教育工程"和"现代农民教育工程"等社会教育结合起来，在弘扬尊老爱幼、艰苦朴素、乐于奉献的传统美德的基础上，融入现代生态文明的理念，着力提高公众的生态文明程度。

（3）要制定必要的规章，逐步建立终身生态教育体系。教育对象要涵盖所有的决策者、企业家、公众和学生。尤其对决策者和企业家，要制定计划在"十五"期间完成对各级领导干部包括乡镇干部和企业家的生态教育轮训，树立环境与经济协调发展的理念，不断提高公务员、企业家和公众的生态知识与能力。

（4）农村是生态文化建设的重要领域，农村面积大、人口多、分布散，可采取专家下基层的方法，结合农村实际，定期组织以村为单位的生态知识专题讲座，提高广大农民的生态知识和生态意识。

（5）通过电视、广播、报纸、广告等新闻传播手段进行生态基本知识宣传。

2）继承和弘扬传统文化的积极因素，构建现代生态文化。

儒家文化，佛家文化是生态文化的主题内容之一。在孕育了"天人合一"思想的中华文明中，生态文化的发展与演变，是伴随着中华文明前进的脚步而发展与演变的。生态型城市思想最早萌芽于中国。三千多年前，中华民族就已形成了一套鲜为人知的"观乎天文以察时变，观乎人文以成天下"的人类生态理论体系。

传统文化的继承包含了两方面的内容：

（1）原来已经湮没的文化需要重新进行发掘和恢复；现存文化在建设中应受到尊重并作为城市特色加以积极保护和发扬。对于地方戏剧、音乐、舞蹈、民间故事、绘画、雕刻、工艺品、土特产、饮食风味、生活习俗等，只要具有积极、进步的意义，均应重视挖掘，已湮灭的要予以恢复，尚存在的要给予保护和支持，达到继承地方传统文化的目的。如开发蚌埠的古玩玉器、青铜器、微雕产品；保护和翻新老城区的民宅和庙宇，在建材、自然能源利用、水再生循环、废弃物处理和资源化方面形成地方特色；通过努力恢复古寺、古遗址、古朴的生态生活文化，弘扬中华民族的养生传统，以及以具有地方特色的衣、食、住、娱的民俗风情和乡情。蚌埠文化源远流长，考古成果表明，早在六七千年前，这里就存在相当成熟的人类早期文化。周秦前后，这一代已成歌舞之乡，且有鼓钟琴瑟、笙竽管埙等古老的打击弹拨和吹奏乐器；蚌埠区独具风格的花鼓灯和凤阳花鼓，明代已闻名于世；其他民间歌舞，如龙灯、狮舞、旱船、小车舞、花挑、河蚌舞、竹马、跑驴、独杆轿、大头娃娃舞等，也各具特色。地区戏剧有泗洲戏，京戏豫剧等也有广泛的群众基础。蚌埠市名胜荟萃，古迹名胜展示，汉秦之后留下许多可贵的文化遗产，龙子湖风景区湖光山色，交相辉映，近有汤和墓、水上乐园、淮河风情园，远有明皇陵、中都城、龙兴寺、白石山森林公园；西郊荆涂二山隔河对峙，禹王宫、白乳泉、卞和洞等诸多名胜散落在青山绿水之间。新中国成立前后，蚌埠未进行过有计划的考古发掘工作。1955年，仅在基本建设和生产取土时，对发现的部分古墓组织抢救性的发掘，获取大量战国'元朝'明朝'汉朝'隋朝等各朝代的珍贵文物。这些传统文化和古代遗产理应受到尊重并作为城市特色加以积极保护和发扬。

（2）除了应努力加以继承和弘扬的部分之外，传统文化中封建糟粕是我们建设现代化的生态城市所应当摒弃的。生态文化不是返朴文化，它在扬弃农业文化及工业文化弊病的同时亦强调发展的力度和速度、资源利用的效率和效益，强调竞争、共生与自生机制，特别是自组织、自调节的活力，强调人类文明的连续性。进一步开拓竞争意识、创新精神和开放理念，以促进新型人格的定型和新精神的产生。新中国成立前由于社会不安定，市民谋生困难，加之传统习俗中的各种迷信观念影响甚广，蚌埠市民在节日、婚丧、生活等方面均有许多禁忌，尤其是生活在水上的船民禁忌更为严格和独特，例如船民过春节，迷信较多，有独特的习俗，照船、挂红、敬大王等。封建糟粕是我们建设现代生态文化所应当摒弃的，如蚌埠城郊住宅原有"屋不起顶，家不发旺"的迷信观念，进入 20 世纪 80 年代，农村推广水泥构件两层小楼房，平顶房开始为农民接受，讲究采光和通行方便，改变了旧时的建房习俗。

3. 规划目标

1) 总体目标

生态文化建设规划是促进蚌埠新城区自然和人文生态传统与现代生态文明的融合，围绕"加快发展、富民强市"的要求，站在新世纪的新起点上；站在建设中原地区中民主城市制高点上；站在促进文化与经济协调发展的结合点上；树立大文化产业观念，确立发展文化产业就是发展经济的理念，立足自身优势，高起点的规划，按照市场经济规律调整产业结构，扩大经营规模，加快形成与十堰市现代化建设进程相适应的文化产业格局的重要方面。总的目标是充分发挥政府管理职能和调控市场的功能，建设和发展规范有序、机制灵活、繁荣兴旺、效益明显、设施一流、具有蚌埠地区特色的文化产业体系，把蚌埠的文化产业做大做强，实现总量和效益的同步增长，把文化产业培育成我区优势产业，逐步成为全区国民经济中的重要经济增长点。结合我区文化产业"十五"发展规划，新区的生态文化建设规划应考虑到有利于促进和带动全市文化产业"十五"发展规划的实施，真正树立生态文化建设的理念；利用新区区位优势和良好条件（传统文化、众多古迹、省级名胜风景区、开发建设中等），大力开发建设和发展新区的教育艺术业、文化娱乐业和文化旅游业；进一促进和带动第三产业的发展和经济的增长，从而实现体制文化建设、认识文化建设、心态文化建设和物态文化建设的生态文化建设规划的目标。

2) 具体目标

生态文化建设主要大都属于道德精神的范畴，加之生态文化建设在我国提出的时间较短，涉及面广，因此，生态文化建设规划特别要注意具有可操作性，提出切实可行的措施。具体目标可分为以下四方面：

体制文化建设：健全生态城市建设的法规政策，加大政府各职能部门综合决策和市民参与决策的力度，培育可持续发展的运行机制，实现城市决策管理的系统化、科学化和生态化。

认识文化建设：大力加强生态教育和生态宣传，普及生态知识，培育生态理念，强化生态意识，推进生态文明。通过形式多样的教育方式、培训学校和宣传渠道，促进决策者、管理者和普通公众生态文明程度的显著提高，塑造一代有文化、有理想、高素质的生态社会建设者。

心态文化建设：大力引导和促进企业和公众传统观念的改变，使整体、协同、循环、自生的生态伦理，和温饱、功利、道德、信仰和天地境界协同的价值取向深入人心，倡导健康文明的生产方式和消费行为。实现企业文化、社区文化和家庭文化的生态化。

物态文化建设：通过法制、行政、经济和技术的手段，切实加强历史文化遗产的整治和保护，景观标识性和多样性的建设，促进传统文化与现代文化的结合，把新城区建设成为文化氛围浓厚、地方特色鲜明、景观环境优美、生态系统良性循环的经济高效、环境和谐、社会文明的新型生态城市。

4. 规划内容

1）决策文化建设

决策文化建设，要从完善地方法规体系和管理体系入手，使决策体制符合生态文化的导向，遵守"人与自然共生"的基本法则。

（1）转变观念、改革创新。生态城市建设仅有环保宣传是不够的，还应重点加强生态城市的意识宣传，特别是要使领导决策层的观念转变过来，使从行政命令为主导的环境管理转变到以法律和经济手段为主导的环境管理；管理体制也应进行相应改革，其重点是遏制部门利益主体化倾向，培育企业的自治机制。政府的责任是规范市场，对服务机构进行资格认定，进行有效的监督，如要把推行 ISO 14000 环境认证作为生态型城市建设与管理中的一项重要的基础工作，逐步把现有产业调整、改造、发展和提升为生态产业，努力提高生态经济（绿色 GDP）在国民经济中的份额。领导决策层推行环境友好、生态合理的行政管理和决策方法，依法建设生态市，通过生态城的规划建设，逐步实现向可持续发展的转变。

党政机关要将创建文明单位与生态文化建设相结合，以此为"龙头"，推动全区文明单位创建活动。在党政机关中以"三优一满意"（优美环境、优质服务、优良作风和群众满足）为主题，完善和落实机关工作人员的工作标准和行为规范，积极推行政务公开，建立基层评议机制制度、民主评议机关制度，定期评选"优秀公务员"和"十佳公仆"，树立勤政廉洁的形象，这些都是决策生态文化建设的具体实施。

（2）建设生态城要做好制度化管理工作。制定并实施一系列推进城市生态环境建设与经营的政策和法规，通过城市污染治理和公共生态环境建设，塑造新城区生态城市的品牌和公共形象，改善与优化新城区投资环境和企业经营环境，促进企业生态文化的孵化与形成。生态城市的建设是一项伟大的系统工程，涉及城市建设的方方面面，如工业、能源、交通、建筑、绿化、通讯、文教、环保、医疗、宣传等。要将这些方面都纳入生态城市建设的轨道上来，没有一个专门负责生态城市建设的统一的职能部门是不行的。该部门应以管委会主任、副主任为领导，成员由其他各职能部门主要负责人组成，主要负责生态城市建设的规划、决策、组织、协调和监督职能，同时也作为生态城市建设的宣传、咨询、交流和推广中心。制定一系列鼓励政策，引进市场机制，鼓励企业、个人、民间资金等参与参与生态城市建设

（3）建立完善的法规体系。建立科学决策机制，完善并坚持推行生态环境影响评价制度，建立并积极推行重大决策的生态环境听证制度。政府要制定相应的经济激励政策鼓励企业创造条件，积极申请 ISO14000 标准认证，以此作为企业生态文化的基础。切实加强政府在企业按照 ISO14001 建立环境管理体系以及寻求认证过程中的作用。为促进生态市建设，在规划通过人大审批之后，应制定相应的法规条例如新城区法等，维护生态市规划的权威地位，严格遵守建设程度和必要的审批制度，杜绝目前仍然存在的未经有关部门许可擅自开发建设的行为，保障生态市建设的有序进行。建立适应生态城市建设的法规综合体系，使生态城市的建设法律化、制度化，是保证其战略、政策和措施顺利实施的有效途径，这样生态城市建设得到法律保证，有法可依，对不符合生态城市建设的行为就可采取必要的行政、经济甚至法律手段，保证计划的顺利实施。

2）企业文化建设

任何一种管理模式，如果没有在企业范围内形成一种文化氛围，只能是亦步亦趋，可能会取得短时的效果，但决不会取得长期的成功。所以要积极倡导建立以生态文化和中国传统文化精髓为核心的企业文化，切实加强企业生态化观念，从根本上保证了环境管理体系的顺利实施和推进。

企业文化发展的诸多方面，需要以生态文化来与之相结合。这是因为，第

一，大部分企业在企业文化建设过程中，重视了人的价值，却忽视了对周边环境的影响，为环境的恶化及末端治理付出了沉重的代价；第二，现代消费群更青睐于绿色产品，企业也想通过"绿色浪潮"提高产品的生态含量；第三，企业要实现可持续发展，"生态化"是其必由之路，生态文化融入企业文化后不仅可扩大企业文化的外延，而且有利于企业树立良好形象，为企业发展注入了生机与活力。

企业文化理论的本质特征是倡导以人为中心的人本管理哲学，反对"见物不见人"的理性管理思想，主张将培育进步的企业文化和发挥人的主体作用作为企业管理的主导环节。企业生态文化建设要从以下几方面入手：

（1）制定高标准的环境质量标准，增强企业经济活动环境成本意识，提高新城企业发展的环境准入条件。

（2）制定出台新城区鼓励发展、限制发展和禁止发展的主要产业及项目指南。

（3）制定土地的、金融的、价格的、税收的、外贸的、劳动的等分层次的系列优惠政策、诱导和促进企业生产方式的转变。把产业升级的立足点向保护资源、优化环境、生态建设转移。工业项目，要逐步实现由劳动密集型、低技术的物质经济向高技术的信息经济转化。今后新城综合开发区的新上项目，应注重生态效益，研制、开发生态技术、生态工艺，积极选择"适宜技术"，引进高科技电子、生物医药、精密制造业等轻污染、无污染、低能耗、高效益的高科技项目；推广生态产业，保证发展过程低（无）污、低（无）废、低耗，提高资源循环利用率，逐步走上清洁生产、绿色消费之路，这是实现企业生态化的基础。

（4）建立以生态文化和中国传统文化精髓为核心的企业文化是 ISO14001 标准落到实处的根本保证。设计与建设生态产业园区，并将新城市产业结构的优化升级、企业技术改造和结构调整等工作与生态产业园区建设结合起来。生态产业园区内开展企业 ISO14000 标准认证工作，把整个园区建成一个符合 ISO14000 标准体系的工业群，以规范企业生产行为，提高企业综合环境管理水平。

（5）要倡导新城区公司企业根据各自企业文化的个性，适应新城企业经营的环境，培育与发展企业生态文化的价值观念。企业文化的基础是价值观念；价值观念是企业经营理念的核心，指导着企业整体经营管理活动的开展。"环境友好、资源高效、系统和谐、社会融洽"的企业生态文化价值观念的确立，一方面可以在企业内部开展关于生态文化价值观的讨论；另一方面可以在企业外部发动社会力量，公开向社会进行企业生态文化价值观念的"招标"或"征集"。这样，既树立了绿色企业的公众形象，又使企业生态文化的价值观念易于被员工认可并自觉遵守。

（6）建立企业生态文化的教育与培训制度，培养与确立企业员工的环境伦理与生态意识并化为行为准则。可以通过制定《员工手册》或《企业规章》来具体体现，把生态行为准则纳入员工考核的指标，作为奖惩的依据。

（7）进行企业生态文化的形象设计，在企业名称、品牌、徽章、标语等各方面打上生态标志，在企业建筑外观、办公用品、交通工具、身着制服、产品包装、广告展示等各方面进行生态宣传，展示新城企业独特的生态文化形象和观念。

3）社区文化建设

随着社会主义经济的发展和城市化进程的加快，社区作为城市组织的基本细胞，在加强城市管理、服务市民生活、促进社会进步方面的作用越来越大。在传统社区构建的基础上以培育生态文化为出发点，构建文明社区，将生态学、生态经济学的原理贯穿到社区建设过程中，以人为本，建立人与自然和谐共存的团体，促进城乡居民传统行为方式及价值观念向环境友好、资源高效、系统和谐、社会融洽的生态文化转型。形成以生态文化为特色的生态社区。生态社区的核心就是要培育和建设社区生态文化，以培育生态文化为出发点，构建文明社区。

社区文化建设可以采取以下几方面入手：

（1）把社区生态文化建设与正在进行的文明社区创建工作有机结合起来。

以培育生态文化为出发点，构建文明社区。建立驻区单位参加的社区生态文化共建组织，制定不同社区生态文化建设规划，实行目标管理责任制，协调好各功能体之间的关系，促进社区生态文化建设工作扎实有效地开展。新城社区生态建设规划将以创建文明新区为目标，以为人民群众办实事、办好事为出发点，坚持重在建设，突出社区重点，不断拓宽创建领域。新城区文明社区建设规划具体内容如下：

①加速推广文明社区创建工作。在全区开展文明社区创建活动，省、市、区级文明社区比例达到 85％。以社区为基础，按照环境优美、治安秩序优良、服务体系完备、文化活动丰富，道德风尚良好的标准，充分发挥社区的综合优势，强化文明新城镇的创建活动，区级文明社区比例达到 70％，实现"三个

80%",（文明街镇、文明社区、五好文明家庭和门栋各为80%）的创建目标。

②认真贯彻"公民道德建设实施纲要"，继续深入开展"五好文明家庭""五好文明门栋"创建活动。深化"讲文明，从我家做起"家庭承诺责任制活动，大力开展"三德"教育、科技知识、文化知识、法律常识和文艺体育进家庭的活动，广泛开展创建"绿色门栋"活动，表彰树立一批先进家庭、门栋典型。

③积极开展共建活动。在"城乡共建""厂校共建""社区共建""军（警）民共建"等活动中，大力开展"四联四共"（即思想政治工作联抓，共育"四有"新人）；社会治安联防，共创安定环境；公益事业联办，共建服务设施。全面落实各项优抚安置政策，进一步加强军政、军民团结，做好"双拥"工作。

要制定社区生态教育网络和制度，利用灵活多样的教育形式，如业余学校、科普夜校、阅报栏、黑板报、广播电视等，在社区居民中广泛开展旨在普及可持续发展意识和生态学知识的宣传教育活动，以培养社区居民形成人与自然和谐共生的生态意识，促进社区居民传统价值观念的转型，注重社区公众参与。可以通过行政、法规、经济、舆论等手段来强化公众参与机制的实施，如社区生态规划必须有社区居民代表参加、社区重大规划项目必须经社区居民代表大会讨论通过、中小学校必须设立生态教育课程等。同时规定社区公众参与生态建设的必要义务，如植树节义务植物活动、世界环境日的义务环保活动等。对于社区生态管理涉及公众的内容和项目，更应强调广泛发动、宣传、教育公众参与，如废弃物回收管理、生活垃圾分类回收、节能、节水等。

（2）倡导绿色消费文化观

消费是人类维持自身生存的一种手段，也是一种生活方式和文化现象。但长期以来，人们对消费者的认识仅着眼于其社会和经济功能，却忽视了人类消费潜在的生态影响。因此，创建社区生态文化的一个重要方向，就是要以生态学和生态经济学的原理为指导，指导和规范社会公众的消费行为和生活方式，养成和谐的自然观和俭朴的消费观，使生态文明成为新城的社会风尚和市民的自觉行为，使能源、水源、土境、住宅、森林植被，以及生产生活的全部消费品纳入生态文化的轨道。

① 大力宣传教育，倡导简朴和谐的消费观念

通过宣传教育、舆论监督、辅以一定的行政和法规，在社区居民中逐步改革陈规陋习，破除封建迷信，提倡喜事新办、丧事简办；反对奢侈浪费、大操

大办，克服消费的浮华和排场习气，引导、培育一种符合生态建设要求的、简朴的生活方式；应成立社区服务中心，帮助居民料理婚丧大事，普及科学、文明健康和生态的生活方式。可以借助各种类型的教育形式，宣传普及生态伦理的消费观念。新闻媒体要设立热线、表彰倡导适度的和对环境具有正影响消费方式，对于高消费以及对环境具有负影响的消费方式予以曝光批评，形成强大的舆论力量。

② 要在弘扬蚌埠优良传统文化的基础上，制定地方生态型消费的细则，倡导生态消费，推广使用环保产品以利于辅导和矫正普通市民的消费行为和习惯。

•能源：提倡使用清洁能源、太阳能、生物质能以及风能等新能源，提倡使用节能技术和新产品；

•水源：提倡节约用水和水资源的二次利用；

•交通：提倡使用公共交通、自行车和徒步，使用以太阳能、电能或液化气为能源的交通工具以减少废气、噪声污染；

•住宅：提倡使用生态建筑，使用生态建材、进行适度装修；

•旅游：倡导生态旅游；

•餐饮：提倡使用绿色食品，再循环食品，适量消费和打包服务，杜绝食用国家保护的野生动植物；

•购物：提倡适度消费并注重所购商品最终处置所产生的负面环境影响。反对商品过渡包装，不购买和使用对环境有害的商品和危险品；

•娱乐：提倡健康、文明的娱乐方式，注重娱乐场所的环保设计和管理；

•日常管理：对生活垃圾的分拣处理，养成科学、卫生的生活习惯等。

•市场管理：工商、技监、贸易、供销等部门定期对市场环境进行整治、维护广大群众的切身利益。教育群众"识假、打假和生态消费"，加强环境立法、环境咨询和环境监督的力度。

（3）以社区生态文化为指导，倡导文明向上的现代新型生活方式——资源节约、环境友好、生活简朴、行为自觉和系统和谐

① 以生态文化为指导，倡导和谐、公平、良好的社区邻里关系。利用社区各种文化人才、文化机构和文化设施，开展经常性的文化教育活动，破除各种陈规陋习和封建迷信，弘扬中华民族传统美德，形成尊老爱幼、助人为乐、见义勇为、团结友爱、互帮互助、互敬互让的良好社会风尚和邻里关系。可以通过制定社区居民公约、建立社区志愿者服务队、以及建立社区文化服务中心

和业余文化体育团体的形式，结合社区服务的社会化和市场化，为社区居民提供文明、健康和满意的生活和文化服务，以促进社区邻里关系的和谐融洽。此外，对于孤、寡、残、烈军属、失业人员、特困人员和两劳人员等社区弱势群体，要建立社会救助和社会帮教体系，工作具体落实到人，推动社区社会福利事业和人际关系的良性发展。

② 提倡对常规不可再生资源的节约和高效利用，鼓励推广使用太阳能，积极开发利用生物能和风能等可再生能源，形成以电能、天然气为主体，太阳能、生物能、风能不断发展的生活能源组合，利用经济杠杆促进水资源的节约和综合利用，在社区建立废旧物资回收系统。社区粪便和生活污水，采取生物措施实行就地分散、无害化处理，制定社区生活污水的排放标准。社区生活垃圾采取集中与分散相结合的处理与利用方法。鼓励使用生态食品、生态交通、生态用具、生态建材、生态设施、生态保健和参加生态旅游。

③ 要应用生态建筑原理对住区进行科学的生态规则设计。

传统的居住观念主张方便，下楼就是菜场，隔壁就是学校，出门就是公交。这种喧闹的环境和低效率的生活节奏显然不符合现代人对生活质量的追求，更不是未来生活的模式。建筑是一种原始本色的东西，要给原始的东西注入生命和精神，所以生活居住区，要应用生态建筑原理对住区进行科学的生态规则设计，本着"走出家门、走进花园、走近绿色建筑"的生态宗旨，实现生态系统的良性循环，从而为人们创造一个人工环境与自然环境有机交融的、面向未来的绿色建筑空间。一要利用节能、低耗、无污染的新型建筑材料，避免使用造成化学污染、危害身体健康的产品；工程技术、材料和设施的开发和应用，要研究低能耗、无浪费的生态工艺，符合生态要求应是评价条件之一。要合理开发天然材质，寻找节约木材和其他自然资源的途径；二要减少家庭能耗及废物排放，建立生活垃圾的分类收集系统，提高排放物的回收利用率；三要应用清洁技术、物质循环技术、生态技术（如沼气净化技术），实现对天然资源的完全利用和循环利用，不在大气、水和土壤中遗留废弃物；四要提高绿化率，优化住区环境布局；五要制定相应法律和政策，加大宣传贯彻实施的力度，为生态住区建设提供保障。为了更好地实现"绿色生态"的功能，绿色生态小区要建立生活污水回用工程，对小区内生活污水进行处理，并使之达到回用要求，处理后出水可用于灌溉绿地、冲洗道路和景观用水、消防、洗车等，实现水的循环利用。这项工程的建设，对新城区的节水工作以及生活小区的污水回用将起到极大的推广作用。以高效内循环三相生物流化床为主的新工艺，

④ 继承和弘扬传统文化中积极因素

传统文化在现代生态城市建设中应受到尊重并作为城市特色加以积极保护和发扬。用生态文化理念提升传统文化，丰富现有文化产业的内涵，在现有文化产业中给生态文化提供"平台"，促使生态文化与其他文化进行交融、交流，提高全社会的生态环境意识。深入发掘蚌埠传统文化中的积极因素，在对其中生态文化内涵深刻理解的基础上，利用这种文化影响人的价值取向、行为方式，启迪一种融合东方天人合一思想的生态境界，诱导一种健康、文明的生产方式和消费方式，是建设生态文化的重要内容。如发掘蚌埠地区独具风格的歌舞戏剧，努力恢复古寺、古遗址及以具有地方特色的衣、食、住、娱的民俗风情和乡情，等等。

(1) 蚌埠文化源远流长

淮河同属于中华民族的发源地，淮河文化已有悠久的历史。从早期的青莲岗文化到大禹治水，从起源于淮河的道家思想（淮河支流涡河之畔即为老子的故乡）的形成到唐宋年代的经济文化繁荣时期，无不体现着淮河文化的孕育和发展。特别唐宋年间，江淮地区物产极大丰富，有天下根本在于淮的传说和走千走万赶不上淮河两岸的美誉。淮河文化的形成也多种多样，如花鼓灯、泗洲戏、皮影戏、微雕艺术和民间传说等一大批具有淮河风韵的民俗文化流传广泛。

早在六七千年前，这里就存在相当成熟的人类早期文化。四千年前涂山氏国有"南音"传世。周秦前后，这一代已成歌舞之乡，且有鼓钟琴瑟古乐。蚌埠地区独具风格的花鼓灯和凤阳花鼓，明代已闻名于世。花鼓灯，宋代即流行于蚌埠及附近地区，相传由明代"闹红灯"发展而来，新中国成立前只是贫苦农民自娱性的广场艺术，新中国成立后获得了重视和发展；花鼓灯歌舞剧就是新中国成立后蚌埠首创以花鼓灯歌舞为基本表现形式的戏剧艺术表演形式，其中《玩灯人的婚礼》一剧参加了新中国成立30周年献礼演出获二等奖，国内其他艺术团体还移植了这个剧目。凤阳花鼓源于凤阳燃灯寺一带，是在明代一种秧歌基础上发展形成的；新中国成立前，农民在农闲或灾年时以演唱该舞外出谋生；新中国成立以后，凤阳花鼓成为专业和业余文艺团体一种重要的表演形式。其他民间歌舞，如龙灯、狮舞、旱船、小车舞、花挑、河蚌舞、竹马、跑驴、独杆轿、大头娃娃舞等，也各具特色。蚌埠在新中国成立时，民众载歌载舞，表演各种民间传统歌舞，一度在南山公园、胜利路街口等处歌舞通宵，彻夜狂欢。

对于蚌埠当地的戏曲、音乐和歌舞，只要是具有积极进步意义的，都要发掘和支持，不仅要组织专业的文艺队伍，特别要重视开展群众性文艺活动，在庙会、春节等传统节日中采用群众喜闻乐见的民俗民风形式宣传生态文化观念。进入21世纪，文明创建活动不断深入；2001年蚌埠市和五河县分别荣获全省文明创建先进市、县，并成功举办了全国"涂山淮河流域历史文明研讨会"，群众文化活动丰富多彩，在省第五届花鼓灯会上获奖节目列各队之首。

用生态文化理念，提升淮河文化，用淮河文化丰富生态文化内涵，使生态文化与传统文化交融、交流，从而新区更有文化底蕴；要大力继承和弘扬传统文化，把传统文化融入规划设计和建设理念，特别是文化广场建设能够充分满足和提供传统文化展示、表演等需求；通过合理的规划设计和建设并充分利用这些场所和设施开展规模较大的传统文化活动，宣传新区、宣传十堰市，对于尽快提高蚌埠市在全国乃至在周边国家和地区的知名度，具有十分重要的推动作用。

(2) 蚌埠市风景秀丽，名胜荟萃

古迹名胜展示，汉秦之后留下许多可贵的文化遗产。近年来，借助国家"十五"重大项目——中华古代文明探源工程，加强淮河文化的研究，发掘和利用好现有文化资源，大力发展文化产业筹建淮河文化博物馆，开发涂山、荆山、锥子山、龙湖和垓下古战场等"三山一湖一场""旅游资源。新城区所在的市东郊地区龙子湖风景区湖光山色，交相辉映，近有汤和墓、水上乐园、淮河风情园、东明皇陵、中都城、龙兴寺、白石山森林公园。新城区的名胜古迹及保护情况如下：

① 汤和墓位于蚌埠市东郊曹山。汤和，凤阳人，与明太祖朱元璋为同乡好友，元末随朱起义，屡建战功，官至信国公，死后封东瓯襄武王。墓面对龙子湖，背负曹山峰，水光山色，交相辉映，墓室是一座依山构筑的大型砖石单券式建筑物。高3m，宽36m，面积约40m²。墓南神道，长225m，有大型神道碑和石雕马、羊、狮、武士，雕刻线条流畅粗犷，当代古建筑学家认为，此系明初石刻中的精品。现已划入蚌埠市的龙子湖公园。

② 龙子湖风景区位于蚌埠市东郊曹山和雪华山之间，呈两山夹一湖的独特风月貌。风景区以自然山水为依托，兼有人文景观，是具有综合游憩功能的省级风景名胜区。淮河支流龙子河流经此地，水面宽阔，传说明太祖朱元璋少时在此撑船，船篙落水化为龙，故称龙子湖。湖东曹山又名双龙山，相传曹操曾在此屯兵。曹山南麓还有明朝大将汤和墓。60年代经全民义务植树，实现

了荒山绿化。1973年先后建成双龙桥、珍珠桥和环湖路。1975年辟为风景区，1977年正式开发。该风景区水色俱佳，水面面积7.0km²。市政府已将风景区列为"九五"期间重点旅游开发区，在原有水上乐园、烈士陵园、垂钓中心、淮河风情园等旅游设施和龙子湖度假村、工人疗养院等服务接待设施的基础上，将续建水族馆、奇石园、植物园、淮河流域名景微缩园和"龙子湖八景"等。

③ 锥子山森林公园位于蚌埠市东郊，合蚌公路南侧。锥子山是其主体，最高峰海拔97m，有东西二峰。一说东峰原有一自然巨石，形状如锥，故名锥子山。又说西峰原有东汉时期所建九层玲珑塔一座，远望此塔如锥耸天，因此得名。汉代时曾建有栖岩寺，隋唐时毁于兵燹，后虽经多次修复，都因历代争战未能完好保存。锥子山林木茂盛，景色优美，自古有八大景、八小景之说。八大景为玲珑塔、石屋、龙凤桥、银杏树、乳泉、石门、点将台、仙人床；八小景为飞来石、蟒石、鹦鹉石、老虎石、楼石、灯座石、石坛子、无意井。1996年，锥子山森林公园管理处成立，着手进行规划管理。1997年，龙子湖风景区管委会成立后，对该公园重新规划论证、修改完善。现规划公园占地面积93hm²。位于东峰的重要景点观音寺、鸽子房等正在建设，面积达5万平方米的石湖亦在开发中

④ 白石山栖岩寺位于东郊白石山，即今锥子山。山南坡曾有栖岩寺，为汉平帝永乐年间建，寺庙周围曾有八宝如意塔、石屋、龙凤桥、点将台、仙人床、乳泉、水馆等名胜。隋末唐初和元末明初，曾两次毁于兵火。明洪武二十三（1390）年，寺庙大殿"僧堂"经阁和塔院得以重修，并列为凤阳龙兴寺下院。石屋内刻有唐代胡敬德重修栖岩寺记，左侧刻有洪武二十三年修寺记，"文化大革命"中，八宝如意塔因建筑施工被毁，仅存宝塔残基。

今后在对于这些古迹园林的管理方面应注意：

A. 在园区建设方面，硬件的管理均按照ISO14001从策划（如对每个项目的环境影响评价和目标指标和方案的确定）到实施到检查；在具体的方式上，则体现了天人合一的生态文化，对每一株植物，均建立档案，加以管理，定期进行"体检和保健"；对于每一幢古建筑，尽可能地与环境和人相协调；对于污水，则采用生物链逐步净化；对于园区内的宾馆则采用太阳能空调，甚至即使对于垃圾箱，也采用就地取材的方式，做成与环境协调一致的木制垃圾箱。

B. 作为一个旅游行业，在服务中要体现了生态文化的素质和水平：通过

长期的教育、培训和熏陶，使园区从总经理到导游员，到门卫，到餐厅服务员，到保洁员，每个人都能对古迹园林中的一草一木娓娓道来，对本职岗位的环境职责自然地表述，而且按照标准的以工作要求的形式加以规范，把本职的工作质量和环境保护有机地结合起来，让每位游客受到这种生态文化的感染和熏陶。

C. 积极保护传统文化资源，发扬传统文化中的积极因素。新区规划面积40 余平方米，设立 5 个功能区，其中有 3 个功能区（龙湖风景区、行政办公区、大学园区）位于风景秀丽和历史名胜古迹众多及传统文化蕴藏深厚的龙子湖风景区内。如龙子湖历史传说是因明代开国皇帝朱元璋儿时在此戏水而得名；双龙山是因二龙行雨而得名；曹山是因历史传说三国时代曹操在此屯兵而得名；鲁山是因鲁肃在此屯兵而得名；有明代大将汤和的墓地，锥子山的八大景八小景等；另外还有众多的古迹、传说、墓冢散布乡野民间。这些传统文化和众多古迹无论是从规划到建设都应积极加以保护。

D. 合理开发和建设传统文化资源，把现代化建设与传统文化建设结合起来。如在中心广场建造以大禹代表的人物为像，立碑篆刻大禹传说和淮河文化的图文；在涂山路和东海大道两侧布点塑造具有传统文化的人物和历史传说；在龙子湖周边规划的光塔经声、侧壁携鱼、游龙人淮、双龙行雨、绿映丰碑等40 个景点，要加快设计和建设；对锥子山森林公园遗留的栖岩寺遗址、千年古树（银杏树）、石屋、采石塘、点将台、佛音谷、落虹潭等八大景八小景和目前已基本建成的尼姑庵，应分步开发建设，尽快向游人开放。

13.4.2　规划结论

（1）良好的生态文化是生态市和生态示范区顺利建设的重要保障，是生态规划的重要区域之一。

（2）生态文化规划要有形文化（指可以直接看到的历史上遗留下来的建筑遗迹、相关器物等，如城市园林、老字号、古建筑等。）和无形文化（指以口头、文字、艺术等形式间接传承的文化艺术，如工艺美术、戏剧曲艺、历史传说等。）并重。

（3）生态文化规划多属于道德精神领域，在我国提出较晚，涉及面广，因此，规划要特别注重其可操作性。

参考文献

[1] 国家环境保护局自然司编著. 中国生态问题报告 [M]. 北京：中国环境科学出版社，1999.

[2] 许慧，王家骥编著. 景观生态学的理论与应用 [M]. 北京：中国环境科学出版社，1993.

[3] 傅伯杰等编著. 景观生态学的原理及应用 [M]. 北京：科学出版社，2002.

[4] 本书编委会编. 中国自然保护纲要 [M]. 北京：中国环境科学出版社，1987.

[5] 周广胜，张新时. 全球气候变化中的中国自然植被的净第一性生产力研究 [J]. 植被生态学报，1996，20（1）.

[6] 朱震达等. 中国土地沙漠化 [M]. 北京：科学出版社，1994.

[7] 董雅文编著. 城市景观生态 [M]. 北京：商务印书馆，1993.

[8] ［日］木村允著. 陆地植物群落的生产量测定法 [M]. 姜恕译. 北京：科学出版社，1981.

[9] 国家环境保护总局自然司编著. 非污染生态影响评价技术导则培训教材 [M]. 北京：中国环境科学出版社，1999.

[10] 杨朝飞等编著. 全国生态示范区建设规划编制培训教材 [M]. 北京：中国环境科学出版社，2000.

[11] 邬建国. 岛屿生物地理学理论：模型与应用 [J]. 生态学杂志，1989，8（6）：34—39.

[12] 李义明，李典谟. 种群生存力分析研究进展和趋势 [J]. 生物多样性，1994，2（1）1—10.

[13] 李义明，李典谟. 自然保护区设计的主要原理和方法 [J]. 生物多样性，1996，4（1）：32—40.

[14] 徐宏发等. 玛他种群：种群生态学理论应用于保护生物学实践的新范例 [J]. 生态学杂志，1998，17（1）：47—53.

[15] 徐宏发，陆厚基. 最小存活种群（MVP）——保护生物学的一个基本理论 [J]. 生态学杂志，1996，15（2）：25—30.

[16] 王家骥等. 我国矿山开采中生态破坏的原因分析 [J]. 矿产保护与利用，1997（4）：46—50.

[17] 王家骥等. 三亚城市景观生态设计初探 [J]. 环境科学研究，1998（4）：46—50.

[18] 王家骥等. 西藏—江两河地区荒漠化控制研究 [J]. 干旱区资源与环境，1998（2）：30—35.

[19] 王家骥等. 西藏—江两河地区农业景观调控研究 [J]. 地理科学，1998（3）：213—218.

[20] 王家骥等. 雅鲁藏布江中部地区生物多样性保护规划 [J]. 农村生态环境，1997（2）：1—5.

[21] 王家骥. 生态城市建设的思路与实践 [J]. 辽宁城乡环境科技，1999（12）.

[22] 王家骥. 三亚城市景观变化监测研究 [J]. 中国环境科学，1997（3）.

[23] 王家骥. 黑河流域生态承载力估测 [J]. 环境科学研究，2000（2）.

[24] 东北林学院主编. 森林生态学 [M]. 北京：中国林业出版社，1981.

[25] 华东师大等合编. 动物生态学 [M]. 北京：人民教育出版社，1982.

[26] The effect of human activity on birds at a coastal bay, Joanna Burger, Biological Conservation, 1981(21).

[27] Landscape ecology, Forman R. & Godron M., John Wiley & Sons, New York, 1986.

[28] Changing Landscape: An ecological perspective, Zonneveld I. & Forman R. A. S. Spring-Verlag, New York, 1990.

[29] Landscape ecology theory and Application. Naveh Z. & Lieberman A. S. Spring-Verlag, New York, 1984.

[30] The Arrow of Time: A voyage through science to solve time's greatest mystery, Coveney P. Highfield R, London: Great Britain, 1990.

[31] Mankind at the Turning Point, Mesarovic M, Pestel E, New York: Dutton, 1974.

[32] Thinking About the Future: A Critique of "The Limits to Growth", Cole S, London: Susses University, 1973.

[33] Ecology Simulation Primer. Systems Analysis and Simulation in Ecology, B. C. Patten, Academic Press, 1981..

[34] Energy Basis of Man and Nature, 2nd Ed., H. T. Odum, McGraw Hill, New York. 336 pp., 1980..

[35] Energy and Structure—A Theory of Social Power, R. N. Adams, University of Texas Press, Austin, 1985..

[36] Systems Ecology—An Introduction, H. T. Odum, John Wiley & Sons., 1983..

[37] Energy, Environment and Public Policy—A guide to the analysis of Systems, H. T. Odum, UNEP, 1989(95).

[38] C. 特罗尔著. 景观生态学 [J]. 林超译. 地理译报，1983（1）.

[39] 邬建国. 景观生态学——概念与理论 [J]. 生态学杂志，2000（1）.

［40］肖笃宁．景观生态学：理论、方法及应用［M］．北京：中国林业出版社，1991．

［41］肖笃宁等．景观生态学的应用与发展［J］．生态学杂志，1988（6）．

［42］邱扬等．景观生态学的核心［J］．生态学杂志，2000（2）．

［43］李哈滨等．景观生态学——生态学领域里的新概念的构架［J］．生态学进展，1988（1）．

［44］E．纳夫著．景观生态学的发展阶段［J］．林超译，地理译报，1983（3）．

［45］李福兴．景观生态学的研究进展和动向［J］．资源环境生态网络研究动态，1990（3）．

［46］曹凑贵．生态学概论［M］．北京：高等教育出版社，2002．

［47］毛志锋．区域可持续发展的理论与对策［M］．武汉：湖北科学技术出版社，2000．

［48］毛志锋．区域可持续发展的机理探析［J］．人口与经济，1997（6）．

［49］H. T. Odum. Systems Ecology—An Introduction. John Wiley & Sons. ，1983.

［50］［美］H. T. 奥德姆著．系统生态学［M］．蒋有绪，徐德应等译．北京：科学出版社，1993．

［51］［美］H. T. 奥德姆著．能量、环境与经济——系统分析导引［M］．蓝盛芳译．北京：东方出版社，1992．

［52］闻大中．农业生态系统能流的研究方法［J］．农村生态环境，1985（4）．

［53］H. T. Odum. Energy, Environment and Public Policy—A guide to the analysisof Systems. UNEP，1989（95）．

［54］张塞，罗蘅．投入产出基层调查表编制方法［M］．太原：山西人民出版社，1985．

［55］［澳］戴维·詹姆斯等著．应用环境经济学——经济分析的技术和结果［M］．王炎痒等译．北京：商务印书馆，1986．

［56］M. Edel. Economics and the Environment. Prentice Hall, Englewood Cliffs, NewJersey,1973.

［57］B. C. Patten. Ecology Simulation Primer. Systems Analysis and Simulation in Ecology, Vol. 1, Academic Press, New York,1981.

［58］Hannon，B.. Energy Discounting, in Energetics and Systems. Ann Arbor, Mich. Pp73—93,1982.

［59］H. T. Odum. Energy Basis of Man and Nature,2nd Ed.，McGraw Hill, New York. 336 pp.，1980.

［60］（12）R. N. Adams. Energy and Structure- A Theory of Social Power. University of Texas Press, Austin,1985.

［61］刘天齐等．区域环境规划方法指南［M］．北京：化学工业出版社，2001．

［62］牛文元．可持续发展导论［M］．北京：科学出版社，1994．

［63］郭怀成等．环境规划学［M］．北京：高等教育出版社，2001．

［64］刘天齐等著．城市环境规划规范及方法指南［M］．北京：中国环境科学出版社，1993．

［65］杨士弘等．城市生态环境学［M］．北京：科学出版社，2002．

[66] 宋永昌等 . 城市生态学 [M]. 上海：华东师范大学出版社，2000.

[67] 康慕谊 . 城市生态学与城市环境 [M]. 北京：中国计量出版社，1997.

[68] 黄肇义等 . 国内外生态城市理论研究综述 [J]. 城市规划，2001（25）.

[69] 黄肇义等 . 国外生态城市建设实例 [J]. 生态城市，2001.

[70] 中国环境科学学会编 . 中国城市建设与环境保护实践 [M]. 北京：中国环境科学出版社，1997.

[71] 姚雪艳 . 从美国小型住宅区开发建设看景观规划设计之价值 [J]. 景观规划设计，1999.

[72] 张庆费 . 城市绿地系统生物多样性保护的策略探讨 [J]. 城市环境与城市生态，1999（12）.

[73] 张坤民等 . 城市生态可持续发展指标的进展 [J]. 城市环境与城市生态，2001（14）.

[74] 张文等 . 城市中的绿色通道及其功能 [J]. 国外城市规划，2000.

[75] 白英 . 城市总体规划中的生态观点 [J]. 城市环境与城市生态，2000（13）.

[76] 张文等 . 城市中的绿色通道及其功能 [J]. 国外城市规划，2000.

[77] 白英 . 城市总体规划中的生态观点 [J]. 城市环境与城市生态，2000（13）.

[78] 仝川 . 城市生态规划的理论与方法 [J]. 环境导报，1998（3）.

[79] 肖笃宁等 . 城市景观空间格局变化的研究方法及实例 [J]. 城市环境与城市生态，1990（1）.

[80] 黄光宇 . 城市生态环境与生态城市建设 [J]. 城市，1998（3）.

[81] 王荣祥 . 城市生态规划的概念、内涵与实证研究 [J]. 规划师，2002（4）.

[82] 姜东涛 . 城市森林与绿地面积的研究 [J]. 东北林业大学学报，2001（29）.

[83] 曹勇宏等 . 论现代城市规划的世界观和价值观 [J]. 城市规划汇刊，2000（5）.

[84] 邹德慈 . 谈城市生态环境规划 [J]. 城乡建设，1999（8）.

[85] 欧阳志云等 . 生态规划的回顾与展望 [J]. 自然资源学报，1995.

[86] 杨建森 . 生态城市的构架理论研究 [J]. 城市环境与城市生态，2001（4）.

[87] 包静晖等 . 伦敦生态及自然保护 [J]. 国外城市规划，2000.

[88] 周晓峰等 . 正确评价森林水文效应 [J]. 自然资源学报，2001（16）.

[89] 孙惠南 . 近 20 年来关于森林作用研究的进展 [J]. 自然资源学报，2001（9）.

[90] 陈利顶等 . 自然保护区景观结构设计与物种保护 [J]. 自然资源学报，2000（15）.

[91] 张庆费等 . 城市森林建设的意义和途径探讨 [J]. 大自然探索，1999（18）.

[92] 沈清基 . 新城市主义的生态思想及其分析 [J]. 城市规划，2001（25）.

[93] 肖笃宁等 . 欧洲景观条例与景观生态学研究 [J]. 生态学杂志，2000（6）.

[94] Ian. L. Mcharg. 设计结合自然 [M]. 芮经纬译 . 北京：中国建筑工业出版社，1992.

[95] 《环境科学大词典》编委会 . 环境科学大词典 [M]. 北京：中国环境科学出版社，1991.

［96］欧阳志云等．生态规划的回顾与展望［J］．自然资源学报，1995（7）．

［97］湖北省鄂西北山区国家级生态功能保护区建设试点领导小组办公室．鄂西北山区国家级生态功能保护区规划［R］．2002.

［98］毛志锋等．论"天人合一"与可持续发展［J］．人口与经济，1998（5）．

［99］毛志锋等．论环境文明与可持续发展［J］．中国经济问题，1998（1）．

［100］毛志锋等．论适度人口与可持续发展［J］．中国人口科学，1998（2）．

［101］毛志锋．适度人口与控制［M］．西安：陕西人民出版社，1995.

［102］王如松等．城市生态调控方法［M］．北京：气象出版社．

［103］沈清基．工业园区生态环境规划探索——以浏阳工业园为例［J］．城市规划汇刊，2000（3）．

［104］H.T.奥德姆著．系统生态学［M］．蒋有绪等译．北京：科学出版社，1993.

［105］H.T.奥德姆著．能量、环境与经济——系统分析导引［M］．蓝盛芳译．北京：东方出版社，1992.

［106］闻大中．农业生态系统能流的研究方法［J］．农村生态环境，1985（4）．

［107］张塞等．投入产出基层调查表编制方法［M］．太原：山西人民出版社，1985.

［108］戴维·詹姆斯等著．应用环境经济学——经济分析的技术和结果［M］．王炎痒等译．北京：商务印书馆，1986..

［109］毛志锋等．城市生态环境规划的原理与模拟探析［J］．北京大学学报（自然科学版），2002（7）．

［110］肖笃宁等．沈阳西郊景观格局变化的研究［J］．应用生态学报，1991（2）．

［111］俞孔坚．生物保护的景观生态安全格局［J］．生态学报，1999（19）．

［112］王仰麟．农业景观的规划与设计［J］．应用生态学报，2000（2）．

［113］王祥荣．"十五"规划期上海城市生态建设大的战略重点与对策［J］．城市环境与城市生态，2001（14）．

［114］于贵瑞．生态系统管理学的概念框架及其生态学基础［J］．应用生态学报，2001（12）．

［115］关卓今等．生态边缘效应与生态平衡变化方向［J］．生态学杂志，2000（2）．

［116］李团胜．景观生态学与人居环境［J］．城市环境，2001（15）．

［117］黄光宇．中国生态城市规划与建设进展［J］．城市环境与城市生态，2001（14）．

［118］赵振斌等．国外城市自然保护与生态重建及其对我国的启示［J］．自然资源学报，2001（16）．

［119］方一平．成都市生态城市建设的路径设计［J］．城市环境与城市生态，2001（14）．

［120］袁兴中等．生态系统健康评价——概念构架与指标选择［J］．应用生态学报，2001（12）．

［121］王如松．系统化、自然化、经济化、人性化［J］．城市环境与城市生态，2001（14）．

［122］刘双进，张康生．世界自然保护［M］．北京：中国科学技术出版社，1990.

[123] 邢忠. 边缘效应与城市生态规划 [J]. 城市规划, 2001 (25).

[124] 杨学军等, 森林生态网络系统理论在上海城市绿化中的应用 [J]. 林业科技, 2000 (25).

[125] 吴未等. 城市生态网络与效能规划 [J]. 地域研究与开发, 2000 (19).

[126] 车生泉. 城市绿色廊道研究 [J]. 城市生态研究, 2001 (25).

[127] 杨学军等. 上海城市森林生态网络系统工程体系建设初探 [J]. 上海农学院学报, 2000 (18).

[128] 曹勇宏. 城市绿地系统建设的生态对策 [J]. 城市环境与城市生态, 2001 (14).

[129] 杨冬辉. 城市空间扩展对河流自然演变的影响 [J]. 城市规划, 2001 (25).

[130] 丁平等. 鸟类领域和领域行为 [J]. 杭州大学学报, 1987 (14).

[131] 赵欣如等. 北京的公园鸟类群落结构研究 [J]. 动物学杂志, 1996 (3).

[132] 丁平等. 浙江古田山自然保护区鸟类群落生态研究 [J]. 生态学报, 1988 (9).

[133] 魏湘岳等. 北京城市及近郊区环境结构对鸟类的影响 [J]. 生态学报, 1989 (9).

[134] 王直军. 基诺山林地环境及鸟类分布的变化 [J]. 云南地理环境研究, 1997 (9).

[135] 王直军. 西双版纳热带森林鸟类群落结构 [J]. 动物学研究, 1991 (12).

[136] 孟杏元等. 白云山鸣春谷鸟类公园规划设计 [J]. 中国园林, 1992 (8).

[137] 胡鸿兴. 武汉市区自然景观的变迁与鸟类物种及数量变化 [J]. 环境科学, 1984 (1).

[138] 周放等. 长洲水利枢纽建坝后对库区水鸟影响的预测分析 [J]. 生物多样性, 1998 (6).

[139] 王振东等. 太行山低山丘陵区鸟类种群动态及招引工程效果初报 [J]. 农村生态环境, 1996 (3).

[140] 吕土成等. 盐城自然保护区自然湿地对水鸟分布的影响 [J]. 农村生态环境, 1996 (3).

[141] 陈建潮. 兰州市郊区鸟类群落二十年演替 [J]. 兰州大学学报, 1984 (4)